Teubner-Reihe Wirtschaftsinformatik

A. C. Schwickert
Web Site Engineering

Teubner-Reihe Wirtschaftsinformatik

Herausgegeben von

Prof. Dr. Dieter Ehrenberg, Leipzig
Prof. Dr. Dietrich Seibt, Köln
Prof. Dr. Wolffried Stucky, Karlsruhe

Die „Teubner-Reihe Wirtschaftsinformatik" widmet sich den Kernbereichen und den aktuellen Gebieten der Wirtschaftsinformatik.

In der Reihe werden einerseits Lehrbücher für Studierende der Wirtschaftsinformatik und der Betriebswirtschaftslehre mit dem Schwerpunktfach Wirtschaftsinformatik in Grund- und Hauptstudium veröffentlicht. Andererseits werden Forschungs- und Konferenzberichte, herausragende Dissertationen und Habilitationen sowie Erfahrungsberichte und Handlungsempfehlungen für die Unternehmens- und Verwaltungspraxis publiziert.

Web Site Engineering

Ökonomische Analyse und Entwicklungssystematik für eBusiness-Präsenzen

Von PD Dr. habil. Axel C. Schwickert
Johannes Gutenberg-Universität Mainz

B.G.Teubner Stuttgart · Leipzig · Wiesbaden

PD Dr. habil. Axel C. Schwickert

Geboren 1962 in Selters/Westerwald. Studium der Volkswirtschaftslehre und 1995 Promotion an der Johannes Gutenberg-Universität Mainz. Wissenschaftlicher Assistent und Habilitand am Lehrstuhl für Allg. BWL und Wirtschaftsinformatik, Univ.-Prof. Dr. Herbert Kargl, an der Johannes Gutenberg-Universität Mainz. Juli 2000 Habilitation für das Fach Betriebswirtschaftslehre ebendort.

Interessengebiete: Web Site Engineering, eBusiness-Controlling, Information Management

Die Deutsche Bibliothek – CIP-Einheitsaufnahme
Ein Titeldatensatz für diese Publikation ist bei
Der Deutschen Bibliothek erhältlich.

1. Auflage Februar 2001

Alle Rechte vorbehalten
© B. G. Teubner GmbH, Stuttgart/Leipzig/Wiesbaden, 2001

Der Verlag Teubner ist ein Unternehmen der Fachverlagsgruppe BertelsmannSpringer.

Das Werk einschließlich aller seiner Teile ist urheberrechtlich geschützt. Jede Verwertung außerhalb der engen Grenzen des Urheberrechtsgesetzes ist ohne Zustimmung des Verlages unzulässig und strafbar. Das gilt besonders für Vervielfältigungen, Übersetzungen, Mikroverfilmungen und die Einspeicherung und Verarbeitung in elektronischen Systemen.

www.teubner.de

ISBN-13: 978-3-519-00414-1   e-ISBN-13: 978-3-322-88916-4
DOI: 10.1007/ 978-3-322-88916-4

Vorwort

Das Internet ist heute mit seinen vielfältigen Diensten in Wirtschaft und Gesellschaft etabliert und es ist unstrittig, daß es ein wichtiger Faktor für den Markterfolg von Unternehmen geworden ist. Einen traditionellen, physischen Markt systematisch zu erschließen, gehört zum Standardrepertoire einer jeden fähigen Unternehmensführung. Daß die Ausschöpfung der eBusiness-Potentiale auf einer systematischen Erschließung des elektronischen Marktes durch eine betriebswirtschaftlich interpretierte Web Site als eBusiness-Präsenz im Internet basiert, hat sich bislang zumindest in Deutschland noch nicht erkennbar durchgesetzt. In diesem vergleichsweise jungen Umfeld ist zu konstatieren, daß es an umfassenden Vorgehensweisen für die systematische Planung und Entwicklung von Web Sites als Marktpräsenzen aus betriebswirtschaftlicher Perspektive mangelt. Vor einem definitorisch unsicheren und aktuell stark techniklastigen Hintergrund stellt sich die grundlegende Frage nach der ökonomischen Begründung und Bedeutung von eBusiness-Präsenzen für Unternehmen. An eine solche ökonomische Verankerung schließt sich für die Unternehmensführungen direkt die Frage nach der Operationalisierung des Konstrukts „eBusiness-Präsenz" an. Dem Grundsatz der Trennung von Essenz und Inkarnation folgend muß vor einer technischen Realisierung hierbei zunächst eine Lösung dafür gefunden werden, wie die eBusiness-Präsenz eines Unternehmens aus betriebswirtschaftlicher Sicht geplant, entwickelt und betrieben wird.

Die Entwicklung einer Web Site bedarf eines Systems Engineering, das den gesamten Lebenszyklus der Individualsoftware „Web Site" umfaßt und ihre spezifischen Merkmale berücksichtigt. Ein solches Systems Engineering wird im vorliegenden Zusammenhang als „Web Site Engineering" (WSE) bezeichnet. Der Begriff „Web Site Engineering" steht für die ingenieurmäßige Planung und Entwicklung einer Web Site, die die technisch-konstruktiven Aspekte von den betriebswirtschaftlichen abhängig macht. Dazu wird ein phasengegliedertes Web-Site-Engineering-Modell präsentiert, das als praxistaugliche Anleitung dazu dienen kann, wie ein Unternehmen eBusiness systematisch für sich erschließt und die zugehörigen Systeme strategisch plant und entwickelt: von der Situationsanalyse, der Zielbildung, der Strategieentwicklung über die Anforderungsanalyse und die Modellierung bis hin zum Controlling und der Promotion von Web Sites werden alle Bestandteile einer betriebswirtschaftlich-strategischen Planung mit Methoden und Techniken instrumentalisiert. Demzufolge ist es wenig angebracht, sich dem Phänomen „eBusiness" über das Adjektiv „elektronisch" und damit über den aktuell vorherrschenden Fokus „Technik" zu nähern. Aus Sicht der Unternehmen ist der Begriff „Business" in den Betrachtungsmittelpunkt zu rücken.

Die Arbeit wurde im Juni 2000 vom Habilitationskollegium des Fachbereichs Rechts- und Wirtschaftswissenschaften der Johannes Gutenberg-Universität Mainz als Habilitationsschrift angenommen. Sie wurde am Lehrstuhl für Allgemeine Betriebswirtschaftslehre und Wirtschaftsinformatik dieses Fachbereichs unter der Anleitung von Herrn Prof. Dr. Herbert Kargl angefertigt. Ihm danke ich nicht nur als meinem akademischen Lehrer, sondern auch ganz besonders dafür, daß er mir über reines Fachwissen hinaus als Lenker sehr viel mehr mit auf den Weg gegeben hat.

Mein Dank gebührt ebenfalls Herrn Prof. Dr. Rolf Bronner, der das Korreferat übernommen hat und Herrn Prof. Dr. Dieter Ehrenberg vom Institut für Wirtschaftsinformatik der Universität Leipzig als Mitherausgeber dieser Buchreihe für die Durchsicht des Manuskripts.

Den wissenschaftlichen Mitarbeitern und Nachwuchskräften am Lehrstuhl von Prof. Dr. Kargl, insbesondere Herrn Dipl.-Vw. Thomas Franke, Dipl.-Vw. Udo Treber, Dipl.-Hdl. Martin Wild sowie Herrn cand. rer. pol. Bernhard Ostheimer, Dipl.-Kfm. Oliver Häusler und Dipl.-Hdl. Kerstin Kunow sei für das hervorragende Engagement am Lehrstuhl gedankt, das mir in wichtigen Phasen den Rücken frei gehalten hat.

Einen herzlichen persönlichen Dank richte ich an meine Frau Kim, meinen Sohn Fabian, meine Eltern, Oma Maria, Astrid, Bernd, Dario, Amelie, Ina, Michael und Yvonne, die wieder einmal bewiesen haben, daß familiärer Zusammenhalt zum Gelingen größerer Vorhaben maßgeblich beiträgt.

Mainz, im Dezember 2000   Axel C. Schwickert

Inhaltsverzeichnis

Abkürzungsverzeichnis

API...................Application Programming Interface
ARIS ....Architektur Integrierter Informationssysteme
BCG..................Boston Consulting Group
BDZV ....Bundesverband Deutscher Zeitungsverleger
BMW ....Bayerische Motorenwerke AG
BSC..................Balanced Scorecard
CAD..................Computer Aided Design
CERN ....Conseil Européen pour la Recherche Nucleaire
CGI ....Commom Gateway Interface
CI ....Corporate Identity
DMMV ....Deutscher Multimedia-Verband
DTB ....Deutsche Terminbörse
DTD..................Document Type Definition
eBusiness..............Electronic Business
eCommerce...........Electronic Commerce
EDI ....Electronic Data Interchange
EDIFACT ....Electronic Data Interchange Format for Administration,
                    Commerce and Transport
eEPK.................Erweiterte ereignisgesteuerte Prozeßkette
eMail.................Electronic Mail
eMarkt ....Elektronischer Markt
EPC...................Electronic Product Catalog
EPS ....Electronic Payment System
ERM ....Entity Relationship Model
ERP...................Enterprise Resource Planning
FAQ ....Frequently Asked Questions
FAZ...................Frankfurter Allgemeine Zeitung
FEI ....Financial Executive Institute
F&E ....Forschung und Entwicklung
FTP ....File Transfer Protocol
GfK...................Gesellschaft für Konsumforschung
GI......................Gesellschaft für Informatik e. V.
GIF....................Graphics Interchange Format
GMD..................Geselleschaft für Mathematik und Datenverarbeitung
GUI...................Graphical User Interface
HIPO.................Hierarchy Input Process Output
HMD.................Handbuch der modernen Datenverarbeitung

HTML.................Hypertext Markup Language
http.................Hypertext Transfer Protocol
IBM.................International Business Machines Corp.
IEEE ....Institute of Electrical and Electronical Engineers
IS.................Informationssystem
IT ....Informationstechnologie
I-TV ....Internet Television
IuK.................Information und Kommunikation
IuKDG ....Informations- und Kommunikationsdienste-Gesetz
IV ....Informationsverarbeitung
IVW ....Informationsgesellschaft zur Feststellung der Verbreitung
                     von Werbeträgern
JiT ....Just in Time
JPEG ....Joint Photographic Experts Group (File Interchange Format)
KEF.................Kritischer Erfolgsfaktor
LCD ....Liquid Crystal Display
Mh.................Mannstunden
MM-PC.................Multimedia Personal Computer
NIÖ ....Neue Institutionenökonomik
OBI ....Open Buying on the Internet
ODBC ....Open Database Connection
ODETTE.................Organisation for Data Exchange through Teletransmission
                     in Europe
OFX ....Open Financial Exchange
OTP.................Open Trade Protocol
PDF.................Public Document Format
PEST.................Political-legal, Economic, Socio-cultural, Technological
PGP.................Pretty Good Privacy
PHTML.................Parsed Hypertext Markup Language
PPS ....Produktionsplanungs- und -steuerungssystem
PR ....Public Relation
R&D ....Research and Development
RE.................Requirements Engineering
ROI ....Return on Investment
SA ....Structured Analysis
SADT.................Structured Analysis and Design Technique
SD ....Structured Design
SET ....Secure Electronic Transactions
SGML ....Standard Generalized Markup Language
SISP ....Strategische Informationssystem-Planung

START	Studiengesellschaft zur Automatisierung für Reise und Touristik
SWIFT	Society for Worldwide Interbank Financial Telecommunication
SWOT	Strength, Weakness, Opportunity, Thread
TCP/IP	Transport Protocol / Internet Protocol
UML	Unified Modeling Language
URL	Uniform Resource Locator
VANS	Value Added Network Services
VDMA	Verband Deutscher Maschinen- und Anlagenbau
VDZ	Verband Deutscher Zeitschriftenverleger
VPN	Virtual Private Networks
VPRT	Verband Privater Rundfunk und Telekommunikation
VW	Volkswagen AG
W3C	World Wide Web Consortium
WfM	Workflow Management
WGC	Workgroup Computing
WI	Wirtschaftsinformatik
WiSt	Wirtschaftswissenschaftliches Studium
WISU	Das Wirtschaftsstudium
WSC	Web Site Controlling
WSD	Web Site Design
WSE	Web Site Engineering
WSO	Web Site Online
WSP	Web Site Promotion
WSR	Web Site Requirements
WSRE	Web Site Requirements Engineering
WWW	World Wide Web
XML	eXtensible Markup Language
ZVEI	Zentralverband Elektrotechnik- und Elektronikindustrie

A. Grundlagen der Untersuchung

1 Ausgangssituation und Fragestellungen

Mit „Electronic Business" werden in der vorliegenden Untersuchung alle Geschäftsaktivitäten von Unternehmen zusammengefaßt, die ganz oder teilweise über das globale Computernetzwerk „Internet" abgewickelt werden. Hierbei werden die Kategorien „Business-to-Business" (Geschäftsaktivitäten zwischen Partner-Unternehmen), „Business-to-Consumer" (Geschäftsaktivitäten zwischen Unternehmen und Endverbrauchern) und „Business-to-Self" (Geschäftsaktivitäten innerhalb eines Unternehmens) unterschieden. Die Verbreitung des Begriffs „Electronic Business" (eBusiness) läßt sich auf eine Werbekampagne der IBM Corp. im Oktober 1997 zurückverfolgen. Im Unterschied zu „Electronic Business" stellt der bereits Mitte der 90er Jahre aufgetauchte Begriff „Electronic Commerce" (eCommerce)[1] in der Mehrzahl seiner Definitionen nur auf den Handelsverkehr zwischen Unternehmen oder zwischen Unternehmen und Endverbrauchern im Internet ab und fokussiert dabei auf Vorgänge, die im Absatzbereich von Unternehmen via Internet elektronisch unterstützt werden. Electronic Commerce stellt somit lediglich einen Ausschnitt von Electronic Business dar. Electronic Business umfaßt die elektronische Unterstützung aller Bereiche der Wertschöpfungskette von Unternehmen mit Internet-Technologie: neben den Absatzaktivitäten des Electronic Commerce werden insbesondere die Leistungserstellungsprozesse innerhalb und zwischen Unternehmen sowie die unternehmensinterne Administration in die Betrachtung miteinbezogen.

Ein Unternehmen zeigt seine Präsenz im Internet der Öffentlichkeit, seinen Kunden, Geschäftspartnern und Mitarbeitern anhand einer unternehmenseigenen „Web Site" (auch: Online-Präsenz, Web-Präsenz oder einfach Site) im World Wide Web (WWW), über die die elektronischen Geschäftsaktivitäten dieses Unternehmens abgewickelt werden. Für die technische Abwicklung jeglicher elektronischer Geschäftsaktivitäten ist heute bereits fast ausschließlich die Infrastruktur des globalen Computernetzwerkes „Internet" relevant. Daneben existiert zwar noch eine Reihe von historisch gewachsenen technischen

---

1 Vgl. Nelson, Tim D.: e-Business – a definition, Online im Internet: http://whatis.com/ebusiness.htm, 11.11.1999. Der Ursprung des Begriffs „eBusiness" ist damit noch relativ genau lokalisierbar. Wann und wo „eCommerce" erstmals verwendet wurde, ist nicht mehr nachvollziehbar.

Netzwerken, die jedoch entweder nur innerhalb nationaler Grenzen und/ oder für eine eng begrenzte Anzahl von Anwendern zu speziellen Zwecken genutzt werden können. Typische Beispiele für solche Computernetzwerke sind die Datex-J- und Datex-P-Rechner-Verbünde der Deutschen Telekom AG, die noch bis Mitte der 90er Jahre in Deutschland die einzigen öffentlich nutzbaren elektronischen Kommunikationsverbindungen zwischen Unternehmen und privaten Haushalten realisierten. Im gesamten europäischen und nordamerikanischen Raum sind in den letzten 20 Jahren ähnliche länderspezifische Netzwerke entstanden. Der wesentliche Nachteil dieser Netzwerke ist, daß sie lediglich diejenigen Computer miteinander verbinden, die ein bestimmtes, allein vom (nationalen) Netzwerkbetreiber definiertes Kommunikationsprotokoll beherrschen. Bis heute ist es keinem nationalen Netzwerkbetreiber gelungen, sein Kommunikationsprotokoll (oder Teile davon) als gemeinsame „Sprache" für eine internationale Rechnerkommunikation flächendeckend zu etablieren.

Die langwierigen Versuche nationaler Netzwerkbetreiber, über internationale Gremien einen gemeinsamen Sprachnenner zu finden, wurden durch die Entwicklung des Kommunikationsprotokolls TCP/IP (Transport Communication Protocol / Internet Protocol) überholt. TCP/IP wurde bereits Ende der 60er Jahre entwickelt und fristete lange Zeit im universitären und militärischen Forschungsbereich ein Schattendasein.[2] Tim Berners-Lee leitete Anfang 1990 am CERN in Genf mit den Grundzügen eines Hypertext-Systems die Renaissance von TCP/IP ein.[3] Seine Idee eines leicht zu handhabenden Informations- und Kommunikationssystems über TCP/IP-Rechnerverbindungen wurde sehr schnell adaptiert. Heute beherrscht weltweit jedes Betriebssystem für jede Rechnerplattform die inzwischen aus TCP/IP entstandene Protokollfamilie. Die Gesamtheit aller Computer (inklusive deren Peripherie), die über diese Lingua franca kommunizieren, wird bereits seit Anfang der 70er Jahre mit dem Begriff „Internet" bezeichnet.

Das technische Computernetzwerk Internet bietet die Nutzung einer Vielzahl verschiedener Dienste an. Der Internet-Dienst „Electronic Mail" (eMail) stellt

---

2 Vgl. Klau, Peter: Das Internet – Weltweit vernetzt, Vaterstetten bei München: IWT 1994, S. 26 und Stahlknecht, Peter: Einführung in die Wirtschaftsinformatik, 7. Aufl., Berlin et al.: Springer 1995, S. 122, 405.

3 Vgl. Powell, Thomas A.: Web Site Engineering – Beyond Web Page Design, Upper Saddle River: Prentice Hall 1998, S. 3 und Klau, Peter: Das Internet – Weltweit vernetzt, a. a. O., S. 167.

hier das asynchrone Pendant zur bekannten synchronen Übermittlung von ge-
sprochenen Nachrichten über die Vermittlungsknoten von Telefonie-Netzwer-
ken dar. eMail steht für textliche (heute auch audiovisuelle) Nachrichten, die
über die Knotenrechner des Computernetzwerkes Internet zwischen Kommuni-
kationspartnern (genauer: deren an das Internet angeschlossenen Computer-
Endgeräten) ausgetauscht werden. Der Internet-Dienst „FTP" (File Transfer
Protocol) realisiert den Austausch von Dateien als abgegrenzte digitale Infor-
mationseinheiten zwischen Computern des Internet. Der Internet-Dienst
„News" verbindet die Computer des Internet zu einer weltweiten Plattform, auf
der öffentliche Diskussionen zu beliebigen Themen stattfinden.

Die ursprünglichen Internet-Dienste eMail, FTP und News und viele weitere
Derivate werden heute alle durch den Internet-Dienst „World Wide Web"
(WWW oder Web) integriert. Das auf Tim Berners-Lees o. g. Hypertext-System zurückzuführende WWW vereint alle Internet-Computer, die das Protokoll
„http" (Hypertext Transfer Protocol; ein Protokoll der TCP/IP-Familie) beherrschen. Die Kommunikationspartner nutzen das WWW über sogenannte „Web
Browser". Ein Web Browser ist ein Software-Produkt, das auf dem an das Internet angeschlossenen Arbeitsplatzrechner eines Nutzers installiert wird und
die für die gesamte TCP/IP-Protokollfamilie im Internet verfügbaren Informationen und Dienste bedienungsfreundlich am Bildschirm zur Verfügung stellt.
Neben der Dienste-Integration bietet das WWW die Möglichkeit, multimediale
Informationen erfassen, vorhalten, verbreiten und präsentieren zu können. Ein
Web Browser kann gleichzeitig Texte, Graphiken, Audio- und Video-Sequen-
zen darstellen und damit weite Teile der zwischenmenschlichen Kommunikation unterstützen. Das WWW beschränkt sich dabei nicht auf die passive Darstellung von Information, sondern erlaubt die interaktive Einbindung des Infor-
mationsnutzers in Kommunikations- und Handlungsabfolgen, wie sie aus der
Nutzung herkömmlicher Anwendungssoftware bekannt ist. Während letztere in
aller Regel räumlich und auf betimmte Personengruppen begrenzt stattfindet,
ist die Interaktion mit Informationsnutzern im WWW grundsätzlich keiner Beschränkung dieser Art unterworfen.

Mitte der 90er Jahre wurden erstmals WWW-Anwendungen von professionel-
len Software-Entwicklern angeboten, die die bis dahin als potentiell einzustu-
fenden Vorzüge Dienste-Integration, Multimedialität und Interaktivität des
WWW zumindest teilweise in konkreten Nutzen für Unternehmen umsetzten.
Marketing-getriebene Werbe-Aktionen und Präsentationen von (einfach gehal-

tenen) Produktkatalogen im WWW sowie Kontaktmöglichkeiten über eMail machten den vergleichsweise publizitätsträchtigen Anfang im Absatzbereich. Nichtzuletzt aus diesen Anfängen resultiert die heute noch weit verbreitete Begriffsprägung „Electronic Commerce" für jegliche elektronische Geschäftsaktivitäten von Unternehmen (im öffentlich zugänglichen Internet).

Aufgrund des Fehlens von technisch machbaren und rechtlich abgesicherten Verfahren zur Bezahlung von Leistungen durch anonyme Endverbraucher über das Internet, konzentrierten sich viele Unternehmen jedoch früh auf die Unterstützung von Kooperationen mit Geschäftspartnern in der unternehmensübergreifenden Wertschöpfungskette (in sogenannten „Extranets" nur für autorisierte Partner). Hier interagierte man zunächst mit einer begrenzten Anzahl von meist bekannten Partnern und konnte zugleich auf gewachsenes Verfahrens-Know-how zum „Electronic Data Interchange" (EDI) zurückgreifen, der bereits seit langen Jahren über andere technische Lösungen als das Internet praktiziert wurde. Die für die Jahre 1997 - 1999 geschätzten weltweiten Umsätze, die auf elektronische Geschäftsaktivitäten im Internet zurückzuführen sind, werden zu ca. 80 - 90% zwischen Unternehmen und nur zu ca. 10 – 20 % zwischen Unternehmen und Endverbrauchern generiert.[4] Dieses Verhältnis weist zum einen auf den EDI-Know-how-Vorsprung hin, zum anderen aber auch auf die bis heute immer noch beträchtlichen Probleme im Business-to-Consumer-Bereich.

Die elektronische Unterstützung von geschäftlichen Aktivitäten innerhalb eines Unternehmens durch Internet-Technologie (mit sogenannten „Intranets", die nur für Mitarbeiter des Unternehmens zugänglich sind) findet erst seit Beginn des Jahres 1997 Beachtung.[5] Auch in diesem „Business-to-Self"-Bereich hatten viele Unternehmen bereits einen Fundus an Erfahrungen mit proprietären Netzwerklösungen, die zumeist jedoch zu sehr speziellen Zwecken z. B. im Rechnungswesen, Produktions- und Logistikbereich eingesetzt wurden. Diese Netzwerke wurden nur in seltenen Fällen zu Kommunikationszwecken innerhalb der Unternehmensorganisation genutzt. Die Vorteile von eMail als Ergänzung zu den üblichen zwischenmenschlichen Kommunikationstechniken (persönliche Gespräche, Telefon, Telefax) liegen auf der Hand. Die Kommunika-

---

4   Vgl. KPMG Unternehmensberatung GmbH (Hrsg.): Electronic Commerce in deutschen Industrie- und Handelsunternehmen – Einsatz, Erfolgsfaktoren Aussichten, München 1998, S. 6 und o. V.: Freies Kräftespiel auf dem Datenhighway, in: Handelsblatt, 20.10.98, S. 10.

5   Vgl. Eckel, George; Stehen, William: Intranets – Technik, Aufbau und effektiver Nutzen im Unternehmen, München, Wien: Hanser 1997, S. 1.

tion in verteilten Gruppen kann in virtuellen Diskussionsräumen stattfinden. Die Durchführung von Gruppenarbeit läßt sich durch gemeinsam genutzte digitale Dokumente unterstützen. Für derartige stark kommunikative, eher unstrukturierte und nur zum Teil planbaren Aktivitäten hat sich der Begriff „Workgroup Computing" durchgesetzt. Die Steuerung und Unterstützung von strukturierten und weitgehend planbaren administrativen Vorgängen in einem Unternehmen wird unter dem Begriff „Workflow-Management" zusammengefaßt. Die Internet-Technologie hält auch in diesem Bereich zunehmend Einzug und ersetzt oder ergänzt die proprietären Systeme bestimmter Hersteller durch Browser-basierte Intranet-Anwendungen.

Das Internet hat somit längst Einzug in die Unternehmenspraxis gehalten: Immer mehr Unternehmen suchen ihre Chancen auf elektronischen Märkten, indem sie ihre Leistungen im WWW anbieten, elektronisch kooperieren, kommunizieren oder administrieren. Die Erfolgsbeispiele von „online" generierten Auftragseingängen, neuen Kunden in geographisch bisher nicht erreichten Märkten oder elektronisch realisierten Workflows sind vielversprechend. Die Möglichkeiten, die das Internet für die Abwicklung elektronischer Geschäftsaktivitäten bietet, stellen eine Umweltveränderung dar, die Einfluß auf die Strukturen einzelner Unternehmen und die Strukturen ganzer Branchen nehmen werden.[6] Standardisierte Protokolle, fallende Hardwarepreise und Telekommunikationskosten sowie kostengünstige Anschlüsse für private Haushalte und Unternehmen werden die Ausbreitung des Internet und damit des Electronic Business vorantreiben.[7]

Zur wirtschaftlichen Bedeutung und Entwicklung von Electronic Business kursiert eine Vielzahl von Statistiken, Schätzungen und Studien über Internet-Anschlüsse, Umsatzvolumina, Wachstumsraten u. v. m. Aufgrund der sehr unterschiedlichen begrifflichen, zeitlichen und räumlichen Abgrenzungen sind ver-

---

6 Vgl. Bellmann, Klaus; Mildenberger, Udo: Komplexität und Netzwerke, in: Bellmann, Klaus; Hippe, Alan (Hrsg.): Management von Unternehmensnetzwerken, Wiesbaden: Gabler 1996, S. 121 ff. Bellmann/Hippe thematisieren hier grundlegende Erklärungsbeiträge der Evolutions-, System-, Komplexitäts- und Informationstheorie zur Gestaltung von Unternehmensnetzwerken. Sie gehen davon aus, daß Technologiepotentiale „ (...) sich jedoch regelmäßig nur dann erfolgswirksam nutzen (lassen), wenn es gelingt, die etablierten sozio-technischen Organisationssysteme aufzulösen und deren Elemente zu techno-sozio-ökonomischen Systemen neuartiger Struktur zu konstituieren."

7 Vgl. Gerard, Peter; König, Wolfgang: Netze und Elektronische Märkte, in: Wirtschaftsinformatik, 3/1997, S. 215.

gleichbare Ergebnisse kaum zu finden. Bei Umsatzzahlen wird nur in seltenen speziellen Fällen genau spezifiziert, inwieweit die betreffenden Verkäufe ganz oder teilweise über das Internet abgewickelt wurden. Allen Untersuchungen ist jedoch die eindeutige Tendenzaussage gemeinsam, daß Electronic-Business-Aktivitäten zukünftig für einen Großteil der Unternehmen entscheidende Erfolgsbedeutung haben werden. Folgende exemplarische Zahlen sollen die Chancen verdeutlichen, die Electronic Business zugesprochen werden:

- Die Schätzungen aus dem Jahr 1997 zum weltweiten eBusiness-Umsatzvolumen des Jahres 2002 reichen von 100 bis 1.000 Milliarden US$.[8]

- Daß sich eBusiness sehr viel schneller entwickelt, als es die vorigen Werte ausdrücken, belegen folgende Erhebungen der University of Texas: Das eCommerce-Geschäftsvolumen des Jahres 1999 wird allein in den USA 170 Milliarden US$ erreichen. Der Gesamtumsatz der US-Internet-Branche im Jahr 1999 (eCommerce mit Hardware und Software) wird 500 Milliarden US$ übersteigen; die Internet-Branche gibt dabei ca. 2,3 Millionen US-Amerikanern einen Arbeitsplatz.[9]

- 9 % aller Transaktionen zwischen US-Unternehmen werden im Jahr 2003 via Internet abgewickelt werden.[10]

- Die eCommerce-Umsätze US-amerikanischer Unternehmen werden im Jahr 2003 die 1.000-Milliarden-Dollar-Grenze überschreiten.[11]

- Im Jahr 1997 haben weltweit etwa 90 Millionen Menschen regelmäßig das Internet genutzt. Davon entfielen etwa 53 % auf Nordamerika, was ca. 20% der dortigen Bevölkerung entspricht.[12]

- Im November 1999 werden weltweit etwa 260 Millionen Internet-Nutzer gezählt. Davon entfallen etwa 42 % auf Nordamerika. Für Ende 2002 werden 490 Millionen Internet-Nutzer prognostiziert, wobei der US-Anteil dann nur noch ein Drittel betragen soll.[13]

---

8   Vgl. VISA-Studie, in: Beuthner, Andreas: Deutschen Firmen fehlt noch der richtige Draht zum E-Commerce und Web-Handel, in: Computerzeitung, 08.10.98, S. 9 und OECD-Studie, in: o. V.: Freies Kräftespiel auf dem Datenhighway, in: Handelsblatt, 20.10.98, S. 10.

9   Vgl. Studie der University of Texas, in: FAZ, 28.10.99, S. 33.

10 Vgl. Forrester Research, in: Computerzeitung, 08.07.99, S. 25.

11 Vgl. Forrester Research, in: Computerzeitung, 08.07.99, S. 25.

12 Vgl. o. V.: Internet-Direktanschlüsse, in: FAZ, 31.08.98, S. 28.

13 Vgl. Studie Computer Industry Almanac, in: Computerzeitung, 18.11.99, S. 6.

- Im September 1998 ließen sich ca. 7,5 Millionen deutsche Internet-Nutzer ermitteln.[14] Der Fachverband Informationstechnik im VDMA und ZVEI prognostizierte im Jahr 1998 ca. 16 Millionen deutsche Internet-Nutzer bis zum Jahr 2001.[15]

- Eine repräsentative Untersuchung der Nürnberger Gesellschaft für Konsumforschung (GfK) ermittelte für Mitte 1999 ca. 10 Millionen deutsche Internet-Nutzer im Alter zwischen 14 und 59 Jahren, was etwa 22 % dieser Altersgruppe entspricht.[16]

- Eine im Auftrag von ARD und ZDF erstellte Studie weist für Mitte 1999 ca. 11 Millionen deutsche Internet-Nutzer aus. Die Nutzer sind durchschnittlich an 3,9 Tagen der Woche online. Die Nutzungsdauer beläuft sich dabei pro Werktag auf durchschnittlich ca. 82 Minuten. Über 3 Millionen der deutschen Internet-Nutzer haben die Einkaufsmöglichkeiten im Internet bereits „ausprobiert".[17]

- Im November 1999 werden ca. 12,2 Millionen deutsche Internet-Nutzer ermittelt.[18]

- Nach einer Studie der Kienbaum Management Consultants besitzen aktuell ca. 95 % der deutschen Großunternehmen eine eigene Internet-Präsenz.[19] Im Mittelstand war Anfang März 1999 etwa die Hälfte aller deutschen Unternehmen mit einer eigenen Präsenz im Internet vertreten.[20]

- Die Boston Consulting Group (BCG) stellt bei 121 deutschen eCommerce-Anbietern fest, daß im ersten Halbjahr 1999 rund 810 Millionen DM mit privaten Endkunden umgesetzt wurden; für das gesamte Jahr 1999 werden 2,2 Milliarden DM erwartet, was einer Wachstumsrate von 200 % im Ver-

---

14 Vgl. o. V.: Internet-Zugang, in: FAZ, 05.10.98, S. 30 und o. V.: Jeder sechste Deutsche nutzt das Internet, in: FAZ, 21.09.98, S. 34.

15 Vgl. o. V.: Bedeutung der Informationstechnik und Telekommunikation, in: FAZ, 03.08.98, S. 26.

16 Vgl. o. V.: Schon 22 Prozent aller Deutschen nutzen das Internet, in: FAZ, 19.08.99, S. 25.

17 Vgl. o. V.: 11,2 Millionen Deutsche nutzen das Internet, in: FAZ, 17.08.99, S. 15.

18 Vgl. Studie Computer Industry Almanac, in: Computerzeitung, 18.11.99, S. 6.

19 Vgl. o. V.: Unternehmen nutzen das Internet selten als Vertriebskanal, in: FAZ, 28.12.99, S. 21. Ähnliche Ergebnisse dokumentiert Gregor Consulting, in: Industrieanzeiger, 055/1999, S. 21.

20 Vgl. o. V.: Impulse – Exklusiv-Studie „E-Business im Mittelstand", Online im Internet unter http://nbc02.bch.de, 10.09.99.

gleich zum Jahr 1998 entspricht. 72 % dieser Umsätze werden von Unternehmen erzielt, die auch bei traditionellen Vertriebskanälen führende Positionen einnehmen. Nur 28 % der Umsätze mit privaten Endkunden entfallen auf Unternehmen, die ihre Leistungen ausschließlich im Internet anbieten.[21]

Der Vergleich des nordamerikanischen Raums mit Deutschland zeigt, daß die Anzahl der Internet-Nutzer in Relation zur Bevölkerung mit 20 – 25 % ähnliche Größenordnungen annimmt, die eBusiness-Umsätze in Deutschland jedoch weitaus geringer sind. Zugleich ließen sich aus der deutschen Fach- und Tagespresse zu eBusiness von Unternehmen im Laufe der Jahre 1998 und 1999 neben einer Vielzahl von hoffnungsschwangeren Erfolgsprognosen überwiegend Negativ-Schlagzeilen entnehmen. Die folgende Aufstellung zeigt einen bezeichnenden Ausschnitt davon und steht für das Gesamtbild, das beträchtliche Probleme in allen Bereichen und Branchen des deutschen eBusiness aufweist:

- „Nur wenige Unternehmen haben wirtschaftlichen Erfolg im Internet"[22]
- „Deutschlands Firmen sind erst zur Hälfte im Internet präsent"[23]
- „Deutschen Firmen fehlt noch der richtige Draht zu eCommerce und Web-Handel"[24]
- „Kleine und mittelgroße Firmen begegnen dem Online-Business mit viel Skepsis"[25]
- „E-Commerce-Angebote sind oft Etikettenschwindel"[26]
- „Internet-Anbieter pfeifen auf Verbraucherrechte"[27]
- „Mängel im Datenschutz und Garantie im elektronischen Geschäft"[28]

---

21 Vgl. o. V.: Etablierte Anbieter dominieren E-Commerce in Deutschland, in: FAZ, 30.09.99, S. 29.

22 Vgl. o. V.: Nur wenige Unternehmen haben wirtschaftlichen Erfolg im Internet, in: FAZ, 23.11.98, S. 23.

23 Vgl. o. V.: Deutschlands Firmen sind erst zur Hälfte im Internet präsent, in: Computerzeitung, 09.04.98, S. 11.

24 Vgl. o. V.: Deutschen Firmen fehlt noch der richtige Draht zu eCommerce und Web-Handel, in: Computerzeitung, 08.10.98, S. 9.

25 Vgl. o. V.: Kleine und mittelgroße Firmen begegnen dem Online-Business mit viel Skepsis, in: Computerzeitung, 03.09.98, S. 23.

26 Vgl. o. V.: E-Commerce-Angebote sind oft Etikettenschwindel, in: FAZ, 02.10.99, S. 64.

27 Vgl. o. V.: Internet-Anbieter pfeifen auf Verbraucherrechte, in: Computerzeitung, 18.03.99, S. 2.

28 Vgl. o. V.: Mängel im Datenschutz und Garantie im elektronischen Geschäft, in: Computerzeitung, 10.03.99, S. 21.

- „Mängel beim Internet-Auftritt der Banken"[29]
- „Kaufhäuser müssen beim E-Commerce noch sehr viel Lehrgeld bezahlen"[30]
- „Versicherungen nutzen das Internet nur zögernd"[31]
- „Autohersteller bewegen sich im Internet im Schneckentempo"[32]
- „Reiseveranstalter nutzen die Möglichkeiten des Internet erst in Ansätzen"[33]

Offensichtlich schöpfen zumindest die deutschen Unternehmen die Potentiale des Internet als öffentlicher Marktplatz zur Anbahnung und Abwicklung von geschäftlichen Aktivitäten nur unzureichend aus. Eine empirische Untersuchung der betrieblichen Internet-Nutzung in 495 deutschen Unternehmen[34] im Jahr 1997 extrahiert folgende Probleme und Hemmnisse.

Organisationsbezogene Probleme:

Nicht-angepaßte Organisationsstruktur, fehlende Abstimmung mit internen Geschäftsprozessen, unklare Zuständigkeiten, unzureichende Koordination mehrerer Abteilungen, kaum Unterstützung anderer Abteilungen bei der Bereitstellung von Informationen;

Zielgruppen-Probleme:

Probleme bei der Zielgruppensegmentierung, zu geringes Feedback der Zielgruppen, zu wenig Kunden verfügen über einen Internet-Anschluß, zu geringe Übertragungskapazitäten, geringe Technologie-Akzeptanz, mangelnde Verbreitung in der Branche;

Kapazitätsprobleme:

Eingeschränkte Personalkapazität zur Pflege der Web Site, hoher persönlicher Zeitaufwand für das Aneignen spezifischer Kenntnisse, Mehraufwand und Zusatzarbeit für betroffene Mitarbeiter;

---

29 Vgl. o. V.: Mängel bei Internet-Auftritten der Banken, in: FAZ, 05.11.98, S. 18.

30 Vgl. o. V.: Kaufhäuser müssen beim E-Commerce noch sehr viel Lehrgeld bezahlen, in: Computerzeitung, 22.10.98, S. 12.

31 Vgl. o. V.: Versicherungen nutzen das Internet nur zögernd, in: FAZ, 02.11.98, S. 31.

32 Vgl. o. V.: Autohersteller bewegen sich im Internet im Schneckentempo, in: FAZ, 21.06.99, S. 28.

33 Vgl. o. V.: Reiseveranstalter nutzen die Möglichkeiten des Internet erst in Ansätzen, in: FAZ, 08.03.99, S. 23.

34 Vgl. Kurbel, Karl: Nutzeffekte und Hemmnisse der Internet-Nutzung durch deutsche Unternehmen, in: Industrie Management, 1/1998, Sonderdruck, S. 1-5.

Know-How-Probleme:
Fehlende Qualifikationen der Mitarbeiter, schwierige Lernprozesse, rasante
Entwicklung im Internet, zu wenig Wissen im Umgang mit dem Internet;

Provider-Probleme und technische Schwierigkeiten:
Probleme bei der Provider-Auswahl, zu hohe Kosten (z. B. Telefon),
schlechter Service, zu geringe Performance und Bandbreiten.

Die den Zielgruppen, den Providern und der Technik zugeordneten Probleme
mangelnder Netzwerkexternalitäten und technischer Infrastrukturdefizite des
Internet sind heute (Ende 1999) aufgrund der stark steigenden Anzahl der Internet-Nutzer und der inzwischen fast flächendeckenden Präsenz deutscher Unternehmen im Internet kaum mehr als eBusiness-Hemmnisse anzuführen.[35] Die
Problematik der mit den zu geringen Übertragungskapazitäten des Internet verbundenen Wartezeiten im WWW wird durch rapide sinkende Zugangs- und
Nutzungskosten sowie durch den schnellen Ausbau der Leitungskapazitäten
und einem inzwischen konsolidierten Provider-Markt zusehends entschärft. Der
Geschäftserfolg von Unternehmen im öffentlichen Internet wird demzufolge
nicht mehr grundsätzlich durch den Marktzugang, die Anzahl der Marktteilnehmer und die technische Marktinfrastruktur verhindert.

Aus den Angaben der 44 im europäischen eBusiness führenden Unternehmen
ermittelte Forrester Research Mitte 1999 durchschnittliche 1,8 Millionen US$
p. a. an laufenden Kosten für den Betrieb einer Internet-Präsenz.[36] Die absoluten Umsatzzahlen in den Bereichen Business-to-Consumer und Business-to-
Business geben jedoch deutliche Signale, daß sich die für Internet-Präsenzen
getätigten Investitionen nur in wenigen Fällen auszahlen. Die Adressaten nutzen die Internet-Präsenzen entweder nicht in der gewünschten Form oder in
weitaus geringerem Maße, als es die Anbieter der Internet-Präsenzen in ihren
wirtschaftlichen Planungen berücksichtigten. Die Anbieter stehen vor dem Problem, daß ihre Internet-Präsenzen von den Adressaten unzureichend akzeptiert
werden. Eine Ursache für dieses Problem wird bei den Adressaten vermutet:
Europäische und insbesondere deutsche Internet-Nutzer gehen erfahrungsgemäß sehr viel verhaltener mit neuen Technologien im allgemeinen und speziell

---

35   Vgl. Beck, Hanno; Prinz, Aloys: Ökonomie des Internet – Eine Einführung, Frankfurt, New
     York: Campus-Verlag 1999, S. 37 f.

36   Vgl. o. V.: Unternehmen investieren zuwenig in Electronic Commerce, in: FAZ,
     06.05.1999, S. 29.

mit dem Internet um, als dies z. B. Nordamerikaner tun. Häufig werden als Grund hierfür Unterschiede im kulturellen Umfeld und persönlicher, mentalitätsbedingter Einstellungen genannt. Nach einer Untersuchung einer britischen Marktforschungsgesellschaft versäumen es jedoch besonders europäische Unternehmen, akzeptanzfördernde Maßnahmen für ihre eBusiness-Präsenzen zu ergreifen.[37] Ca. 60 % der befragten Internet-Nutzer gaben die Unsicherheit im Umgang mit Kreditkarten-Informationen und persönlichen Daten als entscheidende Hürde für den Einkauf im Internet an. Während nur jeder zehnte der 125 führenden europäischen Internet-Händler an prominenter Stelle seiner Web Site auf den Schutz der Privatsphäre von Kunden hinweist, rücken ca. 70 % der US-amerikanischen Web Sites Verbraucher- und Datenschutz sofort sichtbar in den Vordergrund. Für die Zurückhaltung und Sicherheitsbedenken der europäischen Verbraucher beim Einkauf im Internet ist auch der offensichtlich unsensible Umgang mit deren Daten durch die Unternehmen verantwortlich.

Sucht man gezielt nach Ursachen für das Akzeptanzproblem auf der Seite der Unternehmen, rücken die organisations-, kapazitäts-, zielgruppen- und Know-How-bezogenen Probleme und Hemmnisse der oben angeführten Liste ins Blickfeld, die keineswegs technischer, sondern durchweg betriebswirtschaftlicher Natur sind: Probleme bei Organisationsanpassung, Zielgruppensegmentierung, Kapazitäten, Qualifikationen und Know-How. Alle diese Probleme sind auf das Unternehmensinnere gerichtet und beziehen sich auf ein Betrachtungsobjekt, das jedoch in der zugrundeliegenden Untersuchung[38] nicht analysiert wird: die existierende (oder zu entwickelnde) Web Site eines Unternehmens als die konkret durch die Adressaten sicht- und nutzbare eBusiness-Präsenz. Es wird nicht hinterfragt, wie die betreffenden Web Sites ausgestaltet sind und welche Wirkungen diese Gestaltung auf die Adressaten hat.

Hier kommt das ProfNet-Institut Mitte 1999 nach 5.500 anhand von 95 Kriterien in 19 Studien analysierten Web Pages deutscher Unternehmen zu einem vernichtenden Urteil: Im Durchschnitt werden nur 37 von 100 möglichen Punkten für die funktionale und ergonomische Gestaltung erreicht.[39] Als Kardinalfehler werden aufgezählt:

---

37 Vgl. o. V.: Sicherheitsbedenken behindern elektronischen Handel im Internet, in: FAZ, 27.11.1999, S. 14.

38 Vgl. Kurbel, Karl: Nutzeffekte und Hemmnisse der Internet-Nutzung durch deutsche Unternehmen, a. a. O., S. 1-5.

39 Vgl. Kamenz, Uwe: Spieglein, Spieglein an der Wand ..., in: FAZ, 01.06.99, S. B9.

1. Fehlende Zielgruppenorientierung

Eine Web Site für die Gesamtheit aller Adressaten kann zielgruppenspezifische Anforderungen nicht erfüllen.

2. Fehlender Zusatznutzen

Es fehlen Anreize, warum Adressaten die Web Site ansteuern sollten. Zum Beispiel gehören zu einer Produktdarstellung auf der Web Site Internet-Spezifika, die eine herkömmliche Hochglanzbroschüre nicht bietet, wie interaktive Bestellmöglichkeiten und Bedienungsanleitungen oder Produktvideos.

3. Web Sites sind nicht zu finden

Die Promotion für die Web Site und damit für das Unternehmen innerhalb und außerhalb des Internet ist unzureichend. Potentielle Adressaten sind nicht darüber informiert, daß das Unternehmen eBusiness betreibt.

4. Fehlende Interaktivität

Die kommunikative Anbindung von Adressaten wird vernachlässigt. Interaktivität ist eine Stärke des Internet und läßt sich zur Intensivierung der Kundenbindung einsetzen.

5. Layout zu stark Produkt- und Ratio-orientiert

Unternehmen stellen sich in den Mittelpunkt und präsentieren ihre Produkte so, wie sie es selbst für richtig erachten. Daß der Kunde der „König" ist und Web Sites weitaus weniger rational beurteilt, wird zu selten berücksichtigt.

Zu ähnlichen Ergebnissen kommt ein Vergleich der europäischen Internet-Auftritte der Automobil-Hersteller Audi, BMW, Ford, Mercedes, Opel und VW. Die anhand von je elf nationalen Web Sites beurteilte „eCommerce-Kompetenz" dieser Hersteller wird im Durchschnitt mit weniger als 30 von maximal 100 möglichen Punkten beziffert. Als bezeichnend wird dabei festgestellt, daß sich in den USA bereits 40% aller Neuwagenkäufer vor dem Kauf im Internet informieren, während in Europa in den meisten Fällen noch nicht einmal die Preise der Autos zu erfahren sind.[40]

Es liegt die Frage nahe, ob der Geschäftserfolg von Unternehmen im Internet nicht ursächlich daran leidet, daß ihre „elektronischen" Marktpräsenzen an den Erfordernissen und Wünschen anderer geschäftsrelevanter Marktteilnehmer vorbei geht. Auch im Internet wird ein Anbieter seine Leistungen nur dann ab-

---

40   Vgl. o. V.: Mercedes verliert den Anschluß im Internet, in: FAZ, 25.11.99, S. 28. Der Beitrag bezieht sich auf eine an der Fachhochschule Gelsenkirchen in 1999 von Ferdinand Dudenhöfer und Carina Densing durchgeführte Studie.

setzen können, wenn er die Bedürfnisse der Nachfrager befriedigt. Die Nachfrager haben dabei nicht nur bestimmte Anforderungen an die Leistungen selbst, sondern auch an den Anbieter und dessen Verfahren zur Abwicklung von Geschäften. Diese Anforderungen zu erfüllen, ist in erster Linie eine betriebswirtschaftliche Planungsaufgabe, deren Lösung die Vorgaben für die technische Umsetzung schafft. Die oben angeführten Negativ-Schlagzeilen weisen daraufhin, daß viele Unternehmen die Anforderungen an ihre Präsenz im Internet nicht marktgerecht erfüllen.

Bei der Betrachtung der Vielzahl an Publikationen in (gerade populärwissenschaftlichen) Fachzeitschriften, die sich inzwischen mit der Realisierung elektronischer Geschäftsaktivitäten über unternehmenseigene Web Sites befassen, kristallisieren sich zwei Anhaltspunkte heraus, die auf die Ursachen markt- und adressaten-inadäquater eBusiness-Präsenzen hinweisen:

Zum einen ist noch kein Konsens in der Terminologie zu elektronischen Märkten und Geschäftsaktivitäten, eBusiness, eCommerce, Online-Handel, Online-/ Web-Präsenz und einer Reihe anderer Begriffe im „e"-Umfeld zu erkennen. Die verwirrende Begriffsvielfalt erschwert die fachliche Orientierung und die Verständigung zwischen eBusiness-Verantwortlichen. In der konstituierenden Sitzung der Initiativgruppe zur Gründung einer Fachgruppe „E-Commerce" der GI (Gesellschaft für Informatik) am 28. Juni 1999 wurde dazu aufgerufen, eine gemeinsame Definition des Begriffes „E-Commerce" über einen elektronischen Mail-Verteiler auszudiskutieren. Neben der Vielzahl der in der Literatur zu findenden Definitionen steuerten die Diskussionsteilnehmer aus Wirtschaft, Verwaltung und Hochschulen bis Ende November 1999 zwölf weitere Definitionen bei, die sich in ihren Kernaussagen zwar deckten, jedoch sehr häufig in peripheren Bestandteilen stark unterschieden. Am 16. November kommt einer der Diskussionsteilnehmer zu der Ansicht, daß doch „jeder von uns seine Definition der geschilderten Begrifflichkeit finden und in seinem Umfeld zielgerichtet damit arbeiten sollte." Diesem fast schon resignativen Schluß steht entgegen, daß sich in der Diskussion verdichtet, eCommerce als eine Untermenge von eBusiness zu interpretieren, wie es zu Beginn des vorliegenden Abschnitts A.1 dargelegt wurde.

Zum anderen werden in der Literatur überwiegend partikuläre, eng abgegrenzte Probleme und Randthemen analysiert, ohne diese Details jedoch in einen umfassenden betriebswirtschaftlichen Zusammenhang zu stellen. Aus verständlichen Gründen sind besonders die Publikationen mit Marketing-Bezug stark vertreten. Weitere intensiv behandelte Einzelthemen sind Design, Datensicherheit, Zahlungssysteme und Rechtsfragen. Die überwiegende Anzahl der nutzenstiftenden Publikationen aus dem IT-Bereich zu elektronischen Geschäftsaktivitäten konzentriert sich auf Technik, Aufbau und Anwendung der neuen Technologien und damit auf die Fachleute in der Informationsverabeitung (IV) von Unternehmen. Hier stehen Basis-, Middleware- und Agenten-Technologien, Sprachen und Standards wie Java und XML, Entwicklungswerkzeuge und viele weiterführende technische Ausdifferenzierungen im Mittelpunkt. Es ist bezeichnend, daß in der Mitte 1999 ausgegebenen Arbeitsgrundlage zur inhaltlichen Ausrichtung der o. g. Initiativgruppe zur Gründung einer Fachgruppe „E-Commerce" der GI alle vorgenannten Einzelthemen (u. v. m. aus den Schwerpunkten ökonomische, technische, rechtliche und benutzerorientierte Aspekte) auftauchen, die „Web Site" selbst, ihre betriebswirtschaftliche Bedeutung und Wirkung sowie die fachlichen Anforderungen der Adressaten jedoch in keiner Weise erfaßt sind.[41]

Seit Anfang 1999 werden in Deutschland vereinzelte Stimmen laut, die Internet-Präsenzen in den Zusammenhang mit strategischer Unternehmensplanung bringen. „Das Internet fließt in die Strategien der Unternehmen ein".[42] Der Beitrag weist auf das Erfordernis hin, daß eine Internet-Präsenz nur unter Berücksichtigung geeigneter Strategien mit Ausrichtung auf die Unternehmensziele betriebswirtschaftlich erfolgreich sein kann.[43] „Auch das Internet braucht Planer",[44] lautete eine Schlagzeile in einer Marketingfachzeitschrift. Für die Leser dieser Fachpublikation – Marketingspezialisten – bringt sie prägnant zum Ausdruck, daß WWW-Präsenzen nicht einem zufälligen, willkürlichen oder gar „wildwüchsigen" Entstehungsprozeß überlassen werden können. Die Schlagzeile weist darauf hin, daß auch außerhalb der spezialisierten DV-Fachwelt die Notwendigkeit der Planung von Web Sites zur Erreichung betriebswirtschaftlicher Ziele zunehmende Anerkennung findet. „Rein ins Internet – aber wie?",[45]

---

41   Vgl. Gomber, Peter: Protokoll der konstituierenden Sitzung der Fachgruppe „E-Commerce", Giessen, 17.09.99, S. 3.

42   o. V.: Das Internet fließt in die Strategien der Unternehmen ein, in: FAZ, 22.02.1999, S. 28.

43   Zur Prognose der wirtschaftlichen Bedeutung vgl. z. B. o. V.: Billionengeschäft eCommerce, in: News-Board bei akademie.de, Online im Internet: http://www.akademie.de/news/langtext.html?id= 2140, 26.06.1999.

44   Wegner, Ralf: Auch das Internet braucht Planer, in: Horizont, 18/1999, 06.05.1999, S. 60.

45   Ghosh, Shikhar: Rein ins Internet - aber wie?, in: Harvard Business Manager, 5/1998, S. 87.

ist die berechtigte Frage, die der „Harvard Business Manager" stellt. Der Beitrag kategorisiert Leistungsangebote im Internet und zeigt auf, wie sich Unternehmen gegenüber den Wettbewerbern differenzieren können. Gleichzeitig wird nach einem systematischen, planmäßigen Vorgehen gesucht, wie eine wettbewerbsgerechte Präsenz im Internet zu gestalten ist.

Einen traditionellen, physischen Markt systematisch zu erschließen, gehört zum Standardrepertoire einer jeden fähigen Unternehmensführung. Daß die Ausschöpfung der eBusiness-Potentiale auf einer systematischen Erschließung des elektronischen Marktes durch eine betriebswirtschaftlich interpretierte Electronic-Business-Präsenz im Internet basiert, hat sich zumindest in Deutschland noch nicht erkennbar durchgesetzt. In diesem vergleichsweise jungen Umfeld ist zu konstatieren, daß es an umfassenden Vorgehensweisen für die systematische Planung und Entwicklung von Web Sites als Marktpräsenzen aus betriebswirtschaftlicher Perspektive mangelt.

Vor einem definitorisch unsicheren und aktuell stark techniklastigem Hintergrund stellt sich die grundlegende Frage nach der ökonomischen Begründung und Bedeutung von Electronic-Business-Präsenzen für Unternehmen. An eine solche ökonomische Verankerung schließt sich für die Unternehmensführungen direkt die Frage nach der Operationalisierung des Konstrukts „Electronic-Business-Präsenz" an. Dem Grundsatz der Trennung von Essenz und Inkarnation folgend muß vor einer technischen Realisierung hierbei zunächst eine Lösung dafür gefunden werden, wie die Electronic-Business-Präsenz eines Unternehmens aus betriebswirtschaftlicher Sicht geplant, entwickelt und betrieben wird.

2 Untersuchungsbereich und Zielsetzungen

Der Untersuchungsbereich der vorliegenden Arbeit wird durch die drei Kategorien elektronischer Geschäftsaktivitäten Business-to-Business, Business-to-Consumer und Business-to-Self abgegrenzt. Eine Beschränkung auf bestimmte Unternehmen, Branchen, Produkte, Dienstleistungen oder ähnliche situative Faktoren erfolgt dabei nicht, da allgemeingültige Aussagen erarbeitet werden sollen. In diesen Untersuchungsbereich eingebettet ist das konkrete Untersuchungsobjekt: die Web Site eines Unternehmens als seine Präsenz auf elektronischen Märkten. Diese Märkte werden durch das Computer-Netzwerk „Internet" und seinen Dienst „World Wide Web" abgegrenzt. Andere Computer-Netzwerke werden aufgrund ihrer marginalen Bedeutung nicht betrachtet.

Wozu ein Unternehmen seine Electronic-Business-Präsenz (im folgenden werden auch die Synonyme „Web-Präsenz" und „Web Site" verwendet) nutzen kann, wird in vielen Publikationen in schillernden Farben und meist als Erfolgsstories ausgebreitet. Dazu finden sich inzwischen eine Reihe von „How-I-did-it"-Entwicklungsdokumentationen einzelner Unternehmen und deskriptiven Momentaufnahmen von sich im Betrieb befindlichen Präsenzen, die ihre Schwerpunkte jedoch allenthalben auf die informationstechnische Realisierung legen. Diejenigen Quellen hingegen, die sich vorrangig mit ökonomischen Aspekten von eBusiness befassen, lassen durchweg eine systematische Planung von Zielen und Maßnahmen zur Realisierung von Electronic-Business-Präsenzen vermissen. Ein umfassendes Modell, das die Konzeptualisierung des relevanten ökonomischen Umfelds mit der Operationalisierung von eBusiness über eine Web Site als betriebswirtschaftliches Konstrukt konsistent zusammenführt, sucht man bislang vergebens. Die Intention der vorliegenden Untersuchung ist es, ein solches Modell zu erarbeiten.

Ein erstes Erkenntnisziel ist dabei eine in sich schlüssige Terminologie für den Untersuchungsbereich. Die Fundierung von Schlüsselbegriffen wie „elektronischer Markt", „elektronische Geschäftsaktivitäten" und „Web Site" soll sich dabei auf ökonomische Sachverhalte konzentrieren und auf abhängige technische Details allenfalls zur exemplarischen Verdeutlichung zurückgreifen.

Eine terminologische Basis, die von der informationstechnischen Realisierung einer Electronic-Business-Präsenz abstrahiert, macht den Blick frei für das zweite Erkenntnisziel: die Beschreibung und Positionierung einer Electronic-Business-Präsenz in der Struktur des relevanten ökonomischen Umfelds. Diese Struktur wird durch die Strategie und die Organisation eines Unternehmens, sowie durch die besonderen Merkmale des elektronischen Wirtschaftsgefüges beschrieben, in dem ein Unternehmen agiert.

Während die ersten beiden Erkenntnisziele über eine Konzeptualisierung von Untersuchungsbereich und -objekt zur Beantwortung der Frage nach der Begründung und Bedeutung von eBusiness beitragen, bezieht sich das dritte wesentliche Erkenntnisziel auf die Operationalisierung des eBusiness, d. h. auf dessen konkrete Umsetzung. Dazu soll im Sinne eines Vorgehensmodells eine auf die Konzeptualisierung abgestimmte Systematik erarbeitet werden, die unter dem Primat betriebswirtschaftlichen Handelns die ausschlaggebenden Maßnahmen zur Entwicklung und dem Betrieb von Electronic-Business-Präsenzen sammelt und sachgerecht ordnet. Maßnahmen aus dem Bereich der technischen Konstruktion von Electronic-Business-Präsenzen werden nur insoweit berücksichtigt, als sie für betriebswirtschaftliche Sachverhalte von Bedeutung sind.

Die Zielsetzungen der vorliegenden Untersuchung sind in erster Linie auf die theoretische Durchdringung des Electronic Business ausgerichtet. Darauf aufbauend wird beabsichtigt, auch einen Erkenntnisgewinn für die Unternehmenspraxis zu generieren. Insbesondere soll die Entwicklungssystematik für Electronic-Business-Präsenzen so weit konkretisiert werden, daß sie den eBusiness-Verantwortlichen in Unternehmen als nachvollziehbarer Leitfaden dienen kann.

3 Methodische und inhaltliche Konzeption

Aus der Sicht der Informatik ist das Internet gewiß keine nennenswerte Innovation der 90er Jahre. Die technischen Infrastrukturen vernetzter Verarbeitung von Informationen in digitaler Form werden in dieser Wissenschaftsdisziplin seit mehr als 30 Jahren erforscht und weiterentwickelt. Erst seit 2 – 3 Jahren eröffnet diese Informationstechnologie ein breites Spektrum von Handlungsoptionen für den nutzbringenden Einsatz durch Unternehmen. Eine Fülle von Publikationen mit fallstudienähnlichem Charakter bezeugt inzwischen das starke Interesse der Unternehmenspraxis an der Nutzung des Internet. Die Betrachtung der Forschungslandschaft läßt jedoch einen umfassenden Entwurf vermissen, der die Optionen elektronischer Geschäftsaktivitäten im Internet generalisierend für die Gestaltung von Betriebsabläufen im Hinblick auf einen obersten Zweck[46] aufbereitet. Das Erkenntnisziel „Ablaufgestaltung" der angewandten Betriebswirtschaftslehre basiert auf den Erkenntnissen der theoretischen Betriebswirtschaftslehre, die die Aufstellung von Theorien zu den Grundprinzipien betrieblicher Prozesse in den Mittelpunkt des Forschungsinteresses stellt.[47] Der geforderte umfassende Entwurf eines Handlungsrahmens für eBusiness-Aktivitäten entspricht einer Theorie, die die Grundprinzipien des eBusiness so erklärt, daß die realen Zusammenhänge und die Feststellung kausaler

---

46 Vgl. Wöhe, Günter: Einführung in die Allgemeine Betriebswirtschaftslehre, 18. Aufl., München: Vahlen 1993, S. 34.

47 Vgl. Kosiol, Erich: Organisation der Unternehmung, 2. Aufl., Wiesbaden: Gabler 1976, S. 185 ff. und Kosiol, Erich: Grundlagen und Methoden der Organisationsforschung, 2. Aufl., Berlin: Duncker & Humblot 1968, S. 22 und Wöhe, Günter: Einführung in die Allgemeine Betriebswirtschaftslehre, 18. Aufl., a. a. O., S. 34.

Regelmäßigkeiten wahrheitsfähig und intersubjektiv nachvollziehbar sind. „Das Erkenntnisstreben der realwissenschaftlich orientierten Betriebswirtschaftslehre besteht (...) darin, informative Aussagensysteme aufzustellen, die in ihrem empirischen Gehalt hinreichend bestätigt sind."[48]

Für die wissenschaftliche Betrachtung des Phänomens „eBusiness" sind hier Ansätze wichtig, die sowohl betriebswirtschaftlich fundiert sind, als auch auf einer angemessenen Einschätzung der eBusiness-konstituierenden Informationstechnologie beruhen. Bislang existieren jedoch keine systematischen wissenschaftlichen Untersuchungen zu „eBusiness", die diesem Anspruch gerecht werden. Als Ursache hierfür ist vor allem „die angemessene Einschätzung der konstitutiven Informationstechnologie" anzuführen. Die Entwicklung von wirtschaftlich nutzbaren Anwendungen dieser Technologie begann erst vor wenigen Jahren und schreitet seither rasant voran. Das Spektrum von technischen Lösungen wird dabei vorwiegend durch die unternehmerische Praxis erweitert, die im wesentlichen am kommerziellen Erfolg der Lösungen interessiert ist. Das Tempo der technologischen Fortentwicklung und die daraus folgende Konzentration der Praxis auf die Informationstechnik führt dazu, daß das an die Analyse singulärer Gegebenheiten anschließende Bemühen um Abstraktion und generalisierbare Erkenntnisse vernachlässigt wird.[49] Der akademischen Begleitforschung, die diese Aufgabe erfüllen sollte, bleibt zu wenig Zeit, um vom technischen Partikularismus zu konsolidiertem betriebswirtschaftlichem Erfahrungswissen zu gelangen, das für den induktiven Aufbau einer empirisch-realistischen Theorie ausreicht.

Der Versuch, über das Abstrahieren von technischen, tatsächlich beobachtbaren Tatbeständen eine exakte Theorie für eBusiness zu generieren, muß an der Enabler-Funktion der Informationstechnologie scheitern: kein eBusiness ohne Internet! Die Entwicklungsrichtung dieser konstitutiven Technologie ist zum gegenwärtigen Zeitpunkt völlig offen. Die für eine exakte Theorie erforderlichen Prämissen laufen sehr schnell Gefahr, nicht mehr den realen Gegebenheiten zu entsprechen. Eine zwar logisch richtige, jedoch nicht mehr die Realität erklärende Theorie verfügt nicht über den angestrebten Erkenntniswert. Der Aus-

---

48   Stein, Friedrich A.: Betriebliche Entscheidungssituationen im Laborexperiment, Frankfurt/ Main et al. 1990, S. 79.

49   Vgl. Frank, Ulrich: Wissenschaftstheoretische Herausforderungen der Wirtschaftsinformatik, in: Gerum, Elmar (Hrsg.): Innovation in der Betriebswirtschaftslehre, Wiesbaden: Gabler 1998, S. 108.

weg, die Prämissen über eine allgemeinere Fassung der schnellen Falsifizierung durch die Realität zu entziehen, reduziert den Erkenntniswert der Theorie letztendlich auf Allgemeinplätze. Als signifikante technische Entwicklungen lassen sich hier z. B. Internet-Telefonie, sichere elektronische Zahlungssysteme, Video-Anwendungen, Virtual Private Networks (VPN) und die Web-Anbindung unternehmensinterner ERP-Software (Enterprise Resource Planning) anführen, die vor 2 – 3 Jahren noch keinerlei Relevanz für die Geschäftsaktivitäten von Unternehmen hatten. Inzwischen können diese Techniken jedoch zu den wesentlichen Voraussetzungen von Unternehmensstrategien werden.[50]

Es scheint daher wenig angebracht, sich dem Phänomen „eBusiness" über das Adjektiv „elektronisch" und damit über den aktuell vorherrschenden Fokus „Technik" wissenschaftlich zu nähern. Aus ökonomischer Perspektive ist der Begriff „Business" in den Betrachtungsmittelpunkt zu rücken. Mit einigem Abstand von der Aufgeregtheit der Medien läßt sich der Standpunkt einnehmen, daß das Internet weder die Veränderung der konstitutiven Merkmale von Märkten, noch Wesensänderungen der unternehmerischen Wertschöpfungskete, noch zwingend spezifische Produkt- oder Leistungsinventionen induziert. Demzufolge umfaßt eBusiness im Internet die bekannten Geschäftätigkeiten von Unternehmen, die lediglich auf anderen als den bekannten Marktplätzen, mit anderen als den hergebrachten Instrumenten und mit einem allenfalls um Variationen erweiterten Leistungsangebot stattfinden.

Im individuellen Vergleich zu ihrem hergebrachten, „nicht-elektronischen Business" nehmen viele Unternehmen diese Veränderungen als revolutionär wahr. Die Geschwindigkeit, mit der relevante elektronische Marktplätze auftauchen, verursacht einen Überraschungseffekt. Unternehmen müssen ggfs. in kürzester Zeit neue Marktpräsenzen entwickeln und die unternehmensinterne Leistungserstellung damit verzahnen. Der Anpassungsdruck ist hoch. Primär davon betroffen sind jedoch nicht die technisch-operativen Infrastrukturen, sondern die Strategien und organisatorischen Strukturen von Unternehmen. Die Erschließung neuer Märkte gehört zweifellos zur strategischen Unternehmensplanung,

---

50 Unternehmen wie Dell, Cisco Systems, CDnow und amazon.com setzen z. B. ihre Leistungen fast ausschließlich über ihre elektronischen Präsenzen im Internet ab. Vgl. Fuchs, Franz X.: Digitaler Einkauf, in: Gateway, 8/1998, S. 58 ff. Die SAP AG sieht es als zwingend notwendig an, ihr Kernprodukt, die ERP-Anwendung SAP R/3, modular und fallweise über das Internet zur Verfügung zu stellen. Vgl. o. V.: Turning Internet Promises Into Profits With mySAP.com, Online im Internet: http://www.sap-ag.de/homeover.htm, 17.01.2000.

die maßgeblich die Organisation von Unternehmen determiniert. Nichts weist darauf hin, daß dies für die Erschließung elektronischer Märkte nicht gelten sollte. Wenn z. B. die abwägende betriebswirtschaftliche Analyse für ein Unternehmen das Internet nur als einen zusätzlichen Vertriebskanal in einem bekannten Marktsegment identifiziert, kann dieser neben den anderen existierenden Vertriebskanälen konsistent positioniert und technisch realisiert werden. Genausogut könnten strategische Überlegungen dazu führen, daß tradierte Vertriebskanäle vollständig durch Internet-Anwendungen substituiert werden und damit eine grundlegende Neuausrichtung des Unternehmens verbunden ist.

Die Interpretation der Internet-Potentiale als strategische Optionen geht jedoch weit über die Betrachtung des Absatzbereiches von Unternehmen hinaus. Internet-Technologie ermöglicht auch im Bereich der unternehmensübergreifenden Logistik- und Leistungserstellungsprozesse Kooperationsformen, die mit den tradierten EDI-Techniken (Electronic Data Interchange) aufgrund von Standardisierungsproblemen bislang nicht realisierbar waren (z. B. Virtuelle Unternehmen, Einkaufs- und Forschungsgemeinschaften).[51] Zugleich kann das Internet als Kommunikationsmedium konkrete gestalterische Wirkungen in Bezug auf unternehmensinterne Organisationsstrukturen entfalten. Insbesondere dezentralisierte Organisationen profitieren hier von den koordinations- und kooperationsfördernden Wirkungen eines neuen technischen Instrumentariums, das das Sammeln, Aufbereiten und Verteilen von Informationen beträchtlich erleichtert.

Für die praktische Ausschöpfung dieser strategischen und organisatorischen Potentiale des Internet ist es zunächst erforderlich, sich die auf einem bekannten ökonomischen Umfeld fußenden Spezifika elektronischer Märkte zu vergegenwärtigen. Die Einordnung der betreffenden Funktionszusammenhänge, Verfahren und Instrumente in einen ökonomischen Bezugsrahmen trägt zur Schaf-

---

51 Mertens/Faisst umreißen diese strategischen Optionen bereits 1995 im Zusammenhang mit dem Begriff der „Virtuellen Unternehmen". Die Potentiale des Internet zur IuK-Unterstützung Virtueller Unternehmen sind zu diesem Zeitpunkt jedoch noch nicht erkennbar. Vgl.: Mertens, Peter; Faisst, Wolfgang: Virtuelle Unternehmen – eine Organisationsstruktur für die Zukunft?, in: technologie&management, 2/1995, S. 61-68 und Mertens, Peter; Faisst, Wolfgang: Virtuelle Unternehmen – eine Strukturvariante für das nächste Jahrtausend?, in: Schachtschneider, Karl A. (Hrsg.): Wirtschaft, Gesellschaft und Staat im Umbruch – Festschrift der Wirtschafts- und Sozialwissenschaftlichen Fakultät der Friedrich-Alexander-Universität Erlangen-Nürnberg 75 Jahre nach der Errichtung der Handelshochschule Nürnberg, Berlin: Duncker & Humblot 1995, S. 150-168.

fung einer Wissens- und Verständnisgrundlage für betriebswirtschaftliche Entscheidungen zu eBusiness auf der strategischen Ebene von Unternehmen bei. Dieser Rahmen sollte dabei aus einem Blickwinkel erklärt werden, der die eBusiness-Spezifika deutlich sichtbar macht. In diesem Sinne analysiert Abschnitt B. der vorliegenden Untersuchung den wirtschaftlichen Bezugsrahmen aus der Sicht der Neuen Institutionenökonomik (NIÖ). Die NIÖ bietet sich aus folgenden Gründen dazu an:

- Im Gegensatz zur traditionellen Mikroökonomik stellt die NIÖ mit ihrer Betonung der informationellen Bestandteile des Wirtschaftsgeschehens einen evidenten Bezug zu den konstitutiven Informationstechnologien des eBusiness her.

- Mit dem zentralen Begriff „Koordinationsformen" der NIÖ kann zudem eine integrative Basis für alle elektronischen Geschäftsaktivitäten (Business-to-Business, Business-to-Consumer, Business-to-Self) erzeugt werden, die paßgenau die technologischen Realitäten „Internet, Extranet, Intranet" des eBusiness reflektiert.

- Die Transaktionskostentheorie innerhalb der NIÖ weist über die Erklärung der einzelnen Bestandteile elektronischer Geschäftsaktivitäten und deren Zusammenhänge gezielt die Problembereiche von eBusiness aus.

- Die Vertragstheorie innerhalb der NIÖ legt dabei die spezifischen Geschäftsregeln für elektronische Transaktionen offen.

- Die NIÖ bietet auch Raum für die verhaltenstheoretisch zu begründenden Akzeptanzprobleme der Adressaten von eBusiness-Präsenzen.

Die NIÖ begründet eine Gesamtschau aller elektronischen Geschäftsaktivitäten in einem „elektronischen Wirtschaftsgefüge", das über den traditionellen Marktbegriff hinaus dezidiert auch die beiden weiteren „eBusiness"-prägenden Bereiche der Unternehmenskooperationen und des Unternehmensinneren in die Betrachtung einbezieht, ohne dabei auf technische Details abzustellen. Dieses elektronische Wirtschaftsgefüge strukturiert die Dimensionen des in Kapitel A.2 benannten Untersuchungsbereich der vorliegenden Arbeit.

In Abschnitt C. erfolgt die Analyse der „Electronic-Business-Präsenz" als betriebswirtschaftlich relevantes Untersuchungsobjekt im elektronischen Wirtschaftsgefüge. Über die empirisch-induktive Erarbeitung der verschiedenen Definitionssichten und strukturellen Eigenschaften entsteht eine komplexe Beschreibung des Konstrukts „Web Site" mit der betriebswirtschaftlichen Kern-

Implikation, daß die Anwendung eines Systems Engineering zur Entwicklung einer elektronischen Präsenz im Internet zwingend erforderlich ist, wenn damit strategische Unternehmensziele verfolgt werden.

Unter Berücksichtigung der Dimensionen des elektronischen Wirtschaftsgefüges und den Merkmalen einer Electronic-Business-Präsenz wird in Abschnitt D. ein „Web Site Engineering" (WSE) als die geforderte Entwicklungssystematik für Web Sites hergeleitet. Diese Systematik wird anhand eines Modells konkretisiert, das mit den Komponenten „Strategische Unternehmensführung" und „Zielfeld-Analyse" die Statik des ökonomischen Umfelds mit der Dynamik von Web Sites über die Komponente eines phasengegliederten Entwicklungsprozesses zusammenführt.

Das WSE-Komponentenmodell schließt den ersten Hauptteil der vorliegenden Untersuchung ab. Mit einer schlüssigen Terminologie für den Untersuchungsbereich, seiner Dimensionierung sowie einer Einbettung und Strukturierung des Konstrukts „Web Site" ist er auf die Erreichung der beiden ersten Erkenntnisziele der vorliegenden Untersuchung ausgerichtet, die der Konzeptualisierung des Phänomens „eBusiness" und damit der Beantwortung der Frage nach der ökonomischen Begründung und Bedeutung von eBusiness dienen.

Der zweite Hauptteil der Untersuchung zielt auf die Beantwortung der Frage nach der Operationalisierung von eBusiness. Die Abschnitte E. – H. analysieren und operationalisieren die in Abschnitt D. vorgestellten Phasen des Entwicklungsprozesses für Web Sites. Im Mittelpunkt der Betrachtungen stehen die betriebswirtschaftlich relevanten Aktivitäten der Situationsanalyse, der Zielplanung und der Anforderungsanalyse sowie das Controlling und die Promotion einer Web Site in ihrem längstem Lebenszyklus-Abschnitt, der Online-Phase. Aspekte der Konstruktion und Realisierung von Web Sites sind der Phase „Web Site Design" zuzuordnen; diese Phase ist wegen ihrer überwiegend technischen Inhalte nicht Gegenstand der vorliegenden Untersuchung.

In Abschnitt I. werden die erarbeiteten Erkennntisse im Hinblick auf das Hauptziel der vorliegenden Untersuchung gesammelt und bewertet: der Schaffung eines umfassenden Modells, das die Konzeptualisierung des relevanten ökonomischen Umfelds mit der Operationalisierung von eBusiness über eine Web Site als betriebswirtschaftliches Konstrukt konsistent zusammenführt. Ansatzpunkte für zukünftige Forschungsarbeiten und Erkenntisse für die Unternehmenspraxis schließen die Untersuchung ab.

B. Institutionenökonomischer Bezugsrahmen für „Electronic Business"

1 Zum Aufbau von Abschnitt B.

Unternehmen stehen in arbeitsteilig organisierten Volkswirtschaften in vielfältigen Beziehungen zu ihrer Umwelt. Sie beziehen Roh-, Hilfs- und Betriebsstoffe sowie Vorprodukte auf Beschaffungsmärkten von Lieferanten und liefern produzierte Güter über Absatzmärkte an weiterverarbeitende Unternehmen und Handelsbetriebe oder über Konsumgütermärkte an Endverbraucher. Bei allen Aktivitäten zwingt sie der Konkurrenzdruck dazu, ständig ihre Arbeitsweisen zu überdenken. Entwicklungen der Umwelt, Erkenntnisse der betriebswirtschaftlichen Forschung sowie technische Neuerungen müssen bezüglich ihres Einflusses auf das Unternehmen und die Eignung zur Unterstützung von Unternehmensaktivitäten geprüft werden.

Elektronische Märkte (eMärkte) stellen eine Veränderung der Unternehmens-Umwelt dar, die Einfluß auf die Strukturen einzelner Unternehmen und die Strukturen ganzer Branchen nehmen werden. Zwar sind elektronische Märkte keine Errungenschaft der jüngsten Vergangenheit, funktionierende eMärkte gibt es schon seit einigen Jahren,[52] aber ihre Bedeutung hat durch das Internet und seinen multimedialen Dienst World-Wide-Web (WWW) stark zugenommen. Für Unternehmen bieten sich drei Kategorien von geschäftlichen Aktivitäten im global verfügbaren WWW an:

- die Abwicklung des Güter- und Dienstleistungsaustauschs mit (anonymen) Endverbrauchern (eCommerce oder Business-to-Consumer).

- die Nutzung der Internet-Infrastruktur für EDI-Funktionen (Electronic Data Interchange; zwischenbetrieblicher elektronischer Datenausautausch ohne Medienbruch) in der unternehmensübergreifenden Wertschöpfungskette mit Geschäftspartnern (Business-to-Business)

---

52 Vgl. Zwaas, Vladimir: Structure and macro level impact of electronic commerce: from technological infrastructure to electronic marketplaces, Online im Internet: http://www.mhhe.com/business/mis/zwass/ecpaper.html, 12.08.98. Vgl. auch Schinzer, Heiko: Elektronische Marktplätze, in: WISU – Das Wirtschaftsstudium, 10/1998, S. 1160-1174 und Brandtweiner, Roman; Greimel, Bettina: Elektronische Märkte, in: WiSt – Wirtschaftswissenschaftliches Studium, Januar 1998, S. 37-41.

- der Einsatz Internet-basierter Technologien in der Wertschöpfungskette innerhalb der Unternehmensgrenzen zu kommunikativen, kooperativen und koordinierenden Zwecken (Business-to-Self).

Ziel des vorliegenden Abschnitts B. ist es, den ökonomischen Bezugsrahmen aufzubauen, in dem die elektronischen Geschäftsaktivitäten stattfinden. Dazu werden in Kapitel B.2 zunächst diejenigen ökonomischen Zusammenhänge dargelegt, die dem traditionellen, in der neoklassischen Mikroökonomik verwendeten Markt-Begriff zugrunde liegen. Diese neoklassische Markttheorie unterstellt vollkommene Information aller Marktteilnehmer und vernachlässigbare Transaktionskosten. Anhand der Grundlagen der Neuen Institutionenökonomik (NIÖ) wird anschließend das Modell eines Wirtschaftsgefüges vorgestellt, das sich für eine realitätsnähere Erschließung der Eigenschaften von elektronischen Märkten anbietet. In der Realität führen geschäftliche Aktivitäten (Transaktionen; Leistungskoordinationen; Verkauf-Kauf-Prozesse) zwischen und innerhalb hierarchischen, marktlichen und kooperativen Institutionen zu Kosten, die in allen Phasen einer Transaktionssequenz auftreten. Diese Transaktionskosten stellen ein grundlegendes Kriterium für die Entscheidung dar, ob Geschäftsaktivitäten in einer Unternehmenshierarchie, über den Markt oder zwischen kooperativen Geschäftspartnern stattfinden (Kapitel B.3).

Nach einer institutionenübergreifenden Definition eines „elektronischen Wirtschaftsgefüges" als ökonomischer Bezugsrahmen werden in Kapitel B.4 anhand marktlicher, kooperativer und hierarchischer Transaktionen spezifische Problembereiche elektronischer Geschäftsaktivitäten herausgearbeitet. Kapitel B.5 sammelt die wichtigsten institutionenökonomischen Implikationen und bringt damit zum Ausdruck, was die NIÖ zur Analyse von Geschäftsaktivitäten im elektronischen Wirtschaftsgefüge und deren Umsetzung in die Praxis beiträgt.

2 Neoklassische Märkte, Institutionen und Koordinationsformen

Ein Markt ist definiert als der ökonomische Ort des Tausches von Gütern und Dienstleistungen, an dem sich durch das Zusammentreffen von Angebot und Nachfrage ein Marktpreis bildet.[53] Der Marktpreis sorgt für die Koordination

---

53 Vgl. Bartling, Hartwig; Luzius, Franz: Grundzüge der Volkswirtschaftslehre, 9., verb. Aufl., München: Vahlen 1992, S. 53.

der unzähligen Produktions- und Tauschprozesse einer arbeitsteiligen Wirtschaft, in der Konsumgüter nicht in einer Produktionsstufe, sondern auf den verschiedenen Stufen meist in Arbeitsteilung entstehen, bevor sie abschließend auf Konsumgütermärkten an Haushalte verkauft werden.[54] Betriebe[55] als planvoll organisierte Wirtschaftseinheiten erstellen die Sachgüter und Dienstleistungen, die auf den Märkten gehandelt werden.[56] Dafür benötigen sie von den Beschaffungsmärkten neben menschlicher Arbeitskraft Roh-, Hilfs- und Betriebsstoffe (Werkstoffe), die mit Hilfe der Produktionsfaktoren in einen Output verwandelt werden. Zur Lenkung einer arbeitsteiligen Wirtschaft ist neben dem Koordinationsmechanismus des Marktes (freie Marktwirtschaft) die zentrale Steuerung der Wirtschaftsprozesse durch eine übergeordnete Instanz (Zentralverwaltungswirtschaft bzw. Planwirtschaft) denkbar.[57]

In einer Marktwirtschaft – auf eine solche beziehen sich die weiteren Betrachtungen – gibt es keine zentrale Organisation des volkswirtschaftlichen Wirtschaftsprozesses; Haushalte und Unternehmen planen ihren Konsum und ihre Produktion selbständig. Sie sind nicht gegenseitig weisungsbefugt, jeder agiert nach seinen persönlichen Zielen (z. B. Nutzen-, Gewinnmaximierung). Nach der reinen Theorie der klassischen Ökonomik sichert dies nicht nur die Gewinnmaximierung der Unternehmen, sondern auch die optimale Allokation der Ressourcen und die gesamtwirtschaftliche Wohlfahrt.[58]

Die neoklassische Mikroökonomik legt dem Ablauf der Marktgeschehnisse die Idealvorstellungen vollkommener Märkte zugrunde, nach denen unter anderem die folgenden Prämissen gelten:

---

54   Vgl. Woll, Artur: Allgemeine Volkswirtschaftslehre, 10., überarb. u. erg. Aufl., München: Vahlen 1990, S. 70.

55   Die Begriffe "Betrieb" und "Unternehmung" werden synonym verwendet; einer Unterscheidung, wie sie Woll (Woll, Artur: Allgemeine Volkswirtschaftslehre, a. a. O., S. 6) vornimmt, wird in dieser Arbeit nicht gefolgt.

56   Vgl. Wöhe, Günter: Einführung in die allgemeine Betriebswirtschaftslehre, 17. Aufl., München: Vahlen 1990, S. 2.

57   Zu den verschiedenen Wirtschaftssystemen siehe Thieme, H. J.: Wirtschaftssysteme, in: Vahlens Kompendium der Wirtschaftstheorie und Wirtschaftspolitik, Bd. 1, Hrsg.: Bender, Dieter; Berg, Hartmut; Cassel, Dieter, 5., überarb. und erw. Aufl., München: Vahlen 1992, S. 3-17.

58   Vgl. Woll, Artur: Allgemeine Volkswirtschaftslehre, a. a. O., S. 70.

- Die auf den Märkten gehandelten Güter sind sachlich gleichartig, untereinander substituierbar und werden von Konsumenten gleich beurteilt (Homogenität der Güter).

- Es gibt keine persönlichen, räumlichen oder zeitlichen Präferenzen bei Produktangebot oder -nachfrage.

- Es herrscht vollkommene Markttransparenz; d. h., alle Marktteilnehmer sind über die Marktbedingungen vollständig informiert.

- Die Benutzung des marktlichen Preismechanismus ist kostenlos; d. h., die Abwicklung von marktlichen Transaktionen verursacht keine Kosten.

Die neoklassische Mikroökonomik konzentriert sich auf die Betrachtung des Preismechanismus zur optimalen Allokation der Produktionsfaktoren. Die Vorgänge und Mechanismen zur Koordination von Angebot und Nachfrage im Markt (und innerhalb von Unternehmen) werden unter den Annahmen vollkommener Märkte als kostenfrei angenommen. Die Handelnden erhalten und verarbeiten z. B. augenblicklich erforderliche Informationen; sie verfügen über eine vollkommene Voraussicht und können Verträge mit absoluter Genauigkeit abschließen und durchsetzen. Die Rahmenbedingungen des Marktes und der Unternehmen, die für das Verhalten bei und die Durchführung von Geschäftsaktivitäten ausschlaggebend sind, werden somit in ihren Auswirkungen auf die Wirtschaftsleistung als neutral angesehen.[59] Für die Realität, in der Produkte keineswegs homogen sind, Marktintransparenzen herrschen, Marktzutrittsschranken sowie persönliche, räumliche und zeitliche Präferenzen existieren, sind die Annahmen vollkommener Märkte allerdings nicht zutreffend.

Die Neue Institutionenökonomik (NIÖ) versucht, eine realitätsnähere Beschreibung der Abläufe auf Märkten, zwischen und in Unternehmen vorzunehmen, indem die durch die vereinfachenden Modellprämissen der Neoklassik ausgeblendeten realen Probleme berücksichtigt und untersucht werden.[60] Die NIÖ betrachtet das gesamte Wirtschaftsgeschehen als ein Gefüge von formgebundenen (z. B. rechtlichen) und formungebundenen (z. B. spontan-sozialen, auf Sitten oder Gebräuchen basierenden) Institutionen und den Transaktionen innerhalb und zwischen diesen Institutionen.

---

59 Vgl. Erlei, Matthias; Leschke, Martin; Sauerland, Dirk: Neue Institutionenökonomik, Stuttgart: Schäffer-Poeschel 1999, S. 48 f.

60 Vgl. Erlei, Matthias; Leschke, Martin; Sauerland, Dirk: Neue Institutionenökonomik, a. a. O., S. 51 f.

„Institutionen lassen sich definieren als die Mengen von Funktionsregeln, die man braucht, um festzulegen, wer für Entscheidungen in einem bestimmten Bereich in Frage kommt, welche Handlungen statthaft oder eingeschränkt sind, welche Aggregationsregeln verwendet werden, welche Verfahren eingehalten werden müssen, welche Information geliefert oder nicht geliefert werden muß, und welche Entgelte den einzelnen entprechend ihren Handlungen zugebilligt werden."[61]

Institutionen einschließlich der daran beteiligten Personen werden als Organisationen bezeichnet. Ein Unternehmen (oder: eine Ehe, ein Gemeinderat) als Beispiel für eine formgebundene (formale) Organisation mit rechtlicher Fundierung kann demnach als „Menge von Regeln und Menschen" interpretiert werden. Eine freie Marktgemeinschaft (als eine Gruppe potentieller Anbieter und Nachfrager; im weitesten Sinne ein gesamter „Markt") steht für eine formungebundene (informelle, spontane) Organisation (im konkreten Falle z. B. zur Nutzung einer sich gerade bietenden Geschäftschance).

Im Wirtschaftsgeschehen (Institutionengefüge) laufen Geschäftsaktivitäten ab: Tausche von Gütern und Dienstleistungen zwischen Anbietern und Nachfragern werden angebahnt, durchgeführt, überwacht und durchgesetzt. Ein solcher Tausch wird in der Neuen Institutionenökonomik als die Übertragung von Rechten (Eigentums-, Handlungs-, Verfügungs- oder Weisungsrechte), eines Gutes oder einer Leistung zwischen Wirtschaftssubjekten (z. B. Unternehmen, Haushalte als Endverbraucher) angesehen und als „Transaktion" bezeichnet.[62] Transaktionen finden dabei nicht nur als Kauf-Verkauf-Aktionen zwischen nachfragenden und anbietenden Unternehmen (und Endverbrauchern; „Markttransaktionen") im Markt statt; auch innerhalb eines Unternehmens werden Leistungen angeboten, z. B. durch die Fähigkeiten eines Mitarbeiters der operativen Ebene, und nachgefragt, z. B. per Weisung durch den Vorgesetzten dieses Mitarbeiters („Unternehmenstransaktionen").

Alle Transaktionen basieren auf Verträgen. Unter dem Begriff „Vertrag" werden alle Verpflichtungen zu gegenseitigen Leistungen zwischen Tauschpartnern zusammengefaßt. Alle Tauschpartner agieren in einem Geflecht rechtlich verbindlicher (z. B. Kaufvertrag, Arbeitsvertrag) und rechtlich unverbindlicher

---

61   Richter, Rudolf; Furubotn, Eirik: Neue Institutionenökonomik, Tübingen: Mohr 1996, S. 7. Übersetzung aus Ostrom, E.: Governing the Commons. The Evolution of Institutions for Collective Action, Cambridge 1990, S. 51.

62   Vgl. Richter, Rudolf; Furubotn, Eirik: Neue Institutionenökonomik, a. a. O., S. 38.

Verträge (z. B. informelle Absprachen, moralische Verpflichtungen); für jeden Tauschpartner besteht Vertragsfreiheit. Beim Idealtypus des vollständigen („klassischen") Vertrages sind alle relevanten Sachverhalte des vertraglichen Umfelds vollständig formuliert und decken somit alle Kontingenzen einer Geschäftsaktivität ab.

In der Realität können die Vertragsparteien jedoch nicht alle Eventualitäten in einem Vertrag regeln. In der Neuen Institutionenökonomik sind Verträge demzufolge immer unvollständig. Der Begriff des „relationalen Vertrages"[63] berücksichtigt die Existenz solcher Vereinbarungslücken. Diese Lücken werden nicht vertragsrechtlich geschlossen, sondern durch informelle Beziehungen abgedeckt. Geschäftspartner sind sich in aller Regel nicht völlig unbekannt; aufgrund gemeinsamer früherer Geschäfte, Werbung, persönlicher Bekanntschaften etc. existiert i. a. ein vielfältiges, mehr oder minder intensives Beziehungsgeflecht. Relationale Verträge sind somit in soziale Beziehungen eingebettete Verträge, die zwar nicht alle Kontingenzen explizit regeln, jedoch über gewachsene, längerfristig gültige, implizite Übereinkünfte situationsadäquate Vertragsausgestaltungen ermöglichen.[64]

Diese nicht rechtsverbindlichen Vertragsteile dienen vor allem der Reduktion von Unsicherheit bei der Abwicklung eines Vertrages (einer Transaktion, eines Tauschprozesses). Wird z. B. ein Produkt zeitgleich (simultan) gegen Zahlungsmittel getauscht, besteht eine geringere Unsicherheit über die vertragsgemäße Abwicklung des Geschäftes als bei Verträgen mit zeitlich auseinanderfallender Leistung und Gegenleistung. Unsicherheiten erwachsen vor allem dadurch, daß die Tauschpartner nicht über vollständige und gleiche Informationen (z. B. zum Partner, zum Produkt, zum Tauschverfahren) verfügen und dem (menschlichen) Hang zu opportunistischem Verhalten. Ein Anbieter im Markt kann z. B. in seinem Katalog ein Produkt anbieten, dessen Mängel (nicht vertragsgemäße Eigenschaften) dem Nachfrager erst bekannt werden, wenn er das Produkt nach Zahlung und Lieferung in der Hand hält; andererseits kann z. B. ein Nachfrager im Markt nach Bestellung und Lieferung eines Produktes die vertraglich vereinbarte Zahlung verweigern oder verzögern. Ein Mitarbeiter als Leistungsanbieter im Unternehmen muß z. B. darauf vertrauen, daß er für seine

---

63   Vgl. Richter, Rudolf; Furubotn, Eirik: Neue Institutionenökonomik, a. a. O., S. 157 f. und Erlei, Matthias; Leschke, Martin; Sauerland, Dirk: Neue Institutionenökonomik, a. a. O., S. 193 f.

64   Vgl. Richter, Rudolf; Furubotn, Eirik: Neue Institutionenökonomik, a. a. O., S. 158.

Leistungen während eines Monats per Gehaltsüberweisung am Monatsende auch wirklich bezahlt wird. Der Vorgesetzte als Leistungsnachfrager im Unternehmen muß z. B. häufig auf die Motivation und Eigenverantwortlichkeit von Mitarbeitern setzen, wenn es um Qualitätsanforderungen oder termingerechte Aufgabenerledigung geht.

Generell wird die Reduktion von Unsicherheit über die sozialen Elemente relationaler Verträge umso stärker sein, je höher die Qualität des Vertrauensverhältnisses zwischen den Partnern und damit die Glaubwürdigkeit der vertraglichen Verpflichtungen ist. Die Begriffe „Unsicherheit" und „Glaubwürdigkeit" werden in der Analyse von elektronischen Geschäftsaktivitäten in Kapitel B.4 eine eigene Rolle spielen.

Die Anbahnung, Abwicklung und Durchsetzung von Geschäften zwischen unabhängigen Partnern im Markt erfolgt zunächst vor dem Hintergrund rechtlicher Konsequenzen bei Nichterfüllung von Verträgen; komplementär tragen z. B. historisch gewachsene Geschäftsbeziehungen, die Aussicht auf zukünftige Geschäftschancen, persönliche Beziehungen oder moralische Grundsätze in relationalen Verträgen dazu bei, daß die Geschäftspartner fair miteinander umgehen. Im Unternehmen spielen die sozialen Vertragselemente ebenfalls eine tragende Rolle. Die Leistungsbereitschaft von Mitarbeitern hängt signifikant von ihrem sozialen Umfeld im Unternehmen und dem daraus ableitbaren Motivationsgrad ab. Die durch feste und langfristige Arbeitsverträge begründete starke Abhängigkeit der Mitarbeiter vom Unternehmen rückt hier jedoch die Bedeutung der „Weisung" bei der Anbahnung, Abwicklung und Durchsetzung von unternehmensinternen geschäftlichen Aktivitäten in den Vordergrund. Im Extremfall kann ein Vorgesetzter ohne Rücksichtnahme auf soziale Gegebenheiten einem Mitarbeiter die unbedingte Weisung erteilen, eine bestimmte Aufgabe zu erledigen.

Die konkrete Ausgestaltung von Transaktionen ist folglich davon abhängig, in welchem institutionellen Umfeld und mit welchen institutionellen Arrangements sie stattfinden. Die makroskopische Analyse des institutionellen Umfelds bezieht sich auf den Rahmen von Regeln, in dem Individuen handeln (Markt, Unternehmen); die mikroskopische Analyse der institutionellen Arrangements fokussiert auf die Ausgestaltung der Vertragsbeziehungen zwischen Leistungsanbietern und Leistungsnachfragern.

Im Gegensatz zur neoklassischen Mikroökonomik ist die Nutzung von Mechanismen zur Koordination von Angebot und Nachfrage in der Neuen Institutionenökonomik nicht kostenfrei. Die Inanspruchnahme der für die Abwicklung von Transaktionen erforderlichen Ressourcen verursacht spezifische Kosten, die als „Transaktionskosten" bezeichnet werden[65] (siehe Kapitel B.3). Ein Unternehmen, das z. B. ein Vorprodukt einkaufen will, muß einen bestimmten kostenverursachenden Aufwand (z. B. Telefongespräche, Messebesuche) betreiben, um den passenden Zulieferer zu finden. Der Vorgesetzte, der eine Umsatzübersicht zum vergangenen Monat haben möchte, muß zumindest Zeit aufwenden, um seine diesbezügliche Anweisung einem Mitarbeiter mitzuteilen.

Die Höhe der Transaktionskosten für eine bestimmte Transaktion ist von den Eigenheiten der Transaktion selbst abhängig (siehe Kapitel B.3); daneben wirkt sich auf die Transaktionskosten aus, in welchem institutionellen Umfeld die Transaktion abläuft: im Markt oder innerhalb eines Unternehmens. Beide Institutionstypen zeichnen sich durch ein eigenes Regelwerk aus, nach dem Angebot und Nachfrage zusammengeführt werden. Im Markt wird Angebot und Nachfrage zwischen unabhängigen Unternehmen „marktlich koordiniert"; Koordinationsinstrument ist der „Preis". Im Unternehmen wird (Leistungs-)Angebot und (Leistungs-)Nachfrage in aller Regel „hierarchisch koordiniert"; das Koordinationsinstrument ist die „Weisung". Die entsprechenden koordinationstypischen Regelwerke werden „Koordinationsformen" genannt (siehe Tab. 1). Man unterscheidet somit marktliche und hierarchische Koordinationsformen, deren reine Ausbildungen sich in den Organisationsformen des Marktes und der Unternehmung finden.

- *Koordinationsform „Markt"*: Auf einem Markt(platz) agiert eine Vielzahl unabhängiger Individuen, die spontan über frei vereinbarte Verträge kooperieren. Die Koordination der Produktions- und Tauschprozesse zwischen den unabhängigen Individuen geschieht über den Preismechanismus. Für jede Transaktion muß zumindest ein Marktpartner ausgewählt und Vereinbarungen über die Transaktion getroffen werden, bevor der Tausch von Gütern oder Leistungen stattfinden kann.

- *Koordinationsform „Hierarchie"*: Ein Unternehmen vereint eine Gruppe von Individuen über dauerhaft festgelegte Verträge zur Verfolgung eines ge-

---

65   Vgl. Richter, Rudolf; Furubotn, Eirik: Neue Institutionenökonomik, a. a. O., S. 38. Erlei, Matthias; Leschke, Martin; Sauerland, Dirk: Neue Institutionenökonomik, a. a. O., S. 51 f.

meinsamen Ziels. Eine zentrale Verfügungsgewalt in Form der Unternehmensleitung und die zugehörige Aufbau- und Ablauforganisation übernimmt die Ressourcenverteilung, Aufgabenzuweisung und Leistungsbewertung.[66] Die wirtschaftlichen Beziehungen innerhalb der Organisation sind fest geregelt; diese Form der Koordination wird als Hierarchie bezeichnet.

Die klassische Mikorökonomik interpretiert den Begriff „Markt" als einen abstrakten Marktplatz, auf dem sich anbietende Unternehmen und Nachfrager (Unternehmen, Endverbraucher) treffen. Im Unterschied dazu stellt die NIÖ mit den Begriffen „Markt" und „Unternehmen" auf „marktliche" und „hierarchische" Koordinationsformen von Organisationen ab. Dabei kann innerhalb eines Unternehmens (Leistungs-)Angebot und (Leistungs-)Nachfrage nicht nur hierarchisch, sondern auch marktlich koordiniert werden (z. B. via Profit Center); die Organisation „Unternehmen" ist dann der konkrete „Marktplatz". Wird Angebot und Nachfrage zwischen unabhängigen Unternehmen (und/ oder Endverbrauchern) marktlich koordiniert (z. B. bei einem „normalen" Verkauf/ Kauf eines Gutes), ist die Organisation „Markt" der konkrete „Marktplatz".

Eine weitere Koordinationsform ist die „Kooperation", eine Mischform zwischen marktlicher und hierarchischer Koordination. Unternehmen stellt sich grundsätzlich die organisatorische Frage, welche Teilaufgaben innerhalb und welche außerhalb der Organisation erfüllt werden sollen und welche Art wirtschaftlicher Beziehung zwischen den Aufgabenträgern innerhalb und außerhalb des Unternehmens bestehen muß. Während sich bei rein marktlicher Koordination die unabhängigen Aufgabenträger nur über die kurze Dauer des spezifischen Tausches gegenseitig verpflichten und bei hierarchischer Koordination langfristige (z. B. Arbeits-)Verträge abzuschließen sind, wird bei einer Kooperation ein externer Aufgabenträger für die Erfüllung von Leistungen über einen definierten Zeitraum hinweg per Vereinbarung verpflichtet. Unternehmen und externe Aufgabenträger werden zu Geschäftspartnern.

- *Koordinationsform „Kooperation":* Die Kooperation stellt eine Zwischenform der Koordinationsextreme Hierarchie und Markt dar.[67] Sie basiert auf vertraglich für einen bestimmten Zeitraum vereinbarten Rahmenbedingun-

---

66 Vgl. Schmid, Beat: Elektronische Märkte, Online im Internet: http://www.businessmedia. org/netacademy/publications.nsf/, 10.09.98.

67 Vgl. Schmid, Beat: Grundlagen und Entwicklungstendenzen Elektronischer Märkte, a. a. O., S. 2.

gen für den Austausch von Gütern und Leistungen zwischen unabhängigen Partnern. Diese Geschäftspartner schränken sich freiwillig in ihrem (marktlichen) Handlungsspielraum ein, da für sie aus der Kooperation Vorteile wie bessere Planbarkeit und Verringerung der Transaktionskosten erwachsen.[68] Die (Organisations-)Formen möglicher Kooperationen reichen von Absprachen, fixierten Preisen, langfristigen Liefer- und Abnahmegarantien bis zu strategischen Allianzen, Franchising, Genossenschaften, Joint-Ventures und Virtuellen Unternehmen. Die wirtschaftlichen Beziehungen innerhalb dieser Organisationen werden über kooperative Vereinbarungen (als Form ausgeprägt relationaler Verträge) geregelt und sind häufig zeitlich befristet.

	Koordinationsform	Organisation	Allokation über	Verträge
Reinform	Markt	Markt(platz)	Preise	situativ, spontan
Mischform	Kooperation	Kooperation	Vereinbarungen	ausgeprägt relational
Reinform	Hierarchie	Unternehmen	Anweisungen	formal, fest

Tab. 1: Koordinationsformen

3 Transaktionskosten und Transaktionsphasen

3.1 Zum Begriff „Transaktionskosten"

„Ein Wesensmerkmal der Neuen Institutionenökonomik ist ihre Betonung der Kostspieligkeit von Transaktionen."[69] Wegen ihrer relativen und absoluten Höhe sind die Transaktionskosten nicht zu vernachlässigen; Richter/Furubotn führen Schätzungen an, nach denen in modernen Marktwirtschaften bis zu 50-60% des Nettosozialprodukts erreicht werden.[70]

Transaktionskosten treten bei der Schaffung und beim Betrieb von Institutionen (Organisationen) auf; sie lassen sich in „feste" und „variable" Transaktionskosten untergliedern. Zu den festen Transaktionskosten gehören diejenigen Kos-

---

68   Vgl. Schmid, Beat: Grundlagen und Entwicklungstendenzen Elektronischer Märkte, a. a. O., S. 3.

69   Richter, Rudolf; Furubotn, Eirik: Neue Institutionenökonomik, a. a. O., S. 45.

70   Vgl. Richter, Rudolf; Furubotn, Eirik: Neue Institutionenökonomik, a. a. O., S. 45.

ten, die bei der Errichtung bzw. Bereitstellung des institutionellen Umfeldes und der institutionellen Arrangements entstehen. Man betrachte hier z. B. die aktuellen Anstrengungen der vormals kommunistischen Staaten Osteuropas, neue elementare gesellschaftliche Ordnungen zu implementieren, sowie die Kosten zur Einrichtung, Erhaltung und Änderung von Organisationsstrukturen im Unternehmen (z. B. Firmengründung, Personalverwaltung, IT-Investitionen, Public Relations). Die variablen Transaktionskosten sind Kosten, die von Art (z. B. Führungsstil und -Instrumente im Unternehmen, Art des Preisfindungsmechanismus im Markt), Umfang (z. B. Dauer eines Projektes, Umsatzsumme im Markt) oder Anzahl (z. B. Routinevorgänge im Unternehmen, Einzelauftrag im Markt) der Transaktionen abhängig sind. Die Transaktionskosten sind grundsätzlich von den Produktionskosten zu unterscheiden, die durch den Ressourcenverzehr bei der Erstellung eines Gutes oder einer Leistung entstehen.

Transaktionen können innerhalb der Organisationen „Unternehmen" (hierarchisch oder marktlich koordiniert) oder „Märkte" (marktlich oder kooperativ koordiniert) erfolgen. Demgemäß werden Unternehmens- und Markttransaktionskosten (je in feste und variable Bestandteile; s. o.) unterschieden.[71] Variable Unternehmenstransaktionskosten entstehen durch die Ausübung und Durchsetzung bestehender Rechte zum Zweck des Betreibens eines Unternehmens. Gemäß der Porter´schen Wertschöpfungskette[72] werden diese „Betriebskosten" durch die informationellen (vornehmlich durch Informationsgewinnung, -auswertung und -verwertung; z. B. die Disposition eines Unternehmers aufgrund bestehender Arbeitsverträge) sowie durch die physischen Komponenten von Wertschöpfungsaktivitäten (vornehmlich unternehmensinterne Übertragung von Leistungen; z. B. Transportkosten oder Liegezeitkosten) verursacht.[73]

Variable Markttransaktionskosten entstehen bei der Übertragung von Rechten (Gütern und Dienstleistungen) in Märkten als „Kosten der Benutzung von Märkten" (z. B. Verkauf-Kauf eines Produktes). „Um eine Markttransaktion durchzuführen, muß man herausfinden, wer derjenige ist, mit dem man zu tun haben will; Leute informieren, daß und unter welchen Bedingungen man mit

---

71   Hier sind zusätzlich die „politischen Transaktionskosten" zu nennen, die im Zusammenhang
      mit dem institutionellen Rahmen eines Gemeinwesens (Staat) auftreten. Vgl. Richter, Rudolf; Furubotn, Eirik: Neue Institutionenökonomik, a. a. O., S. 49 f.

72   Porter, Michael E.; Millar, Victor E.: Wettbewerbsvorteile durch Information, in: Harvard
      manager – Informations- und Datentechnik, 1/1985, S. 147.

73   Die aktuell virulente Prozeßkostenthematik ist in diesem Zusammenhang zu sehen.

ihnen zu tun haben will; Verhandlungen führen, die zu einem Abschluß führen; die erforderlichen Kontrollen einbauen, um sicher sein zu können, daß die Vertragsbedingungen eingehalten werden; usw."[74] Alle diese Aktivitäten beanspruchen Ressourcen und verursachen somit (variable) Markttransaktionskosten. Die Verben „herausfinden", „informieren", „verhandeln" und „kontrollieren" weisen deutlich auf Information und Kommunikation als die hauptsächlich kostenverursachenden Elemente[75] hin. Informations- und Kommunikationsbedarf entsteht vorrangig aufgrund unvollkommener Transparenz, d. h. Unsicherheit bezüglich Marktsituationen, Tauschobjekten, potentiellen Tauschpartnern und deren Hang zu opportunistischem Verhalten.[76]

3.2 Phasen einer Transaktionssequenz im Markt

Der Prozeß des Tausches von Gütern und Dienstleistungen gegen Zahlungsmittel im Markt (marktliche Koordination) kann in eine Abfolge von Transaktionsschritten unterteilt werden. Diese sind zeitlich sowohl vor, während, wie auch nach dem eigentlichen Akt des Tausches angesiedelt. Ein kurzes Beispiel soll dies verdeutlichen: Ein Unternehmen, das eine Maschine für den Produktionsprozeß erwerben möchte, beginnt die Umsetzung der Kaufabsicht damit, daß es sich auf dem entsprechenden Markt nach potentiellen Anbietern erkundigt. Als nächstes wird es einige Anbieter auswählen, diese kontaktieren und Verhandlungen über die Leistung führen. Haben sich ein Anbieter und das nachfragende Unternehmen auf bestimmte Konditionen geeinigt, wird ein Vertrag geschlossen. Erst jetzt folgt die Überstellung der gewünschten Maschine und die Bezahlung. Eventuell folgen Verhandlungen über Vertragsmodifikationen.

Der exemplarisch dargestellte Ablauf einer Transaktion, die Transaktionssequenz, läßt sich in einem Phasenmodell darstellen. Das Modell ist prinzipiell

---

74 Vgl. Richter, Rudolf; Furubotn, Eirik: Neue Institutionenökonomik, a. a. O., S. 50. Übersetzung aus Coase, Ronald H.: The Problem of Social Cost, in: Journal of Law and Economics, 3/1960, S. 15.

75 Vgl. Picot, Arnold: Transaktionskostenansatz der Organisationstheorie: Stand der Diskussion und Aussagewert, in: Die Betriebswirtschaft, 42. Jg. 1982, S. 270.

76 Vgl. Richter, R.; Bindseil, U.: Neue Institutionenökonomik, in: WiSt – Wirtschaftswissenschaftliches Studium, 24/1995, S. 136. Die Autoren benennen hier Kosten der Informationsgewinnung, -überprüfung und verarbeitung sowie Folgekosten unvollständiger Information, z. B. Verhandlungskosten und Durchsetzungskosten, als Transaktionskosten.

bei allen Formen von Transaktionen, sowohl auf traditionellen, physischen wie auch auf elektronischen Märkten gültig.[77] Die verschiedenen Phasen einer Transaktion lassen sich nach ihrem zeitlichen Ablauf in Informations- und Selektions-, Vereinbarungs-, Abwicklungs- und Nachvertragsphase unterteilen (siehe Abbildung 1).[78]

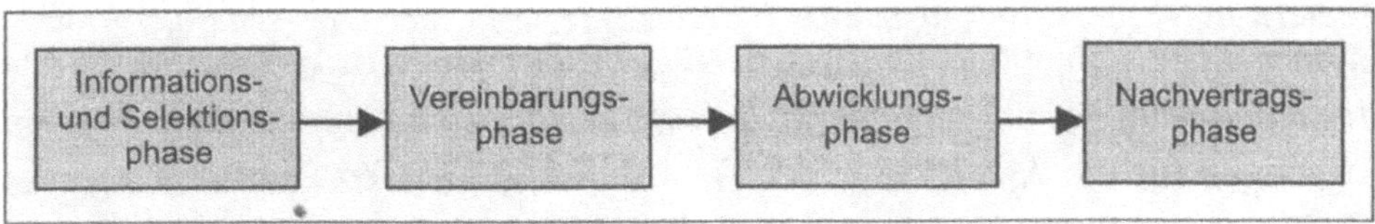

Abb. 1: Phasen der Transaktionssequenz

Informations- und Selektionsphase
Die erste Phase der Transaktion bildet die Informations- und Selektionsphase.[79] Der potentielle Nachfrager eines Gutes oder einer Leistung bemüht sich um Informationen über Produkte oder Leistungen zur Deckung seines Bedarfs. Zuerst wird er sich nach der generellen Existenz einer Lösung seines Problems erkunden, dann versuchen, Informationen zu Arten, Spezifikationen, Konditionen (Preis, Lieferbarkeit) und Bezug (Anbieter, Hersteller, Lieferanten) zu erlangen. Diese Informationen sind für den Nachfrager elementar; ohne sie kann keine Transaktion stattfinden. Neben den elementaren Informationen gibt es weitere, die in der Informationsphase für den potentiellen Nachfrager von Interesse sein können: Welche Entwicklungen stehen auf dem Markt des von ihm gesuchten Produktes an, welchen Ruf genießen die Hersteller, wie steht es wirtschaftlich/politisch um sie? Hierzu kann er direkten Kontakt zu den gefundenen Produzenten (Anbietern) aufnehmen, um Informationen zu erfragen oder sich bei Serviceleistern beraten lassen. Anbieter werden versuchen, die Informations- und Selektions-Aktivitäten der potentiellen Kunden (Nachfrager) optimal durch Bereitstellung von Informationen (z. B. via Marketing) zu unterstützen. In dieser Phase steht ein anbietendes Unternehmen dem potentiellen Nachfra-

---

77   Vgl. Schmid, Beat: Elektronische Märkte, a. a. O., S. 4.

78   Vgl. Schmid, Beat: Elektronische Märkte, a. a. O., S. 3 f. und Muther, Andreas; Österle, Hubert: Electronic Customer Care - Neue Wege zum Kunden, in: Wirtschaftsinformatik, 2/1998, S. 108.

79   Vgl. Schmid, Beat; Lindemann, Markus: Elements of a Reference Model for Electronic Markets, Online im Internet: http://www.businessmedia.org/netacademy/publications.nsf/ hicss98.pdf, 10.09.98, S. 2.

ger auch häufig noch anonym gegenüber und in Konkurrenz zu Anbietern von gleichen und Substitutionsprodukten.

Vereinbarungsphase

Hat der Nachfager einen oder mehrere Anbieter in die engere Wahl gezogen, beginnt die Vereinbarungsphase.[80] Der Nachfrager tritt mit dem oder den Anbietern in Verhandlung über eine mögliche Transaktion. Die (anfänglich) anonymen Marktteilnehmer lernen sich kennen. Der Nachfrager entscheidet sich für einen Anbieter und vergibt einen Auftrag, womit die notwendigen Voraussetzungen für die Abwicklung der Transaktion geschaffen werden. Fragen zu Garantie- und Serviceleistungen, Liefer- und Zahlungsbedingungen werden geklärt. Häufig werden zu diesem Zeitpunkt bereits auch zusätzliche Leistungen des Anbieters, z. B. Beratungen zum Einsatz oder der Konfiguration eines Gutes, abgesprochen.

Abwicklungsphase

Die Transaktionsabsicht und die vereinbarten Konditionen werden mit einem Vertrag zwischen den Transaktionspartnern festgeschrieben, womit die Rechtsgrundlage für den (marktlichen) Tausch geschaffen wird.[81]

Nachvertragsphase

Der vereinbarte Güter- oder Leistungsaustausch wird durchgeführt. Der Lieferant kommissioniert, verpackt und versendet das Gut. Bei physischen Gütern muß eine „Masse" meßbaren Ausmaßes bewegt werden. Hierzu bedarf es der Überbrückung von Raum. Je nach Umfang der eigenen Leistungserstellung kauft der Lieferant hierzu noch Leistungen von Dritten wie Logistik, Versicherung oder Zwischenlagerung hinzu. Auch digital vorliegende Waren wie Computerprogramme werden auf traditionellen Märkten aufgrund ihrer Bindung an einen materiellen Datenträger auf diese Weise dem Käufer zugestellt. Der Käufer kontrolliert die Einhaltung der Vereinbarungen, nimmt das Gut entgegen und bezahlt. Abgeschlossen wird die Transaktionssequenz durch eventuelle

---

80   Vgl. Schmid, Beat; Lindemann, Markus: Elements of a Reference Model for Electronic Markets, a. a. O., S. 2.

81   Im Unterschied zu Schmid/Lindemann (Vgl. Schmid, Beat; Lindemann, Markus: Elements of a Reference Model for Electronic Markets, a. a. O., S. 2.), der Abwicklungs- und Nachvertragsphase zusammenfaßt, werden Vertragsabschluß und Abwicklung des Gütertauschs in der vorliegenden Arbeit in die zwei Transaktionsphasen Vereinbarungs- und Nachvertragsphase getrennt.

Nachverhandlungen, in denen Termin-, Qualitäts-, Mengen- und Preisänderungen durchgeführt werden können.

Phase	Nachfragerbedürfnis	Aktionen Nachfrager	Aktionen Anbieter

Informations- und Selektions- phase	- Existenz von Produkten
	- Spezifikationen
	- Bezugsquellen
	- Konditionen
	- Neuheiten
	- Kundenindividuelle Informationen
		- Markterkundung
		  - Aktiv
		  - Passiv
		- Entwicklungen verfolgen
		- Anforderungen an Leistung bzw. Produkt konkretisieren
		- Leistungen vergleichen
		- Anbieter auswählen
			- Produkt-, Preis- und Firmeninformationen anbieten
			- Markt- und Kunden- informationen sammeln
			- Produktinteresse generieren (Marketing)

Vereinbarungs- phase	- Informationen zur gewünschten Leistung bzw. zum Produkt
	- Beratung, Kommunikation
		- Kontaktaufnahme/ Gespräche mit dem Anbieter
		- Geeignete Leistung auswählen
		- Konditionen aushandeln
			- Konfiguration erstellen
			- Beratung / Demonstration
			- Entscheidungs- unterstützung
			- Konditionen aushandeln
			  - Zahlungsbedingungen
			  - Lieferkonditionen, Liefertermine
			  - Garantieleistungen
			  - Serviceleistungen

Abwicklungs- bzw. Kaufphase	- Einfache Bestellabwicklung	- Bestellung abgeben (Vertragsabschluß)	- Bestellung annehmen (Vertragsabschluß)

Nachvertrags- phase	- Transparenz beim Liefer- vorgang
	- Einfache Logistik
	- Integrierte Bezahlung
	- Sicherheit
	- U. U. Änderung der Vertragsbedingungen
		- Bestell- und Lieferstatus prüfen
		- Entgegennahme des Gutes
		- Bezahlung
		- Testen, in Gebrauch nehmen
		- Änderung von Terminen, Qualität, Menge, Preis
			- Bestell- und Lieferabwicklung
			  - Kommissionierung
			  - Verpackung
			  - Transport
			- Rechnung, Lieferschein
			- Zahlungsverkehr
			- Einkauf Fremdleistungen (Transport, Versicherung)

Abb. 2: Nachfragerbedürfnisse und Aktionen von Nachfragern und Anbietern während der Transaktionssequenz[82]

In mancher Interpretation der Transaktionssequenz werden die Übermittlung der Leistung und der Vorgang des Bezahlens der Abwicklungsphase zugeord-

---

82 In Anlehnung an Muther, Andreas; Österle, Hubert: Electronic Customer Care - Neue Wege zum Kunden, a. a. O., S. 108.

net. Im engeren Sinne wird der physische Akt des Leistungsaustauschs (z. B. Transport eines Gutes, Übermittlung von Zahlungsmitteln) als Teil einer Transaktion ausgeklammert; die Transaktionskostentheorie beschränkt sich auf die Betrachtung der vor, während und nach dem Tausch angesiedelten Informations- und Kommunikationsprozesse. Bei elektronischen Geschäftsaktivitäten erhalten jedoch die den physischen Tauschakt begleitenden Prozesse (bzgl. Lieferung und Zahlung) eine eigene Bedeutung (siehe Kap. B.4). Abbildung 2 zeigt die Phasen der Transaktionssequenz und ordnet den einzelnen Phasen typische Nachfragerbedürfnisse und daraus resultierende Aktionen von Nachfragern und Anbietern exemplarisch zu.

3.3 Kostenbestandteile einer Transaktionssequenz im Markt

Zur Überwindung der unvollkommenen Transparenz der Transaktionssituation verursachen Transaktionen in jeder Phase bestimmte Kosten: Such-, Anbahnungs-, Vereinbarungs-, Abwicklungs-, Durchsetzungs-, Kontroll- und Anpassungskosten. Abbildung 3 zeigt den Zusammenhang zwischen den Nachfrager-/Anbieter-Aktionen in den einzelnen Phasen der Transaktionssequenz und den zugehörigen Transaktionskosten.

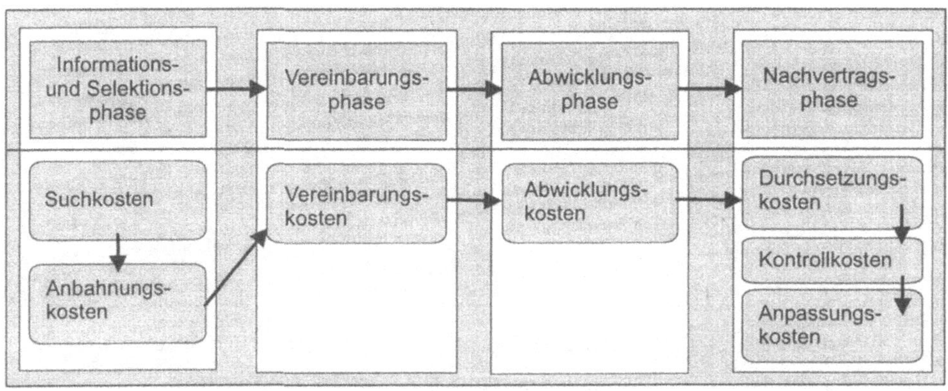

Abb. 3: Zusammenhang Transaktionskosten und Transaktionssequenz

Such-, Anbahnungskosten
  Kosten für die Informationssuche und -beschaffung über potentielle Transaktionspartner und Handlungsalternativen; Kosten für die Kontaktaufnahme; Kosten für die Informationsbereitstellung

Vereinbarungskosten

Kosten der Kontaktierung; Kosten für Preis- und Vertragsverhandlungen, Vertragsformulierung; Kommunikationskosten

Abwicklungskosten

Kosten des Vertragsschlusses, der Herstellung von Rechtsverbindlichkeit/-gültigkeit, Sicherheit; Kommunikationskosten, Kosten der Informationsübermittlung

Durchsetzungs-, Kontroll-, Anpassungskosten

Kosten für die Überwachung und Sicherstellung der Einhaltung der Vertragsbedingungen (z. B. Qualitätsvereinbarungen); Kosten für die Durchsetzung und Durchführung eventueller Vertragsänderungen (z. B. Mengen-, Preisvereinbarungen); Kosten der Informationsübermittlung; (im weiteren Sinne für elektronische Geschäftsaktivitäten auch Kosten des Leistungs- und Zahlungsmitteltransfers)

Die Höhe der Kosten für eine Transaktion wird durch eine Reihe von Determinanten beeinflußt, die in zwei Bereiche unterteilt werden können:[83]

Eigenschaften der Transaktion[84]
- Spezifität der Transaktion;
- Unsicherheit über aktuelle und zukünftige Umweltzustände, in denen die vereinbarte Leistung erbracht wird;
- Häufigkeit der Durchführung dieser Transaktionsart zwischen den Beteiligten.

Infrastruktur für die Transaktion
- rechtliche Rahmenbedingungen;
- technologische Rahmenbedingungen.

Je mehr besondere Eigenheiten eine Transaktion besitzt, je komplizierter und umfangreicher sie ist (Spezifität), je größer die Unsicherheit über Entwicklungen der Transaktions-Umwelt ist, je seltener eine spezifische Transaktion zwischen zwei Marktakteuren durchgeführt wird, desto größer sind die zu lösenden

---

83 Vgl. Picot, Arnold: Transaktionskostenansatz der Organisationstheorie: Stand der Diskussion und Aussagewert, a. a. O., S. 271 f.

84 In Picots „Eigenschaften" sind „Art, Umfang und Anzahl von Transaktionen" enthalten, die in Kapitel B.3.1 einleitend als Bestimmungsfaktoren für die Höhe von variablen Transaktionskosten angeführt wurden.

Informationsprobleme.[85] Steigende Informationsprobleme verursachen einen höheren Bedarf an Kommunikation und damit höhere Transaktionskosten. Es ist evident, daß durch den Einsatz adäquater Informations- und Kommunikationstechnik (IuK-Technik) die Kosten für die technische Lösung der Informationsprobleme gesenkt und Transaktionsabläufe beschleunigt werden können.[86] Die Eigenschaften einer Transaktion wirken somit kostentreibend, während die „richtigen" technologischen Rahmenbedingungen (technische Infrastruktur für die Transaktion) zur Kostensenkung beitragen können.

Gleichzeitig werden die Kosten einer Transaktion von ihren rechtlichen Rahmenbedingungen (s. o. Infrastruktur für die Transaktion) determiniert. Die rechtlichen Regelwerke konkreter Institutionenausprägungen Markt und Unternehmen werden tendenziell kostentreibend wirken, wenn sie über Anzahl und (regionaler, institutioneller) Inkompatibilität Vertragsabschlüsse verkomplizieren. Hingegen können rechtliche Regelwerke transaktionskostensenkend wirken, wenn sie über breite Anerkennung, Transparenz und Konsistenz Unsicherheiten der Geschäftspartner und damit Informations- und Kommunikationsaufwand reduzieren.

3.4 Koordinationsformen und Transaktionskosten

Den vorgenannten einzelwirtschaftlichen Determinanten der Transaktionskosten ist beizufügen, daß die rechtlichen und technologischen Infrastrukturen Bestandteile des institutionellen Umfelds sind, welches vor der Kulisse der NIÖ als der gesamte Rahmen von Regeln zu interpretieren ist, in dem Individuen handeln. Diesbezüglich wird bereits die Wahl des Regelwerks, nach dem Angebot und Nachfrage zusammengeführt (koordiniert) werden, die Kosten einer Transaktion grundlegend beeinflussen. Die Koordinationsform, in der die Transaktion abläuft, hat einen wesentlichen Einfluß auf die rechtliche und technische Ausgestaltung der Transaktion. In (kleinen) hierarchischen Organisationen (Unternehmen als rechtlicher und technischer Rahmen) entfallen bei der Transaktion die Informations- und Vereinbarungsphase weitgehend (Über-

---

85   Vgl. Picot, Arnold: Transaktionskostenansatz der Organisationstheorie: Stand der Diskussion und Aussagewert, a. a. O., S. 272.

86   Vgl. Picot, Arnold: Transaktionskostenansatz der Organisationstheorie: Stand der Diskussion und Aussagewert, a. a. O., S. 272.

schaubarkeit, geringe Anzahl Beteiligter, hoher Informationsgrad der Beteiligten). Auch die Abwicklungskosten sind geringer, da die Eigenschaften der innerhalb der Hierarchie ablaufenden Transaktionen relativ transparent sind und eine Infrastruktur für die Abwicklung (vertragliche Rahmenbedingungen, technische Unterstützung) begrenzt und kontrollierbar ist.

Dem müssen allerdings die Kosten gegenübergestellt werden, die innerhalb einer Hierarchie für die Durchführung von Transaktionen entstehen, z. B. aufgrund bürokratischer Steuerungs- und Kontrollsysteme. Coase nimmt an, daß die Grenzkosten unternehmensintern durchgeführter Transaktionen steigend verlaufen;[87] d. h., mit steigender Komplexität eines Unternehmen wächst der Administrationsaufwand überproportional an, die Wahrscheinlichkeit unternehmerischer Fehlentscheidungen nimmt zu. Dies bedeutet, daß der Einsparung marktlicher Transaktionskosten durch Integration von Leistungsprozessen in die Unternehmens-Hierarchie, z. B. durch den Aufkauf eines Lieferanten, steigende interne Transaktionskosten gegenüberstehen. Die optimale Unternehmensgröße ergibt sich aus dem Zusammenhang der unternehmensintern durch Transaktionen entstehenden Kosten und den Kosten entsprechender Transaktionen auf dem Markt außerhalb des Unternehmens (Markt als rechtlicher und technischer Rahmen). Die optimale Unternehmensgröße ist gefunden, wenn die Grenzkosten der internen Transaktionen gleich denen der marktlichen Transaktionen sind; d. h., wenn eine Transaktion innerhalb der Hierarchie nicht zu geringeren Kosten ausgeführt werden kann als bei marktlicher Koordination.

Zwischen rein marktlicher und rein hierarchischer Koordination bietet sich unter Transaktionskostenaspekten die Kooperation zwischen unabhängigen Partnern an. Besonders bei zeitlich befristeten Geschäftschancen, die eine relativ enge und punktuelle Zusammenarbeit der Partner erfordern, werden in der Praxis häufig hybride Organisationsformen genutzt. Als eher konventionelle Ausprägungen sind hier Lieferanten-Produzenten-Beziehungen mit EDI-basierten unternehmensübergreifenden Prozeßketten zu nennen. Innovative Unternehmensformen wie z. B. Virtuelle Unternehmen nutzen gezielt bestimmte Kernkompetenzen der Partner und teilen sich Wissen, Kosten, Chancen, Risiken und Gewinne, um ihren Kunden eine gemeinsame Gesamtleistung anzubieten. Die rein hierarchische Koordination dieser Gesamtleistung könnte z. B. dadurch re-

---

87 Vgl. Williamson, Oliver E.; Winter, Sidney G.: The Nature of the Firm, New York: Oxford University Press 1991, S. 23.

alisiert werden, daß einer der Partner den anderen aufkauft. Dabei werden jedoch feste Transaktionskosten zur Errichtung bzw. Bereitstellung des institutionellen Umfeldes und der institutionellen Arrangements verursacht, die die Einsparung von variablen Transaktionskosten durch die Integration in die eigene Hierarchie überkompensieren können. Eine rein marktliche Koordination der Gesamtleistung bedeutete, den Partner durch relativ hohe Vergütungen („teure" kooperative Zugeständnisse) dazu zu bewegen, seine Kernkompetenzen in die Gesamtleistung einzubringen, ohne an den Chancen und Gewinnen beteiligt zu werden. In diesem Falle werden geringe fixe Transaktionskosten (in der Hierarchie) von relativ hohen variablen Transaktionskosten (im Markt) begleitet. Per Saldo werden bei bestimmten Umfeldkonstellationen die kooperativen Transaktionskosten geringer sein als diejenigen rein marktlicher oder hierarchischer Koordination.

Aus transaktionskostentheoretischer Sicht ist demnach entscheidend, daß sich unterschiedliche Koordinationsformen (Markt, Hierarchie, Kooperation) bei der Abwicklung arbeitsteiliger Aufgaben (Leistungskoordinationen) bzgl. der Transaktionskosten unterscheiden. Ein Ziel der Transaktionskostentheorie in der Neuen Institutionenökonomik ist es, diese Unterschiede zu erklären und zur Identifikation und Ausgestaltung von (kosten-)effizienten Organisationen und Transaktionen beizutragen. Als ein Hauptkritikpunkt an der Transaktionskostentheorie wird häufig deren mangelnde Operationalisierung und die damit verbundenen Probleme bei der Messung von Transaktionskosten angeführt. Neben den monetär erfaßbaren Größen verursachen die schwer quantifizierbaren Elemente wie Zeitaufwand (z. B. durch häufig unvermeidbar unstrukturiertes, weil kreatives Verhalten bei der Informationsgewinnung), persönliche Verhaltensweisen oder verpaßte Gelegenheiten (Opportunitätskosten) beträchtliche Teile der Transaktionskosten. Die nachfolgende Analyse von elektronischen Geschäftsaktivitäten wird durch dieses Operationalisierungsproblem jedoch nicht beeinträchtigt. Vielmehr sollen die grundlegenden Aussagen der Neuen Institutionenökonomik, daß Transaktionskosten existieren und sich bei verschiedenen Koordinationsformen unterschiedlich ausbilden, dazu herangezogen werden, die Transaktionskostentendenzen und relative Vorteilhaftigkeit alternativer elektronisch unterstützter Koordinationsformen zu beleuchten.

4 Grundlagen elektronischer Geschäftsaktivitäten

4.1 Institutionenökonomische Prämissen

Aus den vorherigen Ausführungen zur Neuen Institutionenökonomik und dem Transaktionskostenansatz werden folgende Prämissen für die Analyse spezifischer Problembereiche elektronischer Transaktionen extrahiert.

Die institutionenökonomische Analyse eines gesamten Wirtschaftsgefüges umfaßt alle Geschäftsaktivitäten auf konkreten Marktplätzen, innerhalb von Unternehmen und in Kooperationen zwischen Geschäftspartnern mit dem Ziel, die relative Vorteilhaftigkeit verschiedener Koordinationsformen bzgl. ihrer Transaktionskostentendenzen zu erklären.

Die NIÖ betrachtet ein Wirtschaftsgefüge umfassend aus theoretischer Sicht als die Gesamtheit von Institutionen (Mengen von Regeln) zwischen und innerhalb derer Leistungsangebot und -nachfrage koordiniert werden. Marktliche und hierarchische Koordinationsformen prägen die „Reinformen" von Institutionen „Markt" und „Hierarchie", deren konkrete Erscheinungsformen als „Organisationen" (Regeln + Menschen) bezeichnet werden.

Die neoklassische Mikroökonomik abstrahiert von Koordinationsvorgängen und definiert „Markt" als den Ort des Aufeinandertreffens von Angebot und Nachfrage. Der Begriff „Markt" wird in diesem Zusammenhang üblicherwiese als ein definierter, physischer Marktplatz mit traditionell analoger Struktur interpretiert.

Der in der Praxis und Literatur meist im vorgenannten klassischen Sinne verwendete Begriff „elektronischer Markt" (eMarkt) für das Internet als konkreter Ort des Aufeinandertreffens von unabhängigen Unternehmen und Endverbrauchern ist im vorliegenden Zusammenhang zu eng gefaßt. Im institutionenökonomischen Sinne steht der Begriff „elektronischer Markt" für alle „elektronisch betriebenen" marktlichen Leistungskoordinationen im institutionellen Rahmen eines Wirtschaftsgefüges.

Aus institutionenökonomischer Sicht treffen somit Angebot und Nachfrage in einem institutionellen Rahmen aufeinander, der aus marktlich, hierarchisch und kooperativ koordinierenden Organisationen besteht. Die NIÖ analysiert demzufolge ein gesamtes Wirtschaftsgefüge mit allen Geschäftsaktivitäten auf konkreten Marktplätzen, innerhalb von Unternehmen und in Kooperationen zwischen Geschäftspartnern mit dem Ziel, die relative Vorteilhaftigkeit verschiedener Koordinationsformen bezüglich ihrer Transaktionskostentendenzen zu erklären.

Die Wahl der Organisation und Ausgestaltung der Koordinationsform für Transaktionen (institutioneller Rahmen) beeinflußt grundlegend die Transaktionskosten.

Coase untersuchte 1937 die Gründe für die Existenz von Unternehmen und die Parameter, die ihre Größe bestimmen.[88] Er stellte fest, daß unvollkommene Informationen der am Güter- und Leistungsaustausch beteiligten Wirtschaftssubjekte dazu führen, daß bei jeder marktlichen Transaktion für die Benutzung des Preismechanismus Transaktionskosten entstehen. Diese Kosten lassen sich durch Verlagerung der Koordination in Hierarchien (Unternehmen) in einem bestimmten Ausmaß verringern. Coase folgert daraus, daß sich Unternehmen bilden, um durch hierarchische Koordination von Aktivitäten innerhalb des Unternehmens Transaktionskosten einzusparen. Innerhalb eines Unternehmens kann bei Bedarf einer bestimmten Leistung die Erstellung derselben „kurzerhand angeordnet" werden. Im Vergleich zum Bezug einer Leistung über einen Markt entstehen Einsparungen bei der unternehmensinternen Transaktion, da z. B. das Einholen von Informationen zu möglichen Lieferanten, das Vergleichen von Angeboten und eine Einigung über den Umfang und die Konditionen der Lieferung entfallen. Ob man eine Leistung unternehmensintern erstellt oder auf dem Markt „einkauft" (Outsourcing), wird demzufolge maßgeblich von den jeweils verursachten Transaktionskosten determiniert. Kapitel B.4.4 wird zeigen, daß die „Kooperation" im Vergleich zu den Koordinationsformen „Markt" und „Hierarchie" Kostenvorteile aufweisen kann, die durch IuK-Unterstützung (elektronische Transaktionen) verstärkt und ergänzt werden.

Transaktionskosten werden zu einem überwiegenden Teil durch IuK-Bedarf verursacht und sind durch IuK-Technik (technischer Rahmen) reduzierbar.

Die Kostenvorteile elektronischer Transaktionen (im Markt, in Unternehmen, in Kooperationen) im Vergleich zu herkömmlichen analogen Transaktionen resultieren zum einen aus einer adäquaten Informations- und Kommunikations-technischen Infrastruktur. Diese Infrastruktur kann alle Phasen

---

88 Coase, Ronald H.: The Nature of the Firm, in: Economica, 4/1937, S. 386-405; abgedruckt in: Williamson, Oliver E.; Winter, Sidney G.: The Nature of the Firm, New York: Oxford University Press 1991.

einer Transaktionssequenz unterstützen. Eine moderne digitalisierte IuK-Infrastruktur hat jedoch auch eine Enabler-Funktion für kostengünstige kooperative Koordinationsformen, die auf analoger Basis nicht sinnvoll sind (siehe Kapitel B.4.4).

Information und Kommunikation zwischen Individuen (institutionelle Arrangements) und verbindliche rechtliche Regeln tragen maßgeblich zur Reduktion von Unsicherheit und zur Erhöhung von Glaubwürdigkeit bei.

Transaktionen werden letztendlich zwischen Individuen abgewickelt. Diese Individuen verfügen keineswegs über vollkommene Markttransparenz und umfassende Informationen. Jede Transaktion weist demnach ein bestimmtes Maß an Unsicherheit für die beteiligten Individuen auf. Die Reduktion von Unsicherheit kann einerseits über einen verläßlichen rechtlichen und technischen Rahmen erfolgen, wird andererseits jedoch auch über die sozialen Elemente relationaler Verträge umso stärker sein, je höher die Qualität des Vertrauensverhältnisses zwischen den Geschäftspartnern und damit die Glaubwürdigkeit der vertraglichen Verpflichtungen ist.

4.2 Das „Elektronische Wirtschaftsgefüge"

Im institutionenökonomischen Sinne steht der Begriff „elektronischer Markt" für alle „elektronisch betriebenen" marktlichen Leistungskoordinationen im institutionellen Rahmen eines Wirtschaftsgefüges. Die „klassische" Interpretation verbindet mit diesem Begriff jedoch meist nur einen konkreten „elektronischen Marktplatz" (Organisation „eMarkt") als Teil eines Wirtschaftsgefüges und als konkrete organisatorische Ausprägung einer ökonomischen Institution zum marktlich koordinierten Tausch von Gütern und Dienstleistungen.[89] Bekannte Beispiele sind hier die Deutsche Terminbörse (DTB) und das Aktienhandelssystem Xetra. Ein eMarkt wird hier als die Weiterentwicklung eines klassischen Marktplatzes angesehen.[90] Im Unterschied zu diesem finden Transaktionen je-

---

89 Vgl. Schinzer, Heiko: Elektronische Marktplätze, a. a. O., S. 1160 ff. Schinzer beschränkt sich hier aus betriebswirtschaftlicher Sicht sehr eng und konkret auf funktionsorientierte (Online-Shops, -Malls, -Auktionssysteme) und prozeßorientierte (Mass Customization, virtuell integrierte Netze) Marktplätze, ohne diese einer makro- oder mikroskopischen Analyse zu unterziehen.

90 Vgl. Schmid, Beat: Was kann man von elektronischen Märkten erwarten?, Online im Internet: http://www.businessmedia.org/netacademy/publications.nsf/, 12.09.98.

doch nicht an einem fest definierten physischen Ort statt, sondern laufen ortslos in einem elektronischen Medium ab.[91] Die Transaktionsprozesse beruhen auf Diensten vernetzter IuK-Systeme und sind ohne diese nicht durchführbar: Die Netz-Infrastruktur stellt den konkreten Marktplatz dar.[92]

Der tatsächliche Aufenthaltsort von Anbieter und Nachfrager ist idealerweise bedeutungslos. Ein eMarkt wird dadurch zu einem Medium für den Tausch mit völlig neuen Eigenschaften: Es führt zur Aufhebung von räumlichen und zeitlichen Restriktionen für die Geschäftsabwicklung. Es kann grundsätzlich jede Art von Gütern und Dienstleistungen auf eMärkten gehandelt werden, eine Beschränkung auf immaterielle Güter besteht nicht. Auf eMärkten können alle Phasen der Transaktionssequenz, d. h. Informations-, Vereinbarungs-, Abwicklungs- und Nachvertragsphase zumindest teilweise ablaufen. Schmid definiert eMärkte demzufolge als „mit Hilfe der Telematik realisierte Marktplätze"[93].

Über den Umfang, in dem Funktionalitäten traditioneller analoger Märkte durch Telematik unterstützt werden müssen, damit ein elektronischer Markt vorliegt, gibt es unterschiedliche Auffassungen in der Literatur.[94] Aus institutionenökonomischer Sicht reicht es jedoch nicht aus, lediglich eine adäquate technologische Infrastruktur bereitzustellen, um einen elektronischen Marktplatz zu generieren oder einen analogen Marktplatz in einen elektronischen umzuwandeln. Die Vorgaben aus Kapitel B.4.1 beinhalten zwar die Forderung nach IuK-technischen Rahmenbedingungen, weisen aber auch darauf hin, daß die Neue Institutionenökonomik vorrangig auf die Analyse eines makroskopischen institutionellen Rahmens mit mikroskopischen institutionellen Arrangements für ein gesamtes Wirtschaftsgefüge abstellt. Demnach werden unter dem Begriff „elektronisches Wirtschaftsgefüge" diejenigen Komponenten eines umfassenden Wirtschaftsgefüges zusammengefaßt, die

- innerhalb einer Netzwerk-Infrastruktur das Aufeinandertreffen von Anbietern und Nachfragern verschiedener Organisationen zur marktlichen, kooperativen und hierarchischen Leistungskoordination ermöglichen;

---

91   Vgl. Schmid, Beat: Zur Konstruktion Elektronischer Märkte, Online im Internet: http://www.business-mdia.org/netacademy/publications.nsf/, 12.09.98.

92   Vgl. Europäische Kommission: European Initiative in Electronic Commerce, Online im Internet: ftp://ftp.cordis.lu/pub/esprit/docs/ecomcomd.pdf, 14.04.98, S. 9.

93   Schmid, Beat: Elektronische Märkte, in: Wirtschaftsinformatik, 5/1993, S. 468.

94   Vgl. Schmid, Beat: Was kann man von elektronischen Märkten erwarten?, a. a. O., S. 8 f. sowie Stahlknecht, Peter: Einführung in die Wirtschaftsinformatik, a. a. O., S. 334.

- eine oder mehrere Phasen der Transaktionssequenz durch IuK-Systeme unterstützen;

- institutionelle Arrangements speziell für elektronische Transaktionen bereitstellen.

Im weiteren wird ein elektronisches Wirtschaftsgefüge betrachtet, das als Infrastruktur-Plattform die Internet-Technologie nutzt. Andere Computernetzwerke spielen für elektronische Geschäftsaktivitäten (Leistungskoordinationen) nur noch eine untergeordnete Rolle.

Es lassen sich offene und geschlossene Bereiche des elektronischen Wirtschaftsgefüges unterscheiden. Die geschlossenen Bereiche werden für die Leistungskoordination einer begrenzten Benutzergruppe eingesetzt. Sie basieren auf Internet-Technologie (TCP/IP, Derivate und Weiterentwicklungen) und werden als Extranets bezeichnet, wenn sie unabhängige Geschäftspartner zwecks Kooperation verbinden (siehe Kapitel B.4.4). Die Übertragung der Datenströme (physische Infrastruktur) kann sowohl über eigene, vom Internet getrennte Leitungen ablaufen oder die physischen Netzwerkverbindungen (Backbones) des offenen Internet nutzen. Werden die Netzwerkverbindungen des offenen Internet als Infrastruktur eingesetzt, um darauf ein eigenes, virtuelles Netz aufzusetzen, spricht man von Virtual Private Networks (VPN).[95] Bei VPNs müssen zur Sicherstellung von Vertraulichkeit, Integrität, Authentizität und Verbindlichkeit sowie zur Begrenzung einer definierten Benutzergruppe Methoden der Kryptographie zur Verschlüsselung der Datenübertragung eingesetzt werden.[96]

Werden die geschlossenen Bereiche ausschließlich zur Leistungskoordination innerhalb einer Hierarchie (siehe Kapitel B.4.5) eingesetzt, spricht man von einem Intranet. Die Benutzergruppe wird dabei durch die Mitarbeiter eines Unternehmens begrenzt. Sofern sich die Leitungen des Intranets räumlich nicht innerhalb der Unternehmensgrenzen befinden, wird der Aufbau eines VPNs innerhalb der offenen Internet-Infrastruktur erforderlich.

Die offenen Bereiche eines elektronischen Wirtschaftsgefüges besitzen zugriffsrechtlich (im DV-technischen Sinne) keine Restriktionen bezüglich der

---

95   Vgl. Schmitz, Eva: Virtuelle Private Netze: Unter Ausschluß der Öffentlichkeit, in: Office Management, 6/1998, S. 42.

96   Zu den Basistechnologien abhörsicherer Informationsübertragung vgl. Höller, Johann; Pils, Manfred; Zlabinger, Robert: Internet und Intranet, Berlin et al.: Springer 1997, S. 252 ff.

teilnehmenden Akteure. Information und Kommunikation zur marktlichen Leistungskoordination (siehe Kapitel B.4.3) findet über die Übertragungseinrichtungen des offenen Internet statt. Das offene Internet kann sowohl für Transaktionen mit anonymen Endverbrauchern als auch für Transaktionen mit anderen, bekannten oder anonymen Unternehmen genutzt werden. Sicherheit bei der Abwicklung von Transaktionen kann jeweils spezifisch nach den Anforderungen der Transaktion und den Wünschen der Beteiligten durch Authentifizierungsmethoden und sicheren Protokollen erreicht werden. Durch die Nutzung des offenen Internet als Infrastruktur haben praktisch alle Organisationen und Individuen, die über einen Telefonanschluß verfügen, die Möglichkeit, im elektronischen Wirtschaftsgefüge zu agieren. Tabelle 2 stellt die charakterisierenden Merkmale offener und geschlossener Bereiche des elektronischen Wirtschaftsgefüges gegenüber.

Geschlossene Bereiche		Offener Bereich
Extranet	**Intranet**	**Internet**
Nur zwischen Unternehmen (*Business-to-Business*)	Innerhalb eines Unternehmens (*Business-to-Self*)	Zwischen Unternehmen und Verbrauchern (*Business-to-Consumer*) Zwischen Unternehmen (*Business-to-Business*)
Geschlossene, häufig branchenspezifische "Clubs"	Die Unternehmensgrenzen sind die Marktgrenzen.	Offener Markt, globaler Maßstab
Begrenzte Zahl beteiligter Unternehmen	Mitarbeiter des Unternehmens	Alle Unternehmen und Individuen
Geschlossene, geschützte Netze	Geschlossenes, geschütztes Netz	Offene, ungeschützte Netze
Nur bekannte, verbundene Geschäftspartner	Nur bekannte Mitarbeiter als „Geschäftspartner"	Bekannte und unbekannte Geschäftspartner
Sicherheit durch Netzaufbau und/oder den Einsatz von Kryptographie	Sicherheit durch Netzaufbau u./o. den Einsatz von Kryptographie	Sicherheit durch Kryptographie
Der Bereich hat hohe Zutrittsschranken.	Der Bereich ist abgeschottet.	Das offene Netz ist der Marktplatz für alle.

Tab. 2: Merkmale offener und geschlossener Bereiche des elektronischen Wirtschaftsgefüges[97]

---

[97] In Anlehnung an und Erweiterung von Europäische Kommission: European Initiative in Electronic Commerce, a. a. O., S. 9.

4.3 Transaktionen auf offenen elektronischen Märkten

Sowohl für analoge als auch für elektronische Märkte lassen sich die geschäftlichen Aktivitäten strukturell mit den Phasen einer Transaktionssequenz erklären. Die in Abbildung 3 aufgeführten, vorrangig mit Informations- und Kommunikationsbedarfen begründeten Transaktionskosten lassen sich mit adäquater IuK-Unterstützung reduzieren. Abbildung 4 zeigt exemplarisch eine Reihe von IuK-Instrumenten, die im Vergleich zu analogen Verfahren in bestimmten Phasen der Transaktionssequenz kostensenkende Wirkungen entfalten. Diese Wirkungen basieren zum einen darauf, daß elektronische Informationsübertragungen physische Aktivitäten über die ganze Transaktionssequenz substituieren und beschleunigen können: die Kosten der Informationsübertragung sinken. Zum anderen ermöglichen IuK-Systeme auf elektronischen Marktplätzen (z. B. globale Web Sites, eMail) eine höhere Markttransparenz als analoge transparenzfördernde Maßnahmen auf traditionellen Marktplätzen (z. B. Messen, Meetings): die Kosten der Informationsbeschaffung sinken. Des weiteren fördert die medienbruchlose Auswertung und Verwertung von Informationen über IuK-Systeme die Reduktion von Transaktionskosten besonders innerhalb von Unternehmen und in Kooperationen.[98]

Aus ökonomischer Sicht kann sich hier die Analyse der elektronischen Transaktionskosten jedoch nicht nur auf die Informationsbeschaffung, -übertragung und -verwertung beschränken. Die dabei zu diagnostizierenden, instrumentell induzierten Kostensenkungen sind weitgehend unstrittig; Sie beziehen sich auf das institutionelle Umfeld des eMarktes mit seiner Netz-Infrastruktur und den darin gültigen technischen Verfahren zur Abwicklung von elektronischen Transaktionen (z. B. Angebot einholen, Übereinkunft treffen, Vertrag schließen, Leistung liefern und bezahlen, nachverhandeln).

Steyer[99] führt aus, daß neben dieser makroskopischen Analyseebene die mikroskopische Ebene des Institutionengefüges Transaktionskosten-relevante Wir-

---

98 Vgl. Kurbel, Karl: Kategorien betrieblicher WWW-Angebote, in: Praxis der Informationsverarbeitung und Kommunikation, 3/1998, S. 162. Vgl. auch Benjamin, R.; Wigand, R.: Electronic Markets and Virtual Value Chains on the Information Superhighway, in: Sloan Management Review 36/1995, S. 70 und Picot, Arnold; Reichwald, Ralf; Wigand, R.: Die grenzenlose Unternehmung – Information, Organisation und Management, 3. Aufl., Wiesbaden 1998, S. 338 f.

99 Vgl. Steyer, R: Ökonomische Analyse elektronischer Märkte, in: Arbeitspapiere WI, Nr. 1/1998, Lehrstuhl für Allg. BWL und Wirtschaftsinformatik, Universität Mainz 1998, S. 12.

kungen zeitigt. Demnach spielt bei elektronischen Transaktionen die Glaubwürdigkeit der übertragenen Informationen für die Transaktionskosten eine wichtigere Rolle als die Übertragung der Informationen selbst. „Innerhalb von Unternehmen wird die Glaubwürdigkeit z. B. durch die gemeinsame Orientierung an den Unternehmenszielen oder durch disziplinarische Maßnahmen erreicht. Bei marktlicher Koordination von Austauschprozessen müssen andere Mechanismen die Glaubwürdigkeit sichern, was allerdings, so die hier formulierte Hypothese, höhere Kosten im Vergleich zu einer hierarchischen Koordination innerhalb von Unternehmen verursachen kann." [100]

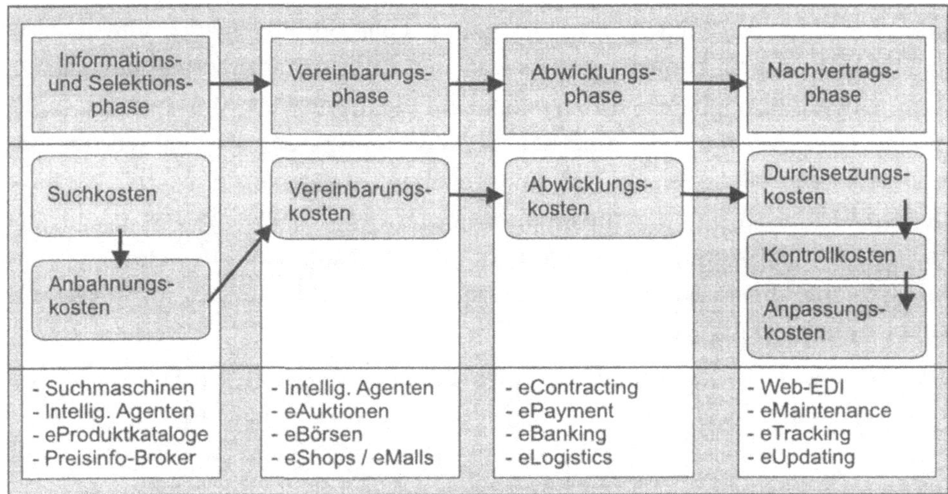

Abb. 4: Phasen, Kosten und IuK-Instrumente (Bsp.) einer Transaktionssequenz

Wenn auch der Absolutheit dieser These nicht ohne weiteres gefolgt werden kann und Steyer auch auf den Vergleich Markt – Hierarchie abhebt, so wird doch deutlich, daß die institutionellen Arrangements zwischen Transaktionspartnern bei der Ermittlung der Kosten elektronischer Transaktionen grundsätzlich Berücksichtigung finden müssen. Während in den anfänglichen Informations-, Selektions- und Vereinbarungsphasen die Übertragung von zunächst „nicht rechtsverbindlichen" Informationen im Vordergrund steht, erlangt die Glaubwürdigkeit von Informationen besondere Bedeutung in der Abwicklungs- und Nachvertragsphase. Speziell bei anonymen Transaktionspartnern auf elektronischen Märkten ist in den „rechtsverbindlichen" Phasen einer Transaktion

---

100 Steyer, Ronald: Ökonomische Analyse elektronischer Märkte, a. a. O., S. 12 f.

die Unsicherheit bzgl. der Vertragserfüllung und die Gefahr opportunistischen Verhaltens beträchtlich. Die Schaffung und Übertragung von Glaubwürdigkeit läßt sich zwar über kryptographische Maßnahmen bei der Informationsübertragung fördern; Vertraulichkeit, Integrität und Authentizität mit Hilfe von technischen Verfahren schützt jedoch keineswegs vor bewußt „unfairen" Regelverstößen oder opportunistischem Verhalten von Tauschpartnern.[101]

Der Aufbau von Glaubwürdigkeit zwischen Transaktionspartnern ist in eMärkten ungleich schwieriger als in traditionellen analogen Märkten. Die Virtualisierung der elektronischen Geschäftsaktivitäten im Netz eliminiert eine Vielzahl vormals physischer Partnerkontakte oder eingeübter Geschäftssitten. Das soziale Umfeld von Transaktionen, das zumindest schwache Solidarität zwischen Partnern fördert, stellt sich im Netz anders dar oder fehlt ganz: die „relationalen" Elemente in Verträgen werden geschwächt.

Hinzu kommt, daß die auf elektronischem Wege geschlossenen Verträge juristisch zwar den gleichen Status wie die herkömmlich analog geschlossenen Verträge haben,[102] jedoch noch nicht über ein juristisch relevantes ausreichendes Maß an Nachvollziehbarkeit und Unbestreitbarkeit verfügen. Die organisatorischen und technischen Verfahren dazu sind verfügbar, z. B. Trust Center und Kryptographie zur Sicherstellung von Authentizität, Integrität, Vertraulichkeit, Verbindlichkeit, Verfügbarkeit, können im weltweiten elektronischen Wirtschaftsgeschehen aber nur sehr eingeschränkt genutzt werden. Zum einen bremst die mit der hohen technischen Komplexität dieser Verfahren verbundene Funktions-Unsicherheit deren Adaption im Kreis der technisch nicht versierten Nutzer. Zum anderen existiert bislang keine dem weltweiten elektronischen Wirtschaftsgeschehen angemessene globale Rechtsgrundlage für diese Verfahren. Nationale gesetzliche Regelungen, wie z. B. das in Deutschland Mitte 1997 verabschiedete IuKDG (Informations- und Kommunikations-Dienste-Gesetz), greifen nur innerhalb des jeweiligen Landes; jedoch auch nur dann, wenn dieses rechtliche Regelwerk für konkrete elektronische Geschäftsaktivitäten operativ umsetzbar ist. Diesbezüglich werden vom deutschen IuKDG zwar klare Aussagen zur grundsätzlichen Anwendung der für elektronische Geschäftsaktivitäten unabdingbaren digitalen Signatur und die Organisation von

---

101 Vgl. Steyer, Ronald: Ökonomische Analyse elektronischer Märkte, a. a. O., S. 14.

102 Vgl. Hörner, Hartmut: Medienrecht – Aktuelle Entscheidungen, Begleitunterlagen zum Vortrag zur RKW-Arbeitsgemeinschaft „DV & Multimedia" in Mainz am 26.03.98, S. 3 f.

Zertifizierungsstellen (Trust Center) gemacht, die von der Regulierungsbehörde beglaubigten Trust Center standen jedoch noch Ende September 1998 „vor dem Beginn ihrer Arbeit"[103]. Erst Ende November 1999 haben die für Telekommunikation zuständigen Minister in der Europäischen Union die Richtlinie für digitale Signaturen verabschiedet, womit die im Geschäftsverkehr elektronisch geleisteten „Unterschriften" den handschriftlichen gleichgestellt werden. Den EU-Mitgliedsstaaten wird jedoch bis Mitte 2001 Zeit gegeben, die Signatur-Vorschriften in einzelstaatliches Recht zu übertragen.[104]

4.4 Transaktionen in elektronischen Kooperationen

Im Zuge einer längerfristigen Kooperation spielt sich oft eine standardisierte Kommunikation zwischen den Geschäftspartnern ein: Spezialitäten der Tauschobjekte sind gegenseitig bekannt und durch die Häufigkeit der Transaktionen stellen sich Lerneffekte ein (z. B. Entdeckung vereinfachter Abwicklung). Während bei einer Transaktion mit anonymen Marktteilnehmern alle vier Phasen der Transaktionssequenz zu durchlaufen sind, fallen bei „eingespielten" Transaktionen unter Geschäftspartnern (Folgetransaktionen) die Informations- und große Teile der Vereinbarungsphase weg. Anbieter und Nachfrager arbeiten Hand in Hand, Lieferanten und Abnehmer eines Unternehmens werden zu Geschäftspartnern. Abbildung 5 zeigt typisiert die Transaktionssequenz mit einem Geschäftspartner.

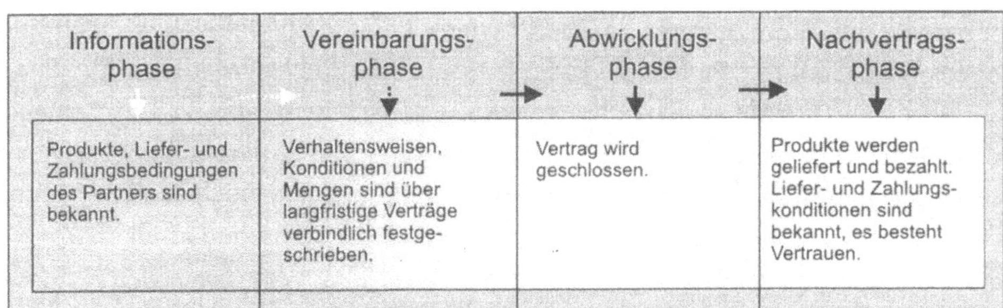

Abb. 5: Transaktionssequenz mit einem Geschäftspartner

---

103 Vgl. o. V.: Das Trustcenter setzt den Schlußstein auf das virtuelle Dienstleistungsgebäude, in: Computerzeitung, Nr. 36, 03.09.1998, S. 20.

104 Vgl. o. V.: Digitale Unterschrift vor Gericht anerkannt, in: FAZ, 01.12.99, S. 19.

Die Transaktionssequenz verursacht bei den Geschäftspartnern besonders dann beträchtlichen Aufwand, wenn die Partner-bezogene Kommunikation über analoge Medien erfolgt, z. B. wenn Bestellungen und Rechnungen in Papierform, per Telefon oder Telefax übermittelt werden oder Kataloge und Preislisten bei den Geschäftspartnern in aktuellen „Papier-Versionen" vorgehalten werden. Es kommt hierbei zu Medienbrüchen, die spezifische Kosten, Lieferzeitenverlängerung und Fehlerpotentiale durch die häufig manuell durchgeführte Übertragung auf andere Kommunikations- und Speichermedien verursachen.

Innerhalb von Unternehmen ist der Einsatz von IuK-Technologie zur Senkung der Koordinationskosten seit langem etabliert. Die Unterstützung betrieblicher Aktivitäten durch IuK-Technologie hört allerdings oftmals an den Unternehmensgrenzen auf. Ein spontaner direkter Datenaustausch zwischen Unternehmen (ohne Medienbruch) ist in der Regel nicht möglich. Als Problem erweisen sich die heterogenen Informationslandschaften der Produktions- und Handelsunternehmen, in denen eine Vielzahl unterschiedlicher System- und Anwendungsplattformen eingesetzt werden.[105] Zur Überbrückung des Problems heterogener Systeme wurden EDI-Normen (Electronic Data Interchange) für den elektronischen und weitgehend automatisierten Datenaustausch entwickelt. Haupteinsatzgebiet von EDI ist der Austausch von strukturierten Geschäftsdaten zwischen Geschäftspartnern.[106] Bekanntestes Beispiel eines EDI-Standards ist EDIFACT[107], ein System zum Austausch von Belegen (z. B. Bestellscheine, Rechnungen, Lieferscheine, Zahlungsanweisungen) zwischen geschlossenen Benutzergruppen selbständiger Geschäfts- und Vertragspartner.[108] Weitere Beispiele für EDI-Standards sind ODETTE, SWIFT und START.[109] Voraussetzungen für die EDI-Kommunikation sind Warenwirtschaftssysteme mit EDI-Schnittstelle oder Konverter, die vorhandene Daten in standardisierte Nach-

---

105 Vgl. Zlabinger, Robert: Intranetanwendung im Einkauf, in: Internet und Intranet, Hrsg.: Höller, Johann; Pils, Manfred; Zlabinger, Robert, Berlin et al.: Springer 1997, S. 147.

106 Vgl. Schneider, Klaus; Reder, Bernd: Electronic Data Interchange: Alternative Internet, in: Gateway, 8/1998, S. 67.

107 EDIFACT steht für Electronic Data Interchange for Administration, Commerce and Transport.

108 Vgl. Stahlknecht, Peter: Einführung in die Wirtschaftsinformatik, a. a. O., S. 390.

109 Odette steht für Organisation for Data Exchange through Teletransmission in Europe (Automobilindustrie); SWIFT für Society for Worldwide Interbank Financial Telecommunication (Bankensektor); der Name START für Studiengesellschaft zur Automatisierung für Reise und Touristik (Tourismusbranche).

richtenformate umsetzen (et vice versa). Die Übertragung der EDI-Nachrichten geschieht über Punkt-zu-Punkt-Verbindungen oder über proprietäre und meist auch teure Value Added Network Services (VANS).[110]

EDI-Lösungen tragen zur zeitlichen Verkürzung von Logistikketten, einem Abbau von Medienbrüchen und damit neben Wettbewerbsvorteilen zu handfesten Zeit-, Kosten- und Personaleinsparungen bei. Allerdings verbreitet sich EDI nicht in dem Maß, wie sich dies z. B. große Handelsunternehmen mit vielen Lieferanten wünschen. Besonders kleine und mittlere Unternehmen schrecken vor einer EDI-Anbindung zurück.[111] Dafür werden hauptsächlich drei Gründe angeführt:

Implementierungs- und Betriebskosten: Die Bereitstellung von EDI-Schnittstellen ist mit hohen Kosten verbunden; besonders dann, wenn nicht nur das Warenwirtschaftssystem angepaßt, sondern auch die Organisation und Anbindung innerbetrieblicher Prozesse überdacht werden muß.[112] Zugleich sind kostenträchtige Vorkehrungen zu treffen, die die Sicherheit der unternehmensinternen Systeme gewährleisten.

Heterogene Infrastrukturen: Die VANS verschiedener Anbieter sind teilweise nicht interoperabel. Die jeweils geschlossenen Benutzergruppen eines VANS-Anbieters können mit den Benutzern anderer VANS keine Nachrichten austauschen. Aufgrund der u. U. hohen Einführungskosten von EDI-Lösungen ist es für eine wirtschaftliche Nutzung aber gerade notwendig, daß möglichst viele Anwender untereinander EDI-Nachrichten austauschen können und daß möglichst viele Transaktionen über EDI abgewickelt werden.[113]

Komplexe, starre Austauschformate: Standards zum Austausch von Daten wie z. B. EDIFACT decken zwar ein breites Spektrum von allgemeinen Routine- und inzwischen auch Branchenanwendungen ab, der Zeitbedarf für eine welt-

---

110   Vgl. Emery, Vince: Internet im Unternehmen: Paxis und Strategien, Heidelberg: dpunkt 1996, S. 368.

111   Vgl. o. V.: Internet als Lockvogel für die EDI-Anbindung, in: Computerwoche, 27/1998, S. 23.

112   Vgl. Gruhn, Volker: Elektronischer Datenaustausch in zwischenbetrieblichen Geschäftsprozessen, in: Wirtschaftsinformatik, 3/1997, S. 225.

113   Vgl. Lindemann, Markus: Internet-Dienste für den Elektronischen Datenaustausch (EDI) - Anwendungsbeispiele aus technischer Sicht, Online im Internet: http://www.businessmedia.org/netacademy/publications.nsf/, 10.09.98.

weite Normung und die aufwendige Implementierung eines Subsets führen jedoch dazu, daß EDI bislang überwiegend von großen Unternehmen für langfristige, eingespielte, Punkt-zu-Punkt-Beziehungen zu Geschäftspartnern genutzt wird.[114] Solche gewachsenen Supply Chains fördern die Adaption von EDI aufgrund relativ guter Amortisationschancen im Zeitablauf.

Im allgemeinen Konsens läßt sich feststellen, daß die überbetriebliche Kopplung von Anwendungssystemen durch den Einsatz von EDI-Standards einen Ansatz mit enormen Potentialen zur Einsparung von Transaktionskosten in Kooperationen darstellt. Die Potentiale werden jedoch aufgrund der beschriebenen Probleme nur teilweise ausgeschöpft. Das sogenannte „WebEDI", die Nutzung des WWW für EDI-Anwendungen, bietet durch innovative Konzepte wie XML (eXtensible Markup Language) Lösungsperspektiven durch Extranets an. „Die eXtensible Markup Language ist eine textbasierte Auszeichnungssprache, die es ermöglicht, Daten bzw. Dokumente derart zu beschreiben und zu strukturieren, daß sie – vor allem über das Internet – zwischen einer Vielzahl von Anwendungen ausgetauscht und weiterverarbeitet werden können."[115] Da XML-Anwendungen zwischen Geschäftspartnern vollständig auf offenen Internet-Standards (TCP/IP, Web-Server und -Clients, Java etc.) und konventionellem Rechner-Equipment (Personal Computer mit Unix, Windows 9x/NT, relationalen Datenbank-Systemen) aufsetzen, entfällt für viele Anwender zumindest die aufwendige Beschaffung und/oder Anpassung dedizierter Hardware- und Software-Technik. Die inhaltliche Anpassungsfähigkeit und Erweiterbarkeit von XML-Datenstrukturen zeigt einen Weg, wie auch kurzfristigere und experimentelle Geschäftsbeziehungen initialisiert und realisiert werden können. Die einheitliche Infrastruktur des Internet ermöglicht dabei die globale elektronische Kooperation zwischen jeglichen Partnern.[116]

---

114   Vgl. Segev, A.; Porra, J.; Roldan, M.: Internet-based EDI Strategy, Working Paper 10-21, Fisher Center of Management and Information Technology, University of California Berkeley, http://haas.berkeley.edu/~citm/wp-1021.pdf und Westarp, Falk; Weitzel, Tim; Buxmann, Peter; König, Wolfgang: The Status Quo and the Future of EDI – Results of an Empirical Survey, Working Paper des Instituts für Wirtschaftsinformatik, Frankfurt/Main 1998.

115   Weitzel, Tim: XML-FAQ – Frequently Asked Questions about XML, in: XML – Die Extensible Markup Language, Begleitunterlage zum Management Workshop on XML, 15.01.1999, Frankfurt am Main, S. III-1 f.

116   Vgl. Glushko, Robert: The Future of XML – „Plug and Play" Commerce, in: Begleitunterlage zum Management Workshop on XML, 15.01.1999, Frankfurt am Main. Glushko bringt hier seine XML-Euphorie mit „describe once, {sell, buy} anywhere" auf den Punkt.

XML (erst seit Februar 1998 als W3C-Recommendation verfügbar) als Grundlage zwischenbetrieblicher Geschäftsprozesse ist bereits über den Status einer Vision hinaus entwickelt. Die Technologieführer Microsoft, Netscape, SAP, Oracle, IBM, Hewlett-Packard etc. sowie eine wachsende Anzahl von Standardisierungsorganisationen (z. B. OBI, OTP, OFX, RosettaNet) unterstützen bereits XML für EDI-Lösungen.[117] XML-EDI mit konsequenter Orientierung an offenen Web-Standards wird aufgrund relativ geringer Implementierungskosten, einer anpassungsfähigen Datenbasis und seiner homogenen Infrastruktur besonders für die kleinen und mittelständischen Anwender interessant, die bislang aus den o. g. Gründen keine konventionellen EDI-Lösungen einsetzen. Es wird für eine Vielzahl von Unternehmen einfacher, die Kosten- und Effizienzvorteile von elektronischen kooperativen Transaktionen zu nutzen.[118] In Bezug auf die allgemeinen Kostendeterminanten von Transaktionen aus Kapitel B.3.3 reduziert XML-EDI tendenziell die kostenverursachenden Wirkungen der Spezifität und Häufigkeit von Transaktionen sowie der technologischen Rahmenbedingungen. Die Problematik der rechtlichen Rahmenbedingungen und der Unsicherheit besteht weiterhin. Die durch XML-EDI kategorial erweiterten Möglichkeiten internationaler, auch punktueller Geschäftsbeziehungen rücken hier die lückenhafte Rechtsgrundlage und den Bedarf an global adaptierten glaubwürdigkeitsfördernden Regelungen auch im Bereich elektronischer Kooperationen in den Vordergrund.

4.5 Transaktionen in elektronischen Hierarchien

Unter „Hierarchie" ist in erster Linie die Organisationsstruktur eines Unternehmens zu verstehen. Hierarchische Koordination bedeutet, daß (im Vergleich zu marktlicher Koordination relativ kostengünstige) Transaktionen über legitimierte Macht und Weisungen von Vorgesetzten an Mitarbeiter realisiert werden. Die Transaktionspartner sind typischerweise durch längerfristige (Arbeits-)Verträge und relativ enge soziale Beziehungen miteinander verbunden.

---

117   Vgl. Glushko, Robert: The Future of XML – „Plug and Play" Commerce, a.a. O.

118   Vgl. Buxmann, Peter: Die Zukunft von EDI – XML als Grundlage für den Aufbau zwischenbetrieblicher Geschäftsprozesse, in: Begeleitunterlage zum Management Workshop on XML, 15.01.1999, Frankfurt am Main, S. IV-1 ff. Buxmann skizziert hier anschaulich das Anwendungsbeispiel eines XML-basierten Bestellnetzwerkes.

Infolge zu geringer Detaillierungstiefe der Verträge und daraus resultierenden Mess- und Zurechnungsproblemen sind Leistungen und Gegenleistungen der Transaktionspartner oft nicht unmittelbar und eng gekoppelt. Bürokratische Steuerungs- und Kontrollsysteme sollen diese Kopplungslücke füllen und u. a. zur effizienten Allokation von Ressourcen beitragen sowie opportunistische Verhaltensweisen von Mitarbeitern unterbinden.

Die Implementierung und der Betrieb dieser Steuerungs- und Kontrollsysteme zur Ressourcenallokation in Unternehmen verursacht Kosten, die bei marktlicher Koordination in sehr viel geringerem Maße anfallen. Im Markt übernimmt der Preismechanismus (dessen Nutzung im Vergleich zu hierarchischer Weisung relativ teuer ist) die Gewähr für eine effiziente Ressourcenallokation. Der Aufwand zur Steuerung und Kontrolle der marktlichen (unabhängigen) Transaktionspartner ist hingegen geringer als in Hierarchien; eindeutige vertragliche Vereinbarungen zu Leistungen und Gegenleistungen geben kostengünstige Instrumente zur Überwachung und Durchsetzung von Verträgen an die Hand. Gleichzeitig ist es sehr viel aufwendiger, zwischen Marktpartnern geschlossene Verträge zu ändern, als eine Weisung zwischen Vorgesetztem und ausführendem Mitarbeiter in einem Unternehmen zu modifizieren (im Sinne einer Nachfrageänderung). Während Vorgesetzte bzgl. ihres Ressourceneinsatzes in den durch das Unternehmen gesteckten Grenzen agieren, sind Marktpartner in ihrem Allokationsentscheidungen frei und autonom (im Sinne von Leistungsänderungen).

Im Feld der Einflußgrößen (+ und −) auf die Effizienz (Kosten) alternativer Organisationsformen (siehe Tabelle 3) geht es im Transaktionskostenansatz um die optimale Substitution von Transaktionen über Märkte durch Transaktionen innerhalb von Unternehmen (oder vice versa; jeweils mit dem Zwischenschritt über Kooperationen) unter Allokationsaspekten; dies zunächst losgelöst von einer Beurteilung, ob Transaktionen analog oder digital unterstützt ablaufen.

Bezieht man IuK-Aspekte in die Betrachtung mit ein, treten die Quellen der Fehlallokation und IT-Instrumente zutage, wie sie in Abbildung 6 exemplarisch dargestellt sind. Die originäre Aufgabe von IT-Systemen, vorrangig gleichartige, repetitive Aktionen auszuführen, ist (auch historisch) Ursache dafür, daß in Unternehmen (zunächst) die gut strukturierte Routine mit integrierten IT-Systemen, wie z. B. SAP R/2(/3) als ERP-Software, unterstützt wird. Neuere Konzepte wie Workflow-Management-Systeme zielen ebenfalls auf Routineaufgaben ab. Weniger gut strukturierte, seltener anfallende Aufgaben werden durch Management-Informationssysteme (und derivate Begriffe) zunehmend auf der Basis von Data-Warehouse- und Data-Mining-Lösungen abgedeckt. Work Group Computing (WGC) betrifft besonders die stark kommunikativen und kreativen Leistungskoordinationen in Gruppen.

		Organisationsform			
		Markt		Hierarchie	
Einflußgrößen der Effizienz	Anreizintensität	hoch	+	niedrig	–
	Ausmaß Steuerung, Kontrolle	niedrig	+	hoch	–
	Anpassungsfähigkeit bei Leistungsänderung	hoch	+	niedrig	–
	Anpassungsfähigkeit bei Nachfrageänderung	niedrig	–	hoch	+

Tab. 3: Einflußgrößen der Effizienz alternativer Organisationsformen[119]

Die technische (elektronische) Unterstützung der (bürokratischen) Steuerungs- und Kontrollsysteme im Unternehmen führt zur Reduktion von Transaktionskosten, die ihre Ursache hauptsächlich in Zeit- und Wege-optimierter Informationsgewinnung und -übertragung haben. Gleichzeitig werden immer mehr IT-Systeme entwickelt, die auch eher unstrukturierte, fallweise oder Ad-hoc-Aufgaben erledigen. Die Bedeutung der Kostendeterminaten Spezifität und Häufigkeit (siehe Kapitel B.3.3) für Transaktionen nimmt demzufolge ab. Der immanente Zwang, IT-Systeme (speziell Software) mit eindeutigen und detaillierten Steuerungen und Kontrollen zu versehen, schließt die zu Beginn dieses Kapitels B.4.5 angeführte Kopplungslücke zwischen den Leistungen und Gegenleistungen von Vertragspartnern im Unternehmen. Die Homogenisierungs- und Automatisierungswirkungen von IT-Systemen reduzieren somit die durch mangelnde Anreizintensität verursachten Fehlallokationen und der damit verbundenen Transaktionskosten für Nicht-, Fehl- und Zuviel-Informationen. Bezieht man die erweiterten Möglichkeiten elektronischer Kooperationen (siehe

---

119 In Anlehung an Williamson, Oliver E.: Comparative Economic Organization – The Analysis of Discrete Structural Alternatives, in: Administrative Science Quarterly, Vol. 36, S. 281.

Kapitel B.4.4) mit in die Betrachtung ein, werden auch die Anpassungsprobleme bei Leistungsänderungen in Hierarchien abgeschwächt. Unternehmensgrenzen werden durchlässiger für Ressourcen, die substituierend oder ergänzend fallweise „eingekauft" und zusammen mit den vorhandenen Unternehmensressourcen zur Leistungserstellung eingesetzt werden. Im Gesamtblick kann der Einfluß der negativen Effizienzdeterminanten der Organisationsform „Hierarchie" (siehe Tabelle 3) durch elektronische Transaktionen abgemildert werden. Zumindest theoretisch wird ein „elektronisiertes, digitalisiertes" Unternehmen einfacher zu betreiben sein als ein „analoges".

Hierarchie	Markt
IuK-Fluß: vertikal	IuK-Fluß: horizontal
Fehlallokation bei: - Nicht-Information - Fehl-Information - Zuviel-Information - Info-Wege/Zeit	**Fehlallokation bei:** - Marktunvollkommenheiten - Info-Asymmetrie - Eintrittsbarrieren
IT-Einsatz ➜ Intranet - Management IS - Data Warehouse / Mining - ERP (z. B. SAP R/3) - WGC / WFMS	**IT-Einsatz ➜ Internet** - Search / Agents - eShops / eMalls - eContracting / ePayment - eMärkte

Abb. 6: Quellen der Fehlallokation und IT-Instrumente

5 Fazit: Institutionenökonomische Implikationen für „eBusiness"

In den grundlegenden Quellen zur Neuen Institutionenökonomik wird regelmäßig die Abkehr von den Vereinfachungen des neoklassischen, friktionslosen Modells des Wirtschaftsgeschehens hin zu einer spezifischen, empirisch robusteren Sicht der Wirtschaft herausgestellt. „Ihre Analyse beruht auf der grundlegenden Erkenntnis, daß die Schaffung von Institutionen und Organisationen und deren tägliche Benutzung den Einsatz realer Ressourcen erfordert. Kurz, es wird die Existenz von Transaktionskosten zur Kenntnis genommen. Von Null verschiedene Transaktionskosten bedeuten ihrerseits, daß Ressourcen auf verschiedenen Ebenen relevant sind. Ressourcen werden für Transaktionszwecke in Produktions- und Verteilungsprozessen eingesetzt sowie zur Einrichtung und Aufrechterhaltung des institutionellen Umfeldes, in dem die gesamte Wirtschaft stattfindet."[120] Unisono betonen die „Neoinstitutionalisten", daß die Diskussion der Neuen Institutionenökonomik noch relativ jung und bei weitem noch nicht abgeschlossen ist.

Das fundamentale analytische Instrumentarium der NIÖ mit den Koordinationsformen, der Transaktionskosten- und der Vertragstheorie bietet jedoch einen tragfähigen Ansatz zur Herleitung einer integrativen Basis für alle Arten von elektronischen Geschäftsaktivitäten. Die Koordinationsformen Markt, Kooperation und Unternehmen sind schlüssige Äquivalente für Internet, Extranet und Intranet. Bei der Betrachtung der Vielzahl an Publikationen zu elektronischen Geschäftsaktivitäten wird eine klare Unterscheidung in Internet, Extranet und Intranet in aller Regel technisch vorgenommen. Der strategie- und wettbewerbsverantwortliche Personenkreis des oberen Managements in Unternehmen kann mit IuK-Details jedoch nur sehr bedingt adressiert werden.

Für die Integration von Internet, Extranet und Intranet wird der Begriff „elektronisches Wirtschaftsgefüge" verwendet. Die Strukur des elektronischen Wirtschaftsgefüges relativiert die aktuell vorherrschende „Absatzlastigkeit" des allenthalben propagierten eCommerce durch die Gleichordnung inter- (kooperativer, integrativer) und intraorganisationaler (unternehmensinterner, organisatorischer) elektronischer Geschäftsaktivitäten. Die NIÖ begründet somit eine Gesamtschau aller elektronischen Geschäftsaktivitäten auf dem Markt, in Kooperationen und innerhalb eines Unternehmens. Diese Gesamtschau liefert ein plausibles Erklärungsmuster, daß und wie die elektronischen Geschäftsaktivitäten zusammenhängen, ohne auf technische Details abzustellen.

Die Strukturanalyse des elektronischen Wirtschaftsgefüges wird in der NIÖ durch eine fachliche (nicht technische) Ablaufanalyse von Transaktionen für elektronische Geschäftsaktivitäten ergänzt, die über Verträge initialisiert wurden. Die zugrundeliegende Vetragstheorie berücksichtigt mit ihren relationalen Aspekten sehr praxisorientiert die Unwägbarkeiten realer Geschäftsabläufe,

---

120   Richter, Rudolf; Furubotn, Eirik: Neue Institutionenökonomik, a. a. O., S. 33 f.

insbesondere die Unsicherheits-Problematik bei Transaktionen über das Internet. Die explizite Erörterung der informationellen Transaktionsbestandteile schärft dabei den Blick für Transaktionskosten und deren Reduktion durch den Einsatz von IuK-Technik. Die NIÖ unterstützt dadurch genau das, was die aktuell virulente, betriebswirtschaftlich begründete Prozeßorientierung (u. a.) fordert: die Erstellung und der Absatz eines definierten Leistungsobjektes wird unter Beachtung des Ressourceneinsatzes/-verzehrs möglichst (kosten-)effizient bewerkstelligt. IuK-Systeme sind dabei Schlüsselfaktoren. Die IuK-Technik wiederum läßt sich nahtlos als Enabler für neuartige Marktpräsenzen, Kooperationsformen und unternehmensinterner Organisationsvernetzung in die NIÖ integrieren.

Die folgende, aus den bisherigen Aussagen gewonnene Zusammenstellung der institutionenökonomischen Implikationen für eBusiness soll keineswegs als abschließend gelten; sie kann jedoch einen deutlichen Eindruck vermitteln, was die NIÖ zur Analyse von elektronischen Geschäftsaktivitäten und deren Umsetzung in die Praxis beiträgt.

Implikation 1:

Die NIÖ schlägt eine Brücke zwischen der betriebswirtschaftlich orientierten Prozeßorientierung und dem gesamtwirtschaftlichen Charakter eines elektronischen Wirtschaftsgefüges. Die NIÖ fordert dabei implizit, ein reales elektronisches Transaktionsumfeld zunächst zu modellieren, bevor es analysiert werden kann. Die Zerlegung zielgerichteter Transaktionssequenzen fördert die Identifikation von Aktivitäten, die sich verketten und kostengünstig elektronisch abwickeln lassen. *Neben klaren Modellierungsanreizen liefert die NIÖ eben auch Argumente für kosteninduzierte Rationalisierungen.*

Implikation 2:

Die detaillierte Analyse elektronischer Transaktionen legt offen, daß tradierte Sitten und Gebräuche im Internet nicht gelten; elektronische Geschäftsaktivitäten bedürfen spezifischer Geschäftsregeln sowie besonderer sicherheits- und vertrauensbildender Maßnahmen. *Es geht eben nicht darum, „historisch gewachsene" unternehmensinterne Abläufe, eingefahrene Unternehmenskooperationen und die Absatzkanäle analoger Märkte zu digitalisieren. Es geht vielmehr um die Schaffung von Wettbewerbsvorteilen gegenüber Konkurrenten durch innovative, kreative und zielgruppenorientierte Verfahren.*

Implikation 3:

Die NIÖ bereitet das Thema „elektronische Geschäftsaktivitäten" Management-gerecht auf. Sie schafft auf hohem Abstraktionsniveau die Wissens- und Verständnisgrundlage für strategische Entscheidungen in einem elektronischen Wirtschaftsgefüge. *Es geht eben nicht nur darum, ob und wie ein Unternehmen seine Produkte im Internet an den Käufer bringt; mindestens ebenso bedeutsam ist, in welchem Maße ein Unternehmen seine internen und kooperativen Geschäftsabläufe „elektronisiert".*

Implikation 4:

Die NIÖ begründet schlüssig die starken Interdependenzen und fließenden Übergänge zwischen Internet-, Extranet- und Intranet-Engagements, die bei jeder strategischen Entscheidung Berücksichtigung finden müssen. *Elektronische Geschäftsaktivitäten betreffen eben nicht nur isolierte funktionale Unternehmensbereiche mit direkten und kurzfristigen Auswirkungen, sondern eröffnen beträchtliche neuartige Potentiale für unternehmensübergreifende Wertschöpfungsketten und Outsourcing-Maßnahmen mit langfristigem Charakter.*

Implikation 5:

Die inhaltliche Spezifität von Modellen und Regeln für elektronische Geschäftsaktivitäten legen den Schluß nahe, elektronische Engagements in Märkten, Kooperationen und innerhalb des Unternehmens auch mit einer eigenständigen äußeren Präsentation und angepaßten formalen Abläufen zu versehen. Es ist nur sehr bedingt möglich und sinnvoll, die analoge Unternehmenspräsentation und das tradierte Geschäftsgebaren in Online-Engagements im Internet zu transferieren. *Es geht eben nicht darum, die Hochglanzprospekte des Unternehmens im Internet zu reproduzieren oder die Telefonnummern von Vertriebsbeauftragten anzubieten; Mitarbeiter, Geschäftspartner und Kunden erwarten einen Zusatznutzen von Online-Engagements.*

Implikation 6:

Die NIÖ schafft sowohl für das Management als auch für IV-Verantwortlichen eines Unternehmens die gemeinsame Verständigungs- und Bedeutungsgrundlage für eine ganzheitliche Interpretation des Konstrukts „Web Site eines Unternehmens". Die Web Site ist ein komplexes System und umfaßt die (öffentlichen) Internet-, (geschlossenen) Extranet- und Intranet-Anwendungen des Unternehmens. *Es darf eben nicht sein, daß das wettbewerbsverantwortliche Management unter einer Web Site lediglich die öffentliche Homepage des Unternehmens versteht und sich die Web-Verantwortlichen des Unternehmens ohne strategische Zielvorgaben mit (evtl. technisch eleganten) elektronischen Insellösungen für partikulare Geschäftsaktivitäten befassen.*

Zur Erreichung der Erkenntnisziele der vorliegenden Untersuchung trägt der institutionenökonomische Bezugsrahmen für eBusiness eine Definition und Dimensionierung des „elektronischen Wirtschaftsgefüges" als relevantes ökonomisches Umfeld bei. Dabei werden die Formen von elektronischen Geschäftsaktivitäten in Märkten, Kooperationen und Unternehmen ausgewiesen und integriert. Der nachfolgende Abschnitt erweitert die terminologische Basis um den Begriff der „Web Site" als konkretes Instrument zur Realisierung von elektronischen Geschäftsaktivitäten.

C. Die „Web Site" eines Unternehmens als Electronic-Business-Präsenz

1 Was ist eine Web Site?

Ein Unternehmen zeigt seine Präsenz im elektronischen Wirtschaftsgefüge anhand einer unternehmenseigenen Web Site, über die die eBusiness-Aktivitäten des Unternehmens abgewickelt werden. Unter dem Begriff „Web Site" wird alles zusammengefaßt, was die Präsenz des Unternehmens im Web betrifft: neben der gewöhnlich aufgeführten, öffentlichen „Homepage" des Unternehmens im Internet (mit weiterführendem öffentlichem Page-Unterbau) gehören sowohl die Strukturen des unternehmenseigenen Intranets als auch die Schnittstellen und Verfahren zur (längerfristigen) Kooperation mit Geschäftspartnern in Extranets dazu. Mit dieser umfassenden Beschreibung wird evident, daß die Web Site eines Unternehmens ein komplexes System zur Erschließung des elektronischen Wirtschaftsgefüges darstellt.

Verschiedene Adressatenkreise werden die Frage „Was ist eine Web Site?" jeweils aus ihrem Blickwinkel erschöpfend beantworten können; eine allseits zufriedenstellende Definition läßt sich in prägnanter Form sicher nicht anbringen. Erfahrungsgemäß differieren besonders in den Unternehmensführungen die Auffassungen darüber, was primär unter einer Web Site zu verstehen ist: ein globales Marketing- und Recherche-Instrument; ein neuer Absatzkanal, der mit Hilfe von IuK-Systemen realisiert wird; ein Computer-Netzwerk mit neuartigen Kommunikationsformen und hoher Schnittstellenkompatibilität; ein neuartiges Workflow-Instrument mit organisatorischen Auswirkungen u. v. m. Je nach fachlichem Hintergrund kann die Web Site sehr unterschiedlich interpretiert werden. In vielen Unternehmen geschieht dies „Marketing-lastig". Demzufolge ist dort die Marketing-Abteilung für die Web Site verantwortlich. In weitaus weniger Unternehmen wird die Web Site primär als technisches IuK-System der IV-Abteilung überantwortet. Es sind Unternehmen bekannt, die einzelnen Funktionalbereichen (z. B. ihrer Personalabteilung) die fachliche und technische Verantwortung ihrer eigenen Bereichs-Web-Sites zuordnen genauso wie Unternehmen, die ihre öffentliche Web Site an einen Java-basierten Intranet-Workflow-Nukleus anflanschen oder eine beträchtliche Anzahl von Unternehmen, die Planung, Entwicklung und Pflege der Web Site vollständig an externe Dienstleister aus der Hand geben. Die Variantenvielfalt kennt kaum Grenzen. Letztendlich ist es jedoch weniger von Belang, wer denn nun für die Web Site eines Unternehmens verantwortlich zeichnet. Vielmehr ist von Bedeutung, daß die Web Site fachlich und funktional nicht einseitig interpretiert wird. Sie ist eben nicht nur, sondern auch ein Marketing-Instrument; sie stellt zwar auch ein IuK-System dar, das jedoch wie kaum ein anderes wettbewerbsrelevant und über die Unternehmensgrenzen hinaus organisationsdeterminierend ist.

Vor diesem Hintergrund befaßt sich Kapitel C.2 zunächst mit den Unterstützungsmöglichkeiten der Internet-Technologie entlang der Porterschen Wertschöpfungskette. Es wird aufgezeigt, daß es bereits heute möglich ist, nachhaltige Einsatzfelder für Electronic-Business-Anwendungen quer durch ein Unternehmen entlang der primären und sekundären Wertaktivitäten zu finden. Kapitel C.3 eröffnet anschließend die strategische Sicht auf die Web Site eines Unternehmens. Ziel ist es, die Web Site als das fachliche Gesamtsystem aller elektronischer Geschäftsaktivitäten eines Unternehmens im Web zu positionieren. Dieser strategisch-fachlichen Sicht folgt in Kapitel C.4 die Charakterisierung der Web Site aus technisch-konstruktiver Sicht. Hier ist es Ziel, die Web Site als ein zu konstruierendes technisches System mit fachlichem (Detail-Anforderungen), technischem (Hardware, Software) und organisatorischem Konzept (z. B. Workflow-Wirkungen) zu identifizieren, für dessen Planung und Entwicklung Engineering-Verfahren anzuwenden sind. Die strategischen und technisch-konstruktiven Aspekte einer Web Site werden in Kapitel C.5 zu einer anwendungsorientierten Sicht zusammengeführt.

Im vorliegenden Abschnitt C. erfolgt somit nicht der Versuch, eine Kompaktdefinition für „die Web Site eines Unternehmens" zu erzeugen; die Web Site wird vielmehr über die Darstellung verschiedener Definitionssichten und struktureller Eigenschaften charakterisiert, die einen konsistenten Gesamteindruck eines komplexen Konstrukts vermitteln.

2 Internet-Technologie entlang der Porterschen Wertschöpfungskette

Die von einem Unternehmen erzielbaren Wettbewerbsvorteile werden durch strategisch relevante Aktivitäten, auch Wertaktivitäten genannt, verursacht.[121] Jede dieser Aktivitäten leistet einen Beitrag zur Erfüllung der unternehmeri-

---

121 Vgl. Porter, Michael E.: Wettbewerbsvorteile: Spitzenleistungen erreichen und behaupten, Frankfurt/Main, New York: Campus Verlag 1986, S. 59, 64.

schen Gesamtaufgabe und führt dazu, daß ein Unternehmen einen Wert schafft, der mit dem Betrag gemessen wird, den die Kunden für ein Produkt bzw. eine Dienstleistung zu zahlen bereit sind. Die von Porter entwickelte Wertschöpfungskette (siehe Abbildung 7) systematisiert die kosten- und leistungsbeeinflussenden Aktivitäten eines Unternehmens. Porter formuliert neun Kategorien von Wertschöpfungsaktivitäten, die er in primäre und unterstützende (sekundäre) Aktivitäten weiter differenziert.[122]

Abb. 7: Wertschöpfungskette von Porter[123]

Die primären Aktivitäten Eingangslogistik, Operationen, Ausgangslogistik, Marketing & Vertrieb sowie Kundenservice beschreiben den eigentlichen Wertschöpfungsprozeß. Darunter sind diejenigen Tätigkeiten zu verstehen, welche unmittelbar mit der Produktion und dem Vertrieb eines Produktes bzw. einer Dienstleistung verbunden sind.[124] Sie lassen sich darüber hinaus in eingehende, ausgehende und interne Aktivitäten untergliedern.[125]

---

122 Vgl. Porter, Michael E.: The competitive advantage of nations, London et al.: The Macmillan Press 1990, S. 40. Vgl. auch Kurbel, Karl; Szulim, Daniel; Teuteberg, Frank: Internet-Unterstützung entlang der Porterschen Wertschöpfungskette – innovative Anwendungen und empirische Befunde, in: HMD Theorie und Praxis der Wirtschaftsinformatik, 207/1999, S. 79.

123 Vgl. Porter, Michael E.: The competitive advantage of nations, a. a. O., S. 41.

124 Vgl. Porter, Michael E.: The competitive advantage of nations, a. a. O., S. 40.

125 Vgl. Gierscher, Wolfgang: Anwendungen des Internet in Unternehmen – Betrachtet anhand der Wertschöpfungskette von Porter, Online im Internet: http://www.wiso.uni-augsburg.de/sozio/stengel/fle-gierscher.html, 15.08.1999, S. 2.

Unter „eingehenden Aktivitäten", subsumiert unter der Primäraktivität Eingangslogistik (auch: Beschaffungslogistik), werden alle Aufgaben und Prozesse verstanden, die die logistische Unterstützung der Beschaffungsseite betreffen und in direkter Verbindung mit dem Produktionsprozeß stehen.[126] Darunter fallen Aktivitäten, die sich auf den Eingang, die Lagerung und Bereitstellung von Betriebsmitteln und Werkstoffen (Roh-, Hilfs- und Werkstoffe) beziehen.[127] Die hier anfallenden Aufgaben und Prozesse sind vorrangig dem Business-to-Business-Zielfeld (mit begrenzten Extranets) zuzuordnen.[128]

Eingangslogistik:

Im Rahmen der Eingangslogistik kann die Web Site eines Unternehmens dazu genutzt werden, um die hier anfallenden Aufgaben und Prozesse zu automatisieren. Gehen beispielsweise in einem Unternehmen Kundenaufträge digital über die Web Site ein, so können die Auftragsdaten ohne Medienbruch und automatisch an das interne Produktionsplanungssystem weitergegeben werden. Dieses errechnet die dazugehörigen Sekundärbedarfe und leitet sie an ein Beschaffungsmodul zur Lieferantenauswahl und zur automatischen Auslösung von Bestellungen bei einem Lieferanten über dessen Web Site weiter. Auf diese Weise können Bestellkosten und -zeiten erheblich gesenkt werden (z. B. Verkürzung von sechs Wochen auf sechs Stunden[129]). Bei digitalen bzw. digitalisierbaren Gütern und Dienstleistungen verstärken sich diese Effekte durch die zusätzliche Möglichkeit des digitalen Transports über das Internet.

Eine weitere die Eingangslogistik betreffende Form der Internet-Unterstützung ist das sogenannte Ordermonitoring, auch Tracking genannt. Darunter

---

126 Vgl. Kurbel, Karl; Szulim, Daniel; Teuteberg, Frank: Internet-Unterstützung entlang der Porterschen Wertschöpfungskette – innovative Anwendungen und empirische Befunde, a. a. O., S. 80.

127 Vgl. Steinmann, Horst; Schreyögg, Georg: Management: Grundlagen der Unternehmensführung, 4., überarb. und erw. Aufl., Wiesbaden: Gabler 1997, S. 181.

128 Vgl. Alpar, Paul: Kommerzielle Nutzung des Internet: Unterstützung von Marketing, Produktion, Logistik und Querschnittsfunktionen durch Internet und kommerzielle Online-Dienste, Berlin et al.: Springer-Verlag 1996, S. 125 f.

129 Vgl. Kurbel, Karl; Szulim, Daniel; Teuteberg, Frank: Internet-Unterstützung entlang der Porterschen Wertschöpfungskette – innovative Anwendungen und empirische Befunde, a. a. O., S. 80 f.

ist zum einen die jederzeitige Standortbestimmung einer Sendung[130] und zum anderen die Abfrage des aktuellen Standes eines Produktionsauftrages zu verstehen.[131] Einige Unternehmen, wie z. B. der Kurierdienst Federal Express und der Computerhersteller Dell bieten diese Möglichkeit ihren Kunden an,[132] die aufgrund der Verfügbarkeit solcher Informationen die eigenen Aufgaben effizienter planen können.

Weitere Einsatzgebiete der Internet-Unterstützung im Rahmen der Eingangslogistik sind die Online-Zahlungsabwicklung mit Geschäftspartnern, die Lieferantenauswahl über Informations-/Produktbörsen und elektronischen Auktionen sowie die Auswahl von Transporteuren über sogenannte Transportbörsen.

Ausgehende Aktivitäten, zu denen Ausgangslogistik (z. B. Auftragserfassung, Zahlung, physische Distribution), Marketing & Vertrieb und Kundenservice zählen, sind die an den Kunden abgegebenen Leistungen eines Unternehmens (Güter, Dienstleistungen, Informationen) und repräsentieren somit vorrangig das Business-to-Consumer-Zielfeld (im öffentlichen Internet).[133]

Ausgangslogistik:

Für Hersteller, deren Produkte bisher nur über Zwischenhändler vertrieben wurden, eröffnet sich ein weiterer Distributionskanal. Die Hersteller können ihre Produkte direkt über ihre Web Site den Kunden zum Verkauf anbieten. Durch diese Form des Direktvertriebs entfallen klassische Zwischenhandelsstufen, wie Groß-, Zwischen- und Einzelhändler (Disintermediation).[134]

---

130 Vgl. Fuzinski, Alexandra D. U.; Meyer, Christian: Der Internet-Ratgeber für erfolgreiches Marketing, Düsseldorf, Regensburg: Metropolitan-Verlag 1997, S. 180.

131 Vgl. Kurbel, Karl; Szulim, Daniel; Teuteberg, Frank: Internet-Unterstützung entlang der Porterschen Wertschöpfungskette – innovative Anwendungen und empirische Befunde, a. a. O., S. 81.

132 Vgl. Kurbel, Karl; Szulim, Daniel; Teuteberg, Frank: Internet-Unterstützung entlang der Porterschen Wertschöpfungskette – innovative Anwendungen und empirische Befunde, a. a. O., S. 80.

133 Vgl. Alpar, Paul: Kommerzielle Nutzung des Internet: Unterstützung von Marketing, Produktion, Logistik und Querschnittsfunktionen durch Internet und kommerzielle Online-Dienste, a. a. O., S. 125 f.

134 Vgl. Schinzer, Heiko: Elektronische Marktplätze, a. a. O., S. 1170 sowie Kurbel, Karl; Szulim, Daniel; Teuteberg, Frank: Internet-Unterstützung entlang der Porterschen Wertschöpfungskette – innovative Anwendungen und empirische Befunde, a. a. O., S. 82.

Die Auftragserfassung stellt ein weiteres, durch die Internet-Technologie beeinflußbares Tätigkeitsfeld der Ausgangslogistik dar. Unternehmen, die ihren Kunden eine Online-Bestellung ermöglichen, wie z. B. der Computerhersteller Dell oder der Buchhändler Amazon, reduzieren in diesem Bereich ihre Kosten, indem der Bestellauftrag vom Kunden durch das Ausfüllen eines Formulars übernommen wird.[135] Das Formular ist dabei in der Art konzipiert, daß es, digital versendet, automatisch vom Auftragsbearbeitungssystem des Unternehmens weiterverarbeitet werden kann.

Darüber hinaus können die Kunden den Stand ihrer Aufträge online abfragen (Online-Tracking, z. B. bei Transportunternehmen, die bereits bei der Eingangslogistik erwähnt wurden). Ferner kann eine Online-Bonitätsprüfung, Online-Zahlung und/oder Online-Auslieferung (z. B. Software-Download) über die Web Site eines Unternehmens erfolgen.[136]

Marketing & Vertrieb:

Mit Hilfe einer Web Site kann das absatzpolitische Instrumentarium eines Unternehmens erweitert werden. Die bisherigen Werbeaktivitäten lassen sich dabei durch ein Online-Marketing ergänzen, wobei die Web Site als digitale Plattform dient (nicht nur die unternehmenseigene). Neben der Produktwerbung per Online-Marketing fördert eine Web Site auch die „Public Relations"; das WWW bietet hervorragende Möglichkeiten, Informationen über das Unternehmen und sein Umfeld, wie z. B. Geschäftsberichte, Bilanzen, Unternehmensportraits oder Stellungnahmen zu verbreiten.[137]

Ein häufig eingesetztes Web-basiertes Marketing-Instrument ist der eMail-Dienst im Internet. Darunter fallen Einzel-eMails, eMail-Verteiler und News-Letter, die mit Produkt- und/oder Service-Informationen an bestimmte Kunden (gruppen) versendet werden.[138]

---

135 Vgl. Kurbel, Karl; Szulim, Daniel; Teuteberg, Frank: Internet-Unterstützung entlang der Porterschen Wertschöpfungskette – innovative Anwendungen und empirische Befunde, a. a. O., S. 82 f.

136 Vgl. Kurbel, Karl; Szulim, Daniel; Teuteberg, Frank: Internet-Unterstützung entlang der Porterschen Wertschöpfungskette – innovative Anwendungen und empirische Befunde, a. a. O., S. 83.

137 Vgl. Fochler, Klaus; Perc, Primoz; Ungermann, Jörg: Betriebswirtschaftliche Aspekte des Electronic Commerce, Online im Internet: http://www.addison-wesley.de/Service/Fochler/kap03.htm, 15.08.1999, S. 9 ff.

138 Vgl. Emery, Vince: Internet im Unternehmen: Praxis und Strategien, a. a. O., S. 253 f.

Multimediale Produktpräsentation (beispielsweise Videos), Online-Kunden-Befragung und -Marktforschung, Online-Demos, Zugriffsmessung zur Erfolgskontrolle und Internet-TV sind weitere Bereiche des Online-Marketing per Web Site.[139]

Im Rahmen des Vertriebs sind die internet-basierten Maßnahmen so zu gestalten, daß mit Hilfe einer Web Site die Verkaufsvorgänge effektiver gestaltet werden. Beispielsweise können auf der Web Site eines Unternehmens elektronische Produktkataloge plaziert werden, die in Verbindung mit elektronischen Einkaufskörben, Online-Preisfindungs-Funktionen oder Suchdiensten zur Erschließung des Angebots den Kauf der Produkte erleichtern. In diesem Zusammenhang spielt der Einsatz von sogenannten Produktkonfiguratoren eine wichtige Rolle. Sie ermöglichen den Kunden die individuelle Zusammenstellung von komplexeren Produkten (wie z. B. bei Dell für Personal Computer).[140]

Kundenservice / Support:

Hier erscheint die Unterteilung des Kundendienstes in drei Kategorien sinnvoll, da seine Wirtschaftlichkeit und sein Personalbedarf entscheidend von der Zielgruppe abhängen. Dabei kann sich der Kundendienst an einzelne Kunden, einne Kundengruppe oder an die Allgemeinheit richten.[141]

Der Kundendienst für Einzelne umfaßt Dienstleistungen, die für individuelle Anliegen erbracht werden. So besteht bei digital verfügbaren Gütern (z. B. Software) die Möglichkeit, Teile des Supports, z. B. in Form von Telewartung und Ferndiagnose, über das Web abzuwickeln.[142]

---

139 Vgl. Kurbel, Karl; Szulim, Daniel; Teuteberg, Frank: Internet-Unterstützung entlang der Porterschen Wertschöpfungskette – innovative Anwendungen und empirische Befunde, a. a. O., S. 84.

140 Vgl. Kurbel, Karl; Szulim, Daniel; Teuteberg, Frank: Internet-Unterstützung entlang der Porterschen Wertschöpfungskette – innovative Anwendungen und empirische Befunde, a. a. O., S. 84 f.

141 Vgl. Alpar, Paul: Kommerzielle Nutzung des Internet: Unterstützung von Marketing, Produktion, Logistik und Querschnittsfunktionen durch Internet und kommerzielle Online-Dienste, a. a. O., S. 212.

142 Vgl. Alpar, Paul: Kommerzielle Nutzung des Internet: Unterstützung von Marketing, Produktion, Logistik und Querschnittsfunktionen durch Internet und kommerzielle Online-Dienste, a. a. O., S. 213.

In sogenannten Listserver-Gruppen und Newsgroups werden Probleme zur Diskussion gestellt, zu deren Erörterung ein gewisses fachliches Know-How erforderlich ist. Dabei können die Teilnehmer sowohl untereinander als auch mit dem Kundendienst kommunizieren (Support für eine bestimmte Kundengruppe).[143]

Beim Kundendienst für die Allgemeinheit werden beispielsweise Antworten auf grundlegende und häufiger gestellte Anfragen, sog. Frequently Asked Questions (FAQ), allen Internet-Usern über die Web Site zeitnah zugänglich gemacht.[144]

Weitere Leistungen im Kundensupport sind z. B. Online-Beratung („per Chat"), Bereitstellung elektronischer Handbücher, eMail-Benachrichtigungsdienste, Fax on demand sowie Internet-Telefonie und Videoconferencing.[145] Im Produktbereich Software sind z. B. die spezifischen Leistungen der Bereitstellung von Treibern, Bugfixes oder Updates heute üblich.

Die internen Aktivitäten, von Porter unter dem Begriff Operationen zusammengefaßt, sind solche Prozesse, die innerhalb eines Unternehmens anfallen und abgewickelt werden[146] (Business-to-Self im geschlossenen Intranet) und sich auf den eigentlichen Prozeß der Leistungserstellung beziehen.

Operationen:

Mit Hilfe der Internet-Technologie können Aufgaben und Prozesse, welche die Güter-/Leistungserstellung und die Administration eines Unternehmens betreffen, insbesondere durch eine Erhöhung der Kommunikationsintensität unterstützt und ergänzt werden. Z. B. kann von geographisch verteilten Betriebsstätten aus auf zentrale Dokumente mit Verfahrensbeschreibungen, Arbeitsvorschriften, Prüfplänen, Werknormen, Liefervorschriften etc. in der

---

143 Vgl. Alpar, Paul: Kommerzielle Nutzung des Internet: Unterstützung von Marketing, Produktion, Logistik und Querschnittsfunktionen durch Internet und kommerzielle Online-Dienste, a. a. O., S. 214.

144 Vgl. Fochler, Klaus; Perc, Primoz; Ungermann, Jörg: Betriebswirtschaftliche Aspekte des Electronic Commerce, a. a. O., S. 31.

145 Vgl. Kurbel, Karl; Szulim, Daniel; Teuteberg, Frank: Internet-Unterstützung entlang der Porterschen Wertschöpfungskette – innovative Anwendungen und empirische Befunde, a. a. O., S. 85 f.

146 Vgl. Fochler, Klaus; Perc, Primoz; Ungermann, Jörg: Betriebswirtschaftliche Aspekte des Electronic Commerce, a. a. O., S. 3.

Web Site zugegriffen werden. Neben einer vereinfachten Bereitstellung und Pflege von Informationen profitieren jegliche kooperative und koordinierende Tätigkeiten in einem Unternehmen von einer standardierten Informationsverteilung über den asynchronen eMail-Kanal einer Web Site.

Die Web Site läßt sich auch zur Kommunikation zwischen externen Auftraggebern und den zuständigen Mitarbeitern bei der Abwicklung von Produktionsaufträgen nutzen. Über ein Online-Tracking (s. o.) erhält der Kunde sowohl einen Einblick in den Bearbeitungsprozeß seines Auftrags als auch die Information, wer in welchem Auftragsstatus sein Ansprechpartner im Unternehmen ist. Diese Ansprechpartner können durch eine Kommunikationsautomatisierung (z. B. über eMail-Verteiler, FAQ-Listen oder Internet-Telefonie) entlastet werden.[147]

Die Web Site kann zudem als Instrument zur Beschaffung externer Informationen für die Leistungserstellung eingesetzt werden. Link-Sammlungen und Diskussionsgruppen zu Informationsträgern bzgl. Fertigungstechnologien, neuen Fertigungsverfahren, Werkstoffen, Fertigungseinrichtungen, Meß- und Prüfeinrichtungen u. v. m. entfalten z. B. insbesondere im F&E-Bereich (Forschung und Entwicklung) nützliche Wirkungen.[148]

Der weltweite, gesicherte Zugang zu den geschlossenen Bereichen der Web Site (Intranet) eröffnet neue Varianten der Telearbeit.[149] Mitarbeiter können unabhängig von ihrem Standort an einzelnen oder gemeinsamen Aufgaben arbeiten. In der Software-Branche wird die kooperative Telearbeit über Web Sites bereits intensiv betrieben.[150]

Beschaffung, Technologieentwicklung, Personalwirtschaft und Unternehmensinfrastruktur werden als sekundäre Wertschöpfungsaktivitäten bezeichnet. Sie

---

147 Vgl. Gierscher, Wolfgang: Anwendungen des Internet in Unternehmen – Betrachtet anhand der Wertschöpfungskette von Porter, a. a. O., S. 3.

148 Vgl. Block, Carl Hans: Internet, Intranet, Extranet für Manager, Landsberg/Lech: Verlag Moderne Industrie 1999, S. 187 f.

149 Vgl. Pils, Manfred; Zlabinger, Robert: Regionale Informations- und Kommunikationssysteme gezeigt am Beispiel der ländlichen Region Waldviertel, in: Internet und Intranet: Betriebliche Anwendungen und Auswirkungen, Hrsg.: Höller, Johann; Pils, Manfred; Zlabinger, Robert, Berlin, Heidelberg: Springer-Verlag 1998, S. 116.

150 Vgl. Kurbel, Karl; Szulim, Daniel; Teuteberg, Frank: Internet-Unterstützung entlang der Porterschen Wertschöpfungskette – innovative Anwendungen und empirische Befunde, a. a. O., S. 82.

stellen die für die Realisierung der primären Prozesse notwendigen Ressourcen bereit und weisen somit einen bezüglich der Wertschöpfungskette unterstützenden Charakter auf.[151]

Beschaffung:

Die sekundäre Aktivität „Beschaffung" bezieht sich auf Güter/Leistungen, die (im Unterschied zur primären „Eingangslogistik") nicht direkt in die Produktion eingehen. Die Web Site kann beispielsweise bei der Suche nach geeigneten Lieferanten, dem Bewerten von Angeboten, Aushandeln von Konditionen, der Auftragserteilung, letztlich für alle Kontakte mit Geschäftspartnern genutzt werden. Des weiteren können Beschaffungsbedarfe im Internet präsentiert und potentiellen Lieferanten zugänglich gemacht werden. Diese können weltweit derartige Ausschreibungen einsehen und ihre Angebote eventuell auf vorgefertigten Formularen via Web abgeben (Web-basierte Ausschreibungen).[152]

Im Rahmen der Beschaffung können weiterhin Informationsvermittler in Form von Produkt-, Lieferanten- und Transportbörsen eingeschaltet werden, die die Markttransparenz der nachfragenden Unternehmen erhöhen und darüber die Preisgestaltung der Anbieter beeinflussen. Neuerdings bilden sich branchenindividuelle, virtuelle Einkaufsgemeinschaften, die Aufträge bündeln und Preisnachlässe aushandeln.[153]

Technologieentwicklung:

Typische Nutzungsmöglichkeiten der Internet-Technologie im Bereich Forschung und Entwicklung (F&E) können nach Block[154] in vier Punkten zusammengefaßt werden: erstens die Akquisition projektrelevanter Daten, Informationen, Publikationen, Patente sowie entsprechender Software, zweitens die Kommunikation und Zusammenarbeit mit anderen Entwicklern, Forschungsinstituten oder Hochschulen, drittens die Teilnahme an elektro-

---

151 Vgl. Porter, Michael E.: The competitive advantage of nations, a. a. O., S. 40.

152 Vgl. o. V.: Das Internet wird Bindeglied zwischen Einkauf und Vertrieb, in: FAZ, 19.10.1998, S. 34.

153 Vgl. o. V.: Das Internet verschafft dem Einkäufer hohe Markttransparenz, in: FAZ, 08.07.1999, S. 25. Vgl. auch o. V.: Im Internet können Einkaufskosten für Unternehmen kräftig fallen, in: FAZ, 25.11.99., S. 28 und Gotta, Frank: Online-Beschaffung birgt ein hohes Sparpotential, in: Computerzeitung, 26.08.99 S. 17.

154 Vgl. Block, Carl Hans: Internet, Intranet, Extranet für Manager, a. a. O., S. 182.

nischem Gedankenaustausch in Form von Dialogen und der Zugriff auf Unterlagen von Konferenzen und Tagungen sowie viertens die Kommunikation mit Lieferanten und Kunden. Zur Umsetzung dieser Aspekte nutzen die Mitarbeiter die unterschiedlichen Dienste des Internet. Die besonderen Vorteile dieser Art der Informationsbeschaffung gegenüber herkömmlichen Methoden liegen in der hohen Zugriffsgeschwindigkeit, den niedrigen Kosten und dem geringen zeitlichen Aufwand bei der Recherche. Die Schnelligkeit, mit der solche Informationen sowohl unternehmensintern als auch weltweit eingeholt und ausgetauscht werden können, trägt wesentlich dazu bei, die Effizienz von Entwicklungen zu steigern.[155] Die damit verbundene Reduktion von Entwicklungszeiten spielt im Hinblick auf kürzer werdende Produktlebenszyklen eine immer wichtigere Rolle.[156]

Personalwirtschaft:

Die Web Site dient in diesem Zusammenhang als Informations- und Akquisitionsmedium.[157] Neben den herkömmlichen Stellenanzeigen in Printmedien, z. B. Tageszeitungen oder Fachmagazinen schreiben Unternehmen ihre offenen Stellen über die eigene Web Site aus.[158] Darüber hinaus besteht die Möglichkeit, Stellenanzeigen in Jobbörsen zu veröffentlichen, in Online-Fachzeitschriften zu plazieren oder zielgruppenspezifisch an Diskussionsforen zu verschicken. Im Vergleich zur konventionellen Personalbeschaffung kann mit Hilfe der Internet-Technologie die Effektivität der Suche erhöht und die dabei anfallenden Kosten gesenkt werden. Dies beruht zum einen auf der Tatsache, daß im Internet mehr Informationen kostengünstiger bereitgestellt werden und zum anderen auf dem Umstand, daß Interessenten sich schneller per eMail mit dem Unternehmen in Verbindung setzen können (z. B. Online-Bewerbung).[159]

---

155 Vgl. Block, Carl Hans: Internet, Intranet, Extranet für Manager, a. a. O., S. 181 ff.

156 Vgl. Gierscher, Wolfgang: Anwendungen des Internet in Unternehmen – Betrachtet anhand der Wertschöpfungskette von Porter, a. a. O., S. 7 f.

157 Vgl. Kurbel, Karl; Szulim, Daniel; Teuteberg, Frank: Internet-Unterstützung entlang der Porterschen Wertschöpfungskette – innovative Anwendungen und empirische Befunde, a. a. O., S. 87.

158 Vgl. Block, Carl Hans: Internet, Intranet, Extranet für Manager, a. a. O., S. 193 ff.

159 Vgl. Alpar, Paul: Kommerzielle Nutzung des Internet: Unterstützung von Marketing, Produktion, Logistik und Querschnittsfunktionen durch Internet und kommerzielle Online-Dienste, a. a. O., S. 239 ff.

Neben den im öffentlichen Internet ablaufenden Maßnahmen kann auch das unternehmensinterne Intranet im Bereich Personalwirtschaft genutzt werden. Die Plazierung von Stellenanzeigen und Belange der Aus- und Weiterbildung lassen sich effizient über ein Intranet publizieren und organisieren:[160] z. B. erfolgt die Bekanntmachung von Qualifizierungsmaßnahmen auf den dafür vorgesehenen Intranet-Pages, so daß sich die Mitarbeiter selbständig über das aktuelle Angebot informieren und bei Bedarf anmelden können. Die daraus resultierenden organisatorischen Vorgänge werden dann von intranetspezifischer Software unterstützt.[161]

Unternehmensinfrastruktur:

Nach Porter zählen zur Unternehmensinfrastruktur alle Aktivitäten der Geschäftsführung, das Rechnungswesen, Planung, Finanzwirtschaft und die Rechtsabteilung.[162] Im Unterschied zu den restlichen sekundären Wertschöpfungsaktivitäten läßt sich die Unternehmensinfrastruktur nicht mehr einzelnen primären Aktivitäten zuordnen, denn die betreffenden Aufgaben sind für die Unterstützung der gesamten Wertschöpfungskette notwendig.

Für die Unternehmensinfrastruktur ist die Internet-Technologie wegen ihrer homogenisierenden Wirkungen von Nutzen, der sich vor allem in einer Steigerung der Informationstransparenz und einer Beschleunigung von Kommunikationsprozessen niederschlägt. Die Homogenisierung betrifft zum einen die technischen Kommunikationseinrichtungen, die unternehmensintern mit standardisierten Internet-Protokollen abgewickelt werden können (auch alle bekannten Formen von Telefonie-Diensten). Die Vereinheitlichung von Benutzeroberflächen fördert die unternehmensinterne Informationssammlung, -gewinnung und -verwertung.[163] Document-Management-Systeme, die über Web-Clients im Intranet genutzt werden können, sind typische Vertreter neuer Instrumente zum Wissensmanagement.

---

160 Vgl. Fischer, Stefan: Intranet: das Internet im Unternehmen, München, Wien: Hanser 1997, S. 14 ff.

161 Vgl. Händschke, Eva: Fort- und Weiterbildung läßt sich effizient per Intranet organisieren, in: Computer Zeitung, 9/1999, S. 35.

162 Vgl. Porter, Michael E.; Millar, Victor E.: Wettbewerbsvorteile durch Information, a. a. O., S. 90.

163 Vgl. Gierscher, Wolfgang: Anwendungen des Internet in Unternehmen – Betrachtet anhand der Wertschöpfungskette von Porter, a. a. O., S. 9.

Die unternehmensinterne Homogenisierung durch Internet-Technologie reduziert gleichzeitig den Aufwand zur Schnittstellenanpassung bei der Kontaktaufnahme mit der Unternehmensumwelt. Der Standardisierungssog der Internet-Protokolle hat inzwischen alle digital kommunizierenden Unternehmen und Personen erfaßt: jegliche IT-Systeme „sprechen und verstehen" heute TCP/IP und seine diensterealisierenden Varianten.

Die vorigen Ausführungen zeigen exemplarisch, daß grundsätzlich alle Tätigkeitsfelder der Porter´schen Wertschöpfungskette mit eBusiness-Aktivitäten unterstützt und ergänzt werden können. Die Porter´sche Wertschöpfungskette ist nicht deterministisch zu verstehen, sondern stellt ein mögliches Schema dar, das an individuelle Verhältnisse des Unternehmens angepaßt werden muß,[164] um z. B. Branchenspezifika berücksichtigen zu können. Diesbezüglich ist anzumerken, daß die obigen Beispielanwendungen potentielle Einsatzgebiete der Internet-Technologie im Unternehmen sind. Die genannten Instrumente und Verfahren können teilweise nur in bestimmten Branchen verwendet werden, wie z. B. die Ferndiagnose und -wartung von Software, wobei auch die Ausprägungen von Unternehmen zu Unternehmen variieren können.

Hervorzuheben ist, daß die wertschöpfenden Aktivitäten eines Unternehmens nicht isoliert zu betrachten sind, sondern ein Gefüge interdependenter Tätigkeiten darstellen. Die Ausführung einer bestimmten Aktivität kann die Effizienz und/oder die Effektivität anderer Aktivitäten beeinflussen. Die einzelnen Glieder der Wertschöpfungskette müssen aufeinander abgestimmt werden, damit bei den Adressaten ein entsprechender Nutzen entsteht, der z. B. Interessenten zu Kunden eines Unternehmens macht.[165] So erfordert beispielsweise die zeitsparende Direktbestellung eines Produktes über die Web Site deren friktionsarme Anbindung an die internen Systeme in Produktion, Logistik und Service, damit die Zeitvorteile des Kunden nicht durch Verzögerungen bei der Aus- und Belieferung konterkariert werden.[166]

---

164 Vgl. Fochler, Klaus; Perc, Primoz; Ungermann, Jörg: Betriebswirtschaftliche Aspekte des Electronic Commerce, a. a. O., S. 35.

165 Vgl. Zerdick, Axel; Picot, Arnold; Schrape, Klaus; Artopé, Alexander; Goldhammer, Klaus; Lange, Ulrich T.; Vierkant, Eckart; López-Escobar, Esteban; Silverstone, Roger: Die Internet-Ökonomie: Strategien für die digitale Wirtschaft, Berlin et al.: Springer 1999, S. 30 f.

166 Vgl. Porter, Michael E.; Millar, Victor E.: Wettbewerbsvorteile durch Information, a. a. O., S. 90 f.

Neben diesen internen Interdependenzen ist die Wertschöpfungskette eines Unternehmens auch mit vorgelagerten bzw. nachgelagerten Wertschöpfungsketten von Geschäftspartnern bzw. Kunden verknüpft.[167] Dabei stellen die ausgehenden Aktivitäten der Lieferanten die eingehenden Tätigkeiten im Unternehmen und die unternehmerischen ausgehenden Tätigkeiten die eingehenden Aktivitäten bei den abnehmenden Partnern dar. Im Gesamtblick ergibt sich ein unternehmensübergreifendes Wertschöpfungssystem, das sich z. B. auf ein Produkt, eine Branche oder einen Markt beziehen kann.[168] Dieses unternehmensübergreifende Wertschöpfungssystem konkretisiert die in Abschnitt B. der vorliegenden Untersuchung erarbeitete institutionenökonomische Koordinationsform der Kooperation. Die zugehörigen Transaktionen finden über die in Abbildung 8 dargestellten Schnittstellen zwischen Kooperationspartnern hinweg im Internet statt.[169]

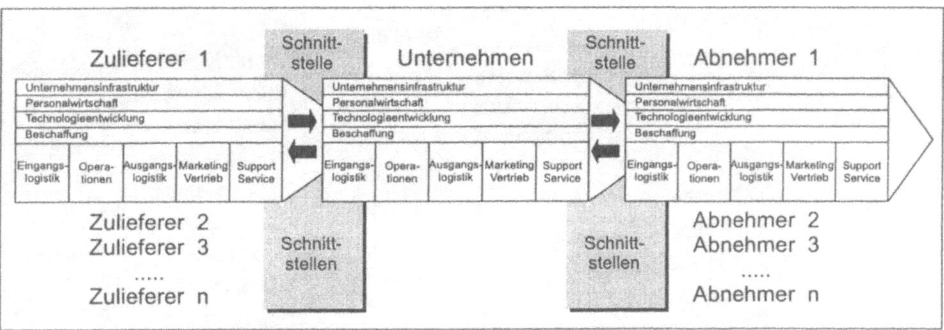

Abb. 8: Unternehmensübergreifendes Wertschöpfungssystem

Die folgende Tabelle 4 faßt die beschriebenen Internet-basierten Instrumente entlang der Porterschen Wertschöpfungskette graphisch zusammen.

---

167 Vgl. Porter, Michael E.; Millar, Victor E.: Wettbewerbsvorteile durch Information, a. a. O., S. 91.

168 Vgl. Zerdick, Axel; Picot, Arnold; Schrape, Klaus; Artopé, Alexander; Goldhammer, Klaus; Lange, Ulrich T.; Vierkant, Eckart; López-Escobar, Esteban; Silverstone, Roger: Die Internet-Ökonomie: Strategien für die digitale Wirtschaft, a. a. O., S. 30 f.

169 Vgl. Österle, Hubert; Fleisch, Edgar; Alt, Rainer: Business Networking – Sharping Enterprise Relationships on the Internet, Berlin et al.: Springer 2000. Österle et al. identifizieren die unternehmensübergreifende Kooperation als einen von sieben fundamentalen Trends der „Business Transformation".

<table>
<tr><td rowspan="5">Unterstützende Aktivitäten</td><td>Unternehmens-infra-struktur</td><td colspan="5">Beschaffung von Informationen; Abwicklung unternehmensinterner Prozesse, wie z. B. Transaktionen des Rechnungswesens und Realisierung der internen Kommunikation, Kooperation, Koordination; Realisierung Telearbeit.</td></tr>
<tr><td>Personal-wirtschaft</td><td colspan="5">Stellenanzeigen in Jobbörsen, Online-Fachzeitschriften, Diskussionsforen und auf den unternehmenseigenen Web-Pages im Internet und Intranet; Online-Bewerbungen; Veröffentlichung von Aus- und Weiterbildungsbelangen.</td></tr>
<tr><td>Forschung & Entwicklung</td><td colspan="5">Akquisition projektrelevanter Daten, Informationen u. ä.; Kommunikation und Zusammenarbeit mit anderen Entwicklern, Kunden, Lieferanten u. ä.; Diskussionsforen.</td></tr>
<tr><td>Beschaffung</td><td colspan="5">Web-basierte Ausschreibungen; Produkt-, Lieferanten- und Transportbörsen; Kommunikation, Kooperation und Koordination mit Geschäftspartnern.</td></tr>
<tr><td></td><td>Automatische eMail-Benachrichtigung der Lieferanten

Online-Überprüfung von Lagerbeständen

Ordermonitoring (Tracking)

Online-Zahlungsabwicklung

Informationsbörsen

Produktbörsen

Transportbörsen</td><td>Informationsbeschaffung

Ordermonitoring

Telearbeit

Kommunikation zwischen Auftraggebern und Mitarbeitern</td><td>Online-Auftragserfassung

Online-Traking

Online-Bonitätsprüfung

Online-Zahlung

Online-Auslieferung</td><td>Marketing
Online-Werbung
Online-Public Relations
eMail-Newsletter
Online-Kundenbefragung
Online-Marktforschung
Online-Demos
Zugriffsmessung zur Erfolgskontrolle
Internet-TV

Vertrieb
Elektronische Produktkataloge
Elektronische Einkaufskörbe
Online-Preisfindung
Suchdienste
Produktkonfiguratoren</td><td>Telewartung
Ferndiagnose
Diskussionsforen
FAQ
Online-Beratung
Digitale Handbücher
eMail-Benachrichtigungsdienst
Fax on demand
Internet-Telefonie
Videoconferencing</td></tr>
<tr><td></td><td></td><td>Eingangslogistik</td><td>Operationen</td><td>Ausgangslogistik</td><td>Marketing Vertrieb</td><td>Support Service</td></tr>
<tr><td></td><td></td><td colspan="5">Primäre Aktivitäten</td></tr>
</table>

Tab. 4: eBusiness-Unterstützung entlang der Wertschöpfungskette

3 Die Web Site aus strategischer Sicht

Die vollständige Durchdringung der Wertschöpfungskette mit eBusiness-Aktivitäten und die rasant steigenden Online-Umsätze unterstreichen die zentrale Bedeutung, die die Web Site für den Erfolg vieler Unternehmen am Markt inzwischen einnehmen kann.[170] Diese Erkenntnis ist bereits bis in die höchsten Managementebenen der meisten Unternehmen vorgedrungen. Genau diese Managementebenen sind aus betriebswirtschaftlicher Sicht dafür verantwortlich, daß ein Unternehmen seine eBusiness-Chancen erkennt und wahrnimmt. Strategische Zielvorgaben, Entscheidungen und Maßnahmen in puncto eBusiness werden erforderlich:

Im Bereich des öffentlichen Internet (Nutzungsform der Internet-Technologie zur Realisierung einer *öffentlichen* rechnerbasierten Kommunikation) dient die Internet-Technologie dazu, das absatzpolitische Instrumentarium eines Unternehmens über den Aufbau einer digitalen Präsenz sowie die Realisierung eines elektronischen Absatzkanals zu optimieren.[171] Der Bereich des öffentlichen Internet konkretisiert die marktliche Koordination (siehe Abschnitt B. der vorliegenden Untersuchung) von elektronischen Geschäftsaktivitäten.

Ein Extranet (Nutzungsform der Internet-Technologie zur Realisierung einer *abgeschlossenen* rechnerbasierten Kommunikation *zwischen Partnerorganisationen*) ermöglicht es kooperierenden Unternehmen, die kooperationsbezogenen Prozesse (innerhalb der und zwischen den Unternehmen; z. B. für Beschaffung, Belieferung und F&E-Kooperationen) zu digitalisieren. Extranets ermöglichen die technische Realisierung des in Abbildung 8 skizzierten unternehmensübergreifenden Wertschöpfungsnetzwerks zur kooperativen Koordination von elektronischen Geschäftsaktivitäten.

Innerhalb eines Intranet (Nutzungsform der Internet-Technologie zur Realisierung einer *abgeschlossenen* rechnerbasierten Kommunikation *innerhalb* einer Organisation) begründet die Nutzung der Internet-Technologie im Vergleich zur Vernetzung mit proprietären Systemen über die Homogenisierung technischer Infrastrukturen und Benutzeroberflächen Vorteile in den Bereichen

---

170 Vgl. z. B. o. V.: Auswirkungen des Internet auf den Handel, in: FAZ, 28.09.1998, S. 31.

171 Vgl. Thommen, Jean-Paul: Allgemeine Betriebswirtschaftslehre; Umfassende Einführung aus managementorientierter Sicht, Wiesbaden: Gabler 1991, S. 213.

Kommunikation, Kooperation und Koordination des Unternehmens selbst. Die „Koordination" reflektiert hier auf die im institutionenökonomischen Sinne innerhalb der (Unternehmens-) Hierarchie ablaufenden Geschäftsaktivitäten.

Die institutionenökonomische Analyse von elektronischen Geschäftsaktivitäten bietet eine integrative Basis für dieses Einsatzspektrum. Die Koordinationsformen Markt, Kooperation und Unternehmen sind schlüssige Äquivalente für Internet, Extranet und Intranet. Für die Integration dieser drei Komponenten wurde in Abschnitt B. der Begriff „elektronisches Wirtschaftsgefüge" eingeführt. Die elektronischen Geschäftsaktivitäten (eines Unternehmens) in diesem Einsatzspektrum werden unter dem Begriff des „Electronic Business" (eBusiness) subsumiert und über die Web Site eines Unternehmens realisiert. Wie bei „traditionellem Business" auch, lassen sich aus der Sicht eines Unternehmen für eBusiness die drei typischen Zielgruppen Endkunden, Geschäftspartner und das Unternehmen selbst ausmachen.

Im Marketing wird der Begriff „Zielgruppe" als Gesamtheit aller effektiven und potentiellen Personen (Adressaten), die mit einer bestimmten Marketingaktivität angesprochen werden sollen, definiert.[172] Grundlage zur Zielgruppenfindung ist die Marktsegmentierung. „Unter Marktsegmentierung versteht man die Aufteilung des Gesamtmarktes in homogene Käufergruppen bzw. -segmente."[173] Mit zielgruppenorientiertem Marketing wird daraufhin das „passende" Angebot für jeden Zielmarkt entwickelt und neben Preis, Distributionskanälen auch die entsprechenden Werbemaßnahmen abgestimmt.[174] Ersetzt man in dieser Marketing-orientierten Zielgruppendefinition die „Marketingaktivität" durch „elektronische Geschäftsaktivität" gelangt man zu folgenden eBusiness-Zielfeldern:

---

172 Vgl. Nieschlag, Robert; Dichtl, Erwin; Hörschgen, Hans: Marketing, 18., durchges. Aufl., Berlin: Duncker&Humblot 1997, S. 835 f. und Kotler, Philip; Bliemel, Friedhelm: Marketing-Management: Analyse, Planung, Umsetzung und Steuerung, 8., vollst. neu bearb. und erw. Aufl., Stuttgart: Schaeffer-Poeschel 1995, S. 1113.

173 Meffert, Heribert: Marketing: Grundlagen der Absatzpolitik: mit Fallstudien Einführung und Relaunch des VW-Golf, 7., überarb. und erw. Aufl., Nachdr., Wiesbaden: Gabler 1991, S. 243. Vgl. auch Nieschlag, Robert; Dichtl, Erwin; Hörschgen, Hans: Marketing, a. a. O., S. 835 f. und Freter, Hermann; Obermeier, Oliver: Marktsegmentierung, in: Herrmann, Andreas; Homburg, Christian (Hrsg.): Marktforschung, Wiesbaden: Gabler 1999, S. 742 f.

174 Vgl. Kotler, Philip; Bliemel, Friedhelm: Marketing-Management: Analyse, Planung, Umsetzung und Steuerung, a. a. O., S. 422.

1.   eBusiness-Zielfeld: „Das Unternehmen selbst"

Das eBusiness-Zielfeld „das Unternehmen selbst" nimmt Bezug auf die internen Strukturen des agierenden Unternehmens (Business-to-Self). Betroffen ist der Funktional-Bereich „Organisation", besonders die Ablauforganisation mit den beteiligten unternehmensinternen Ressourcen Mitarbeiter, Instrumente und Verfahren. Die hier anzusiedelnden eBusiness-Aktivitäten werden in der vorliegenden Untersuchung unter dem Begriff Electronic Workflow (**eWorkflow**) zusammengefaßt. Nach der Definition der Europäischen Kommission handelt es sich hierbei um einen geschlossenen Bereich des elektronischen Wirtschaftsgefüges.[175] Hauptmerkmal dieses geschlossenen Bereiches ist es, nur einer begrenzten Zahl beteiligter Personen Zugang zu gewähren. In diesem Fall handelt es sich in aller Regel um die Mitarbeiter des Unternehmens.

2.   eBusiness-Zielfeld: „Geschäftspartner"

Das eBusiness-Zielfeld „Geschäftspartner" fokussiert auf den funktionalen Bereich der (vorwiegend produktionsorientierten) „Logistik" im Unternehmen. Hierbei richtet sich das Hauptaugenmerk auf eBusiness-Aktivitäten bzgl. Beschaffung, Belieferung und Kooperation eines Unternehmens mit seinen Geschäftspartnern im Rahmen der Leistungserstellung. In der Literatur werden eBusiness-Aktivitäten in diesem Zielfeld auch als „Business-to-Business"-Beziehungen bezeichnet, die die Integration von Geschäftspartnern in die Geschäftsprozesse einer unternehmensübergreifenden Wertschöpfungskette zum Gegenstand haben. Die entsprechenden eBusiness-Aktivitäten werden in der vorliegenden Untersuchung mit Electronic Integration (**eIntegration**) zusammengefaßt. Bei diesem Zielfeld handelt es sich um einen definierten, bewußt abgegrenzten Bereich des elektronischen Wirtschaftsgefüges.

3.   eBusiness-Zielfeld: „Kunden"

Das eBusiness-Zielfeld „Kunden" wird dem Funktional-Bereich „Absatz" im Unternehmen zugeordnet und analysiert Aktivitäten bzgl. Marketing, Vertrieb und Kundenservice/Support auf offenen eMärkten im Hinblick auf End-„Kunden" (Endverbraucher). Alle dortigen Aktivitäten werden hier unter dem Begriff Electronic Commerce (**eCommerce**) zusammengefaßt. eCommerce bezieht im nicht-begrenzten, öffentlichen Internet auch die (anonymen) Interessenten sowie potentielle und tatsächliche Kunden (Business-to-Consumer) ein.

---

175 Vgl. Europäische Kommission: European Initiativ in Electronic Commerce, Online im Internet: ftp.// ftp.cordis.lu/pub/esprit/docs/ecomcomd.pdf, 15.10.1998, S. 9.

Die hier vorgenommene Benennung der elektronischen Geschäftsaktivitäten mit eWorkflow, eIntegration und eCommerce ist diskutabel. Unabdingbar ist es jedoch, eine solche Gruppierung bewußt vorzunehmen. Wenn in vielen Publikationen noch zwischen Business-to-Business und Business-to-Consumer unterschieden wird, so vermißt man meist jedoch den Bereich des unternehmensinternen eBusiness. Des weiteren fehlt in Verlautbarungen zu gemessenen oder geschätzten Umsatzvolumina zumeist eine nachvollziehbare Definition, was genau unter den bezogenen „elektronischen Geschäftsaktivitäten" zu verstehen ist (z. B. in welchem Umfang und wieviele Teile einer Transaktionssequenz werden elektronisch durchgeführt?). Messungen und Schätzungen über die Umsatz-/Handelsvolumina im Internet differieren daher sehr stark.

Über die Gruppierung elektronischer Geschäftsaktivitäten in Internet, Extranet und Intranet läßt sich für die strategische Planung einer umfassend interpretierten Web Site eine eBusiness-Segmentierung ableiten, wie sie in Abbildung 9 graphisch veranschaulicht wird.

	Web Site	
Internet	Extranet	Intranet
Electronic Commerce	Electronic Integration	Electronic Workflow
Kunden	Partner	U-intern
• Marketing • Vertrieb • Support	• Kooperation • Beschaffung • EDI, JiT	• WFM, WGC • Produktion • IT-Systeme
Absatz	Logistik	Organisation
Electronic Business im Internet		

Abb. 9: eBusiness-Segmente einer Web Site

Aus strategischer Sicht stellt eine Web Site somit das rahmensetzende Konstrukt für die Realisierung aller elektronischen Geschäftsaktivitäten im Web dar: der Ort des Zusammentreffens mit eCommerce-Kunden, der Ort der Zusammenarbeit mit eIntegration-Geschäftspartnern, der gemeinsame Ort der unternehmensinternen eWorkflow-Mitarbeiter für Routinearbeiten und Kommunikation.

Für das Tagesgeschäft bedeutet diese strategische Sicht, daß über eine Web Site Umsatz generiert wird, die Leistungserstellung innerhalb des Unternehmens kosteneffizienter abläuft und die Kooperation mit Lieferanten und Abnehmern schneller und reibungsloser funktioniert. Diese strategische Web-Site-Definition ist rein logisch-analytischer Natur und sagt nichts über die konkrete Erscheinungsform der Web Site aus, wie sie den einzelnen Adressaten in einem Browser präsentiert wird.

Über die Zielgruppenorientierung einer Web Site wird betont, daß sie die jeweiligen Adressaten[176] bei der Erfüllung ihrer Aufgaben und Ziele unterstützen muß.[177] Diese Aufgaben und Ziele stehen im engen Zusammenhang mit den Aufgaben und Zielen des Anbieters der Web Site.[178] Daraus folgt, daß der Nutzen einer Web Site für ihren Anbieter essentiell vom Nutzen für ihre Adressaten abhängt.[179] Es wird evident, die formale und funktionale Gestaltung einer Electronic-Business-Präsenz eng nach den Anforderungen (Anforderungen werden hier als „(...) Aussagen über zu erbringende Leistungen eines Systems"[180] verstanden) der spezifischen Adressaten auszurichten. Eine umfassende Aufnahme, Beschreibung und Analyse dieser Anforderungen leistet dazu einen ersten wesentlichen Beitrag.[181] Die strategische Sichtweise mit zielorientierten eBusiness-Segmenten weist daher auch auf das Erfordernis hin, bei der Planung und Konstruktion einer Web Site systematisch vorzugehen.

---

176 Zur Unterscheidung von Anwendern des World Wide Web und Anwendern konventioneller Software, werden WWW-Anwender nachfolgend als Adressaten bezeichnet.

177 Exemplarisch: Der zur Bedürfnisbefriedigung notwendige Gütererwerb wird durch die Möglichkeit des elektronischen Einkaufs erleichtert, die Ausführung von Liefertätigkeiten wird durch die elektronische Lagerbestandskontrolle vereinfacht und die Durchsetzung von gesetzlichen Regelungen erfährt durch die digitale Verteilung von polizeidienstlichen Informationen eine Optimierung.

178 Exemplarisch: Die Option für Kunden, Einkäufe auf Basis des WWW zu tätigen, kann zur Verbesserung der Wettbewerbssituation und des Umsatzes des Unternehmens beitragen, das die Möglichkeit zum elektronischen Einkauf anbietet. Die Möglichkeit der Verkürzung der Lieferfristen und bedarfsgerechten Belieferung aufgrund einer elektronischen Lagerbestandskontrolle kann zur nachhaltigen Festigung von Geschäftsbeziehungen beitragen.

179 Vgl. z. B. auch Kamenz, Uwe: Wie die Amateure; DV-Anbieter im Web, in: Computerwoche, 12/98, S. 83.

180 Partsch, Helmut: Requirements Engineering, München, Wien: Oldenbourg 1991, S. 34.

181 Vgl. Kühnel, B.; Partsch, H.; Reinshagen, K.P.: Requirements Engineering – Versuch einer Begriffsklärung, in: Requirements Engineering '87, GMD-Studien; Nr. 121, Hrsg.: Schmitz, Paul; Gesellschaft für Mathematik und Datenverarbeitung Sankt Augustin, Darmstadt: GMD 1987, S. 435.

4 Die Web Site aus technisch-konstruktiver Sicht

Mit dem Vorschlag von Tim Berners-Lee vom Europäischen Forschungszentrum für Teilchenphysik in Genf (CERN), ein Hypertext-System zu entwickeln, wurde 1989 der Grundstein für den Internet-Dienst World Wide Web (WWW oder Web) gelegt.[182] Der Dienst war zunächst darauf ausgerichtet, den Mitarbeitern des CERN in einer verteilten Rechnerumgebung die benutzerfreundliche Navigation durch eine Vielzahl von digitalen Dokumenten des Forschungszentrums zu ermöglichen. Dazu bestand die Notwendigkeit, das WWW sowohl softwareseitig als auch hardwareseitig plattformunabhängig zu gestalten. Ebenso mußte die Möglichkeit zur Verknüpfung der Dokumente implementiert und eine einheitliche Benutzerschnittstelle geschaffen werden.[183] Der zunächst über zeichenorientiert arbeitende Browser nutzbare Dienst war ab 1991 für das CERN verfügbar. Ab Mitte 1992 machte man die WWW-Software über das Internet einer breiteren Öffentlichkeit zugänglich.[184] Ihre Verbreitung blieb vorerst allerdings wesentlich auf Forschungseinrichtungen beschränkt. Erst ab 1993 gewann das WWW durch das Erscheinen von Mosaic, dem ersten Browser für grafische Oberflächen, auch außerhalb des Wissenschaftsbereichs zunehmend an Interesse. Mosaic begründete eine Browserkategorie, welche die Gestaltungsmöglichkeiten von Web-Dokumenten (z. B. Nutzung von Elementen zur Textformatierung und Multimediaintegration) sowie die Benutzerfreundlichkeit des WWW (eingängige und intuitive Nutzung des Dienstes) nachdrücklich erhöhte.[185]

Das World Wide Web (WWW) ist als Hypermedia-System konzipiert; WWW-Server stellen textuelle, graphische und auditive Informationen sowie Interaktionsmöglichkeiten auf WWW-Seiten zur Verfügung, auf die über graphische Benutzeroberflächen, sogenannte WWW-Browser, zugegriffen wird. Die Be-

---

182 Vgl. z. B. Scheller, Martin; Boden, Klaus-Peter; Geenen, Andreas; Kampermann, Joachim: Internet: Werkzeuge und Dienste; Von »Archie« bis »World Wide Web«, Berlin et al.: Springer 1994, S. 259 f.

183 Vgl. z. B. December, John; Randall, Neil: World Wide Web für Insider, Haar bei München: Markt und Technik 1995, S. 81.

184 Vgl. z. B. Scheller, Martin; Boden, Klaus-Peter; Geenen, Andreas; Kampermann, Joachim: Internet: Werkzeuge und Dienste; Von »Archie« bis »World Wide Web«, a. a. O., S. 260.

185 Vgl. z. B. Regionales Rechenzentrum für Niedersachsen / Universität Hannover und Leibniz-Rechenzentrum der Bayerischen Akademie der Wissenschaften (Hrsg.): Publizieren im World Wide Web; Eine Einführung; HTML 4.0-Standard, Hannover: RRZN 1998, S. 8.

reitstellung der Hypermedia- und Interaktionsfunktionalitäten im Browser erfolgt mit HTML, Java, JavaScript, XML etc. oder Kombinationen derartiger Werkzeuge.

Die Auszeichnungssprache HTML (Hypertext Markup Language) wurde auf Grundlage von SGML (Standard Generalized Markup Language) durch eine Initiative von Tim Berners-Lee, dem Begründer des WWW, entwickelt. Aus dieser Inititative ging 1994 das „W3-Consortium" (W3C) hervor; alle bedeutenden Unternehmen der IT-Branche von Adobe, Apple über IBM, Intel und Microsoft bis Oracle, Xerox u. v. m. sind darin vertreten. Seit seiner Gründung zeichnet dieses Industriekonsortium für die weltweite Normung von HTML verantwortlich. HTML kennzeichnet die Struktureigenschaften eines WWW-Dokuments sowie darin enthaltene Verweise (Links) auf andere Dokumente im WWW. Aufgrund ihrer Fähigkeiten, die erweiterten Kommunikations- und Hypermediafunktionalitäten von z. B. JavaScript, Java und XML zu integrieren, werden HTML-Umgebungen auch zukünftig als Organisationszentren von Web Sites fungieren.

Java ist eine von Sun Microsystems entwickelte, objektorientierte Programmiersprache, die im Bereich des World Wide Web (WWW) an den Leistungsgrenzen von HTML anknüpft und erweiterte Möglichkeiten zur Dynamisierung von WWW-Inhalten, Interaktion und Animation bereitstellt. Die Präsenz von Java als Alternative oder Supplement zu HTML im WWW ist jedoch lediglich der hochaktuelle Nebenschauplatz einer Programmiersprache, die zur Entwicklung beliebiger Software eingesetzt werden kann. Die Anfänge von Java liegen im Jahr 1991. Das Team um James Gosling bei Sun Microsystems entwickelte ausgehend von den Unzulänglichkeiten von C++ eine Programmiersprache, welche die Steuerung elektronischer Gebrauchsartikel ermöglichte. Es entstand 1992 die Sprache Oak, die später in Java umbenannt wurde. Offiziell wurde Java am 23. Mai 1995 von Sun Microsystems vorgestellt.

Im Gegensatz zu Java ist JavaScript eine unmittelbare Ergänzung zu HTML mit einem eigenen Befehlssatz. Analog zum <applet> Tag für Java-Applets erfolgt die Einbindung von JavaScript-Sequenzen über einen <script> Tag. Der im Vergleich zu Java begrenzte Sprachumfang und einfache Aufbau macht JavaScript relativ unkompliziert für den Programmierer; in JavaScript lassen sich jedoch keine Programme erzeugen, die außerhalb eines JavaScript-fähigen Browsers eigenständig ablaufen können.

Die Metasprache XML (eXtensible Markup Language) ist wie HTML abgeleitet aus der Standard Generalized Markup Language (SGML). XML wird vom World Wide Web Consortium (W3C) unter Aufsicht der XML Working Group entwickelt.[186] Beide großen Browser-Hersteller Netscape und Microsoft „versprechen" die Unterstützung in ihren kommenden Browser-Versionen. XML trennt genau wie HTML Inhalt und Layout von Dokumenten, besitzt aber den Vorteil, daß mit XML Dokument-Strukturen, d. h. eigene Auszeichnungselemente (tags), frei definiert werden können. Die Beschreibung eigenerstellter Auszeichnungselemente wird in sogenannten Document Type Definition Dateien (DTDs) abgelegt. In XML-Dokumente lassen sich mehrere logische Sichten auf ein Dokument integrieren, z. B. für die Bildschirmdarstellung, den Druck und die Weiterverarbeitung der eingebetteten Daten. Dadurch können die XML-Dateien so strukturiert werden, daß dieselbe Datei, die für die Bildschirmdarstellung benutzt wird, mit einer anderen logischen Sicht auch zur automatischen Weiterverarbeitung in Anwendungsprogrammen verwendet werden kann.[187]

Die vorige Kurzbeschreibung kann nur sehr grob und unvollständig wiedergeben, mit welcher Fülle von Instrumenten, Sprachen und Standards hantiert werden muß, um eine Web Site als das fachliche Gesamtsystem aller elektronischer Geschäftsaktivitäten eines Unternehmens in ein funktionierendes technisches System umzusetzen.[188]

Eine umfassende technisch-konstruktive Sicht sollte die Web Site jedoch auch als die Gesamtpräsenz eines Unternehmens im WWW interpretieren. „Site" wird mit Lage, Sitz, Örtlichkeit, Gegend übersetzt und weist damit anschaulich auf die umfassende Struktur einer Web Site hin. Dazu gehören die technischen Web-Site-Segmente Internet, Extranet und Intranet. Abbildung 10 zeigt die Struktur der Web Site eines Unternehmens, die die eBusiness-Segmentierung berücksichtigt.

---

186   Vgl. Flynn, Peter: The XML FAQ Rev. 1.21, Online im Internet: http://www.ucc.ie/xml/, 12.08.98.

187   Vgl. Burgwinkel, Daniel: XML: Electronic Commerce hat eine Sprache, in: Diebold Management Report, 5/1998, S. 19.

188   Die hohe Geschwindigkeit der Technologiefortschritte im noch jungen Internet stellt die Planer und Entwickler vor das Problem, zeitstabile und zukunftssichere Techniken einzusetzen. Eine flächendeckende Darstellung und Diskussion kann an dieser Stelle nicht erfolgen.

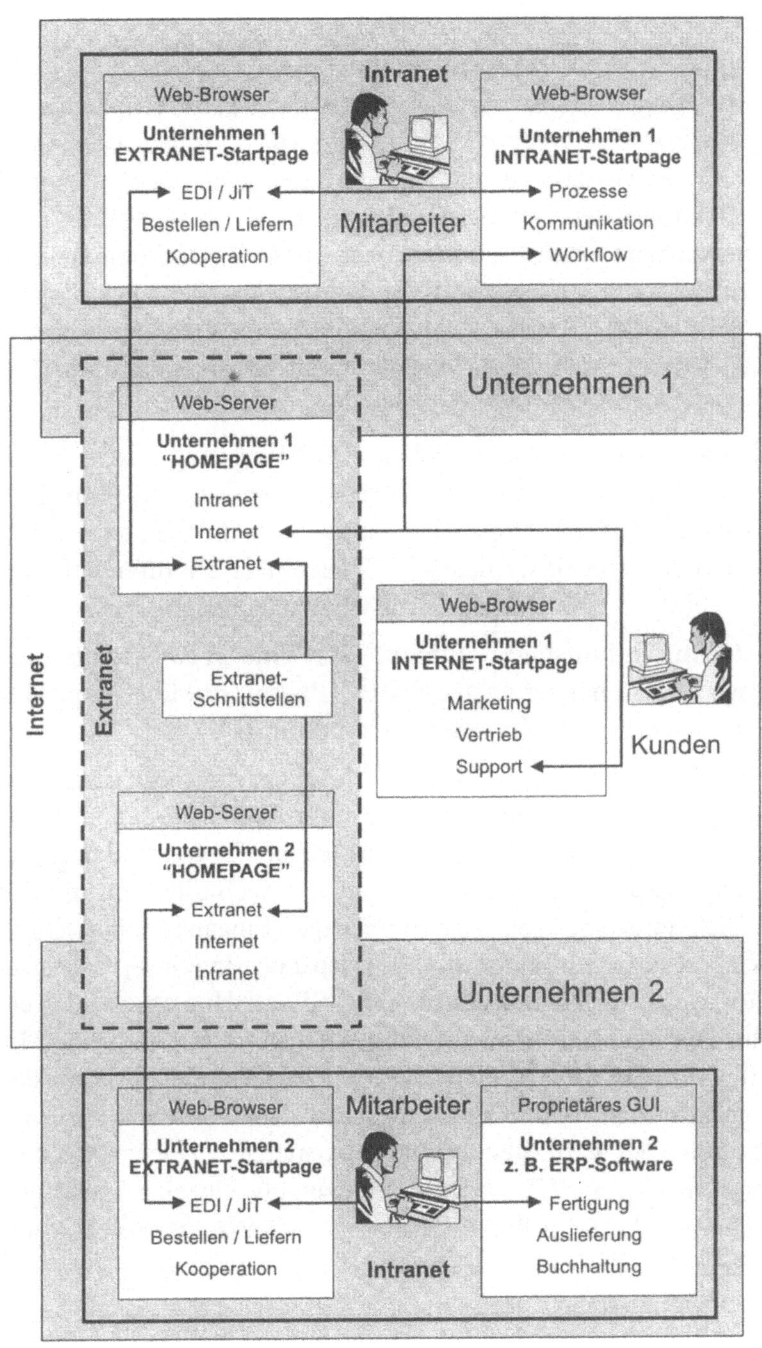

Abb. 10: Strukturdarstellung einer Web Site mit eBusiness-Segmentierung

Auf dem Web Server (z. B. ein PC mit der Web-Server-Software von Netscape) des Unternehmens 1 ist die „Homepage" des Unternehmens (eine HTML-Datei) plaziert und stellt die zentrale Zugangsmöglichkeit zur Web Site für die verschiedenen eBusiness-Zielgruppen (Geschäftspartner, Endkunden, Mitarbeiter) dar. Die Pfeile zwischen den eBusiness-Beteiligten zeigen exemplarisch diejenigen elektronischen Geschäftsbeziehungen, die in Kapitel B.4 der vorliegenden Untersuchung als institutionenökonomische Transaktionstypen identifiziert wurden: marktliche, kooperative und hierarchische. In der Praxis wird in aller Regel für jeden Transaktionstyp ein eigenes Web-Site-Segment implementiert; die Installation je eines eigenen Web Servers setzt die geforderte logische Separation der Segmente technisch um.

Die Pfeil-Beziehungen in Abbildung 10 sollen ebenfalls exemplarisch andeuten, daß die Web-Site-Segmente untereinander eng verbunden sind. Zum Beispiel können EDI-Prozesse des Extranets über Intranet-Funktionen angestoßen werden oder Support-Aktivitäten werden von Kunden über die öffentliche Internet-Startpage angefragt und ins Intranet zum Mitarbeiter weitergeleitet.

Die detaillierte technisch-konstruktive Sicht zeigt eine Web Site als eine Menge sachlogisch zusammengehöriger Seiten (Pages), die über sog. Hyperlinks miteinander verknüpft sind (siehe Abbildung 11).

Jeder Page ist eine eigene Adresse, der Uniform Resource Locator (URL), zugeordnet. Er ermöglicht ihre eindeutige Identifikation innerhalb des globalen Internet (und damit innerhalb der Web Site). Das technische Gesamtkonstrukt „Web Site" hingegen besitzt keinen eigenen URL. Die Web Site wird in aller Regel über den URL ihrer sog. zentralen Homepage (Eingangs- oder Eröffnungsseite) oder über die eigenständigen URLs separater Internet-, Extranet- oder Intranet-Startpages erreicht. Der Aufruf der URL der Homepage oder einer Startpage führt den Benutzer somit zur Web Site eines Unternehmens. Mit Hilfe von Hyperlinks wird er dann zu anderen Pages der Site geführt, wobei definierte Übergänge zwischen öffentlichen Pages und den Pages von Extranet und Intranet (geschlossene Web-Site-Segmente) existieren, zu denen nur besonders berechtigte Nutzer Zugriff haben. Homepage, ggfs. einzelne Startpages und evtl. weiterführende Auswahl-Pages erfüllen damit zunächst die Funktion eines „Menue-Systems" (Navigationssystem), das den Nutzer gezielt zu bestimmten einzelnen Pages leitet.[189]

---

189 Die Navigation durch eine Web Site wird häufig auch durch sog. Frames mit Navigationselementen realisiert. Frames lassen sich hier als in Pages eingebettete Pages interpretieren und entsprechen damit der geschilderten Menue-System-Funktion eigenständiger Pages.

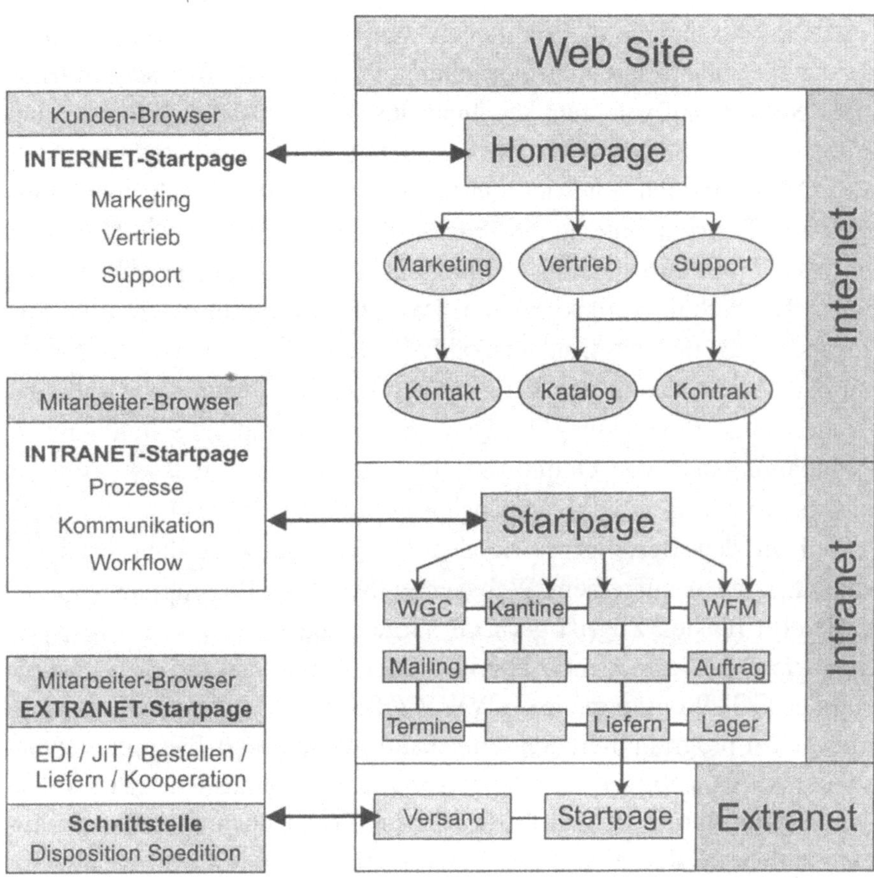

Abb. 11: Die Web Site als eine Menge sachlogisch zusammengehöriger Pages

Auf den per Navigationssystem erreichten öffentlichen (und Intranet-) Pages präsentieren viele Unternehmen dem Nutzer auch heute noch überwiegend rein passive Informationen wie z. B. Adresse, Unternehmens- oder Leistungsbeschreibungen. Wenn diese Informationen auch zunehmend ansprechend gestaltet sind (neben Text auch Graphik, Video, Audio), so ist ihr Nutzen jedoch sehr begrenzt. Erfolgversprechendere „Added values" für die Nutzer der Web Site werden vorrangig durch Pages erreicht, die die Nutzer interaktiv involvieren, wie z. B. ein Nachrichtenaustausch, eine Bestellungsannahme oder eine Supportanfrage. Für die technische Realisierung derartiger interaktiver Funktionen nutzt der Web Server in aller Regel andere technische Systeme, auf die über definierte Schnittstellen zugegriffen wird. Zum Beispiel ermöglicht HTML die Interaktion zwischen dem „Lieferanten" (der Web Server) und dem Nutzer (z. B. der Kunde) einer Page über Formulare, die der lokale Browser am Bildschirm des Nutzers aufbaut. Für den Input des Nutzers stehen Eingabe- und Auswahlfelder sowie Schaltflächen zur Verfügung. Mit dem Verknüpfungsmechanismus CGI (Common Gateway Interface) werden Formulareingaben im lokalen Browser als Argumente an ein Programm des entfernten Web Servers übergeben, das Programm dort ausgeführt und dessen Output an den lokalen Browser zur Darstellung zurückgegeben. Das Server-Programm kann die Formulareingaben z. B. für eine Datenbankabfrage verwenden und das Abfrageergebnis in HTML codiert an den Browser zur Anzeige senden (wie z. B. bei Search Engines und Börsenkurs-Abfragen). Server-Programme schreiben z. B. auch Formulareingaben von Online-Bestellungen in eine Datenbank des Produktanbieters, veranlassen unternehmensintern (z. B. via Intranet) eine bestätigende eMail an den Besteller sowie den Versand der bestellten Produkte. Grundsätzlich können auf einem Web Server beliebige Programme gestartet werden, die dort für den Zugriff per CGI vorgehalten werden. Für WWW-Interaktionen wie z. B. Gästebücher, Zugriffszähler, eMail-Versand etc. kursieren frei erhältliche CGI-Programme im WWW. CGI-Software mit speziellen Funktionen muß selbst programmiert oder eingekauft werden. CGI-Programme können mit jeder auf dem Server lauffähigen Programmiersprache erstellt werden; häufig verwendete Sprachen sind PERL, C und C++. Neben den Server-seitigen Techniken wie CGI, Server APIs, Servlets etc. stehen mit den Client-seitigen Techniken wie JavaScript, Java Applets, ActiveX etc. verschiedene weitere Instrumente zur Verfügung, die interaktive Anwendungen mit Durchgriff auf Web-Server-externe Systeme (Datenbanken, ERP-Systeme wie z. B. SAP R/3) eines Unternehmens ermöglichen.[190]

Neben dem Navigationssystem setzt sich die Web Site (öffentliche und geschlossene Bereiche) eines Unternehmens somit aus der Präsentation von passiven Informationen und der Präsentation von interaktiven Anwendungen zusammen (siehe Abbildung 12).

Die Quelle der Informationen und die Ausführung der Anwendungen können dabei außerhalb der Web Site in eigenständigen technischen Hardware-/Software-Systemen implementiert sein. Abbildung 12 zeigt exemplarisch, wie

---

190 Einen Überblick dazu liefert Thurau, Volker: Techniken zur Realisierung Web-basierter Anwendungen, in: Informatik Spektrum, Februar 1999, S. 3-12.

Web-Site-externe Systeme mit der Web Site verzahnt sind, wenn wie hier der Workflow einer Auftragsannahme und -bearbeitung bis zur Auslieferung per Spedition unterstützt wird.

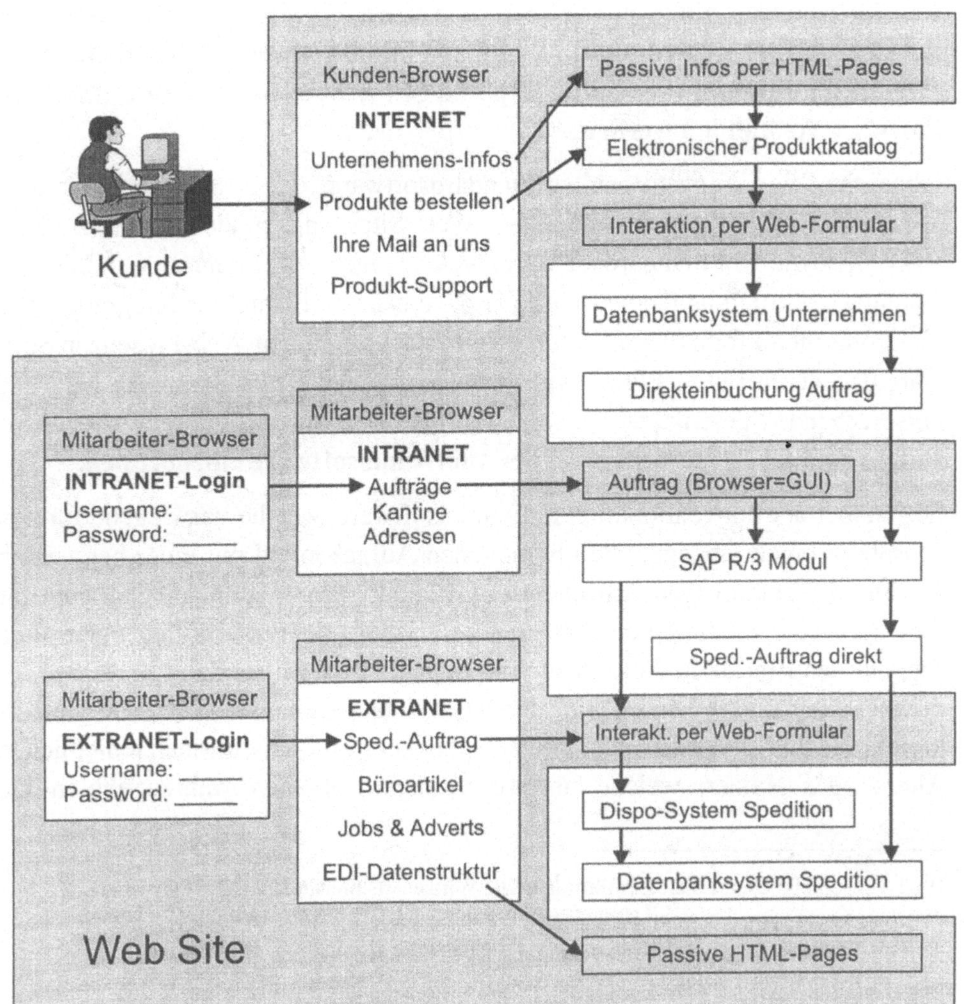

Abb. 12: Web Site mit Präsentation von Information und Anwendungen

Analysiert man eine Web Site aus dem Blickwinkel der Systementwicklung, so beinhaltet sie den aufgabenspezifischen Code (HTML-, Java-, Javascript-, Schnittstellen-Code; ein „Programm", die Anwendungssoftware) zur Bereitstellung von Inhalten (Informationen und Anwendungen). Zu deren Bereitstellung sind Systemsoftware (Browser und Web-Server-Software) sowie Hardware-Komponenten (Web Server sowie Web Clients) notwendig.

Damit weist eine Web Site alle Komponenten auf, um als Anwendungssystem im weiteren Sinne bezeichnet zu werden.[191] Mit einer Beschränkung auf den Code (ein „Programm") und die Inhalte (Daten)[192] kann eine Web Site als Anwendungssystem im engeren Sinne bezeichnet[193] und damit als Software verstanden werden.

Abgesehen von konventioneller Standardsoftware, deren Funktionalität über spezifische WWW-Schnittstellen an Web Sites angebunden ist (z. B. SAP R/3)[194], sowie von Standardsoftware, welche eigens zur Integration in Web Sites entwickelt und angeboten wird (z. B. Standardsoftware zur Integration von elektronischen Produktkatalogen in Web Sites),[195] stellen Web-Präsenzen Software dar, deren Entwicklung explizit auf individuelle Einsatzzwecke zielt und entsprechende Spezifika aufweist.[196] **Aufgrund dieser individuellen Struktur sind Web Sites in die Kategorie der Individualsoftware einzuordnen.[197]**

Gegenüber der konventionellen Individualsoftware, welche vorwiegend für den Einsatz in einem abgegrenzten homogenen Aufgabenfeld mit einer begrenzten Anzahl von zukünftigen Anwendern entwickelt wird (z. B. CAD-Software für die Ingenieure eines Automobilherstellers), zielt die Entwicklung einer Web Site auf den Einsatz in Aufgabenfeldern mit fließenden Übergängen (z. B. Produktberatung und -verkauf) und der Unterstützung eines heterogenen Nutzerkreises (z. B. Adressaten mit unterschiedlicher Nationalität, unterschiedlichen Alters oder Nutzer, welche unterschiedliche Aufgaben wahrzunehmen ha-

---

191 Vgl. Stahlknecht, Peter: Einführung in die Wirtschaftsinformatik, a. a. O., S. 242 f.

192 Die Inhalte einer Web Site setzen sich i. d. R. aus Informationen und Funktionen zusammen. Sie werden nur in dem oben erläuterten Zusammenhang verkürzt als Daten bezeichnet.

193 Vgl. Stahlknecht, Peter: Einführung in die Wirtschaftsinformatik, a. a. O., S. 242.

194 Vgl. z. B. Scheer, August-Wilhelm; Bold, Markus; Hoffmann, Michael: Internet-basierte Geschäftsprozesse mit Standardsoftware, in SAP R/3 in der Praxis. Neuere Entwicklungen und Anwendungen, Bd. SzU, Band 62, Hrsg.: Preßmar, B.; Scheer, A.-W., Wiesbaden: Gabler 1998, S. 31-34.

195 Vgl. z. B. Bichler, Martin; Hansen, Hans Robert: Elektronische Kataloge im World Wide Web, in: Information Management, 3/97, S. 51-53.

196 Vgl. Klein, Michael: Wegweiser zur eigenen Homepage, in: FAZ, 08.09.1998, S. B 8.

197 Vgl. Hansen, Hans Robert: Wirtschaftsinformatik I, 6., neubearb. und stark erw. Aufl., Stuttgart, Jena: Gustav Fischer 1992, S. 396.

ben).[198] Gleichzeitig liegt die Anzahl der Nutzer einer Web Site (z. B. mehrere Tausend bei einer Internet-Präsenz) i. d. R. erheblich über der Anzahl von Anwendern konventioneller Individualsoftware (z. B. die Mitarbeiter einer Unternehmensabteilung). Um den Anforderungen der verschiedenen Nutzerkreise gerecht werden zu können, wird es erforderlich, eine Web Site in eBusiness-Segmente (z. B. Web Site for eCommerce, Web Site for eIntegration, Web Site for eWorkflow) zu untergliedern und diese mit einer größtmöglichen Trennschärfe gegeneinander abzugrenzen. Der damit vollzogene Schritt bildet die Voraussetzung, die Anforderungen an eine eBusiness-Präsenz differenziert zu ermitteln und davon ausgehend die Entwicklung spezifischer Web-Site-Bereiche für die einzelnen Segmente einzuleiten.[199]

Alle vorgenannten technisch-konstruktiven Eigenschaften fordern die Berücksichtigung von unterschiedlichen Beteiligten ein und kennzeichnen eine Web Site als komplexes System.

Die Entwicklung einer Web Site bedarf daher eines systematischen Vorgehens[200] orientiert am Systems Engineering „(...) als Gesamtheit von Methoden zur Strukturierung und Entwicklung komplexer Systeme(...)"[201]. Für das „System Web Site" ist damit ein dediziertes Software Engineering abzuleiten, das (zumindest) die in der Entwicklung konventioneller Software erforderlichen Konzepte mit folgenden grundlegenden Inhalten erzeugt:

- Fach-Konzept: zeigt die fachlichen Ziele, Anforderungen, Bestandteile und Wirkungen der elektronischen Geschäftsaktivitäten.

- Technik-Konzept: zeigt die technische Implementation der Web Site mit Pages, Clients und Servern im Netzwerk (Informationen, Anwendungen, Hardware, Systemsoftware).

- Organisatorisches Konzept: zeigt über die Verknüpfung Web-Site-interner und -externer (Teil-)Systeme die Abbildungen organisatorischer Abläufe.

---

198 Vgl. Riedl, Joachim: Die Notwendigkeit der Zielgruppenanalyse für die Online-Kommunikation, in: WiSt – Wirtschaftswissenschaftliches Studium, 12/1998, S. 647 f.

199 Vgl. dazu auch Thommen, Jean-Paul: Allgemeine Betriebswirtschaftslehre; Umfassende Einführung aus managementorientierter Sicht, a. a. O., S. 164.

200 Vgl. z. B. Schwickert, Axel C.: Web Site Engineering – Modelltheoretische und methodische Erfahrungen aus der Praxis, in: HMD – Theorie und Praxis der Wirtschaftsinformatik 34 (1997) 196, S. 22.

201 Vgl. Stahlknecht, Peter: Einführung in die Wirtschaftsinformatik, a. a. O., S. 246.

5 Die Web Site aus anwendungsorientierter Sicht

5.1 Anwendungsorientierte Eigenschaften einer Web Site

Für die Entwicklung einer umfassenden Web Site sind ihre originären struktu-rellen Eigenschaften zu berücksichtigen, die ihr hinsichtlich ihrer Anwendung im Unternehmen[202] zugewiesen werden können. Diese strukturellen Eigen-schaften erfüllen in Entwicklungsprojekten die Funktion, die Grundlage zur Sy-stematisierung von Anforderungen an eine Web Site zu bilden. Mit dem obigen Attribut „originär" soll zum Ausdruck gebracht werden, daß die strukturellen Eigenschaften mit wenigen Ausnahmen (z. B. private Web Sites mit aus-schließlich statischer Informationsdarstellung) für jede Web-Präsenz nachge-wiesen werden können. Ihr Auftreten erfolgt unabhängig vom jeweiligen An-bieter (Unternehmen, staatliche Einrichtung, Verband etc.) sowie dem jeweili-gen Web-Site-Bereich (Web Site for eWorkflow, Web Site for eIntegration oder Web Site for eCommerce).

- Eine Web Site kann als Teil des Informationssystems ihres Anbieters ange-sehen werden. In dieser Einordnung ist es möglich, die fachlichen Anforde-rungen an eine zu entwickelnde Web Site mit Hilfe eines Informationsmo-dells abzubilden.[203] In Kapitel C.5.2 erfolgt eine Definition von Web Sites als Teil von Informationssystemen.

- In Kapitel C.5.3 wird auf die Eigenschaft einer Web Site eingegangen, die Kommunikationsalternativen[204] ihres Anbieters auszuweiten.[205] Zum Ver-

---

202 Z. B. die Aufgabenkomplexe zur Erstellung von bestimmten Leistungen wie Automobile, Maschinen, Beratungsleistungen etc. und damit die Erzielung von Gewinnen und Wettbe-werbsvorteilen.

203 Vgl. Loos, Peter; Scheer, August-Wilhelm: Vom Informationsmodell zum Anwendungssy-stem – Nutzenpotentiale für den effizienten Einsatz von Informationssystemen, in: Wirt-schaftsinformatik '95, Hrsg.: König, Wolfgang, Heidelberg: Physica 1995, S. 185-187 und Lehner, Franz: Modelle und Modellierung in Angewandter Informatik und Wirtschaftsin-formatik oder Wie ist die Wirklichkeit wirklich?, in: Schriftenreihe des Lehrstuhls für Wirt-schaftsinformatik und Informationsmanagement der WHU Koblenz, Forschungsbericht Nr. 10, Hrsg.: Lehrstuhl für Wirtschaftsinformatik und Informationsmanagement der WHU Koblenz, Vallendar: WHU Koblenz 1994, S. 45.

204 Kommunikation wird hier als Prozeß der Übertragung von Nachrichten zwischen einem Sender und einem oder mehreren Empfängern verstanden, wobei als Sender und Empfänger Aufgabenträger fungieren und Informationen der Gegenstand von Nachrichten sind.

205 Vgl. December, John; Randall, Neil: World Wide Web für Insider, a. a. O., S. 712 f.

gleich wird ein kurzer Überblick über die Kommunikationsalternativen vor der Verbreitung der Internet-Technologie sowie über mögliche Einsatzfelder einer Web Site als Kommunikationsmedium gegeben.

- Kommunikation, die auf der Basis einer Web Site erfolgt, beruht auf der Bereitstellung von Informationen (sie werden als zweckbezogene Daten verstanden; z. B. der Preis eines PKW der Marke X beträgt Y DM) und Funktionen. Kapitel C.5.4 zeigt die Eigenschaften einer Web Site, die zur Verbesserung der Informationslogistik beitragen.

- Kapitel C.5.5 zeigt die Eigenschaften einer Web Site, die die Bereitstellung von Funktionen (z. B. Datenbankzugriffe via Web, Algorithmen zur Währungsumrechnung) determinieren.

- Die Zurverfügungstellung von Informationen und Funktionen (Inhalten) steht in engem Zusammenhang mit dem Hypermedia-Konzept des WWW. In Kapitel C.5.6 wird die Eigenschaft einer Web Site beschrieben, Inhalte kontextorientiert bereitzustellen.

- Eine Web Site bietet einem Unternehmen die Möglichkeit, Informationen und Funktionen bereitzustellen. Damit leistet die Web Site einen Beitrag, die einzelnen Aufgaben des Unternehmens zu integrieren und den Nutzern der Web Site das Organisationsgefüge sowie die einzelnen Leistungen transparenter darzustellen. Die Eigenschaften der Integration sowie der Transparenzsteigerung sind Gegenstand der Erläuterungen in Kapitel C.5.7.

- Das Betreiben einer Web Site dient einem Anbieter nicht nur der Aufgabenunterstützung, sondern bewirkt gleichzeitig die Entstehung neuer sowie die Modifikation und Elimination bestehender Aufgabenfelder. Aus diesen Wirkungen erwächst die Eigenschaft der Organisationsbeeinflussung; deren Veranschaulichung erfolgt in Kapitel C.5.8.

5.2 Die Web Site als Teil des Informationssystems

Ein Informationssystem (IS) ist als ein System definiert, welches die Verarbeitung von Informationen realisiert.[206] Es bildet das gesamte, die Informationsverarbeitung betreffende Teilsystem des jeweils betrachteten Realitätsaus-

---

206 Vgl. Ferstl, Otto K.; Sinz, Elmar J.: Grundlagen der Wirtschaftsinformatik, Band 1, München; Wien: Oldenbourg 1993, S. 1-15.

schnittes (z. B. Unternehmen, Unternehmenssparte, Geschäftsprozeß mit Menschen und Maschinen) ab. Die Verarbeitung beinhaltet die Erfassung, Übertragung, Bereitstellung, Transformation und Speicherung von Informationen.

Über das Anklicken eines Hyperlinks gelangt ein Adressat zu einer Page der jeweiligen Web Site oder zu einer Page einer anderen Web-Präsenz. Interpretiert man die in Folge des Klicks übertragenen Daten für den jeweiligen Web Server als Informationen, welche diesen dazu veranlassen, die Daten (sie können aus der Sicht des anfordernden Clients als Informationen betrachtet werden) zum Aufbau der angewählten Page zu laden (Bereitstellung) und anschließend zu übertragen, dann besitzt eine Web Site die Fähigkeiten, **Informationen zu erfassen, bereitzustellen und zu übertragen.** Eine Informationserfassung auf der Basis einer Web Site kann z. B. ebenso mit Hilfe eines von der Web-Präsenz bereitgestellten Formulars erfolgen.

Eine **Transformation von Informationen** auf der Basis einer Web Site kann beispielsweise mit der Hilfe von Funktionen erfolgen, welche auf der Web Site bereitgestellt werden und z. B. über ein Formular erfaßte Informationen mit einem anderen Zweckbezug versehen (z. B. Algorithmen zur Währungsumrechnung oder zur Erstellung von Rechnungen aus den Bestellangaben eines Kunden in einem Web-basierten Workflow-Management-System, WfMS). Ein Web Server als Bestandteil einer Web Site hat die Aufgabe, die von der Site bereitzustellenden Pages (ihre Inhalte bilden für die Adressaten Informationen) dauerhaft zu speichern. Eine Web Site verfügt damit ebenso über die Fähigkeit zur **Informationsspeicherung.** Aufgrund dieser Entsprechungen mit den Charakteristika eines IS kann eine Web Site ebenfalls als ein IS angesehen werden, allerdings nur in dem Sinne als sie einen Teil eines umfassenderen IS darstellt. Dieser Zusammenhang soll nachfolgend erläutert werden.

In einem Unternehmen besitzt das IS die Funktion, die Leistungserstellung zu lenken sowie die informationsbezogene Leistungserstellung zu realisieren (z. B. Kundenberatung zur marktlichen Transaktionsanbahnung oder die Erstellung von Börsenanalysen). Dabei bezieht sich die Lenkung darauf, die Leistungserstellung zielgerichtet zu planen, zu steuern und zu kontrollieren (z. B. PPS-Systeme).

Die Elemente eines IS umfassen eine Anzahl von Aufgaben, welche über Informationsbeziehungen miteinander in Verbindung stehen, sowie eine Anzahl von Aufgabenträgern, deren Beziehungen zueinander auf der Basis von Kommunikationssystemen realisiert werden. Die Aufgaben bilden die Aufgabenebene eines IS und schließen (den Funktionen eines Informationssystems entsprechend) sowohl Lenkungsaufgaben als auch Aufgaben der Leistungserstellung ein. In der Aufgabenträgerebene eines IS sind personelle (z. B. Mitarbeiter) und maschinelle (z. B. Anwendungssysteme, Telefonsysteme, kommunikationsbezogene Transportsysteme wie Postbeförderung u. a.) Aufgabenträger zu unterscheiden. Die Aufgaben zur Übertragung und Speicherung von Informationen werden von Kommunikationssystemen wahrgenommen. Sie können sowohl den personellen (z. B. direkter Sprechkontakt zwischen zwei Personen) als auch zu den maschinellen Aufgabenträgern (z. B. Rechnernetze) zugeordnet werden.

Die Aufgaben- und Aufgabenträgerebene eines IS stehen derart in Beziehung zueinander, daß Aufgabenträgern bestimmte Aufgaben zugeordnet sind. Danach werden nichtautomatisierte Aufgaben von Personen und automatisierte Aufgaben von Maschinen (z. B. Anwendungssysteme) wahrgenommen. Besteht zwischen zwei Aufgaben, welche von verschiedenen Aufgabenträgern wahrgenommen werden, eine Informationsbeziehung, dann wird diese auf der Aufgabenträgerebene über einen Kommunikationskanal verwirklicht. Ein Kommunikationskanal besitzt die Aufgabe, den jeweiligen Aufgabenträgern den Austausch von aufgabenbezogenen Informationen zu ermöglichen. Die Realisierung des Austauschs erfolgt auf der Basis eines Kommunikationssystems.

Die Automatisierung von Aufgaben eines Informationssystems beruht auf der Bereitstellung von entsprechenden Anwendungssystemen. Sie bilden den automatisierten Teil eines Informationssystems. Ein Anwendungssystem dient der automatisierten Ausführung von originär von personellen Aufgabenträgern zu realisierenden manuellen oder kognitiven Aufgaben. In ihrem Charakter als Anwendungssystem kann eine Web Site als maschineller Aufgabenträger aufgefaßt werden, welcher z. B. die automatisierte Kommunikation oder Transformation von Informationen ermöglicht und dadurch den personellen Aufgabenträgern die Gelegenheit bietet, ihre informationsabhängigen Aufgaben effizienter zu realisieren. In dieser Zuordnung bildet eine Web Site für ein Unternehmen ein Segment des automatisierten Teils[207] seines Informationssystems. Werden die Teilsysteme eines Informationssystems ebenso als Informationssysteme bezeichnet, kann eine Web Site als ein automatisiertes Informationssystem angesehen werden.

---

207 Der nichtautomatisierte Teil des Informationssystems eines Unternehmens umfaßt z. B. den direkten Sprechkontakt zwischen Mitarbeitern.

5.3 Die Web Site als Kommunikationsplattform

Vor der starken Ausweitung des Internet infolge der Durchsetzung von TCP/IP als Standard für Netzwerkprotokolle und der zunehmenden Nutzung des Internet-Dienstes WWW als Kommunikationsmedium unterlag die Aufnahme von Kommunikationsbeziehungen den technischen Beschränkungen konventioneller Medien. Unternehmen konnten über ihre Produkte und Dienstleistungen im wesentlichen nur auf der Basis von Printmedien, des Rundfunks und von nicht vernetzten digitalen Datenträgern (z. B. Disketten, CD-ROMs) oder sonstigen konventionellen Werbemaßnahmen informieren. Die Initialisierung von Einkaufs- und Vertriebsaktivitäten war überwiegend auf die Inanspruchnahme von Telediensten, der Briefpost oder des direkten persönlichen Kontakts von Einkaufs- und Vertriebsbeauftragten beschränkt. Die Kommunikation innerhalb von Unternehmen, Behörden oder Verbänden war ebenso an Teledienste, die Dienste der Hauspost oder den direkten persönlichen Kontakt mit dem Kommunikationspartner gebunden. Die hier beschriebenen Beschränkungen bewirken Medienbrüche bei der Weiterverarbeitung von Kommunikationsinhalten (z. B. verbale Bestellung per Telefon, Eintrag der Bestellanforderung in ein Bestellformular aus Papier, Weitergabe des Formulars an die Datenerfassung mit Eingabe der Bestellpositionen in eine EDV-Anlage etc.). Damit verbunden ist eine nicht unerhebliche Gefahr von Übertragungsfehlern sowie der zeitlichen Verzögerung der Kommunikationsvorgänge.

Die Benutzung von Rechnernetzen als Kommunikationsplattform war vor dem Einsatz der Internet-Technologie nur eingeschränkt möglich. Die bestehenden lokalen Netze unterstützten meist nur abgegrenzte Funktionen und keine Prozesse mit einem durchgängigen, von Medienbrüchen befreiten Kommunikationsfluß. Darüber hinaus waren die Netze, insbesondere bei Protokollen, an Herstellerstandards gebunden. Ein netzübergreifender Daten- und Informationsaustausch war nur nach erheblichen technischen Anpassungen möglich. Erst seit dem Aufstieg von TCP/IP zum Standardprotokoll von Rechnernetzen gewinnen diese als Kommunikationsplattform zunehmend an Bedeutung.

Aufgrund von TCP/IP besteht heute theoretisch die Möglichkeit, ohne wesentliche technische Hürden zwischen jedem der weltweit verknüpften Rechner eine Verbindung aufzubauen. Die darüber realisierbare Kommunikation erfährt durch die Inanspruchnahme des WWW eine wesentliche Effizienzsteigerung. Es bietet die Chance, verfügbare digitale Ressourcen weltweit unmittelbar sowie unter einer einheitlichen Oberfläche einfach und intuitiv zu nutzen. Anbieter von Gütern und Dienstleistungen haben über eine Web Site die Möglichkeit, auf ihren Rechnern vielschichtige Informationen zu ihren Angeboten (z. B. Produktbeschreibungen, Adressen von Ansprechpartnern) sowie Funktionalitäten (z. B. zum Anstoß von Bestellvorgängen, Senden von Mitteilungen) bereitzustellen und weltweit zugänglich zu machen. Ein Interessent, der über einen an das Internet angeschlossenen Rechner sowie erforderliche Zugangsrechte verfügt, kann auf diese Ressourcen zugreifen und damit in Kommunikation mit dem jeweiligen Anbieter treten. Ebenso bietet die quasi beliebige Rechnervernetzung via TCP/IP und die Nutzung der WWW-Technologie die Möglichkeit, die unternehmensinterne Kommunikation zu intensivieren. Von jedem Rechner kann zur Unterstützung des jeweiligen Arbeitsumfeldes mit einer einheitlichen Oberfläche auf zentral vorgehaltene Anwendungen, Datenbanken, formatierte oder unformatierte Informationsobjekte (z. B. Pages mit Fließtext) zugegriffen werden.

Die angesprochenen Anwendungsbereiche zeigen, daß eine Web Site die Chance eröffnet, sowohl die Nachteile konventioneller Kommunikationsmedien zu überwinden als auch Kommunikation effizienter zu gestalten. Informationen zu Interessensgebieten von Kunden, Mitarbeitern oder Partnern können ohne Medienbrüche weltweit bereitgestellt werden. In und zwischen Organisationen ablaufende Prozesse können zu wesentlichen Teilen digitalisiert und über eine Web Site den Prozeß-Beteiligten zugänglich gemacht werden. Die Kommunikation der Beteiligten erfährt eine Beschleunigung, und der telefonische oder direkte persönliche Kontakt kann zielgerichtet auf bestimmte Situationen fokussiert werden.[208]

5.4 Die Web Site als Plattform der Informationslogistik

Unter Informationslogistik soll die „(...) planerische und dispositive Begleitung (...)"[209] der Informationsströme in einem Unternehmen verstanden werden. Darunter zählt sicher auch die **Bereitstellung und die Beschaffung von Infor-**

---

208 Vgl. z. B. Biskamp, Stefan: Internet entlastet den Vertrieb, in: Information Week, Nr. 23, 12.11.1998, S. 32.

209 Scheer, August-Wilhelm; Bold, Markus; Hoffmann, Michael: Internet-basierte Geschäftsprozesse mit Standardanwendungssoftware, a. a. O., S. 34.

mationen, die über eine Web Site bewerkstelligt werden kann. Kapitel C.5.3 zeigte, daß eine Web Site ein variables, die weltweite Kommunikation erleichterndes Medium darstellt. Sie bietet die Gelegenheit, multimediale Informationen unter einer einheitlichen Oberfläche eingängig und intuitiv nutzbar zu machen. Die Informationsbereitstellung kann sowohl in formatierter (als Ergebnis von Datenbankabfragen) als auch in unformatierter Form (in HTML eingebettete Texte, Grafiken, Animationen, etc.) erfolgen. Mit der Integration von e-Mail-Funktionen, Workgroup-Computing-Systemen (WGC) oder Formularen in eine Web Site ist es einem Anbieter möglich, sich die Site auch als Informationsbeschaffungsmedium zu erschließen. Ergänzend[210] können Protokolldateien (Logfiles) oder mit Hilfe von sog. „Cookies" realisierte Browserregistrierungen zur Web-Site-gestützten Informationsbeschaffung beitragen.[211]

Eine Stärkung der Informationslogistik eines Unternehmens wird durch die Web-Site-basierte **Informationsbereitstellung** wesentlich wie folgt erreicht:

- Digitalisierte Informationsobjekte unterschiedlicher Art (Texte, Grafiken, Sounds, Animationen etc.) können den jeweiligen Adressaten unter einer einheitlichen Oberfläche sowie unter der Anwendung von einheitlichen Darstellungsformaten (HTML, PDF, JPEG, GIF u. a.) präsentiert werden. Daraus folgt z. B., daß

  ➢ es möglich wird, auf proprietären Formaten beruhende Einschränkungen bei der Darstellung von Informationsobjekten zu überwinden;

  ➢ Informationen, welche bisher lediglich als Text-, Ton-, Bild- oder Filmdokumente auf den entsprechenden Medien vorlagen und spezifische Erstellungs- und Verteilungskosten verursachten, nun auch in einheitliche digitale Formate transformiert oder in diesen erstellt werden können und aufgrund dessen wesentlich leichter zu verbreiten sind; dadurch entsteht die Möglichkeit, Medienbrüche zu vermeiden und Kostensenkungspotentiale zu erschließen.

- Quasi ohne Beachtung der Spezifika von bestehenden Systemplattformen besteht die Möglichkeit, digitale, räumlich verteilt und mit identischem Inhalt zur Verfügung zu stellende Informationsobjekte

---

210　Dieser Themenbereich ist hier nicht Gegenstand weiterer Überlegungen.

211　Vgl. Guba, Andreas; Gebert, Oliver: Online Monitoring-Gewinnung und Verwendung von Online-Daten, in: Arbeitspapiere WI, Nr. 8/1998, Hrsg.: Lehrstuhl für Allg. BWL und Wirtschaftsinformatik, Johannes Gutenberg-Universität: Mainz 1998, S. 5 f.

> ➢ sowohl lokal vorzuhalten und
> ➢ ihre lokale Erstellung, Pflege und Wartung durch das jeweilige Fachpersonal zu gewährleisten als auch
> ➢ ihre weltweite Präsenz sicherzustellen.

Eine Web Site trägt damit Züge einer verteilten Datenhaltung (eines verteilten Datenbanksystems), indem sie als Anwendungssystem i. e. S. einen logisch zusammengehörigen Bestand an Informationen (und Funktionen) bildet, der physisch an verschiedenen (das jeweilige Know-how stellenden) Lokalitäten vorgehalten wird/werden kann.[212] In dieser Hinsicht besteht die Möglichkeit, Informationsobjekte (Pages) physisch an den Orten vorzuhalten, in deren Nähe sie am häufigsten benötigt werden (z. B. aus Performance-Gründen), sie aber gleichzeitig auch anderen interessierten oder autorisierten Adressaten zugänglich zu machen.[213] Bilden proprietäre Rechnernetze (deren Implementation von lokaler bis zu globaler Ebene reichen kann) mit einer abgegrenzten Anzahl von Teilnehmern (Adressaten) das klassische Einsatzfeld von verteilten Datenbanken, stellt demgegenüber die plattformunabhängige Internet-Technologie die Möglichkeit bereit, über eine Web Site sowohl einer abgegrenzten Anzahl von Teilnehmern (im Rahmen von Intra- oder Extranets) als auch einer quasi unbegrenzten Anzahl von Teilnehmern (im Rahmen des Internet), Informationsobjekte weltweit zur Verfügung zu stellen. Zu diesen Informationsobjekten sind sowohl bereits in digitaler Form vorliegende (z. B. in Datenbanken der einzelnen Standorte eines Unternehmens abgelegte identische Lieferanteninformationen oder Produktspezifikationen) als auch digitalisierbare, bisher lediglich in analoger Form niedergelegte Informationen (z. B. in Papieren/Broschüren vorliegende Arbeitsanweisungen, welche an allen weltweit bestehenden Standorten eines Unternehmens Gültigkeit besitzen) zu rechnen. Bezogen auf den Inhalt von räumlich verteilt verfügbar zu haltenden identischen Informationsobjekten bietet die auf Rechnernetzen beruhende Informationsbereitstellung (sowohl zentrale als auch dezentrale)[214] den Vorteil, daß die jeweiligen Informationsobjekte lediglich einer einmaligen Erstellung bedürfen (z. B. im Gegensatz zu Printmedien, die vor ihrer Bereitstellung mehrmals

---

212 Vgl. z. B. Stahlknecht, Peter: Einführung in die Wirtschaftsinformatik, a. a. O., S. 234.

213 Vgl. z. B. Bues, Manfred: Anforderungen an verteilte Datenbanken, in: HMD Theorie und Praxis der Wirtschaftsinformatik, 157/1991, S. 36.

214 Vgl. z. B. Bues, Manfred: Anforderungen an verteilte Datenbanken, a. a. O., S. 35.

zu drucken sind) und anschließend jeweils zeitnah an die Bedürfnisse der entsprechenden Adressaten angepaßt (d. h. zeitnah gepflegt und gewartet) werden können. Gegenüber einer auf analogen (z. B. Broschüren, Informationsblätter) oder nicht vernetzten digitalen Datenträgern (z. B. Disketten, Magnetbänder) aufbauenden Bereitstellung von räumlich verteilt verfügbar zu haltenden identischen Informationsobjekten besteht die Chance, Inkonsistenzen (formal und inhaltlich) zwischen den einzelnen Informationsobjekten zu vermeiden. Diese können bei einer konventionellen Bereitstellung von Informationsobjekten in Folge von zeitverzögert vorgenommenen Änderungsmaßnahmen (formal oder inhaltlich) auftreten. Die dargestellten Vorteile von Rechnernetzen können mit der Bereitstellung einer Web Site dahingehend verstärkt werden, daß digitalisierbare Informationsobjekte jedermann weltweit zur Verfügung gestellt werden können.

- Von proprietären Rechnernetzen ausgehende Beschränkungen bezüglich der jeweils erforderlichen Systemplattform und der geographischen Ausbreitung des Netzes bestehen grundsätzlich nicht mehr. Daraus folgt z. B., daß

  ➢ in einer „Web Site for eCommerce" zeitkritische (wettbewerbsrelevante) Informationen zum Leistungsspektrum (z. B. Kurse der von einer Bank vertriebenen Investmentfonds oder den Kauf von Wertpapieren unterstützende tagesaktuelle Analysen von Experten) und den Geschäftsaktivitäten eines Unternehmens (z. B. Unternehmensnachrichten zu Kooperationsplanungen, Produktinnovationen, Behauptungen von Dritten gegenüber dem jeweiligen Unternehmen) nach einer eingehenden inhaltlichen, layout- und funktionstechnischen Prüfung, im Zeitraum von einigen Minuten weltweit veröffentlicht werden können.

  ➢ veraltete und den Nutzen der jeweiligen Adressaten verringernde Informationen (z. B. ungültige Preise, Produktspezifikationen, Rezepturen) innerhalb von Minuten dem Zugriff der Adressaten entzogen werden können.

  ➢ Mitarbeiter, welche an den gleichen Geschäftsprozessen oder Aufgaben beteiligt sind (z. B. weltweit verteilt arbeitende Teams zur Entwicklung von komplexen Systemen), ihre Entscheidungen respektive Handlungen auf der Basis von identischen Informationen treffen können (Web Sites for eWorkflow oder eIntegration).

Hinsichtlich der Web-Site-basierten **Informationsbeschaffung** kann eine Stärkung der Informationslogistik eines Unternehmens dahingehend erzielt werden, daß Informationen (Adressen, Kaufverhalten von Kunden) oder Anfragen (z. B. Anfragen von Mitarbeitern zur Lösung der ihnen obliegenden Aufgaben) von den Betroffenen selbst digital erfaßt und direkt ohne Medienbruch an den jeweiligen Kommunikationspartner (personell oder maschinell) übertragen werden können. Daraus folgt z. B., daß

- Informationen nach ihrer Eingabe direkt von Anwendungssystemen weiterverarbeitet werden können (z. B. Erfassung von Bestelldaten wie Angaben zur Person, Bestellposten über ein Web-Formular und anschließende Weiterverarbeitung dieser Informationen durch ein der jeweiligen Web Site angegliedertes Datenbank- und Workflow-Management-System, WfM);

- aufgrund der Plattformunabhängigkeit einer Web Site[215] die Möglichkeit gegeben ist, diejenigen Soft- und/oder Hardwaresysteme in eine Site zu integrieren, welche für die zu erfassenden Informationen die jeweils optimale Performance zur Weiterverarbeitung bereitstellen;

- auf der Basis von Web-Formularen eingehende/erfaßte Informationen (z. B. Bestellungen) automatisiert auf ihre Konsistenz (z. B. realistische Bestellmengen)[216] und/ oder Art der Weiterverarbeitung (z. B. Bestellung eines säumigen Schuldners ablehnen) hin überprüfbar sind;

- Informationen zur Benachrichtigung von Mitarbeitern durch Kunden oder von Mitarbeitern durch Kollegen ohne Zeitverzögerung (wie z. B. auf der Basis der Brief- oder Hauspost) und Berücksichtigung der Anwesenheit (z. B. bei Telefonaten) des jeweiligen Kommunikationspartners zugestellt werden können.

Aus der exemplarischen Darstellung von Wirkungen einer Web-Site-basierten Informationsbereitstellung und -beschaffung wird ersichtlich, daß ein Unternehmen mit dem Betrieb einer Web Site eine nachhaltige Qualitätsverbesserung bei den von ihm bereitgestellten und erfaßten Informationen (zeitnähere und konsistentere Informationen) erzielen kann. In der Betrachtung der Informationsqualität als Kritischem Erfolgsfaktor (KEF) ist es einem Unternehmen folglich möglich, mit ihrer Verbesserung einen Beitrag zur Erhöhung des Unternehmenserfolges zu leisten.

---

215 Die Plattformunabhängigkeit folgt aus der Plattformunabhängigkeit der WWW- und Internet-Technologie.

216 Vgl. z. B. Biskamp, Stefan: Internet entlastet den Vertrieb, a. a. O., S. 37.

5.5 Die Web Site als Funktions-Provider

In eine Web Site sind Funktionen (als Digitalisierung des Teils „Verrichtung" einer Aufgabe)[217] mit differierender Komplexität integrierbar. Die Spanne reicht von wenig komplexen Funktionen (z. B. Taschenrechnerfunktionen[218], elektronische Notizzettel) über den Formular-basierten (z. B. mit Hilfe einer CGI-Schnittstelle realisierten) Zugriff auf unterschiedliche Datenbanksysteme[219] bis hin zu WWW-spezifischen Funktionseinheiten (z. B. IACs von SAP R/3)[220] konventioneller ERP-Softwareprodukte (z. B. SAP R/3 oder Baan) und der Integration von originärer WWW-Standardanwendungssoftware (z. B. EPC-Software)[221], welche mehrere Software-Module (z. B. virtuelle Kaufhäuser, Zahlungssysteme, Datenbanken)[222] in sich vereint. An dieser Stelle sei angemerkt, daß sowohl die WWW-Schnittstellen der konventionellen ERP-Software als auch die originär Web-spezifische Standardanwendungssoftware als WWW-Standardanwendungssoftware angesehen werden. Neben der WWW-Standardanwendungssoftware wird in Unternehmen ebenso WWW-spezifische Individualanwendungssoftware eingesetzt.[223] Sie zielt entsprechend der WWW-Standardanwendungssoftware auf eine umfassende Unterstützung von

---

217 Eine Aufgabe wird im Rahmen der vorliegenden Arbeit verkürzt als eine auf ein Objekt bezogene Verrichtung (alternativ: Tätigkeit oder Handlung) verstanden, zu deren Realisierung Informationen erforderlich sind. Eine Aufgabe ist folglich ein Komplex aus den Teilen „Objekt", entsprechende „Verrichtung" und „zur Verrichtung erforderliche Informationen". (Vgl. Kargl, Herbert: Fachentwurf für DV-Anwendungssysteme, 2., erg. Aufl., München; Wien: Oldenbourg 1990, S. 17-19, 111 f., 116). Eine Aktivität wird als ein Sub-Element einer Aufgabe verstanden, die als Teil der „entsprechenden Verrichtung" und der „zur Verrichtung erforderlichen Informationen" auf die Bearbeitung eines Teils des „Objektes" einer Aufgabe ausgerichtet ist. Folglich führt die Realisierung der Aktivitäten einer Aufgabe zur Realisierung einer Aufgabe selbst.

218 Vgl. z. B. http://www.dresdner-bank.de/f_firmen/u_europa/home.htm oder http://www.dresdner-bauspar.com/cgi-bin/sesstr/_homebau.htm, Online im Internet: 03.02.1999.

219 Vgl. z. B. Scheer, August-Wilhelm; Bold, Markus; Hoffmann, Michael: Internet-basierte Geschäftsprozesse mit Standardsoftware, a. a. O., S. 31.

220 Vgl. z. B. Hess, Oliver: Mit R/3 anbandeln, in: it management, 12/98, S. 44.

221 Vgl. Bichler, Martin; Hansen, Hans Robert: Elektronische Kataloge im World Wide Web, a. a. O., S. 51.

222 Vgl. o. V.: Der europäische Markt für Internet-Software wächst weiter, in: FAZ, 24.08.98, S. 23.

223 Vgl. z. B. Bichler, Martin; Hansen, Hans Robert: Elektronische Kataloge im World Wide Web, a. a. O., S. 51.

Aufgaben der jeweiligen Adressaten ab und weist einen entsprechenden Funktionsumfang auf. Nachfolgend werden diese beiden Arten von Anwendungssoftware einheitlich als „WWW-spezifische Anwendungssoftware" bezeichnet; mit diesem Begriff korrespondieren die in Kapitel C.4 angeführten interaktiven Anwendungen.

Wenig komplexe Funktionen besitzen einen singulären Charakter. Sie unterstützen einen Adressaten lediglich bei der Ausführung von einzelnen, aus der Nutzung einer Web Site hervorgehenden Aktivitäten (z. B. Notizen erstellen) und sind kein Bestandteil von in Web Sites integrierten Funktionskomplexen, welche in Verbindung zu konventionellen Anwendungssystemen stehen und auf die Automatisierung von vollständigen Aufgaben eines Adressaten (z. B. Informationsrecherche, Kauf, Lagerbestandskontrolle) ausgerichtet sind. Wenig komplexe Funktionen zielen darauf ab, die jeweiligen Adressaten ad hoc bei der Auswertung von Informationen einer Web Site zu unterstützen (z. B. Errechnung von zu erwartenden Renditen bei Wertpapierkäufen oder finanziellen Belastungen bei der Rückzahlung von Krediten, Hyperlink-basierter Aufruf des jeweiligen eMail-Clients mit sofortiger Erfassung der Adresse des Empfängers, elektronische Notizen zu jeweils relevanten Informationen) und damit die Auswertung effizienter zu gestalten. Die Adressaten werden dadurch z. B. von den Erfordernissen befreit,

- ihre Web-basierte Bildschirmarbeit durch zusätzliche externe Hilfsmittel (z. B. Taschenrechner, Notizzettel) zu unterstützen;

- zur Unterstützung ihrer Web-basierten Bildschirmarbeit ergänzende, auf ihrem Rechner verfügbare Software (z. B. Taschenrechner-Module, Editoren) aufzurufen;

- zur Versendung von eMails, welche zur jeweils besuchten Site in Beziehung stehen, die benötigten eMail-Adressen fehleranfällig und zeitverzögernd manuell in ihrem Mail-Client zu erfassen.

Derartige, wenig komplexe Funktionen fördern die Ergonomie einer Web Site und leisten einen Beitrag zur Erhöhung ihrer Akzeptanz.

Formular-basierte Funktionen haben zum Ziel, die jeweiligen Adressaten entweder bei Informationsrecherchen in Datenbanken zu unterstützen oder formatierte Informationen (z. B. Bestellungen oder Leistungs-/Produktbeurteilungen) zur Weiterverarbeitung in den jeweiligen unternehmensinternen Anwendungssystemen (Datenbanksysteme, WfMS, Anwendungssysteme für statistische Auswertungen u. a.) zu erfassen. Mit der Realisierung von Datenbankanbindungen in Web Sites sind Datenbankzugriffe nicht mehr an proprietäre Schnittstellen für die jeweiligen Datenbanksysteme gebunden. Dadurch besteht die Möglichkeit, den jeweiligen Adressaten (Mitarbeitern, Partnern oder Kunden) alle zur Erfüllung ihrer spezifischen Aufgaben[224] erforderlichen und über Datenbanksysteme zugänglichen Datenbestände eines Unternehmens unter einer einheitlichen Oberfläche und systemunabhängig zu erschließen. Für Kunden (Privat- und Firmenkunden) können beispielsweise Datenbanken eingerichtet werden, welche detaillierte (u. U. multimediale) Produktbeschreibungen enthalten, die den Kunden die Gelegenheit bieten, ad hoc zu einer ausführlichen Beschreibung des jeweils gewünschten Produktes oder einer Produktvariante (z. B. Automobil, Versicherung) zu gelangen.[225] Gegenüber den konventionellen Broschüren oder Katalogen bietet diese Art der Informationsrecherche den Vorteil, auf die oftmals zeitaufwendige Auswertung von wenig eingängigen Tabellen oder Übersichten verzichten zu können. Es besteht damit die Möglichkeit, durch die Integration von Datenbankzugriffsmöglichkeiten in eine Web Site einen Beitrag zur Steigerung der Kundenzufriedenheit zu leisten.

Mit der Verwendung von Formularen zur Erfassung von formatierten Informationen (z. B. Bestelldaten, Kostenvoranschläge[226]), welche eine unmittelbare Weiterverarbeitung in den Anwendungssystemen eines Unternehmens ermöglichen, wird auf die Automatisierung[227] von Geschäftsprozessen abgezielt. Dadurch sind für den jeweiligen Anbieter einer Web Site Kosteneinsparungen erzielbar,[228] die z. B. darauf beruhen, daß

- zeitaufwendige und fehlerinduzierende, von Medienbrüchen begleitete Mehrfacherfassungen von Informationen reduziert und damit sowohl die

---

224 Beispielsweise Kauf (Kunde), Realisierung eines Gemeinschaftsprojektes (Partner), Auftragsbearbeitung (Mitarbeiter)

225 Vgl. o. V.: Autohersteller überlassen „Car-Brokern" das Internet-Geschäft, in: FAZ, 21.09.98, S. 34.

226 Vgl. o. V.: Einkaufsabteilungen wollen in Zukunft im Internet ordern, in: FAZ, 28.09.98, S. 31.

227 Vgl. z. B. o. V.: Mit elektronischen Geschäftsprozessen Kosten senken, in: FAZ, 19.10.1998, S. 94

228 Vgl. o. V.: Mit elektronischen Geschäftsprozessen Kosten senken, a. a. O., S. 94 und o. V.: Einkaufsabteilungen wollen in Zukunft im Internet ordern, a. a. O., S. 31.

entsprechenden Bearbeitungszeiten[229] als auch ggfs. der Personalbestand[230] verringert werden;

- die jeweiligen Informationen in aufeinander abgestimmten Anwendungssystemen ohne Umformatierungen weiterverarbeitet werden können und

- durch eine zentrale Speicherung der jeweiligen Informationen deren wiederholtes Auffinden/Verwenden beschleunigt wird.

Aus der Integration von Formularen in eine Web-Präsenz zur Erfassung und automatisierten Weiterverarbeitung von Informationen ergeben sich für die entsprechenden Adressaten der Web Site gleichfalls explizite Vorteile. Für sie entfallen z. B. die Erfordernisse,

- Bestellungen oder Angebote in analog vorliegenden Formularen (über eine Büroanwendung erzeugt oder als Vordruck zur Verfügung stehend) zu erfassen und anschließend auf dem konventionellen Postweg zu versenden; aus dem Wegfall dieser Aktivitäten/ Aufgaben resultieren wesentliche Zeit- und Kostenersparnisse;

- Bestellinformationen (z. B. Bestellnummer, Produktbezeichnung) fehleranfällig manuell von Papierunterlagen in die jeweiligen Bestellformulare zu übertragen, da die Bestellinformationen i. d. R. aus einer der entsprechenden Web Site angeschlossenen Datenbank generiert und anschließend direkt (z. B. über Anklicken der gewünschten Bestellnummer) in das elektronische Bestellformular übernommen werden können. Damit wird ein Beitrag zur Lösung des Problems von Fehlbestellungen geleistet. Gleichzeitig besteht die Möglichkeit, den Zeit- und Kostenaufwand zur Stornierung solcher Bestellungen zu vermindern.

Einen weiteren Schritt bei der Integration von Funktionen in eine Web Site stellt die **WWW-spezifische Anwendungssoftware** dar. Sie bietet den jeweiligen Adressaten die Möglichkeit, ihre spezifischen Aufgaben quasi „Prozeß-umfassend"[231] auf der Basis einer Web Site auszuführen. Die Software kann

---

229 Vgl. z. B. o. V.: Einkaufsabteilungen wollen in Zukunft im Internet ordern, a. a. O., S. 31.

230 Vgl. o. V.: Mit elektronischen Geschäftsprozessen Kosten senken, a. a. O., S. 94.

231 Beispielsweise privater Einkauf, unternehmensbezogener Einkauf oder die Aufgaben eines Lieferkettenmanagements. Vgl. dazu z. B. Bichler, Martin; Hansen, Hans Robert: Elektronische Kataloge im World Wide Web, a. a. O., S. 51; o. V.: Einkaufsabteilungen wollen in Zukunft im Internet ordern, a. a. O., S. 31 und o. V.: Supply Chain Management über das Internet, in: FAZ, 03.11.98, S. 29.

diesbezüglich ein breites Spektrum an Aufgaben-konformen Funktionen bereitstellen (z. B. Datenbankzugriffe, Bestellungen, EPS, Funktionen zur Auftrags- oder Lagerbestandskontrolle und Lieferwegeverfolgung, eMail-Funktionen, Funktionen zum Aufbau von Call-Center-Verbindungen[232]), die sich aus wenig komplexen und Formular-basierten Funktionen zusammensetzen. In vielen Fällen stehen die einzelnen Funktionen mit konventionellen Anwendungssystemen (z. B. Warenwirtschaftssysteme, Vertriebsinformationssysteme)[233] in Verbindung (z. B. sind die IACs von SAP R/3 über den ITS mit ihrem Muttersystem verbunden)[234]. Diese Systeme haben die Aufgabe, die mit der Nutzung von einzelnen Web-Site-Funktionen angestoßenen Prozesse auszuführen und die erzielten Ergebnisse an die jeweilige Web Site zurückzusenden bzw. zur späteren Weiterverarbeitung bereitzuhalten (z. B. Ermittlung von Rechnungsbeträgen aus den Bestellangaben eines Kunden im Rahmen eines Web-basierten WfMS).

WWW-spezifische Anwendungssoftware stellt Aufgabenträgern auf den ihren Aufgaben entsprechenden Web-Site-Bereichen idealerweise ein breites und aufeinander abgestimmtes Instrumentarium zur Realisierung ihrer Aufgaben zur Verfügung. Damit wird die Inanspruchnahme herkömmlicher, nur bedingt koordinierbarer Instrumente (z. B. in Papierform vorliegende Kataloge, Formulare, inselhafte Anwendungssoftware, konventionelle Postwege) beschränkt und eine Senkung der entsprechenden Kosten sowie des jeweiligen Zeitaufwands eingeleitet.[235] Erfolgt darüber hinaus ein optimierter, Web-Site-übergreifender (Web Site for eWorkflow, eIntegration oder eCommerce) Einsatz einer WWW-spezifischen Anwendungssoftware, kann eine Realisierung von Web-basierten Geschäftsprozessen eingeleitet werden.

---

232 Vgl. z. B. o. V.: Bei Online-Shops dominieren noch die reinen Insellösungen, in: Computerzeitung, 09.04.1998, S. 30.

233 Vgl. z. B. Biskamp, Stefan: Internet-Shop braucht Integration, in: Information Week, Nr. 23, 12.11.1998, S. 40-43.

234 Vgl. Bichler, Martin; Hansen, Hans Robert: Elektronische Kataloge im World Wide Web, a. a. O., S. 52 und Hess, Oliver: Mit R/3 anbandeln, a. a. O., S. 44.

235 Vgl. z. B. o. V.: Autohersteller überlassen „Car-Brokern" das Internet-Geschäft, a. a. O., S. 34; o. V.: Im Internet kann man über Flugpreise feilschen wie auf dem Basar, in: FAZ, 04.05.1998, S. 29 und Arnitz, Louis: Geschäftsreisen per Mausklick, in: Office Management, 06/98, S. 33.

5.6 Die Web Site zur kontextorientierten Bereitstellung von Inhalten

Mit dem Hypermedia-Konzept des WWW steht dem Anbieter einer Web Site die Möglichkeit offen, die zu publizierenden Inhalte kontextorientiert über Grafiken, Animationen, Videodarstellungen und Tondokumente zu vernetzen. Ein Hauptmerkmal des Hypermedia-Konzeptes ist, darzustellende Inhalte nicht-linear miteinander verknüpfen zu können.[236] Konventionelle Dokumente hingegen, wie z. B. ein Buch, sind logisch (ein Kapitel baut inhaltlich auf dem anderen auf) und physisch (z. B. Kapitel 2 folgt nach Kapitel 1) linear strukturiert.[237] Das Lesen dieser Dokumente erfolgt i. d. R. ebenfalls linear, beginnend beim ersten und endend mit dem letzten Kapitel. Dokumente, die nach dem Hypermedia-Konzept strukturiert sind, können hingegen assoziativ gelesen/eingesehen werden.[238] Die Inhalte der Dokumente unterliegen lediglich einem semantischen Zusammenhang und sind dementsprechend technisch miteinander verknüpft. Auf der speichertechnischen Ebene sind die Inhalte (als Dateien gespeichert) hingegen weiterhin von einer formalen Ordnung abhängig, in der ihre Speicherung in hierarchisch geordneten Verzeichnissen erfolgt.

Mit der Möglichkeit zur kontextorientierten Darstellung von Inhalten erhält der Anbieter einer Web Site im wesentlichen durch folgende Aspekte Unterstützung bei der Erfüllung seinen Aufgaben:[239]

• Die in einer Web Site implementierten Verknüpfungsmöglichkeiten der dargebotenen Inhalte bieten aufgrund der Loslösung von einer vorgegebenen linearen Ordnung einem Adressaten die Möglichkeit, die jeweiligen Darstellungen assoziativ zu erfassen. Damit folgt die Strukturierung von Inhalten dem Vorgang des menschlichen Denkens. Es kann eine höhere Effizienz des Auffassungsvermögens der Adressaten erreicht werden. Daraus folgt für den Anbieter einer Web Site,

---

236 Vgl. z. B. Schieb, Jörg: Internet; Nichts leichter als das, in: Ratgeber von test, Hrsg.: Stiftung Warentest, Berlin: Stiftung Warentest 1997, S. 102.

237 Vgl. z. B. Nüttgens, M.; Keller, G.; Scheer, A.-W.; Stehle, S.: Konzeption hyperbasierter Informationssysteme, in: Institut für Wirtschaftsinformatik Saarbrücken, Heft 87, Saarbrücken Dezember 1991, S.10.

238 Vgl. z. B. Schieb, Jörg: Internet; Nichts leichter als das, a. a. O., S. 102.

239 Vgl. Nüttgens, M.; Keller, G.; Scheer, A.-W.; Stehle, S.: Konzeption hyperbasierter Informationssysteme, a. a. O., S. 10 f.

> ➤ daß bei einer Realisierung des Web-Site-Bereiches Web Site for eWork-flow seine Mitarbeiter die Möglichkeit erhalten, ihre jeweilige Tätigkeit mit dem Zugriff auf die entsprechend angebotenen (anforderungsgerecht gestalteten) Inhalte effizienter zu gestalten (z. B. sind Probleme schneller lösbar und Wissenslücken zügig zu schließen);

> ➤ daß sich bei einer Realisierung des Web-Site-Bereiches Web Site for eIntegration die Prozesse und spezifischen Aufgabenfelder seiner Organisation den jeweiligen Partnern transparenter darstellen und ein Beitrag zur effizienteren Gestaltung der Zusammenarbeit geleistet werden kann;

> ➤ daß er mit einer Realisierung des Web-Site-Bereichs Web Site for eCommerce seinen Kunden die Gelegenheit bieten kann, sich sein Angebotsspektrum schneller und nachhaltiger zu erschließen, als ihnen dies mit Hilfe konventioneller Informationsangebote (Broschüren, Werbung) möglich ist. In der Folge ist eine effizientere Vermarktung des Angebotes und damit einhergehend die Initialisierung von Umsatzsteigerungen denkbar.

- Der mit dem Hypermedia-Konzept verbundene Serendipity-Effekt[240] kann sich für ein Unternehmen insbesondere im Rahmen des Web-Site-Bereiches Web Site for eCommerce positiv auswirken, indem er einen Beitrag zur Umsatzsteigerung leistet. Mit diesem Effekt bezeichnet man den Sachverhalt, daß sich die Adressaten einer Web Site aufgrund der Vielzahl der angebotenen Inhalte von der Verfolgung ihres ursprünglichen Zieles (bestimmten Pages) entfernen (sog. „Get lost in Hyperspace") und ungewollt zu anderen, sie interessierenden Inhalten gelangen. Bei einer Web Site for e-Commerce kann ein Adressat danach Inhalte erreichen, die seiner originären Kaufabsicht zwar entgegenstehen, ihn aber zu alternativen Kaufentscheidungen animieren. Folglich ist es einem Anbieter möglich, durch eine den Serendipity-Effekt fördernde Strukturierung des Web-Site-Bereiches Web Site for eCommerce latente Kaufkraft für sich zu erschließen. Bei welchem Komplexitätsgrad einer Web-Site-Struktur sich diese Wirkungen einstellen, bleibt allerdings zu hinterfragen. Hier erscheinen entsprechende psychologische Überlegungen hilfreich, wobei offensichtlich ein sehr hoher Komplexitätsgrad den Serendipity-Effekt konterkarieren kann. Für die Web-Site-

---

240 Vgl. z. B. Bogaschewsky, Ronald: Hypertext-/Hypermedia-Systeme-Ein Überblick, a. a. O., S. 139. Serendipity: engl. für Spürsinn, „mehr Glück als Verstand".

Bereiche Web Site for eWorkflow und eIntegration bleibt anzumerken, daß ihre Struktur daraufhin auszurichten ist, daß der Serendipity-Effekt nicht wirksam wird. Seine Realisierung könnte die jeweiligen Mitarbeiter (sowohl die dem jeweiligen Unternehmen als auch den entsprechenden Kooperationen zuzuordnenden) an einer stringenten Verfolgung ihrer Aufgaben hindern und folglich einer effizienten Aufgabenerfüllung entgegenstehen.

• Das Hypermedia-Konzept unterstützt die Möglichkeit, die Inhalte einer Web Site zeitnah auszurichten. Darin abzubildende Anforderungsänderungen können quasi ad hoc in die bestehende inhaltliche Struktur eingebunden werden.[241] Die kontextbezogene, nicht-lineare Strukturierung der Inhalte lockert die Bindung an logische (z. B. der Inhalt von Kapitel 3 muß auf dem von Kapitel 1 und 2 aufbauen) und/oder formale Ordnungskriterien (z. B. Gliederung eines Dokumentes nach dem Alphabet, mit der Einordnung der jeweiligen Inhalte nach dem Anfangsbuchstaben der von ihnen behandelten Thematik). Bei der inhaltlichen Modifizierung eines linear strukturierten Dokumentes (z. B. Beitrag in einer Fachzeitschrift) ist hingegen eine Orientierung an diesen Kriterien erforderlich (z. B. setzt die Einfügung eines neuen Kapitels, z. B. zwischen Kapitel 3 und 4, in einen Fachaufsatz eine detaillierte inhaltliche und formale Abstimmung zwischen dem neuen und den vorherigen und nachfolgenden Kapiteln voraus).[242]

Die strukturelle Eigenschaft der „kontextorientierten Bereitstellung von Inhalten" wird durch das dem menschlichen Denken (assoziative Verarbeitung von Informationen) angelehnte Hypermedia-Konzept bedingt. Die Aufgabe der Entwickler von Web-Präsenzen besteht darin, die mit dem Hypermedia-Konzept gegebene formale Adressaten-Orientierung (menschliches Denken → Hypermedia-Konzept) einer Web Site zu einer inhaltlichen auszubauen. Dazu ist es erforderlich, sich bei der Entwicklung an den Anforderungen der jeweiligen Adressaten zu orientieren und die Strukturen der Web Sites entsprechend zu gestalten.

---

241 Vgl. Nüttgens, M.; Keller, G.; Scheer, A.-W.; Stehle, S.: Konzeption hyperbasierter Informationssysteme, a. a. O., S. 11.

242 Vgl. Nüttgens, M.; Keller, G.; Scheer, A.-W.; Stehle, S.: Konzeption hyperbasierter Informationssysteme, a. a. O., S. 11.

5.7 Die Web Site fördert Integration und Transparenz

Eine Web Site eröffnet ihrem Anbieter die Möglichkeit zur (digitalen) Abbildung und damit nachhaltigen Integration seines Organisationsgefüges, welches sich aus den jeweiligen Aufgaben (z. B. Rechnungserstellung) und Aufgabenträgern (z. B. Mitarbeiter, Kunden, Anwendungssysteme) konstituiert. Die einzelnen Aufgaben, die ihnen zugrunde liegenden Aktivitäten (z. B. Rechnungsbeträge ermitteln) und die Aufgabenträger bilden die Bezugsobjekte der Integration. Als Bezugsfelder sind das Unternehmensinnere, die jeweiligen Kooperationen, die Gesamtheit der Kunden eines Unternehmens sowie die zwischen diesen Feldern bestehenden Beziehungen zu nennen. Dabei ist festzuhalten, daß eine Web-Site-bedingte Integration auf digital vorliegenden Instrumenten (Funktionen, Anwendungen) und Informationen (z. B. Datenbanken, HTML-Dateien) aufbaut. Für lediglich analog verfügbare Instrumente (z. B. Schreibmaschinen zum Ausfüllen von Formularen, Verfolgung einer Lieferung über telefonische Mitteilungen) und Informationen (z. B. Produktkataloge in Papierform) folgt daraus das Erfordernis, diese Objekte auf ihre Fähigkeit zur Digitalisierung zu überprüfen und bei Eignung nachfolgend in die entsprechenden digitalen Pendants zu überführen.

Die Eigenschaft der Integration trägt dazu bei, über eine Web Site den jeweiligen Adressaten die grundlegenden Strukturen (z. B. Forschung & Entwicklung, Logistik, Produktion, Vertrieb, Marketing) des Organisationsgefüges eines Unternehmens sowie die den Strukturen zugrunde liegenden Aufgaben (z. B. Arbeitsblätter für ein internes Weiterbildungsseminar erstellen, Angebotserstellung) und Aktivitäten (z. B. Literaturrecherche, Produktpreise ermitteln) transparenter darzustellen.

Auf der Ebene der Aktivitäten äußert sich eine Web-Site-bedingte Integration in der Abstimmung von digitalisiert vorliegenden, zur Realisierung der jeweiligen Aktivitäten erforderlichen Instrumenten (z. B. Verbindung zu eMail-Anwendungen, Zugriffsmöglichkeiten auf Datenbanken zur Preisermittlung oder Produktrecherche) und Informationen (Produktpreise, Flugpläne u. a.) und deren Zusammenführung in entsprechenden Pages. Damit stehen den Adressaten die zur Ausführung der ihnen obliegenden Aktivitäten erforderlichen Funktionen und Informationen, entsprechend ihren Anforderungen, optimiert und übersichtlich geordnet zur Verfügung. Beispielsweise kann eine auf den Verkauf von PCs ausgerichtete Web Site for eCommerce die Möglichkeit bieten, einen Rechner nach eigenen Wünschen zu konfigurieren, sowohl die Preise der einzelnen Komponenten als auch den des Endproduktes zu ermitteln und den entsprechenden Liefertermin in Erfahrung zu bringen.[243] Gegenüber der konventionellen Realisierung dieser Aktivitäten entfallen das manuelle Suchen in Produktkatalogen, das manuelle Errechnen von Preisen, die zur Erfragung von Lieferterminen erforderlichen Telefonate sowie das zeitaufwendige Wechseln zwischen diesen Medien.

Auf der Ebene der Aufgaben zeigt sich eine Web-Site-bedingte Integration in der Koordination aller zur Ausführung einer Aufgabe erforderlichen, digitalisiert vorliegenden Instrumente (z. B. Verbindung zu eMail- oder Internet-Telefonie-Anwendungen, Zugriffsmöglichkeiten auf Datenbanken, Verbindung zu Logistik-Anwendungen) und Informationen (Produktpreise, -beschreibungen, Stücklisten, Rezepturen, u. a.) und deren Zusammenführung in entsprechenden Pages. Damit bezieht sich die Integration auf die einzelnen Aktivitäten, welche den Aufgaben jeweils zugrunde liegen. Die Übergänge zwischen den Aktivitäten werden optimiert, so daß Medienbrüche entfallen. Gleichzeitig stehen den Aufgabenträgern die Funktionen und Informationen, welche zur Erfüllung der Aufgabe erforderlich sind, konzentriert zur Verfügung, so daß sie ein transparenteres Bild von ihr erhalten. Auf dieser Basis sind Aufgaben gegenüber einer konventionellen oder nur rudimentär durch IuK-Systeme unterstützten Umgebung effizienter zu realisieren (z. B. eine WWW-spezifische Anwendungssoftware, welche die Realisierung der Aufgabe „Buchung einer Geschäftsreise" effizienter gestaltet, indem sie die Möglichkeit bietet, Flüge, Hotels und Mietwagen zu buchen, Überbuchungen festzustellen und Platzreservierungen vorzunehmen).[244]

Sind an der Ausführung einer Aufgabe mehrere Aufgabenträger beteiligt, fördert eine Web Site ebenso die **Integration von Aufgabenträgern.** Mit der transparenten Darstellung von Aufgabeninhalten (Funktionen, Informationen; inkl. etwaiger Aufgabenübersichten) und der Initialisierung eines direkten, automatischen Nachrichtenaustausches (Arbeitsergebnisse, Mitteilungen etc.) trägt eine Web Site zur Reduktion von Distanzen zwischen einzelnen Aufgabenträgern bei (z. B. die Zusammenarbeit eines Vertriebsmitarbeiters mit Ingenieuren und Technikern bei der Erstellung eines Angebotes für den Bau einer Spezialmaschine). Die konkrete Einbindung in eine Aufgabe kann bewußter er-

---

243 Vgl. z. B. o. V.: Das Internet wird Bindeglied zwischen Einkauf und Vertrieb, in: FAZ, 19.10.1998, S. 34.

244 Vgl. Arnitz, Louis: Geschäftsreisen per Mausklick, in: Office Management, 06/98, S. 33.

folgen und das Verständnis für die jeweils vor- und nachgelagerten Teilaufgaben (Aktivitäten) erhöht werden. Die Betrachtung der Realisierung einer Aufgabe als abgestimmte Folge aufeinander bezogener Aktivitäten erlaubt es, den beschriebenen Zusammenhang alternativ als Web-Site-bedingte Integration auf der Ebene von Prozessen zu bezeichnen.

Auf der Ebene von Geschäftsprozessen zeigt sich eine Web-Site-bedingte Integration in der Koordination aller zur Ausführung eines Geschäftsprozesses erforderlichen, digitalisiert vorliegenden Instrumentenkomplexe (z. B. Anwendungssoftware zur Realisierung von EPCs, WWW-basierte Anwendungssoftware zum Supply Chain Management) und Informationen (Kundendatenbanken, Produktdatenbanken u. a.) und deren Zusammenführung in entsprechenden Pages der jeweiligen Web-Site-Bereiche. Damit bezieht sich die Integration auf die Aufgaben, deren aufeinanderfolgende Ausführung zur Erbringung einer Marktleistung führt und die folglich zur Realisierung eines Geschäftsprozesses geeignet sind. Hier ist herauszustellen, daß die Aufgaben eBusiness-Segmentüberschreitend voneinander abhängen können (z. B. führt die Kunden-Aufgabe „Angebotsanfrage" zur Mitarbeiter-Aufgabe „Angebotserstellung"). Die Übergänge zwischen den einzelnen Aufgaben werden dahingehend optimiert, daß zwischen ihnen ein effizienterer Informationsfluß stattfinden kann, welcher gleichfalls eine effizientere Verteilung der jeweiligen digitalen (z. B. Software) oder physischen Leistungen (z. B. PCs, Bücher)[245] gewährt. Die Optimierung erfolgt über die Geschäftsprozeß-orientierte Verknüpfung der Funktions- und Informationskomplexe, welche den einzelnen Aufgabenträgern zugeordnet sind (z. B. eine Datenbank, die der Erfassung von Kundenaufträgen dient und gleichzeitig den entsprechenden Aufgabenträgern die erfaßten Informationen zur Auftragsbearbeitung zur Verfügung stellt). Auf dieser Basis sind Geschäftsprozesse effizienter zu realisieren (z. B. ist es auf der Basis einer WWW-spezifischen Anwendungssoftware zur Realisierung eines Supply Chain Managements möglich, daß ein Produzent in Echtzeit mit seinen Lieferanten seine Lagerbestände und mit Händlern oder Kunden Lieferzeiten und Produktionsengpässe abstimmt), als dies unter der Voraussetzung von heterogenen Systemlandschaften (Hard- oder Software) oder einer nur rudimentären Unterstützung durch IuK-Systeme möglich ist.

---

245 Vgl. z. B. Miebach, J.; Schnur, Th.: Vertrieb via Internet, in: FAZ Verlagsbeilage Logistik und Transportmanagement, 02.09.1998, S. B13 und o. V.: Supply Chain Management über das Internet, a. a. O., S. 29.

Eine Web-Site-bedingte Integration auf der Ebene von Geschäftsprozessen fördert ebenso die aufgabenübergreifende Integration von Aufgabenträgern. Mit der Möglichkeit zur Initialisierung eines direkten, automatischen Nachrichtenaustausches (Arbeitsergebnisse, Mitteilungen, Anfragen etc.) trägt eine Web Site zur Reduktion von Distanzen zwischen den an Geschäftsprozessen beteiligten Aufgabenträgern bei (z. B. kann der Web-Site-Bereich Web Site for e-Commerce einer Bank derart gestaltet sein, daß er zu den bereitgestellten Produkt-Informationen auch die Möglichkeit bietet, direkt entweder über eMail oder Telefon mit den produktspezifischen Mitarbeitern in Kontakt zu treten und auf der Basis der Web-Informationen mit diesen Beratungsgespräche zu führen.)[246] Damit kann für den Einzelnen die Einbindung in einen Geschäftsprozeß bewußter erfolgen und das Verständnis für die jeweils vor und nachgelagerten Aufgaben und Aufgabenträger erhöht werden.

Die Web-basierte Integration von ineinandergreifenden und voneinander abhängigen Geschäftsprozessen zielt auf eine Optimierung der von mehreren Geschäftsprozessen getragenen Wertschöpfungsketten ab. Diese Form der Integration wird insbesondere im Rahmen von Kooperationen angewendet, um die Zusammenarbeit zwischen den jeweiligen Partnern zu intensivieren und effizienter zu gestalten.[247]

Im Gesamtblick bündeln die integrativen Eigenschaften einer Web Site genau das, was ein eigenständiges **Workflow-Management-System** auszeichnet: Planung, Steuerung und Kontrolle von Arbeitsabläufen und den daran beteiligten Ressourcen.

5.8 Die Web Site als Organisationsdeterminante

Mit der Entwicklung und dem Einsatz einer Web Site können Änderungen im Organisationsgefüge des jeweiligen Anbieters initialisiert werden.[248] Bereits von der Entscheidung zur Entwicklung einer Web Site gehen organisatorische

---

246 Vgl. Reuß, Annette: Web-Integration verbessert Call-Center, in: Information Week, Nr. 22, 29.10.1998, S. 46.

247 Vgl. o. V.: Supply Chain Management über das Internet, a. a. O., S. 29.

248 Vgl. z. B. Evans, Philip B.; Wurster, Thomas S.: Die Internet-Revolution: Alte Geschäfte vergehen, neue entstehen, in: Harvard Business Manager, 2/1998, S. 51-62 und Ghosh, Shikhar: Rein ins Internet – aber wie?, a. a. O., S. 89-95.

Wirkungen aus. Sie äußern sich darin, daß mit der Entscheidung der Grundstein für die dauerhafte Einrichtung einer Arbeitsgruppe gelegt wird, welche die substantielle (Weiter-)Entwicklung (Pflege und Wartung) der Site verantwortet und realisiert. Während der Erstellung und insbesondere ab dem "going online" einer Web Site sind weitere, nicht nur den EDV-Bereich eines Unternehmens tangierende, organisatorische Veränderungen zu erwarten, die aus den Workflow-Management-Eigenschaften erwachsen.

Wird mit einer Web Site darauf abgezielt, die Realisierung bestimmter Aktivitäten (z. B. Bestellung eines Kunden, Angebotserstellung eines Mitarbeiters) über den Zugriff auf eine Web-Datenbank zu unterstützen, dann resultiert aus dieser Entscheidung die Notwendigkeit, den entsprechenden Datenbestand speziell für die Web-Zugriffe stetig aktuell zu halten. Es entsteht die Aufgabe „Datenbestand aktuell halten", der z. B. die Aktivitäten „Modifizierte Daten ermitteln", „Datenbestand bereinigen", „Datenbestand modifizieren" zugrunde liegen. Gleichzeitig ist die Aufgabe einem Aufgabenträger zuzuordnen. Dies führt entweder zu einer Erweiterung des Aufgabengebietes eines bereits existierenden Aufgabenträgers oder zu einer Erweiterung der Anzahl von Aufgabenträgern.

Die Entwicklung einer Web Site kann auch zur Eliminierung respektive Einschränkung von bisher bestehenden Aufgaben und der Verringerung des Potentials an Aufgabenträgern führen. Z. B. können solche Organisationsveränderungen verbunden sein mit der Entscheidung eines Unternehmens, seine Web Site for eCommerce um Pages zu erweitern, auf denen es seinen Bedarf an Leistungen mit geringem Wert (z. B. Büromaterial, Putzmittel, Instandhaltungselemente) publiziert und den entsprechenden Lieferanten die Möglichkeit bietet (z. B. über ein Formular), zu den Bedarfen Angebote abzugeben[249]. Beispielsweise kann die Aufgabe „Anfragen für Leistungen mit einem geringem Wert" eingeschränkt (Anfragen sind lediglich einmalig in die jeweiligen Pages einzustellen und nicht mehrmals per Post oder Fax zu versenden) und die Aufgabe „Bearbeitung von Angeboten zu Leistungen mit einem geringem Wert" im wesentlichen automatisiert werden. Daraus folgt eine Modifikation der Organisationsstruktur des Funktional-Bereiches „Einkauf". Es ist denkbar, daß die Aufgabe „Anfragen für Leistungen mit einem geringem Wert" nur noch von einem und nicht mehr von mehreren Mitarbeitern wahrzunehmen ist. Gleiches kann

---

249 Vgl. z. B. o. V.: Einkaufsabteilungen wollen in Zukunft im Internet ordern, a. a. O., S. 31.

von einer Automatisierung der Aufgabe „Bearbeitung von Angeboten zu Leistungen mit einem geringem Wert" erwartet werden, die eine teilweise Übertragung dieser Aufgabe von einem personellen an einen maschinellen Aufgabenträger (ein Anwendungssystem) mit sich bringt. Die Automatisierung kann derart gestaltet sein, daß das Anwendungssystem die (formatiert) abgegebenen Angebote auf bestimmte Inhalte hin überprüft und dem für die Auftragserteilung verantwortlichen Mitarbeiter lediglich noch eine Auswahl an zulässigen Angeboten präsentiert, die er zur Grundlage seiner Entscheidung macht. Das Beispiel weist darauf hin, daß eine Web Site über die beschleunigte und automatisierte Abwicklung von Aufgaben eine Verminderung des Aufgabenträgerpotentials eines Unternehmens herbeiführen kann.

Mit der integrativen Bearbeitung von Aufgaben über eBusiness-Anwendungen können sich auch die Anforderungen an die Mitarbeiter eines Unternehmens ändern. Diese müssen neben einer erweiterten Fachkompentenz, die sich aus einem größeren Aufgabengebiet ableiten läßt (Job Enlargement), weitere Kompetenzen wie z. B. Teamfähigkeit und vertiefte IT-Kenntnisse aufweisen. Den betroffenen Mitarbeitern müssen letztlich auch die für die Realisierung der Web-basierten Workflows notwendigen Entscheidungsbefugnisse zugeteilt werden (Job Enrichment). Aus den Aufgaben-, Kompetenz- und Verantwortungsverlagerungen können wiederum Qualifizierungsmaßnahmen für Mitarbeiter resultieren, die im weiteren Sinne ebenfalls zum Kreis der organisatorischen Auswirkungen einer Web Site zu zählen sind.

6   Fazit zum Konstrukt „Web Site"

Aus vielfältigen Beschreibungen von Web-Site-Entwicklungsprojekten lassen sich Erkenntnisse gewinnen, die darauf hinweisen, daß eine beträchtliche Anzahl von Entscheidern in Unternehmen trotz breiter Diffusion und hoher Intensität die Bedeutung des Themas eBusiness nicht sachgerecht einschätzt. Aus den Erfahrungen als Leser von einschlägigen „Fachpublikationen" wächst das Bedürfnis, zunächst mit einigen ausgewählten Aussagen herauszustellen, **was eine Web Site nicht ist:**

- Eine Web Site ist nicht ausschließlich ein Marketing-Instrument. Alle funktionalen Bereich eines Unternehmens können profitieren.

- Die Web Site ist nicht das Pendant zum Hochglanzprospekt des Unternehmens. Eine Web Site kann und muß mehr leisten.

- Eine Web Site ist nicht ausschließlich ein DV-Projekt. Die betriebswirtschaftlichen Aspekte müssen im Vordergrund stehen.

- Das Projekt „Web Site" ist kein Kandidat für ein vollständiges Outsourcing. Zumindest Strategie- und Zielentscheidungen müssen inhouse bleiben.

- Die Web Site ist nicht ausschließlich ein Kostenverursacher. Die Web Site generiert Nutzen, der einen Beitrag zum Unternehmenserfolg leistet.

- Die Web Site ist kein „Practice Field" mehr. eBusiness wird nur über professionelle, erfolgsorientierte Web Sites betrieben.

Die geschilderten verschiedenen Ansichten und der damit verbundene Facettenreichtum des Konstrukts „Web Site" sowie der unterschiedliche fachliche Background verschiedener Betrachter erlauben es nicht, eine prägnante Kurzantwort auf die Frage „Was ist eine Web Site?" zu formulieren. Eine umfassende Charakterisierung des Konstrukts „Web Site" soll mit der folgenden Extraktion der Hauptaussagen aus dem vorliegenden Abschnitt C. erfolgen:

Die Web Site aus strategischer Sicht:

- Aus strategischer Sicht stellt eine Web Site das rahmensetzende Konstrukt für die Realisierung aller elektronischen Geschäftsaktivitäten eines Unternehmens im Web dar: der Ort des Zusammentreffens mit eCommerce-Kunden, der Ort der Zusammenarbeit mit eIntegration-Geschäftspartnern, der gemeinsame Ort der unternehmensinternen eWorkflow-Mitarbeiter für Routinearbeiten und Kommunikation.
- Dabei ist von Bedeutung, daß die Web Site fachlich und funktional nicht einseitig interpretiert wird. Sie ist eben nicht nur, sondern auch ein Marketing-Instrument; sie stellt zwar auch ein IuK-System dar, das jedoch wie kaum ein anderes wettbewerbsrelevant und über die Unternehmensgrenzen hinaus organisationsdeterminierend ist.
- Für das Tagesgeschäft bedeutet diese strategische Sicht, daß über eine Web Site Umsatz generiert wird, die Leistungserstellung innerhalb des Unternehmens kosteneffizienter abläuft und die Kooperation mit Lieferanten und Abnehmern schneller und reibungsloser funktioniert.

Die Web Site aus technisch-konstruktiver Sicht:

- Eine umfassende technisch-konstruktive Sicht interpretiert die Web Site als die Gesamtpräsenz eines Unternehmens im WWW. „Site" wird mit Lage, Sitz, Örtlichkeit übersetzt und weist damit anschaulich auf die umfassende Struktur einer Web Site hin. Dazu gehören die fachlich miteinander verbundenen technischen Web-Site-Segmente Internet, Extranet und Intranet.
- Neben dem Navigationssystem innerhalb und zwischen den Segmenten setzt sich die Web Site aus der Präsentation von passiven Informationen und der Präsentation von interaktiven Anwendungen zusammen.
- Die detaillierte technisch-konstruktive Sicht zeigt eine Web Site als eine Menge sachlogisch und technisch verlinkter Pages zur Realisierung von Informations- und Anwendungspräsentationen.
- Eine Web Site weist alle Komponenten auf, um als Anwendungssystem und damit als Software verstanden zu werden. Aufgrund ihrer unternehmensindividuellen Struktur sind Web Sites in die Kategorie der Individualsoftware einzuordnen.
- Alle technisch-konstruktiven Eigenschaften kennzeichnen eine Web Site als komplexes System, für das ein dediziertes Software Engineering mit Fach-, Technik- und organisatorischem Konzept abzuleiten ist.

Die Web Site aus anwendungsorientierter Sicht:

- Die Web Site als Anwendungssystem ist ein automatisierter Teil des Gesamt-Informationssystems „Unternehmen" zur Erstellung von Leistungen und deren Absatz.
- Die Web Site als Kommunikationsplattform stellt erweiterte Kommunikationsformen innerhalb und außerhalb des Unternehmens zur Verfügung.
- Die Web Site als Plattform der Informationslogistik verbessert die Informationsbeschaffung, -verteilung und -bereitstellung unternehmensweit.
- Die Web Site ist Funktions-Provider. Web-Site-interne und -externe Funktionen (Anwendungen) sind über eine homogene Oberfläche verfügbar.
- Die Web Site fungiert als „Content-Provider"; Inhalte werden kontextorientiert, vernetzt und multimedial präsentiert.
- Die Web Site dient als transparenzfördernder Integrator für Aktivitäten, Aufgaben und Prozesse.
- Die Web Site dient als Enabler für die Umgestaltung der Ablauforganisation (indirekt auch der Aufbauorganisation) eines Unternehmens.

Ein Unternehmen zeigt seine Präsenz im elektronischen Wirtschaftsgefüge anhand einer unternehmenseigenen Web Site, über die die eBusiness-Aktivitäten des Unternehmens abgewickelt werden. Unter dem Begriff „Web Site" wird (hier) alles zusammengefaßt, was die Präsenz des Unternehmens im Web betrifft: neben der gewöhnlich aufgeführten, öffentlichen „Homepage" des Unternehmens (mit weiterführendem öffentlichem Page-Unterbau) gehören sowohl die Strukturen des unternehmenseigenen Intranets als auch die Schnittstellen und Verfahren zur (längerfristigen) Kooperation mit Geschäftspartnern dazu. Die technische Implementierung einer Web Site in Netzwerken mit Server- und Client-Rechnern wird hier bewußt nicht ausdetailliert.

Die wachsende Bedeutung des eBusiness für den Unternehmenserfolg, das IuK-Instrumentarium als conditio sine qua non und Analyse möglicher Einsatzbereiche führen zu einer umfassenden Charakterisierung der Web Site eines Unternehmens aus strategischer, technisch-konstruktiver und anwendungsorientierter Sicht. Aufbauend auf dem umfassenden institutionenökonomisch begründeten Verständnis des Begriffs „eBusiness" wird ein umfassendes Verständnis des eBusiness-realisierenden Konstrukts „Web Site" entwickelt. Eine Web Site ist dabei primär ein Software-Konstrukt, das exponiert zum wirtschaftlichen Erfolg eines Unternehmens beitragen kann.

D. „Web Site Engineering": eBusiness-Präsenzen systematisch entwickeln

1 Zum Begriff „Web Site Engineering" (WSE)

Die Analyse des Konstrukts „Web Site" bekräftigt das Ergebnis der institutionenökonomischen Analyse, die die Präsenz eines Unternehmens im elektronischen Wirtschaftsgefüge als komplexes System mit einer beträchtlichen potentiellen Bedeutung für den Unternehmenserfolg herausstellt. Die Web Site ist primär ein komplexes (Software-)System im betriebswirtschaftlichen Sinne, das das elektronische Wirtschaftsgefüge für ein Unternehmen erschließt und seine elektronischen Geschäftsaktivitäten im Zeitablauf realisiert.

Die verschiedenen Interpretationen einer Web Site führen zu dem assoziativen Schluß, daß die Web Site eines Unternehmens eine vollständig per Software realisierte Marktpräsenz darstellt. Aufgrund ihres konstituierenden Merkmals „Marktpräsenz" ist eine Web Site nicht in die üblichen Kategorien für Anwendungssoftware wie z. B. Administrations-/Dispositionssysteme, Entscheidungsunterstützende Systeme, Workflow-Management-Systeme oder Wissensbasierte Systeme einzuordnen. Im Vergleich zu konventionellen Anwendungen unterscheidet sich eine Web Site durch eine Reihe wesentlicher Spezifika:

Web Sites sind stark kommunikationsorientiert. Ihr Hauptziel ist es, zwischen Anbietern und Nachfragern Informationen zu vermitteln und Interaktionen zu ermöglichen.

Web Sites werden auch in Zukunft stark dokumentenorientiert bleiben. Trotz der zunehmenden Interaktivität von Web Sites (z. B. Web-Datenbank-Anwendungen per PHTML, CGI oder Java) steht die Präsentation von Informationen (Pages, Formulare) im Vordergrund.

Das „Look and feel" einer Web Site ist immens wichtig. Das Web ist primär ein visuelles Medium, mit dem (auch) breite Massen angesprochen werden. An Corporate Identity, Layout, Farb-, Graphik- und Schriftgestaltung, Navigation und Ergonomie werden sehr viel höhere Anforderungen gestellt als an konventionelle Anwendungssoftware.

Web Sites haben einen größeren und heterogeneren Adressatenkreis als konventionelle Anwendungssoftware. Zum Beispiel wird ein (unternehmensinternes) Vertriebsinformationssystem für eine genau abgegrenzte, relativ homogene Zielgruppe entwickelt. Im öffentlichen Internet ist der Kreis der Rezipienten nicht kontrollierbar. Das Intranet eines größeren Unternehmens kann als Kommunikationsplattform für hunderte oder tausende von Personen dienen. Ein Extranet kann sich an eine Vielzahl von Geschäftspartnern richten. Die Anforderungsanalyse für Web Sites erfordert demzufolge abgestimmte Verfahren und Techniken; gleiches gilt z. B. auch für Einführung und Akzeptanzgewinnung in den Adressatenkreisen.

Im Unterschied zu konventionellen Anwendungssystemen verändern sich Web Sites im Zeitablauf ständig. Veränderungen der Umwelt (z. B. technologisch oder rechtlich bedingt), von Geschäftsprozessen oder des Adressatenkreises sind zeitnah umzusetzen. Die Web Site ist eine Marktpräsenz und der Markt ist in aller Regel nicht statisch.

Eine dauerhafte Marktpräsenz erfordert eine permanente Anpassung und Pflege. Im Vergleich zur produktiven Lebenszyklusphase eines konventionellen Anwendungssystems erfordert eine Web Site in ihrer „Online-Phase" nicht nur „konservierende" Pflege und Wartung, sondern auch permanente Weiterentwicklungsaktivitäten auf sehr hohem Niveau. Ein Web-Projekt hat demzufolge kein definiertes Ende.

Eine Web Site soll zur Steigerung des Unternehmenserfolgs beitragen. Die wirtschaftlichen Wirkungen einer Web Site sind besonders in der „Online-Phase" permanent zu messen und zu bewerten (Kosten, Nutzen). Bei konventioneller Anwendungssoftware werden i. d. R. nur während des Entwicklungsprozesses Wirtschaftlichkeitsanalysen durchgeführt.

In den Entwicklungsprozeß einer Web Site sind Experten mit sehr unterschiedlichen Fachrichtungen einzubinden. Im Unterschied zu konventionellen Anwendungssystemen erfordern die medialen Eigenschaften des Web interdisziplinäre Entwicklungsteams: neben Marketing, Kommunikationsdesign, Wirtschaftsinformatik und technischer Informatik fließen Desktop Publishing, Typographie, Graphikdesign und Multimedia-Techniken in Web Sites ein.

Eine Web Site verursacht eine eigene Sicherheitsproblematik. eBusiness muß ein hohes Maß an Vertraulichkeit, Integrität, Verfügbarkeit, Verbindlichkeit, Authentifikation und Anonymität bieten, um im Adressatenkreis akzeptiert zu werden.

Die Entwicklung einer Web Site bedarf demzufolge eines Systems Engineering (als Gesamtheit von Methoden und Techniken zur Strukturierung und Entwicklung komplexer Systeme), das den gesamten Lebenszyklus der Individualsoftware „Web Site" umfaßt und ihre spezifischen Merkmale berücksichtigt. Ein solches Systems Engineering wird im vorliegenden Zusammenhang als „Web Site Engineering" (WSE) bezeichnet.[250] Der Begriff „Web Site Engineering" steht für die ingenieurmäßige Planung und Entwicklung einer Web Site, die die technisch-konstruktiven Aspekte von den betriebswirtschaftlichen abhängig macht.

Diese Sichtweise differiert von den bislang in der Literatur vorhandenen Engineering-Ansätzen für Web Sites. White[251] präsentiert lediglich einige interessante Aspekte, die die Dokumentenorientierung einer Web Site betreffen. Gellersen[252] und Gaedke[253] konzentrieren sich auf Techniken für Modellierung, Spezifikation und Realisierung. Coda et al.[254] begründen ihren Ansatz zwar mit dem Transfer des Software Engineerings in die Web-Site-Entwicklung, interpretieren dies jedoch ebenfalls mit engem Bezug auf die konstruktiven Phasen der Software-Entwicklung. Der Vorschlag von Rassmann[255] baut auf dem Modell des vorliegenden Abschnittes D. auf, befaßt sich dann aber überwiegend mit technischen Fragestellungen des Konfigurationsmanagements. Powell[256]

---

250 Vgl. Schwickert, Axel C.: Web Site Engineering – Modelltheoretische und methodische Erfahrungen aus der Praxis, a. a. O., S. 22-35. und Schwickert, Axel C.: Web Site Engineering – Ein Komponentenmodell, in: Arbeitspapiere WI, Nr. 12/1998, Lehrstuhl für Allg. BWL und Wirtschaftsinformatik, Universität Mainz 1998.

251 Vgl. White, Bebo: Web Document Engineering, http://www.slac.stanford.edu/pubs/slac-pubs/7000/slac-pub-7150.html, 10.12.1998.

252 Vgl. Gellersen, Hans-Werner: Web Engineering: Softwaretechnik für Anwendungen im World-Wide-Web, in: HMD Theorie und Praxis der Wirtschaftsinformatik 34 (1997) 196, S. 36-50.

253 Vgl. Gaedke, Martin: Wiederverwendung von Komponenten in Web-Anwendungen, in: Tagungsband zum 1. Workshop „Komponentenbasiert betriebliche Anwendungssysteme", Otto-von-Guericke-Universität, Magdeburg 1999, S. 31-36.

254 Vgl. Coda, F.; Ghezzi, C.; Vigna, G.; Garzotto, F.: Towards a Software Engineering Approach to Web Site Development, in: Proceedings of the 9th International Workshop on Software Specification and Design (IWSSD), Ishima, Japan 1998.

255 Vgl. Rassmann, Thomas: Ein Vorgehensmodell für das Web-Site Engineering und Konzepte für das Konfigurationsmanagement bei der Entwicklung und Verwaltung von Web-Sites. Diplomarbeit an der Technischen Universität München, München 1998, http://www.broy.informatik.tu-muenchen.de/DIPLOMARBEITEN/DA-FOPRAS.html, 10.12.1998.

256 Vgl. Powell, Thomas A.: Web Site Engineering – Beyond Web Page Design. Prentice Hall, Upper Saddle River 1998.

arbeitet die Bezüge zum Software Engineering klar heraus. Er breitet das Spektrum von Vorgehensmodellen aus und identifiziert ein modifiziertes Wasserfall-Modell zusammen mit dem Spiral-Modell als geeignet für die Web-Site-Entwicklung. Im Zentrum der Ausführungen stehen jedoch auch hier Design, Implementierung und Test. Allen vorgenannten Ansätzen ist gemeinsam, daß sie die Web Site eines Unternehmens als ein primär technisches Konstrukt interpretieren. Demzufolge werden betriebswirtschaftlich orientierte Aktivitäten zur Strategieentwicklung, Zielplanung und Anforderungsanalyse für eine Web Site allenfalls nebenläufig untersucht; Wirtschaftlichkeitsbetrachtungen fehlen z. B. völlig. Steuck[257] beschreibt zwar relativ ausführlich eine „Internet-Strategie-Entwicklung“, beschränkt sich dabei jedoch (entgegen seiner eigenen Forderung) auf den Business-to-Consumer-Bereich. Aufgaben, Maßnahmen und Instrumente zur Umsetzung einer Strategie bis hin zu einer konkreten Web Site werden nur gestreift.

Web Site Engineering, wie es in der vorliegenden Untersuchung verstanden wird, hinterlegt eine Dynamik-beschreibende Vorgehensweise für die betriebswirtschaftlich orientierte Planung und Entwicklung einer Web Site mit einer Strukturierung des ökonomischen Bezugsrahmens, in dem ein Unternehmen mit seiner Web Site agiert. In Anlehnung an das aus dem Systems Engineering abgeleitete Software Engineering wird für die Vorgehenweise gefordert, eine Situationsanalyse durchzuführen, strategische Zielvorgaben festzulegen, die entsprechenden Anforderungen an eine Web Site (für eBusiness-Aktivitäten eines Unternehmens mit Kunden, Geschäftspartnern und innerhalb seiner eigenen Organisation) zu erarbeiten, das System Web Site zu modellieren und zu spezifizieren, es in produktive Anwendungen umzusetzen, es zu betreiben, permanent zu pflegen und weiter zu entwickeln. Zu dieser Vorgehensweise, die die inhaltlichen und zeitlichen Zusammenhänge sowie die verwendeten Ressourcen eines Entwicklungsvorhabens betrifft, gehören Methoden, Techniken und Werkzeuge, die auf den Entwicklungsgegenstand „Web Site“ abgestimmt sind. Die Entwicklungsdynamik-beschreibende Vorgehensweise wird durch einen strukturellen Rahmen ergänzt, der die betriebswirtschaftlichen Einsatz- und Handlungsbereiche einer Web Site für eBusiness-Aktivitäten nach Maßgabe der institutionenökonomischen Überlegungen in Abschnitt B. ordnet.

---

257 Vgl. Steuck, Joachim W.: Geschäftserfolg im Internet, Berlin: Cornelsen 1998. Steuck ist laut Klappentext des Buches hauptberuflich als Analyst in einer großen Unternehmensberatung tätig.

In Kapitel D.2 wird das Gesamtmodell präsentiert, das die Struktur- und Vorgehenskomponenten eines Web Site Engineering integriert. Dieses Gesamtmodell wird mit dem Begriff „Web-Site-Engineering-Komponentenmodell" bezeichnet. Die drei Komponenten „Strategische Unternehmensführung", „Zielfelder des Web Site Engineering" und „Web-Site-Engineering-Vorgehensmodell" dimensionieren dieses Modell. Die Kapitel D.3 – D.5 erläutern die einzelnen Komponenten und deren Zusammenwirken.

2 Das WSE-Komponentenmodell

Das WSE-Komponentenmodell (siehe Abbildung 13) wird über drei ineinandergreifende Komponenten definiert. Mit der ersten Komponente „Strategische Unternehmensführung" wird die Notwendigkeit unterstrichen, die Realisierung geschäftlicher Aktivitäten im elektronischen Wirtschaftsgefüge explizit in eBusiness-spezifische strategische, taktische und operative Bereiche zu zergliedern. Es werden strategische Zielvorgaben, Programme oder Konzepte als taktische Vorgaben sowie Pläne für operative Maßnahmen erforderlich. Komponente 1 strukturiert das Bezugsfeld für eBusiness mit betriebswirtschaftlichen Vorgaben, die für eine Unternehmensplanung allgemeingültig sind.

Über die eBusiness-Segmente eWorkflow, eIntegration und eCommerce unterstützt die zweite Komponente „Zielfelder des Web Site Engineering" die zur Entwicklung von Web-Präsenzen erforderliche Zielgruppenausrichtung für geschäftliche Aktivitäten im elektronischen Wirtschaftsgefüge. Das eBusiness-Segment „eCommerce" bezieht sich auf Aktivitäten, die dem Absatz, der Akquisition, Bindung und Pflege von Endkunden dienen (Business-to-Consumer). Das eBusiness-Segment „eIntegration" beinhaltet alle Aktivitäten, die Kooperationen mit Partnerunternehmen in der Wertschöpfungskette betreffen (Lieferanten, Transportpartner, Abnehmer unter vorwiegend logistischen Aspekten; Business-to-Business). Das eBusiness-Segment „eWorkflow" umfaßt Aktivitäten, die die interne Ablauforganisation eines Unternehmens beeinflussen. Komponente 2 „Zielfelder des Web Site Engineering" strukturiert das Bezugsfeld für eBusiness mit betriebswirtschaftlichen Vorgaben, die die konstruktive Ausgestaltung einer Web Site mit den Bereichen Internet, Extranet und Intranet determinieren.

Die Komponenten 1 und 2 bilden zusammen die statische Struktur, die die möglichen Einsatzbereiche einer Web Site für eBusiness-Aktivitäten sowie die zugehörigen Handlungsebenen wiedergibt. Das WSE-Vorgehensmodell stellt als dritte Komponente eine Vorgabe für den Ablauf von Planung, Entwurf, Realisierung und (ggfs.) Anpassung einer Web Site dar. Das Vorgehensmodell steuert somit die dynamische Komponente zum WSE-Komponentenmodell bei.

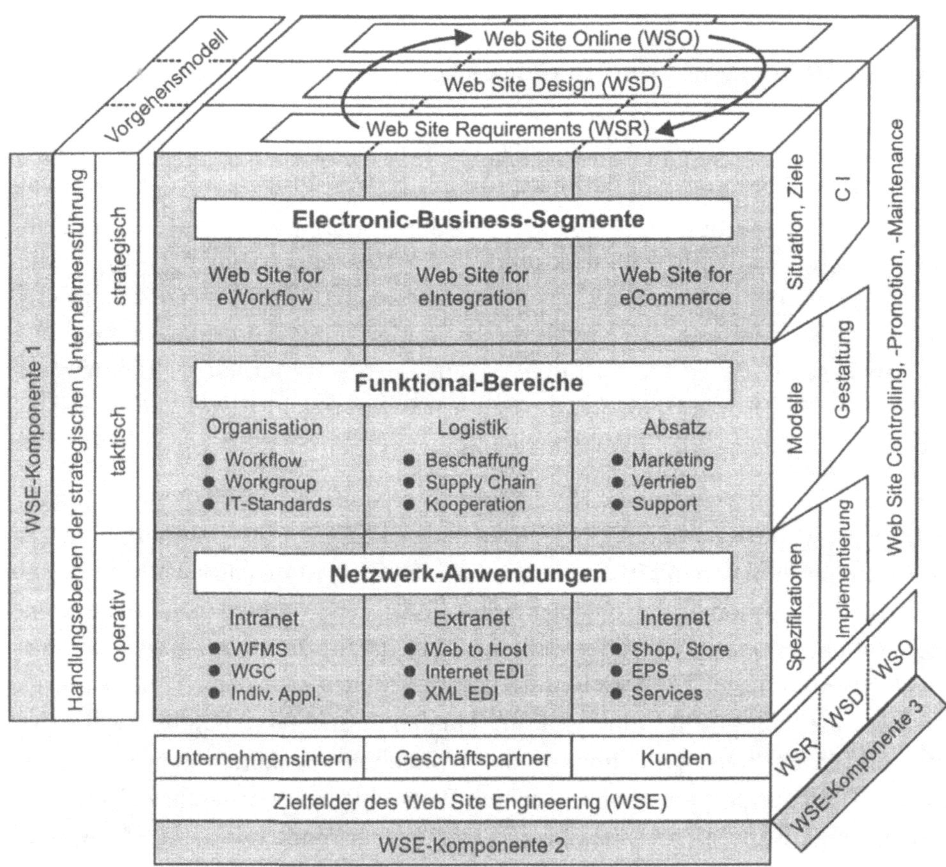

Abb. 13: Das WSE-Komponentenmodell

3 WSE-Komponente 1: Strategische Unternehmensführung

Die Differenzierung von Entscheidungen nach ihrer zeitlichen Dimension resultiert in den Entscheidungsarten (im vorliegenden Zusammenhang auch als Handlungsebenen bezeichnet) der lang-, mittel- und kurzfristigen Entscheidungen. Alternativ werden sie mit den Adjektiven „strategisch", „taktisch" und „operativ" belegt. Diese Entscheidungsarten bilden die Basis zur Bestimmung des Begriffs „Strategische Unternehmensführung", welcher ursprünglich auf Hinterhuber zurückzuführen ist.[258]

Das aus dem Grundgefüge der Aufbauorganisation (Aufgabengefüge) ableitbare Leitungssystem stellt im Hinblick auf die Weisungsbefugnis die Verbindung der einzelnen Stellen eines Unternehmens miteinander dar.[259] Aufbauend auf einer Gliederung des Leitungssystems in oberes, mittleres und unteres Management ordnet Schertler den einzelnen Managementebenen die Entscheidungsarten der strategischen, taktischen und operativen Entscheidungen zu.[260] Danach obliegen strategische Entscheidungen dem oberen, taktische Entscheidungen dem mittleren und operative Entscheidungen dem unteren Management.

In Orientierung an dem Begriff „Strategische Unternehmensführung" und der dargestellten Gliederung von Managementebenen fußt die erste Komponente des WSE-Komponentenmodells auf der Klassifikation in strategische, taktische und operative Entscheidungen und deren Eingliederung in das obere, mittlere und untere Management. Die nachfolgenden Ausführungen geben, nach einer knappen Darstellung des Zusammenhangs zwischen Entscheidung und Planung, einen Einblick in die Ausgestaltung der einzelnen Entscheidungsarten bezüglich der Realisierung eines Web-basierten eBusiness.

Die vorigen Darlegungen weisen darauf hin, daß die Zuordnung einer Entscheidung zur strategischen, taktischen oder operativen Entscheidungsart auf der Geltungsdauer der jeweiligen Entscheidung beruht. Eine Gemeinsamkeit der eingruppierten Entscheidungen liegt damit in ihrer Ausrichtung auf die Zu-

---

258 Vgl. Hinterhuber, Hans H.: Strategische Unternehmensführung, Band 1: Strategisches Denken – Visionen, Unternehmenspolitik, Strategie, 5., neubearb. und erw. Auflage, Berlin, New York: de Gruyter 1992.

259 Vgl. Wöhe, Günter: Einführung in die allgemeine Betriebswirtschaftslehre, 19., überarb. und erw. Aufl., München: Vahlen 1996, S. 189.

260 Vgl. Schertler, Walter: Unternehmensorganisation: Lehrbuch der Organisation und strategischen Unternehmensführung, 6., durchges. Aufl., München, Wien: Oldenbourg 1995, S. 18.

kunft begründet.[261] Entscheidungen, welche sich auf die Zukunft beziehen, damit gedanklich künftiges Handeln antizipieren und nicht auf Intuition beruhen, werden als Planung[262] und die Ergebnisse dieser systematisch-kognitiven Prozesse als Pläne bezeichnet.

Strategische Entscheidungen in der „Strategischen Unternehmensführung"

Strategische Entscheidungen können nach der im vorangegangenen Absatz dargelegten Definition der strategischen Planung zugeordnet werden. Unter direkter Orientierung an der Gesamtaufgabe eines Unternehmens beziehen sich die jeweiligen strategischen Planungen u. a. auf die Festlegung von langfristig anzustrebenden Zielen (z. B. Produkt- und Absatzziele) sowie die Sicherung von unternehmensrelevanten Ressourcen. Strategische Pläne zeichnen sich durch einen relativ geringen Differenzierungsgrad, eine eingeschränkte Strukturierung der Planungsfelder sowie eine relativ geringe Prägnanz der Informationen aus.

Die anwachsende Komplexität analoger Märkte, Kooperationen und Hierarchien führte in den vergangenen 20 Jahren sowohl bei Unternehmen als auch in der betriebswirtschaftlichen Forschung zu einer verstärkten Berücksichtigung der strategischen Planung. Mit der zunehmenden Nutzung der WWW-Technologie von Unternehmen zur Unterstützung ihrer Wertschöpfungsaktivitäten geht eine starke Ausdehnung des Web-basierten, elektronischen Wirtschaftsgefüges einher, die gleichzeitig den Schluß auf einen Anstieg der Komplexität dieses Gefüges nahelegt. Daraus erwächst die Notwendigkeit, der Entwicklung von Web-Präsenzen entsprechende strategische Planungen explizit voranzustellen.

Im Rahmen eines Web Site Engineering (WSE) nach dem WSE-Komponentenmodell zielen strategische Planungen auf die Festlegung der zu besetzenden eBusiness-Segmente sowie der auf Basis der entsprechenden Web-Präsenz anzustrebenden Wettbewerbs- und Erfolgsziele eines Unternehmens.

---

261 Vgl. Bronner, Rolf: Planung und Entscheidung – Grundlagen, Methoden, Fallstudien, 3., völlig überarb. Aufl., München, Wien: Oldenbourg 1999, S. 10. Nach Bronner haben betriebliche Entscheidungen überwiegend Zukunftscharakter.

262 Vgl. Diederich, Helmut: Allgemeine Betriebswirtschaftslehre, 6. Aufl., Stuttgart et al.: Kohlhammer 1989, S. 70 und Wöhe Günter: Einführung in die allgemeine Betriebswirtschaftslehre, 19. Aufl., a. a. O., S. 140.

Taktische Entscheidungen in der „Strategischen Unternehmensführung"

Entsprechend den strategischen Entscheidungen können taktische Entscheidungen der taktischen Planung zugeordnet werden. In der taktischen Planung erfährt die strategische Planung ihre Konkretisierung. Unter Ausrichtung an den Vorgaben der strategischen Planung bezieht sich die taktische Planung, entsprechend der Zuordnung zum mittleren Management, auf die einzelnen Teilbereiche des jeweiligen Unternehmens (entweder Funktionalbereiche, bei einer Gestaltung der Unternehmensorganisation nach der Verrichtungszentralisierung, oder Geschäftsprozesse, Sparten, respektive eine Kombination aus Funktionalbereichen und Sparten, bei einer Gestaltung der Unternehmensorganisation nach der Objektzentralisierung)[263].[264] Die konkrete Aufgabe der taktischen Planung besteht in der Erstellung von Plänen hinsichtlich der mittelfristig in den einzelnen Teilbereichen anzustrebenden Ziele, hinsichtlich der Bereitstellung zielkonformer Personalkapazitäten und Betriebsmittel sowie hinsichtlich des Finanzbedarfs und der Finanzierung von zielbezogenen Maßnahmen.[265] Gegenüber strategischen Plänen verfügen taktische Pläne über einen höheren Differenzierungsgrad, eine stärkere Strukturierung der Planungsfelder sowie über eine prägnantere Informationsdarstellung.

Taktische Planungen im Rahmen eines WSE richten sich auf die Festlegung von Web-bezogenen Zielen der einzelnen Funktionalbereiche und auf die Erstellung von zielorientierten Plänen zur substantiellen Ausgestaltung und Strukturierung der jeweiligen Web Site.

Operative Entscheidungen in der „Strategischen Unternehmensführung"

In Übereinstimmung mit den strategischen und taktischen Entscheidungen können operative Entscheidungen der operativen Planung zugeordnet wer-

---

263 Vgl. Thommen, Jean-Paul: Allgemeine Betriebswirtschaftslehre; Umfassende Einführung aus managementorientierter Sicht, a. a. O., S. 741 und Kargl, Herbert: DV-Prozesse zur Auftragsführung, München, Wien: Oldenbourg 1996, S. 1.

264 Vgl. Thommen, Jean-Paul: Allgemeine Betriebswirtschaftslehre; Umfassende Einführung aus managementorientierter Sicht, a. a. O., S. 741 und Preitz, Otto; Dahmen, Wolfgang: Allgemeine Betriebswirtschaftslehre, 18., überarbeitete und erweiterte Auflage, Bad Homburg vor der Höhe: Gehlen 1987, S. 95.

265 Vgl. Thommen, Jean-Paul: Allgemeine Betriebswirtschaftslehre; Umfassende Einführung aus managementorientierter Sicht, a. a. O., S. 741.

den. Die Ergebnisse der taktischen Planung, welche sich bezüglich der einzelnen Teilbereiche eines Unternehmens in der Festlegung der jeweiligen Personal- und Betriebsmittelkapazitäten, des jeweiligen Finanzbedarfs sowie der entsprechenden Finanzierung niederschlagen, bilden die Rahmenbedingungen für die operative Planung. Sie besitzt die Funktion, über den konkreten Einsatz der vorgegebenen Kapazitäten und finanziellen Mittel zu entscheiden. Diese Entscheidungen resultieren z. B. in operativen Finanzplänen sowie in Produktionsvollzugsplänen mit Kapazitätsbelegungs-, Personalbereitstellungs- und Terminplänen. Damit fungiert die operative Planung als Steuerungsinstanz für die im Rahmen der betrieblichen Leistungserstellung wiederkehrenden Aufgaben und Prozesse.[266] Operative Pläne zeichnen sich im Vergleich zu strategischen und taktischen Plänen durch den höchsten Differenzierungsgrad, die stärkste Strukturierung der jeweiligen Planungsfelder sowie die am prägnantesten dargestellten Informationen aus.

Innerhalb eines WSE nach dem WSE-Komponentenmodell beziehen sich operative Planungen auf die Umsetzung der substantiellen Vorgaben aus den taktischen Web-Plänen in eine konkrete Ausgestaltung, Strukturierung und Generierung der jeweiligen Web Site.

Abbildung 14 veranschaulicht die zuvor erläuterten Sachverhalte der strategischen Unternehmensführung in Bezug auf eBusiness.

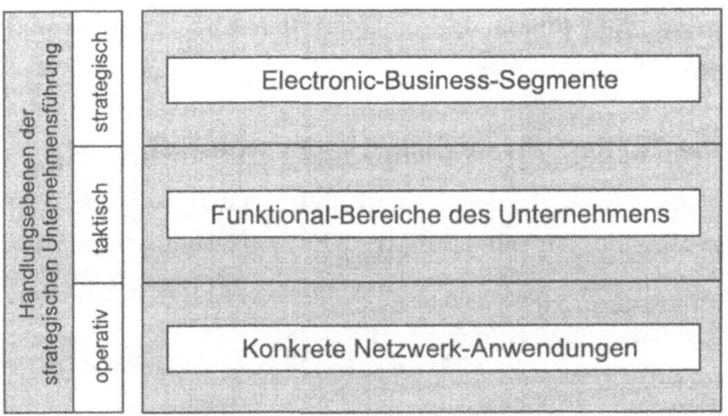

Abb. 14: Handlungsebenen der strategischen Unternehmensführung

---

266 Vgl. Thommen, Jean-Paul: Allgemeine Betriebswirtschaftslehre; Umfassende Einführung aus managementorientierter Sicht, a. a. O., S. 741 und Preitz, Otto; Dahmen, Wolfgang: Allgemeine Betriebswirtschaftslehre, a. a. O., S. 95.

4 WSE-Komponente 2: Zielfelder des WSE

Die in Kapitel C.3 bereits aus der strategischen Sicht auf eine Web Site hergeleitete eBusiness-Segmentierung in Anwendungen des öffentlichen Internet, begrenzter Extranets und geschlossener Intranets wird durch die Analyse der technisch-konstruktiven Aspekte einer Web Site bestätigt (siehe Kapitel C.4). Aus dieser Sicht kann eine Web Site als Anwendungssystem i. e. S. bezeichnet und damit als Software verstanden werden. Für die Entwicklung des SoftwareProduktes „Web Site" ist es in einem ersten Schritt erforderlich zu „modularisieren"; das potentielle Einsatzfeld der Web Site wird in grundlegende TeilEinsatzfelder untergliedert und diese mit einer größtmöglichen Trennschärfe gegeneinander abgegrenzt. Dieser Schritt bildet die Voraussetzung, die Anforderungen an einen Web-Auftritt differenziert zu ermitteln und davon ausgehend die Entwicklung spezifischer Web-Site-Teilsysteme für die einzelnen Teil-Einsatzfelder einzuleiten. An dieser Stelle sei angemerkt, daß in den nachfolgenden Ausführungen der Begriff „Einsatzfeld" durch den Begriff „Zielfeld" ersetzt wird. Damit soll auch sprachlich die Notwendigkeit zur „Adressatenorientierung" von Web Sites verdeutlicht werden: Es wird gefordert, bestimmte Nutzungsbereiche der Web Site strikt an den Anforderungen der jeweils anvisierten Adressaten auszurichten. Im Hinblick auf die Web Site als SoftwareProdukt wird somit das allgemeine Qualitätsmerkmal „anforderungsrecht" von Anwendungsteilsystemen auf die einzelnen Web-Site-Teilsysteme Internet, Extranet und Intranet transferiert.

Für ein Unternehmen grenzt die Aggregation aller auf der Basis des Internet mit der Benutzerschnittstelle des WWW realisierbaren Anwendungen im elektronischen Wirtschaftsgefüge das potentielle Gesamtzielfeld zur Realisierung einer Web Site ab. Durch die Affinität von elektronischen Märkten und traditionellen Märkten eröffnet sich die Möglichkeit, das im Bereich des Marketing zur Anwendung kommende Vorgehen der Marktsegmentierung bei der Differenzierung des potentiellen Gesamtzielfelds in spezifische Zielfelder zugrunde zu legen. Der Marktsegmentierung obliegt originär die Aufgabe, einen Gesamtmarkt nach definierten Kriterien in homogene Käufergruppen (Segmente) einzuteilen. Ziel ist es, zu einer Gliederung zu gelangen, welche die Bedürfnisse der Käufer (Nachfrager) möglichst exakt identifiziert.

Die Einbindung der Marktsegmentierung in den Kontext des WSE-Komponentenmodells erfordert die Definition von Eigenschaften, nach welchen eine Untergliederung des potentiellen Gesamtzielfelds in spezifische Zielfelder vorgenommen werden kann. Im vorliegenden Kontext wird die „Eigenschaft eines Wirtschaftssubjektes im Transaktionsprozeß" als Gliederungskriterium herangezogen. Konkret kann ein Wirtschaftssubjekt in der Eigenschaft als Kunde, Geschäftspartner oder Mitarbeiter an einem Transaktionsprozeß teilnehmen. Zur Unterstützung der damit verbundenen Aufgaben besteht die Möglichkeit, Web-Site-Teilsysteme auf die Zielfelder Kunden, Geschäftspartner oder Mitarbeiter auszurichten. Daraus resultieren die eBusiness-Segmente „Web Site for eCommerce", „Web Site for eIntegration" und „Web Site for eWorkflow" (siehe Abbildung 15).

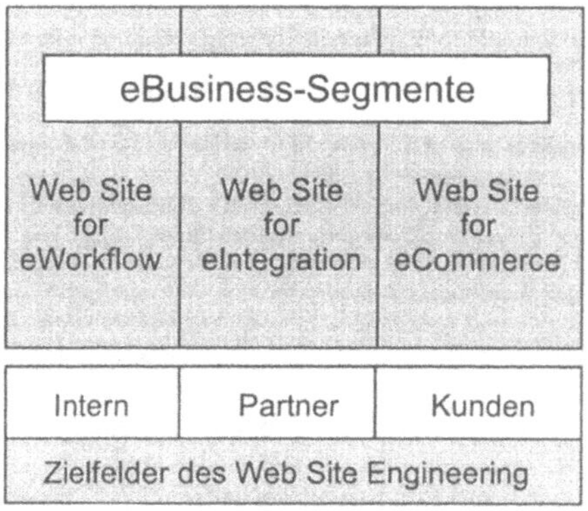

eBusiness-Segmente

Web Site for eWorkflow	Web Site for eIntegration	Web Site for eCommerce
Intern	Partner	Kunden

Zielfelder des Web Site Engineering

Abb. 15: Zielfelder des Web Site Engineering

Mit dieser Aufgliederung in Web-Site-Bereiche eines Unternehmens wird die Möglichkeit geschaffen, die Anforderungen der jeweiligen Adressaten an eine Web-Präsenz trennscharf zu ermitteln und nachfolgend die Affinität der realisierten Web Site zu den Erfordernissen des entsprechenden Zielfeldes zu erhöhen. Abgesehen von der Notwendigkeit zur Berücksichtigung der interdependenten Beziehungen zwischen den Web-Site-Bereichen der einzelnen eBusiness-Segmente kann die Erhebung und Umsetzung der Anforderungen an eine Web-Präsenz unter Ausblendung der Anforderungen an die Web-Site-Bereiche der jeweils anderen eBusiness-Segmente erfolgen.

Die Integration der beiden WSE-Komponenten „Zielfelder des Web Site Engineering" und „Strategische Unternehmensführung" erzeugt eine zweidimensionale Matrix, welche die Zielfelder des WSE-Komponentenmodells beinhaltet und gegeneinander abgrenzt sowie die Handlungsebenen (Entscheidungsarten) der strategischen Unternehmensführung auf die einzelnen Zielfelder projiziert. Dadurch bildet das WSE-Komponentenmodell eine Basis zur differenzierten Entscheidungsfindung im Rahmen der Entwicklung von eBusiness-Segment-konformen Web Sites. Die Abbildung 16 „Handlungsebenen-Zielfeld-Matrix" illustriert diesen Sachzusammenhang.

Die strategische Handlungsebene weist auf Bezugsobjekte von langfristigen Entscheidungen im Rahmen von eBusiness-Engagements hin. Zu diesen Bezugsobjekten zählen vordergründig die in Wechselwirkung stehende wettbewerbliche Einordnung von eBusiness-Engagements und deren Integration in die strategischen Planungen des jeweiligen Unternehmens. Gleichzeitig sind die langfristig zu besetzenden eBusiness-Segmente, die Fixierung von darin anzustrebenden Wettbewerbs- und Erfolgszielen sowie die Festlegung von abstrakten Vorgaben zur Strukturierung von Web Sites (z. B. eine kategoriale Definition von Geschäftspartnern, mit welchen eine eIntegration anzustreben ist) den Bezugsobjekten zuzuordnen.

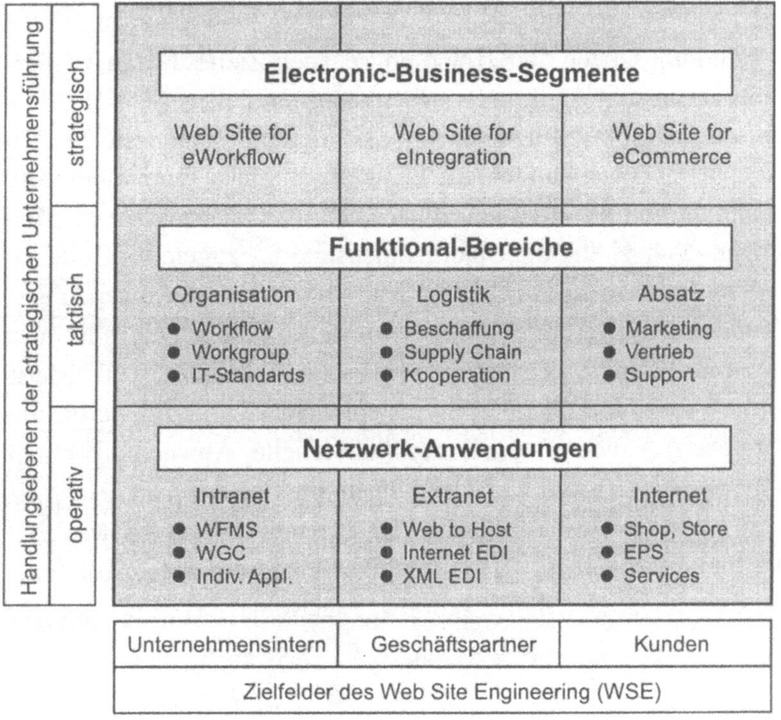

Abb. 16: Handlungsebenen-Zielfeld-Matrix

Die taktische Handlungsebene der Handlungsebenen-Zielfeld-Matrix gewährt Anhaltspunkte zu Bezugsobjekten von mittelfristigen Entscheidungen im Rahmen von Web-Site-bezogenen eBusiness-Engagements. Dabei dienen die funktionalen Kernbereiche eines Unternehmens zur Strukturierung der mittelfristigen Entscheidungen. Dies führt zur Zuordnung des Funktional-Bereiches „Organisation" zum WSE-Zielfeld „Unternehmensintern" (Mitarbeiter), des Funktional-Bereiches „Logistik" zum Zielfeld „Geschäftspartner" und des Funktional-Bereiches „Absatz" zum Zielfeld der „Kunden". Für den Funktional-Bereich „Organisation" sind das Workflow-Management, das Workgroup Computing und die Homogenisierung von IT-Standards als vorrangige Bezugsobjekte von mittelfristigen Entscheidungen hervorzuheben. Die Aufgaben des Kooperationsaufbaus mit Lieferanten und Abnehmern sowie dessen Pflege können als Bezugsobjekte des Funktional-Bereiches „Logistik" herausgestellt werden; das aktuelle Schlagwort „Supply Chain Management" umschreibt die betroffenen Business-to-Business-Beziehungen. Mittelfristige Entscheidungen im Rahmen des Funktional-Bereiches „Absatz" zielen wesentlich auf die Aufgaben des Marketings, des Vertriebs sowie des Supports von Kunden.

Die operative Handlungsebene der Handlungsebenen-Zielfeld-Matrix dient dem Ausweis von Bezugsobjekten, an welchen sich kurzfristige Entscheidungen im Rahmen von eBusiness-Engagements orientieren können. Hierbei bilden konkrete Netzwerk-Anwendungen auf Basis der Internet-Technologie den Strukturierungsrahmen von kurzfristigen Entscheidungen. Danach werden Intranet-Anwendungen dem Zielfeld „Unternehmensintern" zugeteilt, Extranet-Anwendungen dem Zielfeld „Geschäftspartner" und Internet-Anwendungen dem Zielfeld „Kunden". Die zentralen Bezugsobjekte im Rahmen eines Intranet bilden Workflow-Management Systeme (WfMS; für bekannte, strukturierte Routineaufgaben), Workgroup-Computing-Systeme (WGC; für fallweise, unstrukturierte Aufgaben) sowie unternehmensindividuelle Anwendungen auf homogener IT-Basis. Kurzfristige Entscheidungen im Bereich von Extranets beziehen sich auf Web-to-Host-Anwendungen, Internet-EDI und XML-EDI mit Bezug zu Partnerunternehmen. Als vorrangige Bezugsobjekte im Rahmen des öffentlichen Internet sind eShops, eStores, Electronic Payment Systems (EPS) sowie eServices (z. B. Bereitstellung von elektronischen Produktbeschreibungen oder eines Web-basierten Helpdesks) zu nennen.

Die dargestellte Handlungsebenen-Zielfeld-Matrix dient im Rahmen des WSE-Komponentenmodells der Strukturierung des ökonomischen Umfelds einer

Web Site unter Berücksichtigung der in den einzelnen Zielfeldern erforderlichen strategischen, taktischen und operativen Entscheidungen. Als abstrakte Abbildung der realen Zielfelder einer konkreten Web Site respektive eines praktizierten WSE verzichtet die Handlungsebenen-Zielfeld-Matrix hier bewußt auf die Berücksichtigung etwaiger Wechselwirkungen zwischen den einzelnen Zielfeldern oder Handlungsebenen (Entscheidungsarten) sowie nicht eindeutig in eines der neun Felder einzugliedernder Bezugsobjekte von Entscheidungen. Aus diesem Grund ist es erforderlich, die Matrix in der praktischen Anwendung auf die jeweilige realen Situation anzupassen.

5 WSE-Komponente 3: Das WSE-Vorgehensmodell

Anwendungssysteme sind durch ihre Einsatzbereiche und durch ihre Komplexität charakterisiert. Daraus erwächst eine Affinität zwischen der Informatik und den ingenieurwissenschaftlichen Disziplinen (z. B. Bauingenieurwesen und Maschinenbau), deren Bezugsobjekte ebenfalls durch komplexe Systeme gekennzeichnet sind. In Erkennung dieses Zusammenhanges wird die Entwicklung von Anwendungssystemen beginnend in den 50er[267] und intensiv seit Ende der 60er Jahre an die allgemeine, in den Ingenieurwissenschaften praktizierte Systematik zur Entwicklung von komplexen Systemen, dem Systems Engineering, angelehnt.[268]

An dieser Stelle sei angemerkt, daß hier der Begriff „Entwicklung" sowohl im Sinne der Neuentwicklung (Erstellung)[269] als auch im Sinne der Weiterentwicklung (Pflege und Wartung) von Systemen verstanden wird. Damit erfolgt eine Orientierung am gesamten System-Life-Cycle.[270] In der vorliegenden Un-

---

267 Vgl. Bremer, Georg: Genealogie von Entwicklungsschemata, in: Vorgehensmodelle für die betriebliche Anwendungsentwicklung, Hrsg.: Kneuper, Ralf; Müller-Luschnat, Günther; Oberweis, Andreas, Stuttgart, Leipzig: Teubner 1998, S. 34 f.

268 Vgl. Stahlknecht, Peter: Einführung in die Wirtschaftsinformatik, a. a. O., S. 246 und Litke, Hans-Dieter: Projektmanagement, 3., überarb. und erw. Aufl., München; Wien: Hanser 1995, S. 19-21 und Bremer, Georg: Genealogie von Entwicklungsschemata, a. a. O., S. 35.

269 Vgl. Kolb, Arthur: Ein pragmatischer Ansatz zum Requirements Engineering, in: Informatik Spektrum, 15/1992, S. 315.

270 Vgl. Kolb, Arthur: Ein pragmatischer Ansatz zum Requirements Engineering, a. a. O., S. 315 und Fischer, Thomas; Biskup Hubert, Müller-Luschnat, Günther: Begriffliche Grundlagen für Vorgehensmodelle, in: Vorgehensmodelle für die betriebliche Anwendungsent-

tersuchung wird die Anpassung eines Standard-Systems an spezifische Erfordernisse als Variante ebenso der „Entwicklung" zugeordnet.

Zur Beantwortung der Frage, welche Aufgaben und Aktivitäten (sie werden zu Aufgaben zusammengefaßt)[271] im Laufe der konkreten Entwicklung von Anwendungssystemen in sachlogischer Reihenfolge zu realisieren sind, kommen Projektmodelle zur Anwendung.[272] Sie werden über Vorgehensmodelle aus Entwicklungsschemata abgeleitet.[273] Die Schemata und Modelle resultieren aus Erfahrungen, welche bei ingenieurwissenschaftlich orientierten Planungen zur Vorgehensweise in System-Entwicklungsprozessen gesammelt werden (konnten). Mit der Übertragung derartiger Planungen und Pläne auf Entwicklungsvorhaben im Bereich von Anwendungssystemen wird eine transparente und zielorientierte Gestaltung der entsprechenden Entwicklungsprozesse angestrebt, um eine Basis zur Realisierung eines effizienten Projektmanagements zu schaffen.[274]

Dem Entwicklungsprozeß eines Anwendungssystems ist eine Folge von Aufgaben inhärent (in der Phase der Systemanalyse: Situationsanalyse und Soll-Konzeption; in der Phase des Systementwurfs: Systementwurf, Programmspezifikation und -entwurf; in der Phase der Systemrealisierung: Programmierung und Test; in der Phase der Systemeinführung: Systemfreigabe und Systemeinführung; in der Phase der Systemwartung und -pflege: Wartung und Pflege des erstellten Anwendungssystems)[275], deren Ordnung die Struktur des Entwicklungsprozesses beschreibt. Aus verschiedenen Aufgabenordnungen lassen sich abstrakte Strukturen (Entwicklungsschemata) ableiten, welche als Orientierungsrahmen für die Ausgestaltung konkreter Anwendungssystem-Entwicklungsprozesse herangezogen werden können. Die problemadäquate Anpassung

---

wicklung, Hrsg.: Kneuper, Ralf; Müller-Luschnat, Günther; Oberweis, Andreas, Stuttgart, Leipzig: Teubner 1998, S. 18.

271   Vgl. Fischer, Thomas; Biskup Hubert, Müller-Luschnat, Günther: Begriffliche Grundlagen für Vorgehensmodelle, a. a. O., S. 21.

272   Vgl. Stahlknecht, Peter: Einführung in die Wirtschaftsinformatik, a. a. O., S. 246 f. und Bremer, Georg: Genealogie von Entwicklungsschemata, a. a. O., S. 34.

273   Vgl. Bremer, Georg: Genealogie von Entwicklungsschemata, a. a. O., S. 34.

274   Vgl. Bremer, Georg: Genealogie von Entwicklungsschemata, a. a. O., S. 33, 35, 56 und Litke, Hans-Dieter: Projektmanagement, a. a. O., S. 20.

275   Vgl. Stahlknecht, Peter: Einführung in die Wirtschaftsinformatik, a. a. O., S. 247.

solcher Orientierungsrahmen führt zu Vorgehens- und Projektmodellen, die für die systematische Entwicklung von Anwendungssystemen genutzt werden.[276]

Im folgenden werden die Begriffe Entwicklungsschema, Vorgehensmodell und Projektmodell vor dem Hintergrund der Entwicklung von Anwendungssystemen gegeneinander abgegrenzt und kurz beschrieben.

Entwicklungsschema

Bei der Entwicklung eines Anwendungssystems obliegt einem Entwicklungsschema (auch als Vorgehensstrategie oder Entwicklungsansatz bezeichnet)[277] die Funktion, nach ingenieurwissenschaftlichen Gesichtspunkten das Aufgabengefüge des zu realisierenden Entwicklungsprozesses in seinen wesentlichen Zügen modellhaft darzustellen.[278] Der synonyme Gebrauch des Begriffes Vorgehensstrategie weist auf die langfristige Ausrichtung und den hohen Abstraktionsgrad eines Entwicklungsschemas hin.

Daraus erwächst die Schlußfolgerung, daß in Entwicklungsschemata Strukturen von Entwicklungsprozessen dargestellt werden, welche unabhängig von einem konkreten Entwicklungsprozeß bestehen und nur langfristig Änderungen unterliegen.[279] Dies bedeutet, daß Entwicklungsschemata unabhängig von der Zielsetzung eines konkreten Entwicklungsprozesses bzw. der kategorialen Einordnung eines zu realisierenden Anwendungssystems (z. B. Büroanwendungssoftware, PPS-Software, Groupware, Web Sites) der Anwendungssystem-Entwicklung als Orientierungsrahmen zugrunde gelegt werden können. Das Verwendungsspektrum von Entwicklungsschemata wird lediglich durch die Standardisierung der zu unterstützenden Entwicklungsprozesse[280] (Bekanntheitsgrad der Funktionalitäten des zu entwickelnden Anwendungssystems), den Bekanntheitsgrad der darin zu bewältigenden Probleme sowie den Bekanntheitsgrad der Zielfelder begrenzt, auf welche sich die zu entwickelnden Anwendungssysteme beziehen.

---

276 Vgl. Bremer, Georg: Genealogie von Entwicklungsschemata, a. a. O., S. 32 f.

277 Vgl. Fischer, Thomas; Biskup Hubert, Müller-Luschnat, Günther: Begriffliche Grundlagen für Vorgehensmodelle, a. a. O., S. 18.

278 Vgl. Bremer, Georg: Genealogie von Entwicklungsschemata, a. a. O., S. 33.

279 Vgl. Bremer, Georg: Genealogie von Entwicklungsschemata, a. a. O., S. 32 f.

280 Vgl. Bremer, Georg: Genealogie von Entwicklungsschemata, a. a. O., S. 55 f. und Kargl, Herbert: Controlling im DV-Bereich, 3., vollst. neubearb. und erw. Aufl., München, Wien: Oldenbourg 1996, S. 41-46.

Entwicklungschemata haben somit den Charakter von allgemeinen Grundbaumustern. Bis in die 60er Jahre entsprach die Software-Entwicklung eher einer Kunst als einer planvollen Tätigkeit. Die sich dann abzeichnende Software-Krise führte erst dazu, daß die Strukturierung von Entwicklungsprozessen in den Mittelpunkt des Interesses rückte. Das 1956 von Benington[281] präsentierte Grundbaumuster forderte das sequentielle Abarbeiten von Handlungsschritten mit jeweils zielgerichteten Verfahren und Entscheidungen. Aus Beningtons Grundbaumuster entwickelten sich die phasengegliederten Vorgehensmodelle (Phasenmodelle).

Vorgehensmodelle

Vorgehensmodelle sind Ausprägungen von Entwicklungsschemata und zeichnen sich ihnen gegenüber durch eine konkretere Modellierung der Entwicklungsaufgaben im Life-Cycle von Anwendungssystemen aus.[282] Vorgehensmodelle zeigen Wege zum Erreichen bestimmter Ziele (Lösen bestimmter Probleme) auf, indem sie allgemeine Maßnahmen zur Zielerreichung dekomponieren und in Maßnahmen von geringerem Handlungsumfang zerlegen. Dabei sollte es sich nicht um exakte Vorgaben handeln, sondern um Leitlinien, die einerseits konkret genug sind, um praktikabel zu sein, andereseits aber abstrakt genug bleiben, um das Ausfüllen durch Handlungen in einer konkreten Situation nicht zu stark zu restringieren.

Das Spektrum von Vorgehensmodellen erstreckt sich über klassische (relativ starr-sequentielle) Phasenmodelle, rekursive und iterative Modelle (z. B. Versionen-, Spiral-Modelle) bis hin zu Prototyping-Modellen (z. B. Fast Prototyping, Rapid Application Prototyping).

In bestimmten Ausprägungen bilden Vorgehensmodelle Richtlinien zur Entwicklung von Anwendungssystemen für spezifische Anwendungsfelder wie z. B. Einführung von ERP-Software, Durchführung eines Software Reengineering, Eigenentwicklung verschiedener Typen von Anwendungssyste-

---

281   Vgl. Benington, H. D.: Production of Large Computer Programs, in: Proceedings of ONR Symposium Advanced Programming Methods for Digital Computers, 1956, S. 15-27.

282   Vgl. Bremer, Georg: Genealogie von Entwicklungsschemata, a. a. O., S. 32; 34 und Stahlknecht, Peter: Einführung in die Wirtschaftsinformatik, a. a. O., S. 253 f.

men (z. B. WfM-Software[283] oder wissensbasierte Systeme)[284] mit verschiedenen Paradigmen der Software-Entwicklung (z. B. strukturiert- prozedural, objektorientiert).

Die mit Hilfe eines Vorgehensmodells realisierbare Modellierung des Aufgabengefüges von Prozessen zur Entwicklung von Anwendungssystemen zeigt sich in der Funktion eines Vorgehensmodells, den entsprechenden Entwicklungsprozessen als Richtlinie (Referenzmodell) für die Art der Verwendung von Prinzipien, Methoden, Techniken und Werkzeugen zu dienen.[285] Je nach Detaillierungsgrad dieser Vorgaben und der Ausrichtung auf ein bestimmtes Anwendungsfeld existiert eine Vielzahl von Vorgehensmodellen wie z. B. das „Wasserfallmodell"[286], das „Spiralmodell"[287], das V-Modell der Bundesverwaltungen[288] oder das Modell ISOTEC von (CSC) Ploenzke[289].

Projektmodelle

Ein Projektmodell entsteht durch die Anpassung eines ausgewählten Vorgehensmodells an die spezifischen Erfordernisse eines konkreten Projektes zur Anwendungssystem-Entwicklung.[290] Beispielsweise kann das oben genannte V-Modell dahingehend angepaßt werden, daß es einen Leitfaden zur Entwicklung eines Anwendungssystems für die Schätzung des jährlichen Steueraufkommens in der Bundesrepublik Deutschland bildet.

---

283 Vgl. Jablonski, Stefan; Stein, Katrin: Ein Vorgehensmodell für Workflow-Management-Anwendungen, in: Vorgehensmodelle für die betriebliche Anwendungsentwicklung, Hrsg.: Kneuper, Ralf; Müller-Luschnat, Günther; Oberweis, Andreas, Stuttgart, Leipzig: Teubner 1998, S. 136.

284 Vgl. Fischer, Thomas; Biskup Hubert, Müller-Luschnat, Günther: Begriffliche Grundlagen für Vorgehensmodelle, a. a. O., S. 28 f.

285 Vgl. Stahlknecht, Peter: Einführung in die Wirtschaftsinformatik, a. a. O., S. 253.

286 Vgl. Royce, W. W.: Managing the Development of Large Software Systems – Concepts and Techniques, in: Proceedings IEEE WESCON, 1970, S. 1-9 und Boehm, Barry W.: Software-Engineering, in: IEEE Transactions on Computers, Vol. C-25, 1976, S. 1226-1241.

287 Vgl. Boehm, Barry W.: A Spiral Model for Software Development and Enhancement, in: IEEE Computer, May 1988, S. 61-72.

288 Vgl. Bröhl, A.; Dröschel, W. (Hrsg.): Das V-Modell – Der Standard für die Software-Entwicklung mit Praxisleitfaden, München, Wien: Oldenbourg 1993 und Stahlknecht, Peter: Einführung in die Wirtschaftsinformatik, a. a. O., S. 253, 257.

289 Vgl. z. B. Bremer, Georg: Genealogie von Entwicklungsschemata, a. a. O., S. 59.

290 Vgl. z. B. Bremer, Georg: Genealogie von Entwicklungsschemata, a. a. O., S. 34.

Im Software-Engineering konventioneller Anwendungssysteme stehen neben einem umfassenden Requirements Engineering ein abstraktes konstruktives Design, „unsichtbare" Programmlogik und Algorithmen im Vordergrund des Interesses. Die entwickelten Software-Systeme werden weitestgehend zur Unterstützung unternehmensinterner, zumeist routinehafter Prozesse eingesetzt. Die Zweckrichtung dieser Anwendungen zeigt auf eine Effizienzerhöhung des Unternehmensinneren durch Automatisierung und Standardisierung in einem persistenten funktionalen Rahmen.

Eine eBusiness-Präsenz in Form einer Web Site ist in den weiteren Begriffsrahmen „Anwendungssystem" einzuordnen und kann ebenfalls durch die vorgenannten Entwicklungsprozesse beschrieben werden. Der spezifische Anwendungscharakter einer Web Site wird jedoch nicht durch die Unternehmensgrenzen beschränkt. Die Web Site hat die originäre Aufgabe, das Unternehmen über seine organisatorischen Grenzen hinaus im Markt darzustellen. Im Vergleich zu konventionellen Anwendungssystemen begründet diese starke Außenwirkung eine weitaus stärkere Betonung gestalterischer Aspekte durch einen interdisziplinären Ansatz für ein Web Site Engineering. Neben der soft- und hardwaretechnischen Basis der Wirtschaftsinformatik und Informatik muß sich ein Web Site Engineering verstärkt den Erkenntnissen aus Marketing, Kommunikationsdesign, Graphikdesign, Desktop Publishing, Typographie und Multimediaforschung zuwenden. Ein Vorgehensmodell für die Entwicklung von Web Sites wird daher sowohl den Software-Engineering-Komponenten[291] konventioneller Anwendungssysteme

- Projekt- und Qualitätsmanagement,
- Requirements Engineering,
- konstruktives Design,
- Programmlogik und Algorithmen

als auch den in Kapitel D.1 angeführten spezifischen Merkmalen von Web Sites Rechnung tragen müssen.

---

291 Vgl. Lockwood, Lucy; Constantiner, Larry: Taming Web Development, in: Software Development, April 1999, Online im Internet: http://www.sdmagazine.con/supplement/ppm/features/s994mf.shtml, 07.07.99. „Don´t get caught up in all the World Wide Web hype. Approach your web projects with the usual solid requirements, practical design, and organized process you apply to your traditional development projects."

Bei der Recherche nach Web-Site-adäquaten Vorgehensmodellen kristallisieren sich drei unterschiedliche Quellentypen heraus. Der erste Typ umfaßte die klassische Hypertext-Literatur. Der Ursprung von Hypertext als Gegenstück zum linear-sequentiellen Text geht auf einen Aufsatz von V. Bush aus dem Jahre 1945 zurück.[292] In diesem Bereich waren daher Erkenntnisse zu vermuten, die bereits vor dem rasanten Wachstum des World Wide Web seit Anfang der 90er Jahre gewonnen wurden. Es ließ sich jedoch kein geschlossenes, anerkanntes Vorgehensmodell in der Hypertext-Forschung recherchieren. Wesentlicher Grund dafür scheint zu sein, daß Hypertext-Entwicklungen zu einem großen Teil auf persönlichen Erfahrungen der Entwickler beruhen. Ein „Hypertext Engineering" als ingenieursmäßige Disziplin konnte sich deshalb bis heute nicht etablieren.[293]

Ein zweiter Quellentyp befaßt sich mit konstruktivem „Web Design", der Entwicklung und Gestaltung von World-Wide-Web-Präsentationen. Teilgebiete sind dabei u. a. Web Authoring, Web Publishing und Web Style Guides. Das Untersuchungsgebiet ergab sich aus der eigenständigen Struktur des WWW. Gegenüber dem klassischen Hypertext ist das WWW vor allem ein Hypermedia-Informationssystem. Ein WWW-spezifisches Vorgehensmodell ist in undetaillierten Ansätzen bei John December[294] zu finden. Weitere Modelle aus dem Bereich „Web Design" finden sich bis Mitte 1999 nicht. Bezeichnend ist hier, daß auch in der 2. Auflage des anerkannten Standardwerks zum Web Site Design keinerlei Hinweise auf Vorgehensmodelle enthalten sind.[295]

Als dritter Quellentyp ließ sich Literatur zum Thema Online-Marketing separieren. Insbesondere eine multimediale Web-Präsenz wird für viele Unternehmen in Zeiten der ständigen Suche nach neuen Absatzmärkten und -kanälen, potentiellen Kunden und stärkerer Kundenbindung ein immer wichtigeres Marketing-Instrument. Vorgehensmodelle für marketingorientierte Web-Site-Entwicklungen ließen sich jedoch nicht ausmachen.

---

292 Vgl. Hofmann, Martin; Simon, Lothar: Problemlösung Hypertext: Grundlagen, Entwicklung, Anwendung, München, Wien: Hanser Verlag 1995, S. 2. Richartz, Martin: Generik und Dynamik in Hypertext, Aachen: Shaker Verlag 1995, S. 10.

293 Vgl. Hofmann, Martin; Simon, Lothar: Problemlösung Hypertext: Grundlagen, Entwicklung, Anwendung, a. a. O., S. 79.

294 Vgl. December, John; Ginsburg, Mark: HTML & CGI Unleashed – Professional Reference Edition, Macmillan Computer Publishing 1996.

295 Vgl. Siegel, David: Web Site Design, 2. Aufl., Haar bei München: Markt und Technik 1999.

Als ausschlaggebend für das Fehlen adäquater Vorgehensmodelle muß die hohe Dynamik gesehen werden, mit der sich die relevanten Eckpfeiler für ein Web Site Engineering weiterentwickeln. Ein Web-Projekt steht vor dem Problem, daß die zugrundliegenden Basistechnologien wie HTML, HTTP, CGI, Java, ActiveX, Plug-Ins, proprietäre Server- und Browsererweiterungen, XML etc. kein zeitstabiles Entwicklungsfundament bieten. Die Basistechnologien des WWW unterliegen einer ständigen Veränderung durch Gremien wie das W3C, aber auch durch Server- und Browser-Hersteller wie Netscape und Microsoft. Das Web bietet in hoher Frequenz neuartige Darstellungs- und Interaktionsmöglichkeiten durch multimediale Browser-Plug-ins (z. B. von Shockwave, Adobe), Sprachkonstrukte (z. B. neue HTML-Versionen, Java, XML) und Standardisierungsprojekte im Bereich des Electronic Commerce (z. B. Semper, Cafe, SET). Hinzukommen proprietäre Erweiterungen der führenden Browser-Hersteller wie etwa JavaScript, Frames, Style Sheets, ActiveX etc. von Netscape, Microsoft und einer Vielzahl anderer Unternehmen. Als Fazit der Recherche nach Vorgehensmodellen bleibt festzustellen, daß das WWW ein Konglomerat zu junger Technologien für geschlossene und bewährte Konzepte zur Entwicklung von Web Sites ist.

Die Prüfung von Vorgehensmodellen im Bereich des Engineering konventioneller Anwendungssoftware zeigt, daß bereits die zugrunde liegenden Entwicklungsschemata den Spezifika von Web Sites nicht gerecht werden:

Klassische Phasenmodelle
Im Vordergrund der „Wasserfallmodelle" steht die Vorgabe eines Rahmens, der wegen seiner Standardisierung zwar der Entwicklung von klar abgrenzbaren Anwendungssystemen auf bekanntem fachlichem Terrain sehr förderlich ist, jedoch weder die Außenwirkung noch die Anpassungserfordernisse von Web-Anwendungen betont. Interdisziplinarität wird dem sequentiellen Phasenmodell allenfalls durch eine kontrollierte Einplanung „implantiert", die eher kreativitätshemmend auf eine interdisziplinäre Kooperation wirkt.

Rekursive Modelle
Prinzipiell multiplizieren Vorgehensmodelle mit geplanten Rekursionen die Phasen klassischer Wasserfallmodelle. Das Spiralmodell von Boehm[296]

---

296 Vgl. Boehm, Barry W.: A Spiral Model for Software Development and Enhancement, a. a. O., S. 61-72.

zeigt, wie ein phasenweises Vorgehen nicht sequentiell, sondern rekursiv aufgebaut sein kann und dabei einen Prototypen schrittweise zur Reife führt. Das Spiralmodell reduziert zwar die Starrheit herkömmlicher Phasenmodelle durch explizit vorgesehene Veränderungs- und Erweiterungsmöglichkeiten in den Iterationen über mehrere Prototypen. Anpassungen nach der Inbetriebnahme eines Anwendungssystems sind jedoch systematisch korrekt nur über weitere vollständige und dadurch relativ zeitaufwendige Spiraldurchläufe zu realisieren. Auch wenn das evolutionäre Prototyping eine Grundlage des Spiralmodells ist, so trägt dies ebenfalls lediglich dem Faktum Rechnung, daß Anwendungssysteme während, nicht jedoch nach der Entwicklung permanenten Umweltveränderungen unterliegen können. Förderlich wirkt ein Prototyping hingegen auf die darstellerische Außenwirkung einer Anwendung und läßt einen definierten Freiraum für das kreative Potential interdisziplinärer Kooperation.

Prototyping-Modelle

Vorgehensmodelle mit evolutionärem Prototyping als Handlungsrichtlinie werden im Entwicklungsprozeß punktuell mit explorativem und experimentellem Prototyping ergänzt. „Fast Prototyping" und „Rapid Application Development"[297] beschreiben typische Vertreter von prototyping-orientierten Modellen, die über eine intensive Involvierung zukünftiger Systemanwender die darstellerische Außenwirkung positiv beeinflussen können. Anpassungen laufender Systeme lassen sich nach gleichem Muster relativ zeitnah vornehmen. Der hohe Freiheitsgrad von Prototyping-Modellen bedingt jedoch im Vergleich zur Phasengliederung ein kaum akzeptables Maß an Planungsunsicherheit und Kontrollverlust. Die kreativen Vorteile des Prototypings bergen das Risiko des Abgleitens in ein „Quick ´n dirty". Kreative Interdisziplinarität wird zwar gefördert, die betreffenden Potentiale jedoch allenfalls situativ und ungeplant ausgeschöpft.

Das der vorliegenden Untersuchung zugrunde liegende WSE-Vorgehensmodell (siehe Abbildung 17) wurde unter der expliziten Berücksichtigung von Aufgaben, deren Beachtung sowohl in Entwicklungsprozessen zur Realisierung von konventionellen Anwendungssystemen als auch von Web Sites erforderlich ist,

---

297 Vgl. Schönthaler, Frank: Rapid Application Development zur Unterstützung des konzeptuellen Entwurfs von Informationssystemen, Karlsruhe, Dissertation 1989 und Hickersberger, Arnold: Der Weg zur objektorientierten Software, Heidelberg: Hüthig 1993, S. 52 f.

sowie der spezifischen Merkmale von Web Sites erarbeitet. Die allgemein bei der Entwicklung von Anwendungssystemen zu erfüllenden Aufgaben umfassen das Projekt- und Qualitätsmanagement, das Requirements Engineering (RE), den Entwurf, die Realisierung, die Implementierung sowie die Pflege und Wartung. Als wesentliche Erfordernisse einer Web-Site-Entwicklung sind die Berücksichtigung der Anforderungen eines komplexen Adressatenkreises, die Einbindung von Experten mit unterschiedlichen Fachkenntnissen (z. B. Informatik, Wirtschaftsinformatik, Marketing, Kommunikations- und Graphikdesign) in den Entwicklungsprozeß sowie die Möglichkeit zur zeitnahen Anpassung der erstellten Web-Präsenz (hinsichtlich ihrer konkreten inhaltlichen sowie ihrer übergeordneten strukturellen Ausrichtung) an sich ändernde Anforderungen zu nennen.[298]

Das WSE-Vorgehensmodell stellt ein spezielles, auf den Einsatzbereich der Web-Site-Entwicklung ausgerichtetes Vorgehensmodell dar. Es ist in die Phasen Web Site Requirements (-Engineering; Planungsphase; WSR), Web Site Design (Realisierungsphase; WSD) und Web Site Online (Betrieb; WSO) gegliedert. Die Phase WSR beinhaltet die Aufgaben der Situationsanalyse, der Festlegung von Web-Präsenz-bezogenen strategischen Zielen und der Anforderungsanalyse für die zu entwicklende Web Site. In der Phase WSD werden die Aufgaben des Layout-Designs, des Navigations-Designs, des Entwurfs und Codings geplanter Anwendungen sowie des Testens ausgeführt. Die Phase WSO ist durch die Aufgaben des Web Site Controlling (Monitoring, Kosten-/Nutzenevaluation, Qualitätsmanagement etc.), der Web Site Promotion (Bekanntmachung und Positionierung der Web Site für alle Adressaten) und der Web Site Maintenance (Pflege, Wartung und Weiterentwicklung) gekennzeichnet.

Mit der Hauptgliederung des WSE-Vorgehensmodells in die zeitlich aufeinander folgenden Phasen Web Site Requirements (WSR), Web Site Design (WSD) und Web Site Online (WSO) ist dieses Modell an das Entwicklungsschema des „Phasenmodells" angelehnt, nach dem der Beginn einer Phase den Abschluß der jeweils vorangestellten Phase erfordert. In gleicher Orientierung ist Phase WSR inhaltlich als Abfolge strukturiert. Danach bauen die Aufgaben der Situationsanalyse, der Bildung von strategischen Zielen und der Anforderungsanalyse sequentiell aufeinander auf.

---

298 Vgl. Riedl, Joachim: Die Notwendigkeit der Zielgruppenanalyse für die Online-Kommunikation, a. a. O., S. 648.

	Aufgaben	Aktivitäten (bzgl.)	Ergebnisse	Beispiele
WSR = Web Site Requirements	Situations-analyse	Kunden Partner Konkurrenz	Strategische Ebene: Umfeld-Analyse	Befragungen, Benchmarking, Portfolio, Scoring
		Eigene Technik Eigene Organisation Eigenes Know-how	Strategische Ebene: "Eigen"-Analyse	Netzinfrastruktur, Aufbau-/Ablauf-Org., Personal-Check
	Zielplanung	Business-to-Consumer Business-to-Business Business-to-Self passiv, interaktiv Entwicklungspfad	Strategische Ebene: eBusiness-Segmente mit Oberzielen	Extranet für Bestell-vorgänge reduziert Kosten um X Prozent ab Datum Y
	Anforderungs-analyse	fachlich organisatorisch	Strateg./taktische Ebene: Struktur-, Prozeß-, Organisationsmodelle	Komm.-Modelle, Info.-Clustering, Hyperspace-Modelle
		technisch	Operative Ebene: Technische Spezifikationen zu den Modellen	ERM, eEPK, UML-Diagramme, Sicher-heits-/Server-/Pro-viderkonzept, Web-Sprachen/-Tools
WSD = Web Site Design	Layout-Design	Corporate Identity Farbgestaltung graphische Elemente Typographie, Symbolik Konsistenz	Strategische Ebene	Entwürfe an Prüf-gremien der ver-schiedenen Adres-satenkreise
	Navigations-Design	Flow-Charting, Navigationskonzept Navigationselemente Konsistenz-/Ergonomie-Prüfung	Experimentelle Oberflächen-Prototypen / Taktische Ebene	
	Coding / Test	Guidelines, Codierung Tool-Nutzung, manuell Formate, Inhalte Link-/Funktions-Checks Cross-Referencing Performance	Operative Ebene: Evolutionäre Prototypen	Sukzessiver Ausbau von Versionen
WSO = Web Site Online	Promotion	im Markt (Inter/Extra) im Unternehmen (Intra)	Promotion-/Marketing-Motivationskonzepte	Media-Selektion, Schulungen
	Controlling	Datengewinnung Kosten-/Nutzen-Analyse Qualitätssicherung	Nutzungsdaten, Meß-größen, Kennzahlen, Vorschlagswesen	techn. Monitoring, ROI, Inf.-Wertanalyse
	Pflege, Wartung	Fehlerbeseitigung Inhaltsaktualisierung begrenztes Featuring	periodische, episo-dische Checks, erweiterte Pages	Checklisten, Prüfprotokolle, Beurteilungsaktionen
	Weiter-entwicklung	Substantielle Inhalte Substantielle Technolog.	neue Leistungen, neue Features	eService/Support, ePayment

Abb. 17: Das WSE-Vorgehensmodell

Die strukturelle Gestaltung der Phasen WSD und WSO orientiert sich jeweils an einem rekursiv-iterativen Grundbaumuster. Im Sinne eines Spiralmodells wird eine prototypische Lösung evolutionär vorangetrieben. Die einzelnen Aufgaben einer Phase werden vor dem Übergang zur nachfolgenden Phase (nach dem Durchlauf der Phase WSO muß bei substantiellen Änderungen der Web Site wieder mit dem Durchlauf der Phase WSR begonnen werden) mehrmals, mit Erzeugung einer Prototyp-Lösung (Versionencharakter) je Durchlauf, absolviert. Es wird damit eine zunehmend detailliertere Anpassung einer Web Site an fundamentale und spezielle Anforderungen der entsprechenden Adressaten erreicht.

Das WSE-Vorgehensmodell läßt in Orientierung am Entwicklungsschema des um Rekursionen ergänzten Phasenmodells[299] ebenso Rücksprünge zwischen den Phasen WSO und WSD sowie den Phasen WSD und WSR zu. Mit der Möglichkeit zum Rücksprung zwischen den Phasen WSO und WSD trägt das Modell dem Erfordernis Rechnung, die konkreten Inhalte einer Web Site (der Inhalt einzelner Pages) jeweils zeitnah an den Anforderungen der entsprechenden Adressaten auszurichten. Durch die explizite Einbindung eines (Rücksprung-) Leitfadens zum kontinuierlichen Durchlauf aller Phasen des WSE-Vorgehensmodells im Rahmen der Weiterentwicklung einer Web Site wird im WSE-Vorgehensmodell ausdrücklich das Erfordernis berücksichtigt, auch in struktureller Hinsicht (sowohl fachlich als auch technisch) eine Web-Präsenz entsprechend den sich (grundlegend) geänderten Anforderungen der jeweiligen Adressaten zu modifizieren.

Das WSE-Vorgehensmodell stellt die dritte Komponente des WSE-Komponentenmodells dar und detailliert dessen in Abbildung 13 gezeigten Inhalte aus.

6   Fazit: Zur Anwendung des WSE-Komponentenmodells

Die in Kapitel D.4 hergeleitete Handlungsebenen-Zielfeld-Matrix (siehe Abbildung 16) hat die Aufgabe, das eBusiness eines Anbieters einer Web Site in die einzelnen eBusiness-Segmente zu gliedern und die entsprechend erforderlichen Handlungsebenen (Entscheidungsarten) der strategischen Unternehmensführung auf ihnen abzubilden. Damit soll dem Anbieter der Web Site die Möglich-

---

299   Vgl. Bremer, Georg: Genealogie von Entwicklungsschemata, a. a. O., S. 39 f.

keit eröffnet werden, im Rahmen der Entwicklung einer eBusiness-Segment-konformen Web Site zu einer detaillierten Entscheidungsfindung zu gelangen. Ein Kennzeichen von eBusiness-Analysen, welche auf der Handlungsebenen-Zielfeld-Matrix basieren, besteht in der Strukturierung eines persistenten Sachzusammenhangs. Dies weist auf einen statischen Charakter der Handlungsebenen-Zielfeld-Matrix hin. Sie stellt damit das statische Element des WSE-Komponentenmodells dar.

Das WSE-Vorgehensmodell bildet eine Richtlinie zur Planung und Strukturierung des Entwicklungsprozesses von Web Sites, d. h. eines sich in Bewegung befindlichen Sachzusammenhangs. Damit verfügt das WSE-Vorgehensmodell über einen dynamischen Charakter und zeigt sich in bezug auf das WSE-Komponentenmodell als dessen dynamisches Element. In Kapitel D.5 wurde das WSE-Vorgehensmodell hergeleitet und vorgestellt. Die angeführten Phasen, Aufgaben und Aktivitäten werden in den Abschnitten E. – H. der vorliegenden Untersuchung konkretisiert.

Die Integration der drei Komponenten „Strategische Unternehmensführung", „Zielfelder des Web Site Engineering" und „Web-Site-Engineering-Vorgehensmodell", respektive des statischen Elementes „Handlungsebenen-Zielfeld-Matrix" und des dynamischen Elementes „Web-Site-Engineering-Vorgehensmodell" resultiert im WSE-Komponentenmodell (siehe Abbildung 13). Es stellt einen Vorschlag dar zum systematischen Vorgehen bei der Entwicklung von Web Sites im Rahmen der zielfeld- und entscheidungsorientiert gegliederten e-Business-Umgebung eines Unternehmens.

Zur Erreichung der Erkenntnisziele der vorliegenden Untersuchung trägt das WSE-Komponentenmodell die durch Abschnitt C. mit dem Begriff der „Web Site" vervollständigte terminologische Basis und den institutionenökonomischen Bezugsrahmen von eBusiness konzeptualisierend zusammen. Mit der Herleitung und Einpassung der Komponente „WSE-Vorgehensmodell" wird der zweite Hauptteil der vorliegenden Untersuchung vorbereitet, der sich mit deren drittem wesentlichen Erkenntnisziel befaßt: der Operationalisierung von eBusiness.

In den nachfolgenden Abschnitten E. – H. werden die einzelnen Phasen des WSE-Vorgehensmodells mit operationalisierenden Methoden, Techniken und (exemplarischen) Instrumenten zur Erfüllung der jeweiligen Phasen-Aufgaben ausgefüllt. Die Ausführungen konzentrieren sich dabei auf die betriebswirtschaftlichen Aspekte eines Entwicklungsprozesses, der den gesamten Lebenszyklus einer Web Site umfaßt:

Abschnitt E. :   Situationsanalyse und Zielplanung
Abschnitt F. :   Anforderungsanalyse
Abschnitt G. :   Controlling
Abschnitt H. :   Promotion

Die technisch-konstruktiven Entwicklungsaktivitäten, die besonders in der Phase des Web Site Designs und der operativen Handlungsebene auftreten, sind von den betriebswirtschaftlichen Planungsvorgaben des Entwicklungsprozesses abhängig. Technische Sachverhalte werden nur dann näher beschrieben, wenn sie signifikante betriebswirtschaftliche Auswirkungen entfalten.

E. Situationsanalyse und Zielplanung im WSE-Vorgehensmodell

1 Strategische Planung in der Phase „Web Site Requirements"

Die Individualität einer elektronischen Marktpräsenz bedingt, daß sich Situationsanalyse und Zielplanung als initiale Aufgaben eines Web-Site-Entwicklungsprojektes inhaltlich von Unternehmen zu Unternehmen stark unterscheiden werden. Verschiedene Unternehmen werden daraufhin einer eigenen elektronischen Marktpräsenz unterschiedliche Bedeutung zumessen. Für die Erfüllung dieser Aufgaben bietet sich eine Reihe von bekannten Methoden und Techniken aus der Unternehmensplanung an, die jeweils unternehmensindividuell kombiniert eingesetzt werden können. Im vorliegenden Abschnitt der Untersuchung kann demzufolge kein allgemeingültiges Instrumentarium zur Situationsanalyse und Zielplanung für eine Web Site vorgestellt werden. Gleiches gilt für die Anforderungsanalyse einer Web Site, die zudem Web-Site-spezifische Methoden und Techniken erforderlich macht.

Vorrangiges Ziel ist es daher, einen Leitfaden für die Phase Web Site Requirements zu erzeugen und die anfallenden Aufgaben mit exemplarischen Methoden und Techniken nachvollziehbar zu vermitteln. Bevor die nachfolgenden Kapitel E.2 und E.3 die Aufgaben Situationsanalyse und Zielplanung der Phase „Web Site Requirements" näher beschreiben, geben die Ausführungen dieses Kapitels E.1 zunächst einen Überblick über die Zusammenhänge der einzelnen Aufgaben dieser Phase.

Die Basis der Initialisierung eines Projektes zur Anwendungssystem-Entwicklung bildet die (Vor-)[300] Entscheidung über ein zu entwickelndes Anwendungssystem.[301] Eine solche Entscheidung baut ihrerseits auf Plänen zur strategischen Ausgestaltung der Informations- und Kommunikations-Systeme (verkürzt IuK-Systeme) und -Infrastruktur (verkürzt IuK-Infrastruktur) eines Unter-

---

300 Unter dem Begriff Vorentscheidung wird die Entscheidung über ein zu realisierendes Vorprojekt verstanden. Es besitzt die Aufgabe, für die entsprechenden Entscheidungsträger detaillierte Grundlagen zur Entscheidung über die Realisierung eines Projektes zur Entwicklung eines Anwendungssystems zu erarbeiten. Vgl. z. B. Kargl, Herbert: Controlling im DV-Bereich, a. a. O. , S. 39 f.

301 Vgl. Kühnel, B.; Partsch, H.; Reinshagen, K.P.: Requirements Engineering – Versuch einer Begriffsklärung, a. a. O., S. 435.

nehmens auf und trägt damit zur Umsetzung der Pläne in Anwendungssysteme (als Konkretisierungen von IuK-Systemen)[302] und der IuK-Infrastruktur des jeweiligen Unternehmens bei.

Pläne zur strategischen Ausgestaltung der IuK-Systeme sowie der IuK-Infrastruktur eines Unternehmens sind aus den strategischen Zielsetzungen zur Ausgestaltung seiner Marktaktivitäten (z. B. Steigerung des eigenen Marktanteils um x % in den nächsten fünf Jahren durch Differenzierung gegenüber den Konkurrenten) abgeleitet (Technology follows Strategy).[303] Gleichzeitig sind bestimmte strategische Zielsetzungen zur Ausgestaltung von Marktaktivitäten und die daraus resultierenden Aufgaben und Prozesse erst realisierbar, wenn die entsprechenden Anwendungssysteme existieren (Technology enables Strategy).[304] Zum Beispiel ermöglicht die Existenz der Internet- und WWW-Technologie einem Unternehmen den Betrieb von Web Sites und damit eine Gelegenheit zur Senkung von Transaktionskosten in den marktlichen Transaktionen, an welchen das Unternehmen partizipiert.[305] Dadurch erweitern sich für das Unternehmen die Möglichkeiten, die strategischen Planungen auf eine nachhaltige Verbesserung seiner Kostenstruktur zu forcieren.

Der zuvor geschilderte Zusammenhang macht deutlich, daß zwischen der grundlegenden Ausrichtung der Marktaktivitäten eines Unternehmens und der seines Spektrums an Anwendungssystemen mit der daraus resultierenden IuK-Infrastruktur eine wesentliche gegenseitige Abhängigkeit besteht. Sie zeigt sich in der Betrachtung des eBusiness besonders ausgeprägt.

Mit der Unterstützung einzelner oder aller Phasen einer geschäftlichen Transaktion durch Anwendungssysteme erfolgt die Realisierung von elektronischen Geschäftsaktivitäten. Diese Unterstützung konkretisiert sich in einer Digitalisierung von Informationen (z. B. die Beschreibung und Darstellung eines Gebrauchtwagens auf einer Page der Web Site eines Gebrauchtwagenhändlers) oder Aufgaben respektive Aktivitäten (z. B. die Bereitstellung eines Electronic Payment Systems, EPS, im Rahmen eines Elektronischen Produktkataloges zur Erfüllung der Aufgabe „Bezahlung"), die in den einzelnen Phasen einer Trans-

---

302   Vgl. Ferstl, Otto K.; Sinz, Elmar J.: Grundlagen der Wirtschaftsinformatik, a. a. O., S. 5.

303   Vgl. z. B. Kargl, Herbert: DV-Controlling, 4., unwes. veränd. Aufl., München, Wien: Oldenbourg 1999, S. 14.

304   Vgl. z. B. Kargl, Herbert: DV-Controlling, a. a. O., S. 7.

305   Siehe dazu Kapitel B.3 der vorliegenden Untersuchung.

aktion erforderlich sind. Bei der Realisierung von elektronischen Geschäftsaktivitäten auf der Basis der Internet- und WWW-Technologie erfolgt die Digitalisierung über die Entwicklung und Bereitstellung von Web Sites. Die dahingehenden strategischen Planungen über die Ausgestaltung der Aktivitäten eines Unternehmens (strategisch orientierte betriebswirtschaftliche Planungen) laufen z. B. auf die Verbesserung seiner Kostenstruktur und/oder seiner Wettbewerbsposition hinaus.

Für die Erschließung eines eBusiness werden somit strategisch orientierte betriebswirtschaftliche Planungen erforderlich. Ihnen obliegt die Aufgabe, jene eBusiness-Segmente zu eruieren, zu denen Web-Site-Bereiche (Web Sites for eWorkflow, eIntegration und eCommerce) zu entwickeln sind. Darauf aufbauend sind für die fixierten eBusiness-Segmente entsprechende strategische (Ober-) Ziele festzulegen. Die Erfüllung dieser Aufgaben beruht auf der Erstellung von Situationsanalysen (siehe Abbildung 18).

Hinsichtlich der Festlegung von zu besetzenden eBusiness-Segmenten dient eine Situationsanalyse zunächst der Marktsegmentierung, um darauf aufbauend das Realisierungserfordernis von Web-Site-Bereichen in diesen Segmenten zu begründen. Die Marktsegmentierung selbst beruht auf einer Erhebung der Adressaten,[306] welche effektiv für die potentiellen elektronischen Geschäftsaktivitäten eines Unternehmens geeignet erscheinen. Im Hinblick auf die Festlegung von strategischen Zielen zu den einzelnen eBusiness-Segmenten sind Segment-bezogene Situationsanalysen vorzunehmen. Sie besitzen die Funktion, die grundlegenden Eigenschaften der jeweiligen Adressaten sowie ihre elementaren Anforderungen an eine Web Site zu ermitteln.[307] Gleichzeitig dienen diese Situationsanalysen zur Untersuchung der grundlegenden, die Entwicklung einer Web Site betreffenden Anforderungen des jeweiligen Anbieters an sich selbst[308] sowie zur Eruierung des eBusiness der jeweiligen Konkurrenten[309]. Im dreidimensionalen Würfel des WSE-Komponentenmodells (siehe Abbil-

---

306 Vgl. Riedl, Joachim: Die Notwendigkeit der Zielgruppenanalyse für die Online-Kommunikation, a. a. O., S. 648; 650.

307 Vgl. Riedl, Joachim: Die Notwendigkeit der Zielgruppenanalyse für die Online-Kommunikation, a. a. O., S. 648; 650.

308 Vgl. z. B. Kühnel, B.; Partsch, H.; Reinshagen, K.P.: Requirements Engineering – Versuch einer Begriffsklärung, a. a. O., S. 435.

309 Vgl. Kolb, Arthur: Ein pragmatischer Ansatz zum Requirements Engineering, a. a. O., S. 318.

dung 13) ist die Durchführung von Situationsanalysen, die Fixierung von eBusiness-Segmenten sowie die Festlegung von grundlegenden Zielen zu den eBusiness-Segmenten der Phase „Web Site Requirements" (WSR) auf der strategischen Handlungsebene zugeordnet.

Phase	Aufgaben	Aktivitäten (bzgl.)	Ergebnisse
WSR	1. Situations-analyse	Analyse: Kunden Analyse: Partner Analyse: Konkurenz	Strategische Ebene: Umfeld-Analyse
		Analyse: Eigene Technik Analyse: Eigene Organisation Analyse: Eigenes Know-how	Strategische Ebene: "Eigen"-Analyse
	2. Strategische Ziele	eCommerce eIntegration eWorkflow Passiv, interaktiv Entwicklungspfad	Strategische Ebene: eBusiness-Segmente mit Oberzielen
	3. Anforderungs-analyse	Fachlich orientiert Organisatorisch orientiert	Strat./takt. Ebene: Modelle (modellierte fachliche und organisatorische Anforderungen
		Technisch orientiert	Operative Ebene: Spezifikationen (spezifizierte, techni- sche Anforderungen)

Abb. 18: Situationsanalyse und Zielplanung in der Phase „WSR"

Am Beispiel eines Unternehmens, das rezeptpflichtige Pharmazeutika herstellt, sollen die geschilderten Sachverhalte verdeutlicht werden: Als strategisches Ziel des gesamten Unternehmens für das kommende Geschäftsjahr wird eine Steigerung des Umsatzes um 10% ausgegeben. Bei der Analyse, welchen Beitrag der IT-Bereich zur Erreichung dieses Ziels leisten kann, konzentriert man sich auf das bekannte strategische Defizit zu langer Durchlaufzeiten bei der Auftragsabwicklung und die zugehörigen IuK-basierten kritischen Erfolgsfaktoren. Man stellt fest, daß besonders die Entgegennahme von Bestellungen (direkt durch Vertriebsbeauftragte, telefonisch durch hausinterne Sachbearbeiter) und deren Weitergabe in den Produktionsbereich (schriftlich durch Formulare) wegen mangelnder IuK-Unterstützung zuviel Zeit beanspruchen. Es soll geprüft werden, inwiefern eine Web Site zur Erreichung dieses Ziels beitragen

kann. Da das Unternehmen keinerlei Geschäftsbeziehungen zu seinen Endverbrauchern (Patienten via Apotheken) unterhält, sondern seine Produkte ausschließlich über bestimmte Großhändler absetzt, kommt der Ausbau einer Web
Site for eCommerce im öffentlichen Internet hier nicht in Frage. Auf der Beschaffungsseite arbeitet man seit Jahren mit einer begrenzten Anzahl von Roh-
stofflieferanten zusammen; diese Kooperationen sollen auch weiterhin gepflegt
werden. Es bietet sich somit an, eine Web Site für eIntegration (Extranet für
den Electonic Data Interchange) zu entwickeln. Der Aufbau eines Intranets
(Web Site for eWorkflow) wird im Vergleich dazu gegenwärtig als weniger
relevant erachtet und für den Zeitraum nach Fertigstellung der Extranet-Lösung
projektiert. Anhand einer Umfeld-Analyse wird nun geprüft, ob Lieferanten
und Abnehmer zu einer elektronischen Kooperation bereit und in der Lage sind.
Eine Konkurrenz-Analyse gibt Aufschluß darüber, ob konkurrierende pharma-
zeutische Unternehmen bereits eIntegration betreiben (man selbst also nachziehen muß) oder man selbst einen Wettbewerbsvorsprung generieren kann. Die
Analyse des eigenen Unternehmens in punkto eIntegration-Know-how, verfügbarer Technik und organisatorischer Umsetzungsfähigkeit liefert erste Erkenntnisse über den Initialisierungs- und Durchführungsaufwand für ein Projekt
„Web Site for eIntegration". Die aggregierten Ergebnisse der Situationsanalyse
führen zur Definition des strategischen Ziels für ein Web-Site-Projekt „Entwicklung eines Extranets (Zielinhalt), Reaktionszeit bei Bestellung in Stunden
und Lieferzeit in Tagen (Zielmaßstab), Reduktion der ohne Web Site erforderlichen Zeitbedarfe um 50% (Ausmaß Zielerreichung), 3 Monate (Zeitbezug
Zielerreichung)". Dieser Zielsetzung liegt die Überlegung zugrunde, daß ein
solches Projekt technisches Neuland für das Unternehmen darstellt. Deswegen
wird ein schrittweiser Entwicklungspfad gewählt: zunächst wird nur die Extranet-Lösung, nicht aber die erkennbar erforderliche Intranet-Ergänzung in An-
griff genommen. Zugleich konzentriert man sich auf den vollständig bekannten
und gut strukturierten Vorgang der Bestellannahme. Diese „digestible bits" eröffnen die Möglichkeit, für sich selbst und die Partnerunternehmen in relativ
kurzer Zeit ein nutzbringendes System zur Anwendung zu bringen, das sich
sukzessive ausbauen läßt.

Auf die strategisch orientierten betriebswirtschaftlichen Planungen folgen in
der nächsten Konkretisierungsstufe die taktisch orientierten betriebswirtschaftlichen Planungen, die in Abbildung 18 als „Anforderungsanalyse" bezeichnet
werden. Im WSE-Komponentenmodell (Phase des WSR auf der taktischen

Handlungsebene) bestehen ihre Aufgaben in der Festschreibung von Web-Site-bezogenen Zielen der einzelnen Funktional-Bereiche sowie der Festlegung von Teilgebieten (z. B. WfM, Supply Chain Management, Vertrieb) dieser Funktional-Bereiche, welche in den Segment-bezogenen Web-Site-Bereichen (Web Sites for eWorkflow, eIntegration und eCommerce) Berücksichtigung finden sollen. Der Zweck dieser Planungen besteht im wesentlichen darin, die Eigenschaften der jeweiligen Adressaten detaillierter zu ergründen sowie ein differenzierteres Bild über ihre Anforderungen an eine Web Site (ihre Teilbereiche) aus fachlicher Sicht zu erhalten.[310]

Mit den Ergebnissen der taktisch orientierten betriebswirtschaftlichen Planungen (modellierte fachliche Anforderungen) werden organisatorische und technische Planungen auf taktischer und operativer Ebene des WSR initialisiert (modellierte organisatorische Anforderungen und „Spezifikationen" in Abbildung 18). Auf der taktischen Ebene werden die Ergebnisse der betriebswirtschaftlichen Planungen in mittelfristig gültige Planungen zur inhaltlichen Strukturierung und Ausgestaltung von Web Sites umgesetzt; d. h. die „Essenz" (das funktionale respektive fachliche Leistungsvermögen) von Web Sites mit konsistenten Funktions-, Prozeß-, Organisations- und Schnittstellenkonzepten konkretisiert. Dazu werden die im Rahmen der taktisch orientierten betriebswirtschaftlichen Planungen ermittelten Anforderungen an eine Web Site detailliert und transparent dargelegt. Diese Darlegung erfolgt in Form von Modellen, die die Aufgaben und Prozesse der Web Site abstrakt abbilden. Modelliert werden neben den fachlichen Anforderungen auch die daraus resultierenden Anforderungen an das organisatorische Umfeld des Unternehmens. Die auf die taktisch orientierten betriebswirtschaftlichen Planungen folgenden technischen Planungen der operativen Ebene resultieren in Spezifikationen, die die erforderlichen technischen Ressourcen (Hardware/Software, Server-Systeme, Sicherheitssysteme, Programmierstandards, Entwicklungstools etc.) betreffen und als Vorgabe für die Realisierung in der Phase des Web Site Design dienen.

Zur Verdeutlichung der Ausführungen wird das oben geschilderte Beispiel des Pharma-Unternehmens fortgeführt: Nach der Definition des strategischen Ziels für das Web-Site-Projekt „Entwicklung eines Extranets (Zielinhalt), Reaktionszeit bei Bestellung in Stunden und Lieferzeit in Tagen (Zielmaßstab), Reduk-

---

310   Vgl. Riedl, Joachim: Die Notwendigkeit der Zielgruppenanalyse für die Online-Kommunikation, a. a. O., S. 650.

tion der ohne Web Site erforderlichen Zeitbedarfe um 50% (Ausmaß Zielerreichung), 3 Monate (Zeitbezug Zielerreichung)" werden detaillierte Informationen zu organisatorischen Abläufen und zur technischen Ausstattung der betroffenen Großhändler eingeholt. Nutzbare gemeinsame Nenner sind, daß jeder der Großhändler stark an einer Rationalisierung und Beschleunigung von Bestellvorgängen interessiert ist und diese Vorgänge bei allen Partnern inhouse bereits auf relationalen Datenbank-Systemen aufsetzen. Es wird auch festgestellt, daß nur einige wenige der Partnerunternehmen bereits über Erfahrung und technische Systeme zum Electronic Data Interchange verfügen, wobei kein einziger Großhändler dazu Internet-Technologie einsetzt. Die nähere „Eigen"-Analyse unseres Pharma-Unternehmens ergibt, daß sich eine Arbeitsgruppe in der IT-Abteilung bereits seit längerem mit der Anbindung von Web-Oberflächen an interne Datenbank-Systeme beschäftigt und bereits einige Prototypen produziert hat; demzufolge muß nur in sehr geringem Umfang Entwickler-Know-how und Technik „hinzugekauft" werden. Die „Eigen"-Analyse fördert jedoch auch zutage, daß die betroffenen Mitarbeiter (Vetriebsbeauftrage und interne Sachbearbeiter) nur sehr bedingt über Kenntnisse im Umgang mit IuK-Systemen verfügen; Akzeptanzprobleme und ein erhöhter Schulungsaufwand sind zu berücksichtigen. Gleichzeitig stellt sich heraus, daß der im Mittelpunkt stehende Vorgang der Bestellannahme zwar allen Beteiligten durchweg bekannt und gut strukturiert ist, der Vorgang bislang jedoch in keiner Weise formal dokumentiert wurde. Die anschließende Modellierung der Bestellannahme mit dem ARIS-Toolset liefert die erforderlichen Ergebnisse in Form von (erweiterten) ereignisgesteuerten Prozeßketten inkl. der beteiligten Ressourcen (Personen, Systeme) und der für weitere Web-Projekte zu berücksichtigenden Schnittstellen zum Intranet (z. B. die digitale Weitergabe von passend aufbereiteten Bestellungen in die Produktion). Das Prozeßmodell gibt damit vor, welche technischen Systeme zu spezifizieren sind. Insbesondere sind die technischen Komponenten Web Server (z. B. Netscape Enterprise auf AS400) und Schnittstelle zum Datenbank-System (z. B. ODBC), ein Sicherheits- und Berechtigungskonzept (z. B. über einen Fremdzertifizierer und Digital Signatures) sowie eine Schnittstelle für die spätere Erweiterung zum Intranet (Anbindung an interne, sichere Intranet-Server) zu planen. (Fortgang: Die Ziele, Modelle und Spezifikationen aus der Phase WSR gehen als „Meilensteine" in die Phase „WSD – Web Site Design" ein. Auf strategischer und taktischer Ebene ist hier eine Corporate Identity zu entwickeln/wiederzugeben, die sich über Templates, Farbgestaltung, graphische Elemente, Typographie, Symbolik etc. in Navigations-, Funktions- und Bedienungskonzepten niederschlägt, die auf operativer E-bene als gesicherte Hard-/Soft-/Netware-Systeme implementiert werden.)

Die Phase des WSR ist somit abgeschlossen. Sie erstreckt sich über alle drei E-benen des WSE-Komponentenmodells (für jedes geplante Web-Site Segment), wobei die Aktivitäten mit „Anforderungs"-Bezug eine zentrale Rolle einneh-men. Dies gab den Anstoß zur Benennung der 1. Phase im WSE-Vorgehensmo-dell mit   „WSR – Web Site Requirements". Eine erste Stop-or-Go-Ent-scheidung im Ablauf der Phase WSR kann nach der anfänglichen Situations-analyse getroffen werden; als zweiter Zeitpunkt dafür bietet sich die Fertig-stellung der fachlichen und organisatorischen Anforderungsanalyse an. Eine dokumentierte „fachliche Detaillösung" läßt hier eine Grobabschätzung des In-vestitionsrisikos und der möglichen Chancenausschöpfung zu (neben teurem Know-how und Zeitaufwand für die Entwicklung nimmt der finanzielle Auf-wand für die technischen Ressourcen heute nur noch eine untergeordnete Rolle ein).

An der vorherigen Beschreibung der Phase WSR ist erkennbar, wie das Vorge-hensmodell „funktioniert": Zu Beginn einer jeden Phase (Aufgabe) wird die Frage gestellt, welche Ergebnisse zu erzielen sind. Anschließend wird darge-legt, in welchen Schrittfolgen die Ergebnisse erreicht werden. Mit welchen Me-thoden und Techniken die Ergebnisse dann erarbeitet werden (können), wurde am Beispiel des Pharma-Unternehmens bereits angedeutet. Als Methoden und Techniken für Situationsanalyse und Zielplanung auf der strategischen Ebene bieten sich bekannte, nicht Web-Site-spezifische Instrumente an (wie z. B. zur Markt-, Branchen-, Konkurrenz-, Kundenanalysen, Portfolio-Technik, Szena-rio-Technik, Polaritätsprofile, Erhebungstechniken etc.). Letztendlich dreht es sich hier um die Aufgabe einer systemunabhängigen Strategie-/Unternehmens-planung. Die Anforderungsanalyse mit dem Ergebnis modellhafter Beschrei-bungen des fachlichen und organisatorischen Leistungsvermögens des zu ent-wickelnden Web-Site-Bereichs (eCommerce, eIntegration, eWorkflow) basiert hingegen auf der Anwendung eines Web-Site-spezifischen (systematischen) Requirements Engineerings (siehe dazu Kapitel F.3), wobei der Einsatz adä-quater Methoden und Techniken für die Modellierung von Web Sites erforder-lich ist.

2 Strategische Situationsanalyse

2.1 Einordnung und Strukturierung der strategischen Situationsanalyse

Die strategische Situationsanalyse stellt idealtypisch den ersten Schritt zur Entwicklung einer eBusiness-Präsenz dar. Auf diesen ersten Schritt folgt die strategische Zielplanung für die eBusiness-Präsenz, die in die Entwicklung einer konkreten Web-Site-Strategie mündet. Situationsanalyse, Zielplanung und Strategie-Entwicklung lassen sich als „strategische Planung"[311] einer eBusiness-Präsenz zusammenfassen.

Die strategische Situationsanalyse besitzt Prozeßcharakter und besteht aus drei Teilaufgaben: [312]

- die Abgrenzung des Analysebereichs und Bestimmung der Analyseobjekte,
- die Erhebung der zur Analyse notwendigen Informationen,
- die eigentliche Analyse der gewonnenen Informationen.

Der Analysebereich besteht aus dem Unternehmen selbst und seinen internen Einflußfaktoren (Unternehmenskultur, -Strategien, -Organisation, Ressourcen) sowie seiner Umwelt mit externen Einflußfaktoren (Konkurrenten/Wettbewerb, Kunden, Geschäftspartner; politische, ökonomische, soziokulturelle, technologische Entwicklungen) als Analyseobjekte.

Während sich die erste Teilaufgabe mit der Frage nach dem „Was" der Situationsanalyse beschäftigt, geht es bei der zweiten Teilaufgabe um die Fragen nach dem „Wo" und nach dem „Wie". Das „Wo" bezieht sich auf die Quelle zu gewinnender Informationen, das „Wie" auf die Erhebungstechniken.

Die dritte Teilaufgabe der strategischen Situationsanalyse besteht in den eigentlichen Analysetätigkeiten auf der Grundlage der erhobenen Daten. Es fin-

---

311 Vgl. Aeberhard, Kurt: Strategische Analyse – Empfehlungen zum Vorgehen und zu sinnvollen Methodenkombinationen, Bern et al.: Lang 1996, S. 37 f. und Bea, Franz Xaver; Haas, Jürgen: Strategisches Management, 2., neu bearb. Aufl., Stuttgart: Lucius & Lucius 1997, S. 45 und Heinrich, Lutz J.: Strategische Planung der Informationsverarbeitung: Situationsanalyse und Zielplanung, in: WISU, 7/1999, S. 983 sowie Heinrich, Lutz J.: Informationsmanagement, 6., überarbeitete und ergänzte Auflage, München; Wien: Oldenbourg 1999, S. 7.

312 Vgl. Aeberhard, Kurt: Strategische Analyse, a. a. O., S. 38.

det die strategische Situationsanalyse i. e. S. statt, die sich mit der Identifizierung von Stärken und Schwächen (Potentialen) aus der Unternehmensanalyse beziehungsweise Chancen und Risiken aus der Umweltanalyse befaßt.[313] Heinrich[314] strukturiert die Situationsanalyse (verstanden als die Situationsanalyse i. e. S.) in zwei Teilaufgaben: die Bestimmung der strategischen Rolle der Informationsfunktion und die Bestimmung der strategischen Schlagkraft der Informationsinfrastruktur. Die strategische Rolle einer Web Site resultiert demzufolge aus der sich aus den Chancen und Risiken ergebenden strategischen Bedeutung für das Unternehmen. Die strategische Schlagkraft einer Web Site kann an den sich aus den Stärken und Schwächen eines Unternehmens ergebenden Web-Site-spezifischen Potentialen abgelesen werden. Die Web-Site-spezifische strategische Situationsanalyse befaßt sich in der dritten Teilaufgabe folglich mit der Feststellung der strategischen Bedeutung und der strategischen Potentiale der Web Site.

2.2 Methodische Ausgestaltung der strategischen Situationsanalyse

Abbildung 19 illustriert eine grobe Gliederung des Analysebereiches in Teilbereiche und eine Vorauswahl an Einflußfaktoren, wie sie im Rahmen eines WSE eine Rolle spielen können. Die Aufzählung der Einflußfaktoren in den einzelnen Teilbereichen erhebt keinen Anspruch auf Vollständigkeit. Sie macht sich einerseits Erkenntnisse aus der Marketing-Planung, andererseits auch aus der strategischen Informationssystemplanung (SISP) zunutze.[315]

Für die Untersuchung eines Unternehmens selbst bieten sich die in Abbildung 19 angeführten Ebenen (Management-, fachliche, organisatorische und technische Ebene) als diejenigen Bereiche an, in denen die Einflußkriterien jeweils analysiert werden. Existierende „Ziele und Strategien" mit Bezug zur Electronic-Business-Präsenz des Unternehmens sind in die Analyse einzubeziehen;

---

313 Vgl. Bea, Franz Xaver; Haas, Jürgen: Strategisches Management, a. a. O., S. 95 und S. 105.

314 Vgl. Heinrich, Lutz J.: Strategische Planung der Informationsverarbeitung: Situationsanalyse und Zielplanung, a. a. O., S. 983 f.

315 Vgl. Nieschlag, Robert; Dichtl, Erwin; Hörschgen, Hans: Marketing, 18., durchges. Aufl., Berlin: Duncker&Humblot 1997, S. 876 f.; Mentzas, Gregory: Implementing an IS Strategy – A Team Approach, in: Long Range Planning, 1/1997, Vol. 30, S. 89.

z. B. müssen bei der Ausgestaltung einer Web Site Hardware-, Software-, Vernetzungs-, organisatorische Vorgaben etc. einer unternehmensweiten IT-Strategie Berücksichtigung finden. Die „Unternehmenskultur" ist je nach WSE-Zielfeld (Internet, Extranet oder Intranet) hinsichtlich der Merkmale Kommunikationsverhalten, Informationsweitergabe oder „Not-invented-here"-Syndrom zu untersuchen.[316] Die „Organisation" spielt insoweit eine Rolle, als Verantwortlichkeiten bestimmt, Organisationseinheiten identifiziert und Prozesse betrachtet werden müssen. Bei den „Ressourcen" interessiert, ob ausreichend Personal und Know-How, eine Technologiebasis und die erforderlichen Finanzmittel (Budgets) zur Verwirklichung des WSE-Vorhabens zur Verfügung stehen.

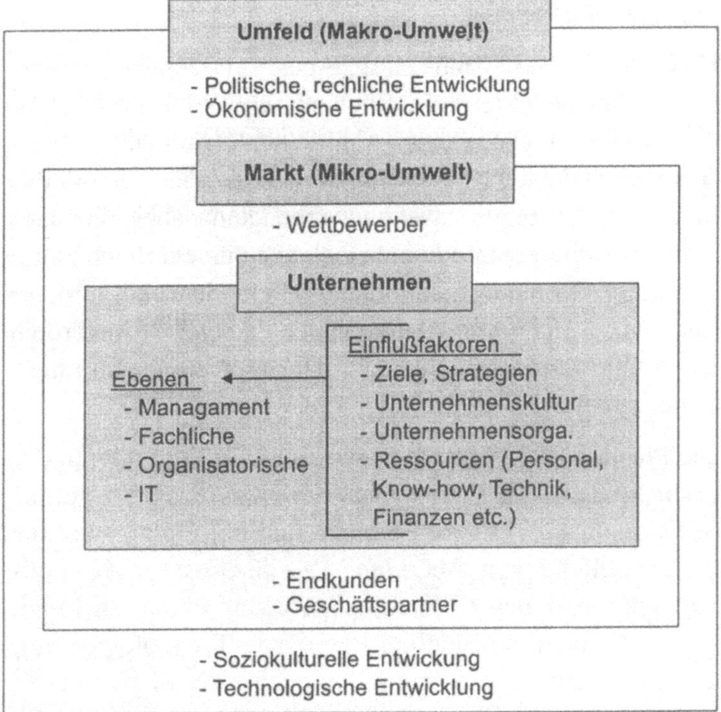

Abb. 19: Der Untersuchungsbereich der Situationsanalyse[317]

---

316 Zur Bedeutung des „Not-invented-here"-Syndroms vgl. Zacconi, Riccardo: Durch Intranets Wettbewerbsvorteile für Knowledge Management - Technologie allein sichert jedoch keinen Vorsprung, in: IM Information Management & Consulting, 13 (1998) 4, S. 50 - 52.

317 In Anlehnung an Nieschlag, Robert; Dichtl, Erwin; Hörschgen, Hans: Marketing, a. a. O., S. 877.

Beim „Markt" lassen sich die Einflußfaktoren zunächst relativ einfach bestimmen. Sie bestehen in den Marktteilnehmern Endkunden, Geschäftspartner und Wettbewerber. Für Endkunden und Geschäftspartner sollten die Art der relevanten Transaktionen, ihre Anzahl und ihr Wert bestimmt werden. Dies ist für eine Zielgruppenentscheidung im öffentlichen Internet genauso interessant wie für eine Priorisierung der Beziehungen zu Geschäftspartnern, die es mittels Extranet zu unterstützen gilt. Aber auch für das WSE eines Intranets sind solche Informationen von Interesse. Möglicherweise haben sie nicht das gleiche Gewicht wie in den anderen Zielfeldern. Wenn aber beispielsweise eine sukzessive Implementierung und Migration eines Intranets geplant wird, können diese Informationen einer Priorisierung der mit Intranet-Technologie auszustattenden Geschäftsbereiche oder -prozesse dienen.

Bei den Wettbewerbern als dritte relevante Gruppe des Teilbereichs „Markt" interessieren deren Web-Site-spezifischen Strategien, ihre Web-Site-spezifischen Ziele und der Status quo ihrer eBusiness-Aktivitäten. Daran läßt sich abschätzen, wie sich das relative Stärken- beziehungsweise Schwächenverhältnis zu den Wettbewerbern darstellt. Referenzwettbewerber kann dabei einerseits der Branchenprimus sein. Als interessant könnte sich auch ein Vergleich zu einem möglicherweise kleinen Konkurrenten herausstellen, der ein größeres Wachstum verzeichnet, als es etablierte Unternehmen haben.[318] Außerdem kommt ein Wettbewerber als Referenz in Betracht, der als Vorreiter im untersuchten Web-Site-Segment gilt.

Die für die strategische Planung von Web Sites relevanten Einflußfaktoren des Umfelds orientieren sich an der „PEST Analysis" (Political/legal, Economic, Socio-cultural und Technological).[319] Diese Bereiche sind mit ihren deutschen Bezeichnungen in die Darstellung von Abbildung 19 eingeflossen. Als politisch-rechtliche Einflußfaktoren treten z. B. vorhandene und erwartete Regelungen zum Datenschutz oder rechtsverbindlich anerkannte Technologien auf, wie z. B. die Digitale Signatur auf nationaler und internationaler Ebene. Initiativen der Wirtschaft sollten in diesem Rahmen ebenfalls Beachtung finden.[320]

---

318 Vgl. Kreikebaum, Hartmut: Strategische Unternehmensplanung, 6., überarb. und erw. Aufl., Stuttgart et al.: Kohlhammer 1997, S. 122.

319 Vgl. Johnson, Gerry; Scholes, Kevan: Exploring corporate strategy, 3. Auflage, Cambridge, Groß-Britannien: Prentice Hall 1993, S. 82.

320 Vgl. o. V.: Unternehmen einigen sich auf E-Commerce-Regeln, in: News-Board bei akademie.de, Online im Internet: http://www.akademie.de/news/langtext.html?, 14.09.1999.

Zu berücksichtigende ökonomische Entwicklungen sind z. B. die zunehmende Globalisierung (Wachstum), Veränderungen des Wettbewerberverhaltens (strategische Allianzen), Veränderungen der Kundenansprüche (veränderte Leistungsbereiche, erhöhte Preiselastizität). Soziokulturelle Entwicklungen haben Einfluß auf Lebens- und Arbeitsgewohnheiten. Bill Gates[321] Begriffskreationen zum „Web-Lifestyle" und zum „Web-Workstyle" mit „Information at your fingertips" beschreiben diesen Bereich schlagwortartig. Ebenso sind in diesem Zusammenhang Vorstellungen zur zukünftigen Gestaltung von Arbeitsplätzen interessant.[322] Unter technologische Entwicklungen fallen beispielsweise neue Hardware- (z. B. Switch-Technik, Hausfunknetzwerke, Satellitenfunk) und Softwareentwicklungen (z. B. Content-Management-Systeme oder Electronic-Payment-Systeme), neue Programmiersprachen und Standards (z. B. XML), neue betriebswirtschaftlich-technologische Konzepte (z. B. „Intronets" und „Supranets" als unterschiedliche Ausprägungen von Extranets) und neue technologisch bedingte oder geförderte Strategie- und Managementkonzepte (z. B. „Virtual Organizing" und Wissensmanagement).[323]

Fragen zu Zielen, Strategien und zur Unternehmenskultur lassen sich mit dem verantwortlichen Management klären (z. B. sollten Fragen zu IT-Zielen und -Strategien an den IT-verantwortlichen Vorstand beziehungsweise seinen Stab gerichtet werden). Dort sind gegebenenfalls bereits entsprechende Dokumentationen vorhanden. Aufbau- und Ablauforganisation, zumindest die Sollvorstellung der letztgenannten, sind meist in Organisationsdiagrammen dokumentiert. Um die tatsächlichen Prozeßabläufe festzuhalten, bedarf es der Beobachtung der Mitarbeiter. Zur Bestimmung der Ressourcen eignen sich in der Regel Befragungen des jeweiligen Managements und des betroffenen Fachpersonals.

Informationen über die als Marktteilnehmer identifizierten Gruppen Endkunden und Geschäftspartner sollten vergleichsweise einfach aus den Funktionalbereichen Einkauf, Vertrieb und Finanzbuchhaltung eines Unternehmens zu erhalten

---

321 Vgl. Gates, Bill: Business @ the Speed of Thought, in: Business Strategy Review, 1999, Volume 10 Issue 2, S. 11 - 18.

322 Vgl. dazu z. B. Apgar, Mahlon: Die Arbeitsplätze der Zukunft, in: Harvard Business Manager, 6/1998, S. 53 - 68.

323 Vgl. zu „Intronets" und „Supranets" Riggins, Frederick J.; Rhee, Hyeun-Suk (Sue): Toward a Unified View of Electronic Commerce, in: Communications of the ACM, 10/1998, Vol. 41, S. 88 - 95; zu „Virtual Organizing" vgl. Venkatraman, N.; Henderson, John C.: Real Strategies for Virtual Organizing, in: Sloan Management Review, Fall 1998, S. 33 – 48.

sein. Schwieriger gestaltet sich die Informationsbeschaffung im Bereich der Wettbewerber. Während sich Informationen zum Web-Site-Segment Internet eines Konkurrenten, zumindest zu einem bereits bestehenden Auftritt, leicht zu beschaffen sind, stellt sich das bei dem Segment Extranet und erst recht bei dem Segment Intranet schwieriger dar. Hier ist es sinnvoll, auf Erkenntnisse zuzugreifen, die Marktforschungsinstituten, Unternehmensberatern oder auch Hochschulen z. B. aus Branchenuntersuchungen vorliegen. Im Makro-Umfeld des Unternehmens sind Trends i. d. R. entweder nur durch eine eigene Erhebung zu gewinnen oder man verläßt sich auf Sekundärquellen: einschlägige Publikationen in der Tages- und Fachpresse, Forschungsergebnisse von Marktforschern, Unternehmensberatungen oder Hochschulen.

Es deutet sich an, daß die Bestimmung der Informationsquelle zu den zu untersuchenden Einflußfaktoren die Auswahl der Erhebungstechniken einschränkt. Die Techniken zur Informationsbeschaffung werden in Primär- und Sekundärforschung unterteilt. Bei der Primärforschung werden Informationen beziehungsweise Daten erstmalig für einen bestimmten Zweck erhoben. Die Sekundärforschung hingegen greift Ergebnisse aus vorangegangenen Datensammlungen oder Forschungen auf.[324]

Datenerhebungstechniken, die der Primärforschung zugeordnet werden können, sind Befragungen (mündlich: Interview, Gruppendiskussion / schriftlich: Fragebogen / je in verschiedenen Varianten und unterstützt durch Kreativitätstechniken) und Beobachtungen.[325] Die Beobachtung „umfaßt die optische Aufnahme und die Interpretation der beobachteten Vorgänge."[326] Sinnzusammenhänge, Ursachen, Ziele, Einstellungen und Motivationen sind dabei nicht erhebbar; die Beobachtung wird daher in der Regel durch Befragungen ergänzt.[327]

Als eine Technik der Sekundärforschung steht meist das Studium unternehmensinterner Dokumente am Anfang einer Erhebung, um sich in bestimmte

---

324   Vgl. Joas, August: Konkurrenzforschung als Erfolgspotential im strategischen Marketing, Hrsg.: Meyer, Paul W., Universität Augsburg, Augsburg: FGM-Verlag 1990, S. 158 f.

325   Vgl. z. B. Hermann, Andreas; Homburg, Christian: Marktforschung: Methoden, Anwendungen, Praxisbeispiele, Wiesbaden: Gabler 1999, S. 26.

326   Schmidt, Götz: Methode und Techniken der Organisation, 8., völlig überarb. und erw. Aufl., Gießen: Schmidt 1989, S. 134.

327   Vgl. Schmidt, Götz: Methode und Techniken der Organisation, a. a. O., S. 134 und Bühner, Rolf: Betriebswirtschaftliche Organisationslehre, 8., bearbeitete und ergänzte Auflage, München, Wien: Oldenbourg 1996, S. 38 f.

Sachverhalte einzuarbeiten. Des weiteren können Informationen oder Forschungsergebnissen von Externen übernommen werden. Externe können Marktforschungsinstitute, Unternehmensberatungen, Hochschulen o. ä. sein. Insbesondere im WWW werden einschlägige Informationen zum (kostenpflichtigen) Abruf angeboten.

Die nachfolgende Tabelle 5 stellt die Untersuchungsgegenstände in den Teilbereichen der Situationsanalyse, die Informationsquellen und eine Reihe von Erhebungstechniken exemplarisch zusammen, wie sie im Rahmen der strategischen Planung einer Web Site sinnvoll sein können. In konkreten Web-Site-Entwicklungsprojekten sind Bereiche, Quellen und Techniken situationsadäquat anzupassen.

	Einflußkriterien („Was?")	Auskunftsquelle („Wo?")	Erhebungstechnik („Wie?")
Unternehmen	Verbundene Ziele, Strategien	Jeweiliges Management und entsprechende Stäbe	Befragung, Dokumentenstudium
	Unternehmenskultur	Jeweiliges Management und entsprechende Stäbe	Befragung
	Aufbauorganisation	Organisationsabt./-charts	Dokumentenstudium
	Ablauforganisation	Organisationsabt./ -charts (Soll) und Mitarbeiter (Ist)	Dokumentenstudium (Soll), Beobachtung (Ist)
	Personal	Management, Mitarbeiter	Befragung, Eigenerhebungen
	Know-how	Management, Mitarbeiter	Befragung
	Technologie	Management, Mitarbeiter	Befragung, Dokumentenstudium
	Finanzen	Management	Befragung
Markt	Endkunden	Vertrieb, Marketing Finanzbuchhaltung	Befragung, Dokumentenstudium
	Geschäftspartner	Einkauf, Vertrieb, Finanzbuchhaltung	Befragung, Dokumentenstudium
	Wettbewerber, Branche	Marktforscher, Unternehmensberater, Hochschulen, Mitarbeiter Wettbewerber	Dokumentenstudium, Kooperationsergebnisse, „Externe" Mitarbeiter mit Schlüsselinformationen
Umfeld	PEST-Schema	Eigene Erhebung, Marktforscher, Unternehmensberater, Veröffentlichungen	Befragung, Branchenuntersuchungen, Übernahme oder Kauf von Ergebnissen erfolgter Studien, Expertenbefragung, Gruppendiskussion, Dokumentenstudium

Tab. 5: „Was", „Wo" und „Wie" der Situationsanalyse im WSE

Die Instrumente der klassischen strategischen Situationsanalyse, die in der hier vorgestellten Systematik als Teilaufgabe 3 der Web-Site-spezifischen strategischen Situationsanalyse angesehen wird, können der Umwelt- und der Unternehmensanalyse zugeordnet werden.[328] Zur Umweltanalyse gehören z. B. die Branchenstrukturanalyse nach Porter oder die Szenarioanalyse.[329] Der Unternehmensanalyse rechnet man z. B. die Potential- und Lückenanalyse (Gap-Analyse) oder die Wertschöpfungskettenanalyse nach Porter zu.[330] Diese Instrumente seien hier nur beispielhaft erwähnt. Sie eignen sich lediglich zur Unterstützung einzelner Teilbereiche einer Situationsanalyse.

Die SWOT-Analyse kann hingegen eine Web-Site-spezifische strategische Situationsanalyse ganzheitlich unterstützen: „S" für „Strengths" (Stärken), „W" für „Weaknesses" (Schwächen), „O" für „Opportunities" (Chancen), „T" für „Threats" (Risiken, Bedrohungen, Gefahren).[331] Die SWOT-Analyse integriert die Elemente der Umwelt- und der Unternehmensanalyse und reflektiert damit die in Abbildung 19 dargestellte Strukturierung des Untersuchungsbereichs. Zunächst werden die zu betrachtenden Kriterien des Untersuchungsbereichs katalogisiert. Anschließend erfolgt die Qualifizierung der sich für ein Unternehmen darstellenden Ausprägungen der Kriterien als Stärken, Schwächen, Chancen oder Risiken. Zur Durchführung und Ergebnisdokumentation einer SWOT-Analyse eignen sich sog. Polaritätsprofile (siehe Abb. 20 und 21).[332]

Die Abbildungen zeigen die schematische Ausgestaltung der Kriterienkataloge (in Form von Fragen) für die Stärken und Schwächen beziehungsweise Chancen und Risiken. In Anhang 1 sind der vorliegenden Untersuchung ausführliche Beispiele für derartige Kataloge beigefügt, die im Rahmen eines konkreten Web-Site-Projektes des Verfassers (Oktober – Dezember 1999) zum Intranet einer deutschen Geschäftsbank erarbeitet wurden.

---

328   Vgl. z. B. Kreikebaum, Hartmut: Strategische Unternehmensplanung, a. a. O., S. 98.

329   Vgl. Kreikebaum, Hartmut: Strategische Unternehmensplanung, a. a. O., S. 117 ff.

330   Vgl. Kreikebaum, Hartmut: Strategische Unternehmensplanung, a. a. O., S. 132 ff. Zu einer umfassenden Zusammenstellung von Instrumenten der strategischen Situationsanalyse vgl. Aeberhard, Kurt: Strategische Analyse, a. a. O.

331   Vgl. Hill, Terry; Westbrook, Roy: SWOT Analysis: It´s Time for a Product Recall, in: Long Range Planning, 1/1997, Vol. 30, S. 46 - 52. In der deutschen betriebswirtschaftlichen Literatur wird die Analyse von Stärken, Schwächen, Chancen und Risiken z. B. durch Krüger, Wilfried: Grundlagen der Organisationsplanung, Giessen: Schmidt 1989 dokumentiert.

332   Vgl. Bea, Franz Xaver; Haas, Jürgen: Strategisches Management, a. a. O., S. 140 f.

Einflußfaktoren	Stärken / Schwächen						
	Gewicht	4	3	2	1	0	Ergebnis
Management-Ebene							
1 Ist eine Unternehmensstrategie präzise formuliert, dokumentiert und kommuniziert?	1			●			2
2 Stehen ausreichende Budgets für die Entwicklung und Pflege der Web Site zur Verfügung?	2		●				6
3	0						0
Fachliche Ebene							
4 Unterstützt die Web Site alle betriebswirtschaftlich sinnvollen fachlichen Inhalte und Funktionen?	2				●		2
5 Werden Inhalte und Funktionen der Web Site zielgruppengerecht dargeboten?	2				●		2
6	0						0
Organisatorische Ebene							
7 Sind die fachlichen, redaktionellen und technischen Verantwortlichkeiten für die Web Site klar geregelt?	1		●				3
8	0						0
IT Ebene							
9 Sind die Ziele und Strategien für die Web Site präzise formuliert, dokumentiert und kommuniziert?	2					●	0
10 Ist Internet-Technologie vorhanden?	2			●			4
11	0						0
Wettbewerber							
11 Hat die Web Site einen hohen Durchdringungsgrad beim Wettbewerber?	2			●			4
12	0						0
Gewichteter Durchschnitt							**1,64**

Abb. 20: Die Stärken-/Schwächenanalyse im Rahmen der SWOT-Analyse

Um gehaltvolle Aussagen zur Web-Site-relevanten Situation eines Unternehmens und weiterverwendbare Ergebnisse für die nachfolgende Zielplanung zu gewinnen, sind bei der Durchführung der SWOT-Analyse folgende Gestaltungsmerkmale sinnvoll:[333]

- Der Kriterienkataklog ist gemäß der Einflußfaktoren der zu Teilaufgabe 1 der Situationsanalyse unterschiedenen Teilbereiche Unternehmen, Markt und Umfeld gegliedert. Eine solche Top-Down-Strukturierung vermeidet die Mißachtung relevanter Problembereiche.

---

[333] Vgl. dazu die von Hill/Westbrook empirisch nachgewiesenen Schwächen zur Anwendung der SWOT-Analyse in der Praxis in Hill, Terry; Westbrook, Roy: SWOT Analysis: It´s Time for a Product Recall, in: Long Range Planning, 1/1997, Vol. 30, S. 46 - 52.

- Jedes Kriterium wird in einer der beiden Gruppen Stärke/Schwäche oder Chance/Risiko vorgegeben. Zuordnungskonflikte werden vermieden.

- Die Kriterien werden als eindeutig zu beantwortende Entscheidungsfragen formuliert. Klare Formulierungen vermeiden Unsicherheiten bei der Beantwortung und vereinfachen deren Auswertung.

- Die Kriterien sind über Gewichtungsfaktoren zu priorisieren.

- Die Kriterien sind in einer Stufenskala zwischen zwei Extremen zu bewerten.

Einflußfaktoren	Chancen / Risiken						
	Gewicht	4	3	2	1	0	Ergebnis
Endkunden							
1 Ist die Art der aktuellen und zukünftigen Transaktionen mit den Endkunden bestimmt?	1		●				3
2	0						0
Geschäftspartner							
3	0						0
Politische / rechtliche Entwicklungen							
4 Werden Transaktionen im elektr. Geschäftsverkehr durch bestimmte Technologien rechtsverbindlich?	2		●				6
5	0						0
Ökonomische Entwicklungen							
6 Ändert sich das Verhalten der Wettbewerber untereinander?	1	●					4
7	0						0
Soziale / kulturelle Entwicklungen							
8 Zeichen sich Veränderungen in den Lebensgewohnheiten hinsichtlich der Internet-Technologie ab?	2	●					8
9	0						0
Technologische Entwicklungen							
10 Stehen Web-Site-relevante Entwicklungen von Programmiersprachen und Standards an?	2	●					8
11	0						0
Gewichteter Durchschnitt							**2,64**

Abb. 21: Die Chancen-/Risikenanalyse im Rahmen der SWOT-Analyse

Zur prägnanten Visualisierung der untersuchten Situation lassen sich die über Gewichtung und Bewertung quantifizierten Ergebnisse als SWOT-Punkt in einer Portfolio-Matrix aus relativem strategischem Potential (als Aggregat aus Stärken und Schwächen) und relativer strategischer Bedeutung (als Aggregat aus Chancen und Risiken) der Web Site einordnen (siehe Abbildung 22).

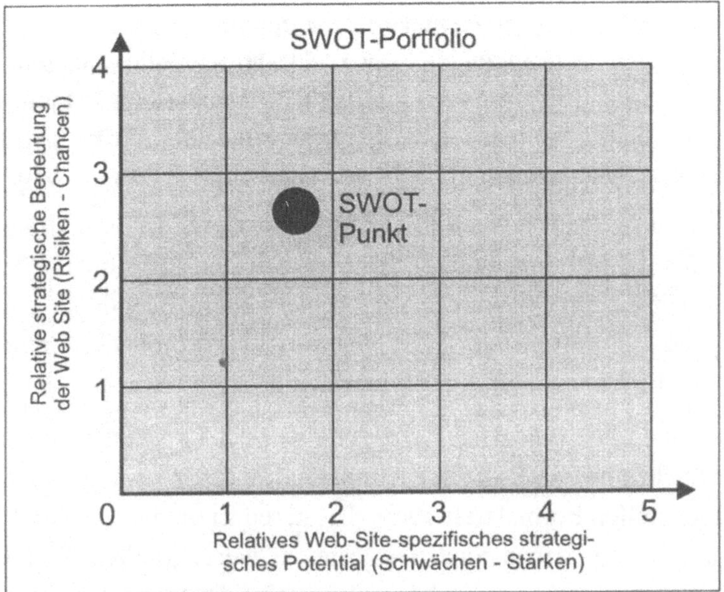

Abb. 22: Das SWOT-Portfolio[334]

3 Strategische Zielplanung

3.1 Einordnung und Inhalt der strategischen Zielplanung

Die strategische Zielplanung ist die zweite Aufgabe im Prozeß der allgemeinen wie der Web-Site-spezifischen strategischen Planung. Unter Zielplanung wird der Prozeß des Setzens von Zielen verstanden.[335] Er wird als „eminent kreativer Prozeß"[336] angesehen, der nur hinsichtlich seines Ablaufes einer Strukturierung unterzogen werden kann.[337] Bevor jedoch eine solche Strukturierung vorgenommen wird, müssen die Gegenstände des Prozesses, die Ziele, genauer betrachtet werden.

---

334 Vgl. Pümpin, Cuno: Grundlagen der strategischen Führung, in: Produkt-Markt-Strategien: neue Instrumente erfolgreicher Unternehmungsführung, Hrsg.: Pümpin, Cuno, Bern: Haupt 1981, S. 18.

335 Vgl. Heinrich, Lutz J.: Informationsmanagement, a. a. O., S. 104.

336 Hammer, Richard M.: Unternehmensplanung: Lehrbuch der Planung und strategischen Unternehmensführung, 7., unwesentl. veränd. Aufl., München, Wien: Oldenbourg 1998, S.166.

337 Vgl. Hammer, Richard M.: Unternehmensplanung, a. a. O., S.166.

Ein „Ziel" ist ein angestrebter, künftiger Zustand der Realität, der auf der Basis der in der Situationsanalyse ermittelten internen und externen Rahmenbedingungen bestimmt wird. In der Literatur zur allgemeinen strategischen Planung sind Zielhierarchien zu finden, die über die strategische Ebene des WSE-Komponentenmodells insofern hinausgehen, als sie den Unternehmenszielen Visionen und Leitbilder voranstellen.[338] Auch in der Literatur zur SISP wird strategischen IT-Zielen eine IT-Mission übergeordnet.[339] Solchen Missionen oder Visionen wird im vorliegenden Zusammenhang keine weitere Bedeutung beigemessen; die IT- und Web-Site-Ziele leiten sich aus übergeordneten Unternehmenszielen ab, die die Visionen und Leitbilder beinhalten.

Daher wird zunächst lediglich eine Unterscheidung in Sach- und Formalziele vorgenommen. Sachziele sind Ziele, deren Zielinhalt auf einen Zweck gerichtet ist.[340] Demgegenüber stellen Formalziele Ziele dar, deren Zielinhalt die Qualität oder die Güte angibt, mit denen Sachziele erreicht werden sollen.[341] Bei Formalzielen handelt es sich nicht um Teilziele der Sachziele, sondern um hinsichtlich unternehmensindividueller Sachzielinhalte neutrale, angestrebte Qualitätsziele. In einer Unternehmensplanung umfassen Sachziele Leistungs- (z. B. bezüglich Marktanteile) und Finanzziele (z. B. bezüglich Zahlungsfähigkeit).[342] Erfolgsziele (z. B. bezüglich Gewinn oder Rentabilität) stellen auf dieser Ebene Formalziele dar.[343] Sachziele der strategischen IT-Planung stellen auf die Unterstützung der Geschäftsprozesse ab.[344] Übertragen auf den Zusammenhang der strategischen Zielplanung im WSE lassen sich als Sachziele Wettbewerbs- und Leistungsziele und als Formalziele Erfolgs- und Systemleistungsziele definieren.

Web-Site-spezifische Wettbewerbsziele umfassen Ziele, die Aussagen zu den Objekten Markt, Kunden, Geschäftspartner (Lieferanten und Geschäftskunden)

---

338 Vgl. z. B. Bea, Franz Xaver; Haas, Jürgen: Strategisches Management, a. a. O., S. 64 f.

339 Vgl. z. B. Riedl, Rainer: Strategische Planung von Informationssystemen: Methode zur Entwicklung von langfristigen Konzepten für die Informationsverarbeitung, Heidelberg: Physica 1991, S. 120 f.

340 Vgl. Heinrich, Lutz J.: Informationsmanagement, a. a. O., S. 104.

341 Vgl. Heinrich, Lutz J.: Informationsmanagement, a. a. O., S. 104.

342 Vgl. Schierenbeck, Henner: Grundzüge der Betriebswirtschaftslehre, 12., überarbeitete Auflage, München, Wien: Oldenbourg 1995, S. 62.

343 Vgl. Schierenbeck, Henner: Grundzüge der Betriebswirtschaftslehre, a. a. O., S. 62.

344 Vgl. Heinrich, Lutz J.: Informationsmanagement, a. a. O., S. 105.

oder zu den Beziehungen zu diesen Objekten treffen, z. B. abgegrenzte Marktanteile oder Bildung von Kooperationen im Bereich Forschung und Entwicklung mit bestimmten Partnern. Die Web-Site-spezifischen Wettbewerbsziele besitzen Überschneidungen zu den Zielen auf Unternehmens- oder Geschäftsbereichsebene.

Leistungsziele richten sich auf einzelne Gestaltungspunkte der Beziehungen zu Kunden, Geschäftspartnern oder auch Mitarbeitern. Zeitliche Zielsetzungen, z. B. Verkürzung von Antwortzeiten, von abnehmer- und kundenseitigen Lieferzeiten oder von internen Transaktionszeiten, dominieren diesen Bereich. In Frage kommt z. B. auch die Erhöhung der Organisationstransparenz. Die Web-Site-spezifischen Leistungsziele weisen Berührungspunkte zu den Zielen auf Unternehmens-, Geschäftsbereichs- und Funktionalbereichsebene, z. B. zum Beschaffungsbereich, auf.

Erfolgsziele sind Ziele, wie sie, je nach Organisation des internen Rechnungswesens, auf allen Ebenen des Unternehmens verfolgt werden. Die Web-Site-spezifischen Zielsetzungen selbst sind wiederum zu den auf Unternehmens- und Geschäftsbereichsebene definierten nicht überschneidungsfrei. Allgemein ausgedrückt werden in dieser Zielkategorie Rentabilitäts-, Wirtschaftlichkeits- und Strukturziele angesprochen, z. B. Umsatzsteigerungen durch eCommerce oder eIntegration, Transaktionskostenminimierungen und strukturelle Veränderungen bei Umsatz oder Kosten.

Wettbewerbs-, Leistungs- und Erfolgsziele definieren jeweils Ziele, die es mit oder durch die Web Site zu erreichen gilt. Die Web-Site-spezifischen Systemleistungsziele nehmen auf das System der Web Site Bezug. Es handelt sich um Zielanforderungen, die das System „Web Site" zu erfüllen hat. Dies unterscheidet die Systemleistungsziele von den zuvor genannten Kategorien; hier werden Heinrichs[345] strategische Formalziele der IV auf den Zusammenhang der Web Site übertragen: Anpassung (Flexibilität), Durchdringung, Produktivität, Sicherheit, Wirksamkeit und Wirtschaftlichkeit.

Anpassung bedeutet, auf Änderungen in den quantitativen und qualitativen Anforderungen an die Web Site ohne substantielle Modifikationen flexibel reagieren zu können. Durchdringung bedeutet, daß nach innen und außen gerichtete Geschäftsprozesse, vor allem Routineprozesse, weitgehend durch die Funktio-

---

345 Vgl. Heinrich, Lutz J.: Informationsmanagement, a. a. O., S. 107 f.

nalität der Web Site und ihrer Segmente abgedeckt werden. Hinter Produktivität steckt das Streben nach einem möglichst günstigen Verhältnis zwischen mengenmäßigem Einsatz und mengenmäßigem Ertrag der Web Site. Sicherheit stellt darauf ab, Gefährdungen und ihre Konsequenzen für den Betrieb der Web Site zu vermeiden und frühzeitig erkennen zu lassen. Wirksamkeit erhebt den Anspruch, betriebswirtschaftlich und/oder technologisch sinnvolle Funktionen und Leistungen mit der Web Site umfassend und (zunächst) ungeachtet der verursachten Kosten zu realisieren. Schließlich wird mit Wirtschaftlichkeit ein günstiges Verhältnis entweder von geplanten zu tatsächlichen Kosten oder von gewonnenem Nutzen zu tatsächlichen Kosten (Effizienz) angestrebt.[346]

Die vorgestellten Zielkategorien (Wettbewerbs-, Leistungs-, Erfolgs- und Systemleistungsziele) stehen in Abhängigkeitsbeziehungen zueinander. Das Erreichen von Erfolgszielen, z. B. die Steigerung des Umsatzes, knüpft an die Erfüllung von Wettbewerbszielen an, z. B. an die Erhöhung von Marktanteilen. Die Erfüllung von Leistungszielen wiederum, z. B. schnellere Belieferung, dient der Realisierung von Erfolgs- und Wettbewerbszielen, z. B. Stärkung der Kundenbindung. Die Leistungsziele schließlich bauen auf der Erfüllung der Systemleistungsziele, z. B. einem höheren Durchdringungsgrad, auf. Abbildung 23 verdeutlicht die Beziehungen der Zielkategorien zueinander in graphischer Form.

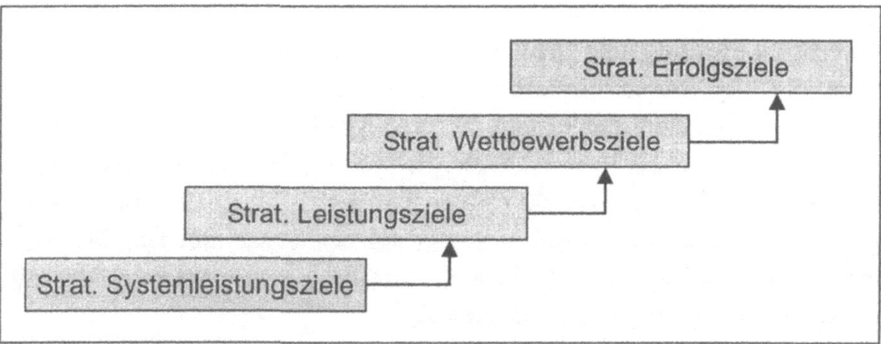

Abb. 23: Die Beziehungshierarchie der Web-Site-Zielkategorien

In Tabelle 6 werden den Web-Site-relevanten strategischen Zielkategorien Beispiele gegenübergestellt.

---

346 Vgl. Heinrich, Lutz J.: Informationsmanagement, a. a. O., S. 107 f.

Ziel-art	Ziel-kategorie	eCommerce (Internet)	eIntegration (Extranet)	eWorkflow (Intranet)
Sachziele	Wettbewerbsziele	Erhöhung des Marktanteils im Bereich der jungen, besserverdienenden Kunden mit einem hohen Bildungsstand Stärkung der Bindung des vorhandenen Kundenstamms	Erhöhung des Marktanteils bei Unternehmen der IT-Branche; engere Lieferantenbindung Bildung von F&E-Kooperationen	Erhöhung der Informationsqualität
	Leistungsziele	Beschleunigung der Leistungserbringung am Kunden Verkürzung aller Antwortzeiten	Beschleunigung der Leistungserbringung am Kunden Beschleunigung der Belieferung durch Systemzulieferer Verringerung der Dauer verbundener Transaktionen	Verringerung der Durchlaufzeiten Förderung der Organisationstransparenz Verbesserung der Informationsinfrastruktur Erhöhung der Kommunikationsintensität
Formalziele	Erfolgsziele	Steigerung des Umsatzes im Endkundenbereich Steigerung des Umsatzanteils aus eCommerce gegenüber konventionellem Umsatz Verringerung der Transaktionskosten	Steigerung des Umsatzes im Geschäftskundenbereich Steigerung des Umsatzanteils aus eIntegration gegenüber konventionellem Umsatz Verringerung der Transaktionskosten	Verringerung der Transaktionskosten (Prozeßkosten)
	Systemleistungsziele	Erhöhung der Anpassungsflexibilität Erhöhung des Durchdringungsgrads Verbesserung der Produktivität Gewährleistung von Sicherheit auf hohem Niveau Erhöhung der Wirksamkeit Verbesserung der Wirtschaftlichkeit		

Tab. 6: Beispielhafte Gesamtdarstellung von Web-Site-Zielen

Vor allem im Bereich der Wettbewerbs-, Leistungs- und Erfolgsziele sind Ausstrahlungseffekte von den und auf die vorgelagerten strategischen Ebenen, insbesondere Unternehmens- und Geschäftsbereichsebene zu berücksichtigen. Die strategische Zielplanung im Rahmen des WSE muß abgestimmt mit den Zielen auf diesen Ebenen erfolgen.[347] Nach Heinrich[348] kann die Abstimmung der strategischen Zielplanung reagierenden, agierenden oder interagierenden Charakter annehmen. Übertragen auf den Bereich der Web Site bedeutet reagierend, daß sich die strategische Zielplanung einer Web Site „top down" an den Unternehmens- und Geschäftsbereichszielen orientiert. Agierend ist die Zielplanung, wenn die Ziele der Web Site „bottom up" die Unternehmens- und Geschäftsbereichsziele gestaltend beeinflussen. In einer interagierenden strategischen Zielplanung werden die Unternehmens- und Geschäftsbereichsziele und die Web-Site-Ziele parallel und in gegenseitiger Abstimmung gesetzt.[349]

Die strategischen Web-Site-Ziele markieren den Anknüpfungspunkt zum Web Site Controlling. Sie bilden die Deduktionsbasis für weitere strategische Teilziele und weitere Zwischenziele auf der taktischen und operativen Ebene.[350]

Die vorherigen Ausführungen beschäftigten sich mit den Web-Site-spezifischen Zielen und ihren Inhalten. Mit dem Zielinhalt werden Eigenschaften oder Merkmale definiert, die es zu planen gilt. Neben der Festlegung von Zielinhalten bedarf es im Rahmen der Web-Site-spezifischen strategischen Zielplanung zusätzlich der Festlegung von passenden Zielmaßstäben, der Festlegung des Ausmaßes der Zielerreichung und der Festlegung des Zielhorizonts, zu dem der Zielerreichungsgrad in Bezug steht. Der Zielmaßstab gibt die Meßvorschrift des Zielinhalts an. Das Ausmaß der Zielerreichung bezeichnet den Grad, den der Zielinhalt annehmen soll. Der Zielhorizont der Zielerreichung gibt den Zeitraum an, in dem der festgelegte Grad an Zielinhalt realisiert werden soll.[351]

Neben den Zielinhalten lassen sich noch zu den Zielmaßstäben allgemeingültige Aussagen treffen. Für die Zielerreichungsgrade und die Zielhorizonte ist dies nicht möglich. Hier ist jeweils die unternehmensindividuelle Situation zu berücksichtigen.[352] Für die meisten der Ziele, insbesondere für die im Bereich der Wettbewerbs-, Leistungs- und Erfolgsziele, stehen die Zielmaßstäbe häufig

---

347 Vgl. ähnlich Heinrich, Lutz J.: Informationsmanagement, a. a. O., S. 111.

348 Vgl. Heinrich, Lutz J.: Informationsmanagement, a. a. O., S. 111.

349 In Anlehnung an Heinrich, Lutz J.: Informationsmanagement, a. a. O., S. 111.

350 Vgl. Heinrich, Lutz J.: Informationsmanagement, a. a. O., S. 105. Das Web Site Controlling mit (u. a.) möglichen taktischen und operativen Zwischenzielen ist Gegenstand des Abschnittes G. der vorliegenden Untersuchung.

351 Vgl. Heinrich, Lutz J.: Informationsmanagement, a. a. O., S. 106.

352 Vgl. Heinrich, Lutz J.: Informationsmanagement, a. a. O., S. 106.

schon mit der Auswahl der Zielinhalte fest. So ist klar, daß in der Kategorie der Wettbewerbsziele der Zielinhalt „Erhöhung eines Marktanteils" an dem entsprechenden Marktanteil gemessen wird. Die Stärkung der Kundenbindung kann z. B. mit einer Fluktuationskennzahl gemessen werden, die angibt, wie viele Kunden lediglich einmalige Umsätze verursacht haben.

Die meisten der Wettbewerbsziele beziehen sich auf das Reduzieren von Zeiten; demzufolge müssen auch die betreffenden Maßstäbe mindestens als eine Komponente die Größe Zeit beinhalten. Beispielsweise benötigt die Verkürzung der Belieferungszeiten als Maßstab die Lieferzeit. Weiterhin kommt z. B. hinsichtlich qualitativer Ziele, wie z. B. des Leistungsziels „Verbesserung der Organisationstransparenz", eine wertende Beurteilung (z. B. eine Note, verstanden i. S. einer Bewertung) in Betracht, die als Aggregat aus Mitarbeiterbefragungen resultieren kann. Analog kann mit anderen eher qualitativen Zielen verfahren werden.

Die Maßstäbe für die Erfolgsziele liegen besonders deutlich auf der Hand. Da die Zielinhalte selbst bereits als absolute oder relative Kennzahlen des internen und externen Rechnungswesens formuliert werden, sind eben diese Größen auch als Maßstäbe zu verwenden (geplante Umsatzerhöhungen kommen z. B. an der Kennzahl Umsatz nicht vorbei).

Deutlich schwieriger stellt sich die Suche nach geeigneten Maßstäben für die Systemleistungsziele dar. In die folgenden Ausführungen fließen Heinrichs[353] Überlegungen zu den Zielmaßstäben für die Formalziele der IV ein. Mit Ausnahme der Wirtschaftlichkeit wird kein Systemleistungsziel umfassend durch einen bestimmten Zielmaßstab erfaßt.

Die Anpassung respektive die Flexibilität der Web Site läßt in erster Linie eine qualitative Beschreibung der Merkmale einzelner, zur Web Site und ihrem Betrieb erforderlicher Komponenten zu. Komponenten sind das Personal, Hardware, Datenbestände, Anwendungen, sonstige betriebsbezogene Software und Programmiersprachen und Standards. Für alle Komponenten ist eine unpräzise definierte „Web-Fähigkeit" anzustreben. Sie äußert sich beispielsweise bei den Mitarbeitern in bestimmten Qualifikationen, die häufig nur verbal beschrieben werden können. Darüber hinaus lassen sich lediglich quantitative Angaben zu denjenigen Komponenten finden, die in irgendeiner Form auf ihre Anzahl Be-

---

353 Vgl. Heinrich, Lutz J.: Informationsmanagement, a. a. O., S. 108 ff.

zug nehmen. Denkbar ist die Ermittlung des langfristigen Bedarfs an einschlägig fachkundigem Personal. Ebenso kann der Anteil Web-fähiger Anwendungssoftware im Verhältnis zu allen Anwendungssystemen in einem Unternehmen langfristig geplant werden.

Auch zur Messung des Durchdringungsgrads des Unternehmens durch Web-Site-Funktionen können nur Hilfsgrößen verwendet werden, z. B. das Verhältnis von Intranet-Arbeitsplätzen zu der Gesamtzahl aller Arbeitsplätze oder der Anteil der durch die Web-Site-Segmente unterstützten Prozesse. Diese Hilfsgrößen erfassen jedoch nur Teilaspekte der Durchdringungsintensität.

Die Produktivität der Web Site wird durch das Verhältnis eines mengenmäßigen Ertrags zu einem mengenmäßigen Einsatz gemessen. In Frage kommen z. B. der Datenumschlag, das Verhältnis aus übertragenen Daten und zur Verfügung gestellten Daten oder die Anzahl der Transaktionen in einem Zeitabschnitt im Verhältnis zur Gesamtzahl an Extranet- oder Intranet-Arbeitsplätzen. Nur Teilaspekte der Produktivität sind durch solche Maßstäbe zu erfassen; sie sind meist nur für bestimmte Bereiche aussagefähig. Es muß außerdem berücksichtigt werden, daß in unterschiedlichen Bereichen hinsichtlich gleicher Kennzahlen verschiedene Zielerreichungsgrade sinnvoll sind.

Die Sicherheit der Web Site umfaßt das Verhindern unberechtigter Modifikationen (Integrität) und unberechtigter Nutzung (Vertraulichkeit, Datenschutz), das Gewährleisten von Verbindlichkeit und die stetige Verfügbarkeit. Für diese Teilaspekte lassen sich verschiedene Maßstäbe finden. Die Integrität stellt ihren eigenen Maßstab dar, der lediglich aufgrund einschlägiger Sicherheitstest (Hakking-Angriffe) plausibel beurteilt werden kann. Was die plausible Beurteilung angeht, verhält es sich mit der Verbindlichkeit ähnlich. Auch hier können, eventuell mit Hilfe statistischer Methoden, Tests der Aktualität und Konsistenz von Seiteninhalten der Web Site erfolgen. Zudem muß das organisatorische System um die Web Site so aufgebaut sein und genutzt werden, daß Verbindlichkeit gewährleistet ist, z. B. durch Genehmigungsverfahren vor und Wiedervorlageverfahren nach einer Seitenveröffentlichung.[354] Vertraulichkeit beziehungsweise Datenschutz setzt u. a. den Einsatz sicherer Verschlüsselungstechnologien voraus. Dabei sind solche Verfahren auszuwählen, die den monetären und zeitlichen Aufwand potentieller Eindringlinge möglichst hoch ausfallen

---

354   Dies kann durch sog. Content-Management-Systeme unterstützt werden.

lassen. Diesbezügliche Aufwandsschätzungen zu verschiedenen Verfahren können als Maßstäbe herangezogen werden. Die Verfügbarkeit einer Web Site kann relativ einfach durch die Messung von Ausfallzeiten bestimmt werden, die in das Verhältnis zur gesamten Betriebszeit gesetzt werden.

Die Wirksamkeit der Web Site setzt die Erfüllung dreier Kriterien voraus:

- geplante und tatsächlich verfügbare Funktionen stimmen überein;
- geplante und tatsächlich erbrachte Leistungen stimmen überein;
- die verfügbaren Funktionen und die erbrachten Leistungen werden genutzt (Akzeptanz).

Für alle Web-Site-Segmente können die Funktionen qualitativ beschrieben werden. Zumindest im Bereich der plausiblen Schätzung ist auch eine quantitative, anteilsmäßige Angabe von „Wirksamkeit" möglich. Hinsichtlich der Leistungen ist wie bei der Durchdringung z. B. der Anteil unterstützter Prozesse oder der Anteil an mit Intranet oder Extranet unterstützter Arbeitsplätze denkbar. Die Akzeptanz ist von stark qualitativer Natur. Für Intranet und Extranet können bewertende Akzeptanznoten (z. B. anhand von Nutzerbefragungen) gebildet werden. Für das Internet ist es zudem sinnvoll, auf interpretativem Wege plausible Rückschlüsse aus der Zahl der Besuche (Visits) zu ziehen.[355]

Das Systemleistungsziel „Wirtschaftlichkeit" der Web Site wird erreicht, wenn

- die geplanten Kosten der Web Site mit den tatsächlichen Kosten übereinstimmen (oder darunter liegen) und
- der Wert der Leistungen (der Nutzen) der Web Site für das anbietende Unternehmen die tatsächlichen Kosten übersteigt.

Diese Bedingungen entsprechen Kennzahlen, die jeweils das Verhältnis aus Plan- zu Ist-Kosten und das Verhältnis aus Ist-Leistungen zu Ist-Kosten angeben. Während sich Plan- und Ist-Kosten relativ einfach aufaddieren lassen und für Internet und Extranet als Ist-Leistungen die durch diese Web-Site-Segmente

---

355 Visit ist die „Bezeichnung für den Besuch eines WWW-Angebots. Als Visit zählt der Seitenzugriff eines Browsers auf ein Web-Angebot, der von außerhalb der betreffenden Web-Site erfolgt. Ein Nutzungsvorgang zählt nach dem IVW-Verfahren (Verfahren zur Leistungsmessung von Internet-Werbeträgern) erst dann als neuer Visit, wenn zwischen dem letzten und dem aktuellen externen Seitenabruf eine Pause von mindestens 60 Sekunden liegt." Siehe akademie.de-Team: Net-Lexikon, Online im Internet: http://netlexikon.akademie.de/, 26.10.1999.

generierten Umsätze stehen, ist die Nutzenquantifizierung für ein Intranet ungleich problematischer, wenn sich seine Wirkungen überwiegend auf die Erhöhung der Information- und Kommunikationsqualität beziehen. Kooperative und koordinierende Intranet-Wirkungen hingegen lassen sich anhand von Kennzahlen der bezogenen Prozesse und Workflows (Anzahl, Dauer, Ressourcen) indirekt quantifizieren.

Die Tabellen 7a – 7c führen die Zieldarstellung aus Tabelle 6 fort und fügen geeignete Zielmaßstäbe hinzu. Beispielhaft sind Zielerreichungsgrade und Zeithorizonte angegeben. In den Tabellen 7a – 7c findet im Unterschied zu Tabelle 6 die Hierarchie der Zielkategorien durch eine entsprechende Zeilenanordnung Eingang.

Ziel-kate-gorie	Ziel-feld	Zielinhalt	Zielmaßstab	Zielerrei-chungs-grad	Ziel-hori-zont
Wettbewerbsziele	eCommerce (Internet)	Erhöhung des Marktanteils im Bereich der jungen, gebildeten und besser verdienenden Kunden	Marktanteil	$\geq 20\%$	3 Jahre
		Stärkung der Bindung des vorhandenen Kundenstamms	Fluktuationszahl	$\leq 10\%$	2 Jahre
	eIntegration (Extranet)	Erhöhung des Marktanteils bei Unternehmen der IT-Branche	Marktanteil	$\geq 30\%$	3 Jahre
		Engere Lieferantenbindung	Fluktuationszahl	$\leq 10\%$	2 Jahre
		Bildung von F&E-Kooperationen	Anzahl Koop.-Projekte	≥ 5	5 Jahre
	eWorkflow (Intranet)	Erhöhung der Informationsqualität	Informationsnote	$\leq 1,5$	3 Jahre
Erfolgsziele	eCommerce (Internet)	Steigerung des Umsatzes im Endkundenbereich	Umsatz	$\geq 15\%$	1 Jahr
		Steigerung des Umsatzanteils aus eCommerce gegenüber konventionellem Umsatz	Umsatzstruktur: $\frac{\text{eUmsatz}}{\text{Gesamtumsatz}}$	$\geq 50\%$	2 Jahre
		Verringerung der Transaktionskosten	Transaktionskosten	$\leq 90\%$	2 Jahre
	eIntegration (Extranet)	Steigerung des Umsatzes im Geschäftskundenbereich	Umsatz	$\geq 20\%$	1 Jahr
		Steigerung des Umsatzanteils aus eIntegration gegenüber konventionellem Umsatz	Umsatzstruktur: $\frac{\text{eUmsatz}}{\text{Gesamtumsatz}}$	$\geq 70\%$	2 Jahre
		Verringerung der Transaktionskosten	Transaktionskosten	$\leq 90\%$	2 Jahre
	eWorkflow (Intranet)	Verringerung der Transaktionskosten	Transaktionskosten	$\leq 90\%$	2 Jahre
Leistungs-ziele	eCommerce (Internet)	Beschleunigung der Leistungserbringung am Kunden	Lieferzeit	≤ 24 h	1 Jahr
		Verkürzung aller Antwortzeiten	Zeit bis Antwort	≤ 15 min	1 Jahr

Tab. 7a: Ein Beispiel für die Web-Site-spezifische Zielplanung

Ziel-kate-gorie	Ziel-feld	Zielinhalt	Zielmaßstab	Zielerrei-chungs-grad	Ziel-hori-zont
Leistungsziele	eIntegration (Extranet)	Beschleunigung der Leistungserbringung am Kunden	Lieferzeit	≤ 24 h	1 Jahr
		Beschleunigung der Belieferung durch Systemzulieferer	Lieferzeit	≤ 24 h	1 Jahr
		Verringerung der Dauer verbundener Transaktionen	Bestelldauer	≤ 30 min	1 Jahr
	eWorkflow (Intranet)	Verringerung der Durchlaufzeiten	Durchlaufzeit	≤ 50%	2 Jahre
		Förderung der Organisationstransparenz	Transparenznote	≤ 2	3 Jahre
		Verbesserung der Informationsinfrastruktur	Informationsnote	≤ 1,5	3 Jahre
		Erhöhung der Kommunikationsintensität	Kommunikationsnote	≤ 2	3 Jahre
Systemleistungsziele	eCommerce (Internet)	Erhöhung der Anpassungsflexibilität	Mitarbeitermotivationsnote	≤ 1	2 Jahre
			# kompetenter Mitarbeiter	≥ 50	2 Jahre
			# Schulungen	≥ 10	1 Jahr
			Web-Fähigkeit Anwendungen	≥ 80%	2 Jahre
			Web-Fähigkeit Datenbestände	≥ 80%	2 Jahre
			Web-Fähigkeit Hardware	100%	1 Jahr
		Erhöhung des Durchdringungsgrads	Anteil Kundentransaktionen	≥ 60%	2 Jahre
		Verbesserung der Produktivität	Datenumschlag: übertragene Daten/h / Datenbestand	10000	2 Jahre
			Visits/Monat / Implement.-Mh	1	2 Jahre
		Gewährleistung von Sicherheit	Integrität	100%	½ Jahr
			Vertraulichkeit (Datenschutz): hoher Aufwand an Zeit und Geld für potentielle Eindringlinge	≥ 2 Wochen	½ Jahr
			Verbindlichkeit	100%	½ Jahr
			Verfügbarkeit: Ist-Betriebszeit / Soll-Betriebszeit	99,7%	½ Jahr
			Ist-Funktionen / Soll-Funktionen	100%	3 Jahre
			Ist-Transaktionen / Soll-Transaktionen	100%	3 Jahre
			Akzeptanz: Visits/Monat	100.000	2 Jahre

Tab. 7b:　Ein Beispiel für die Web-Site-spezifische Zielplanung (Fortsetzung)

Ziel-kate-gorie	Ziel-feld	Zielinhalt	Zielmaßstab		Zielerrei-chungs-grad	Ziel-horizont
Systemleistungsziele	eCommerce (Internet)	Verbesserung der Wirtschaftlichkeit	Plankosten / Istkosten		100%	1 Jahr
			Umsatz / Istkosten		≥ 40%	2 Jahre
	eIntegration (Extranet)	Erhöhung Anpassungsflexibilität	wie Internet			
		Erhöhung des Durchdringungsgrads	Anteil Extranet-Arbeitsplätze		30%	1 Jahr
			Anteil Geschäftspartnertransaktionen		≥ 60%	2 Jahre
		Verbesserung der Produktivität	Datenumschlag: übertragene Daten/h / Datenbestand		10000	2 Jahre
			# Transaktionen / Tag / # Extranet-Arbeitsplätze		40	2 Jahre
			Nutzungs-Mh / Tag / Implement.-Mh		½	1 Jahr
		Gewährleistung von Sicherheit	wie Internet			
		Erhöhung der Wirksamkeit	Ist-Funktionen / Soll-Funktionen		100%	3 Jahre
			Ist-Transaktionen / Soll-Transaktionen		100%	3 Jahre
			Akzeptanznote		1	2 Jahre
		Verbesserung der Wirtschaftlichkeit	Plankosten / Istkosten		100%	1 Jahr
			Umsatz / Istkosten		≥ 40%	2 Jahre
	eWorkflow (Intranet)	Erhöhung Anpassungsflexibilität	wie Internet			
		Erhöhung des Durchdringungsgrads	Anteil Intranet-Arbeitsplätze		100%	1 Jahr
			Anteil Routinetransaktionen		≥ 80%	2 Jahre
			Ist-Inhalte / Soll-Inhalte		≥ 80%	2 Jahre
		Verbesserung der Produktivität	Datenumschlag: übertragene Daten/h / Datenbestand		10000	2 Jahre
			# Transaktionen / Tag / # Intranet-Arbeitsplätze		40	2 Jahre
			Nutzungs-Mh / Implement.-Mh		0,5	1 Jahr
		Gewährleistung von Sicherheit	wie Internet			
		Erhöhung der Wirksamkeit	wie Extranet			
		Verbesserung der Wirtschaftlichkeit	Plankosten / Istkosten		100%	1 Jahr

Tab. 7c: Ein Beispiel für die Web-Site-spezifische Zielplanung (Fortsetzung)

3.2 Methodische Ausgestaltung der strategischen Zielplanung

Das einer strategischen Zielplanung inhärente hohe Maß an Kreativität begründet, daß ein den gesamten Prozeß der Web-Site-spezifischen Zielplanung unterstützendes, (teil-)formalisierendes Instrument, wie es bei der Web-Site-spezifischen strategischen Situationsanalyse mit der SWOT-Analyse gegeben werden konnte, nicht vorliegt. Zwar ist im Zusammenhang der allgemeinen strategischen Zielplanung häufig von Kennzahlensystemen, insbesondere vom Du-Pont-Schema, die Rede.[356] Kennzahlensysteme stellen ganzheitliche Zusammenhänge einer Menge von Kennzahlen dar. Die Kennzahlen sind jedoch entweder rechnerisch oder über einen Systematisierungszusammenhang miteinander verknüpft[357] und Kennzahlensysteme werden i. a. als Überwachungs- und Steuerungsinstrumente verwendet.[358] Im Web Site Controlling wird daher zu erwägen sein, verschiedene Web-Site-Ziele durch ein Kennzahlensystem über die strategische, taktische und operative Ebene der strategischen Unternehmensführung hinweg miteinander zu verbinden.

Der Prozeß der Web-Site-spezifischen strategischen Zielplanung umfaßt das Erstellen eines Katalogs von Web-Site-Zielen.[359] Die in Kapitel E.3.1 hergeleiteten Web-Site-Zielkategorien können dabei verwendet werden, um einen möglichst vollständigen Katalog zu erzeugen. Der Ablauf dieser Web-Site-spezifischen strategischen Zielplanung kann zunächst in zwei Teilaufgaben zerlegt werden: die Web-Site-Zielformulierung und die Gewichtung der Web-Site-Ziele. Die Teilaufgabe der Web-Site-Zielformulierung kann weiterhin entsprechend der bei der Zielformulierung zu berücksichtigenden Komponenten in vier Teilschritte zerlegt werden: das Festlegen des Zielinhalts, des Zielmaßstabs, des Ausmaßes der Zielerreichung und des zeitlichen Bezugs der Zielerreichung.[360] Abbildung 24 gibt einen Überblick über den Prozeß der Web-Site-spezifischen strategischen Zielplanung.

Die bereits zur Verdeutlichung des Inhalts der Web-Site-spezifischen strategischen Zielplanung verwendete Tabelle 6 bietet sich zur Strukturierung der Teil-

---

356 Vgl. z. B. Bea, Franz Xaver; Haas, Jürgen: Strategisches Management, a. a. O., S. 66 f.

357 Vgl. Heinrich, Lutz J.: Informationsmanagement, a. a. O., S. 394.

358 Vgl. Heinrich, Lutz J.: Informationsmanagement, a. a. O., S. 393.

359 Vgl. Riedl, Rainer: Strategische Planung von Informationssystemen, a. a. O., S. 122.

360 Vgl. Heinrich, Lutz J.: Informationsmanagement, a. a. O., S. 106.

aufgabe der Web-Site-Zielformulierung an (siehe Tabelle 8). Die rechten vier Spalten entsprechen ihren vier Teilschritten. Sie werden den Web-Site-Zielkategorien zugeordnet. Innerhalb der Zielkategorien ist jeweils nach den besetzten respektive zu planenden Web-Site-Segmenten zu unterscheiden. Die (zeilenmäßige) Reihenfolge der Web-Site-Zielkategorien spiegelt ihre Hierarchie wider und strukturiert die Web-Site-Zielformulierung zusätzlich.

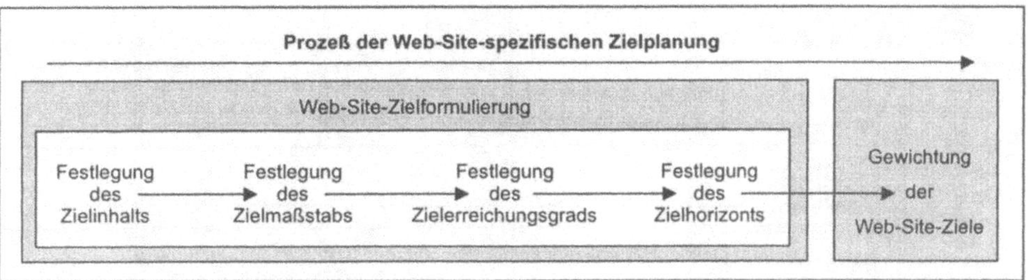

Abb. 24: Der Prozeß der Web-Site-spezifischen strategischen Zielplanung

Schon bei der Einführung der Web-Site-Zielkategorien (Wettbewerbs-, Erfolgs-, Leistungs- und Systemleistungsziele) zeigte sich, daß Ziele grundsätzlich in Beziehung zueinander stehen. Die Art der Beziehung kann dabei unterschiedliche Formen annehmen. Sowohl innerhalb der Web-Site-Zielkategorien als auch zwischen Web-Site-Zielen unterschiedlicher Kategorien können die Beziehungen komplementärer, konfliktärer oder indifferenter Natur sein. Bei der komplementären Zielbeziehung unterstützt die Erreichung eines Ziels die Erreichung eines anderen, z. B. wird eine stärkere Kundenbindung (Wettbewerbsziel) über kürzere Antwortzeiten (Leistungsziel) erreicht. Im Fall der konfliktären Zielbeziehung stehen die Realisierungen zweier Ziele im Widerspruch zueinander, z. B. tragen Investitionen in den Datenschutz als Teil des Ziels Gewährleistung von Sicherheit zu einer Verschlechterung der Wirtschaftlichkeit bei (beides Systemleistungsziele). Indifferente Zielbeziehungen liegen vor, wenn die Erreichung eines Ziels sich nicht auf das betrachtete andere Ziel auswirkt. Beispielsweise kann das Systemleistungsziel Erhöhung der Wirksamkeit unabhängig davon realisiert werden, ob das Systemleistungsziel Gewährleistung von Sicherheit erreicht wird et vice versa.[361]

---

361 Vgl. Nieschlag, Robert; Dichtl, Erwin; Hörschgen, Hans: Marketing, a. a. O., S. 881.

Ziel- katego- rie	Zielfeld	Zielinhalt	Zielmaßstab	Zielerrei- chungsgrad	Ziel- horizont
Wettbewerbsziele	eCommerce (Internet)				
Wettbewerbsziele	eIntegration (Extranet)				
Wettbewerbsziele	eWorkflow (Intranet)				
Erfolgsziele	eCommerce (Internet)				
Erfolgsziele	eIntegration (Extranet)				
Erfolgsziele	eWorkflow (Intranet)				
Leistungsziele	eCommerce (Internet)				
Leistungsziele	eIntegration (Extranet)				
Leistungsziele	eWorkflow (Intranet)				
Systemleistungsziele	eCommerce (Internet)				
Systemleistungsziele	eIntegration (Extranet)				
Systemleistungsziele	eWorkflow (Intranet)				

Tab. 8: Die Struktur der Web-Site-spezifischen strategischen Zielplanung

Um eine „Wichtigkeitshierarchie" der einzelnen zu planenden Web-Site-Ziele hinsichtlich der unternehmensspezifischen Erfordernisse herauszufinden oder um sogar konfliktäre Zielbeziehungen auflösen zu können, bedarf es im Rahmen der Web-Site-spezifischen strategischen Zielplanung einer Gewichtung der Web-Site-Ziele untereinander. Es erscheint sinnvoll, die Gewichtung zu systematisieren, da bei einer kontextlosen Vergabe die Gefahr von Verfälschung besteht.[362] Als systematisches Verfahren eignet sich die sog. Präferenzmatrix. Sie fördert die tiefergehend Auseinandersetzung mit den zu betrachtenden Web-Site-Zielen sowie ihrer Wichtigkeit und mindert die Gefahr verfälschter Ergebnisse.[363]

Bei der Präferenzmatrix werden die Web-Site-Ziele untereinander aufgelistet und mit einer fortlaufenden Nummer oder einem fortlaufenden Buchstaben versehen. Anschließend werden die aufgelisteten Web-Site-Ziele von oben nach unten paarweise miteinander auf ihre Wichtigkeit im Hinblick auf eine bestimmte Fragestellung gegeneinander verglichen. Die Kennzeichnung (Buchstabe oder Zahl) wird jeweils in eine Spalte neben der Ausgangsliste zwischen die beiden entsprechenden Zeilen geschrieben. Sobald die erste Spalte vollständig erarbeitet ist, bildet sie den Ausgangspunkt des weiteren paarweisen Vergleichs der Web-Site-Ziele usw. Das Web-Site-Ziel mit den meisten Nennungen im Vergleich zu den anderen ist das wichtigste. Bei einer konsequenten Durchführung der Gewichtung der Web-Site-Ziele anhand der Präferenzmatrix entsteht das Bild eines an den Zielkatalog angefügten Dreiecks. Abbildung 25 stellt das Beispiel einer Präferenzmatrix dar. Darin sind die Web-Site-Ziele für das Segment Internet unter dem Gesichtspunkt, welches Ziel zunächst verfolgt werden muß, um ein anderes zu erreichen, gewichtet.

Im Beispiel der Abbildung 25 wird mittels der Präferenzmatrix als wichtigstes Ziel die „Erhöhung des Durchdringungsgrads" ermittelt. Unterstellt wurde, daß das Web-Site-Segment Internet unzureichend oder gar nicht zur Unterstützung von Transaktionen mit Kunden genutzt wird.

Eine intuitive Bewertung der Wichtigkeit der Web-Site-Ziele zueinander mag zunächst zu dem Ergebnis führen, daß eines der Web-Site-Ziele aus den Kategorien Wettbewerb und Erfolg zu dem wichtigsten auserkoren wird. Vordergründig erscheint dies plausibel, da Web-Site-Ziele dieser Kategorien in der vorgestellten Hierarchie (siehe Abbildung 25) an der Spitze stehen. Dieses „intuitive" Ergebnis paßt jedoch nur zu der Fragestellung, welches Web-Site-Ziel innerhalb des gesamten Zielbündels das wichtigste i. S. v. über allen anderen stehend ist.

---

362 Vgl. Schierenbeck, Henner: Grundzüge der Betriebswirtschaftslehre, a. a. O., S. 152.
363 Vgl. Schierenbeck, Henner: Grundzüge der Betriebswirtschaftslehre, a. a. O., S. 152 f.

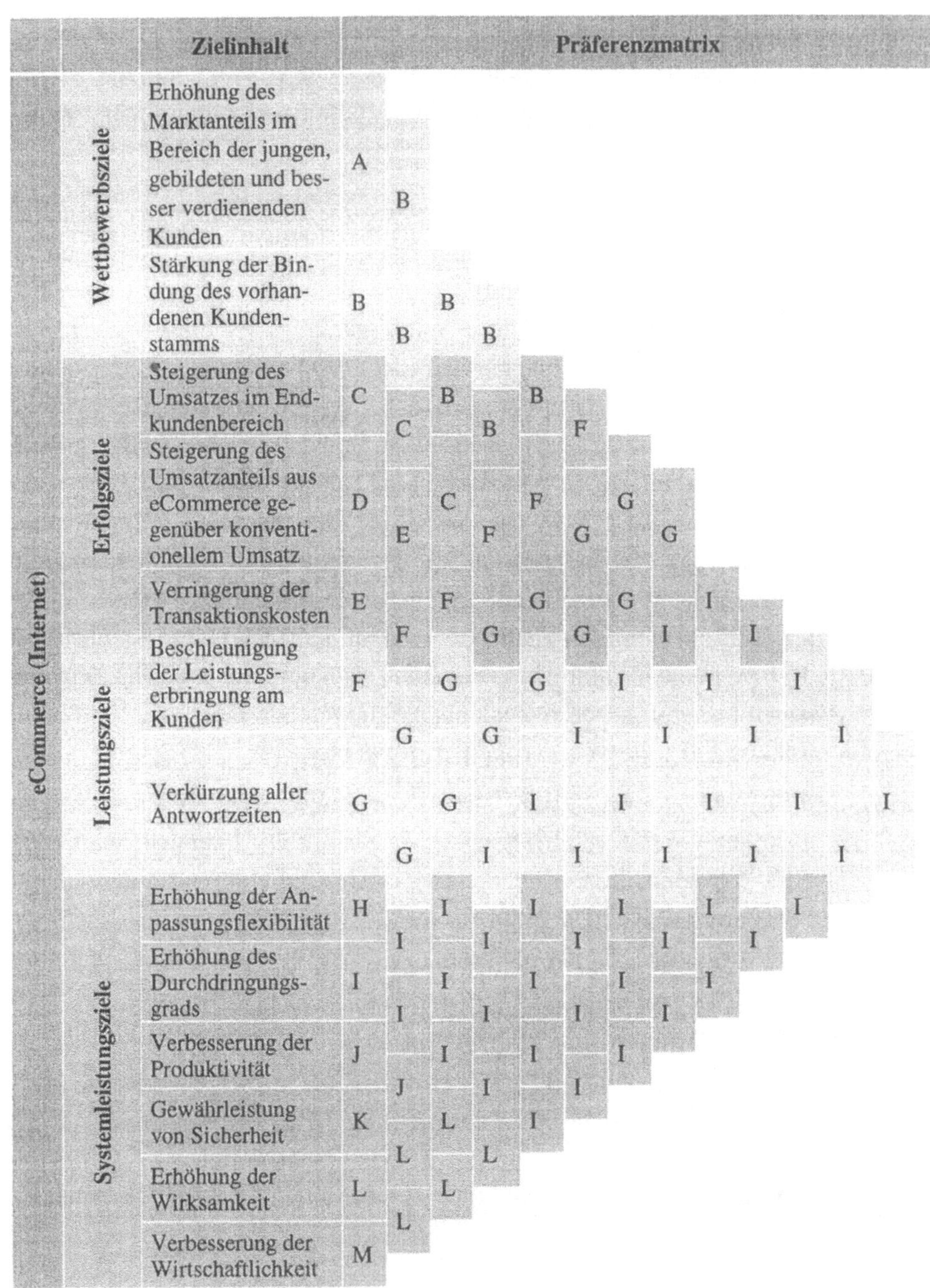

Abb. 25: Beispiel einer Präferenzmatrix als Gewichtungsinstrument

Allerdings läßt die Beantwortung der letztgenannten Fragestellung keine sonderlich aufschlußreiche Aussagen zu. Demgegenüber birgt die Fragestellung, welches Ziel zunächst realisiert werden muß, um übergeordnete Ziele zu erreichen, bereits eine Handlungsanweisung, konkret die Realisierung des Zielinhalts „Durchdringung". Diese Fragestellung tendiert zu einem „Auf-Den-Kopf-Stellen" der Hierarchie der Web-Site-Zielkategorien bei der Priorisierung der Web-Site-Ziele. Im vorliegenden Beispiel gilt es, vor allem das Ziel eines hohen Durchdringungsgrads (Systemleistungsziel) zu verfolgen. Es bildet die Voraussetzung für alle anderen für und mit dem Web-Site-Segment Internet zu erreichenden Ziele. Beispielsweise führt einerseits erst eine umfangreiche Unterstützung von Routineprozessen über das Internet zu Kostenersparnissen und damit zu Wirtschaftlichkeit (Erfolgsziel); andererseits ist erst mit einem hohen Durchdringungsgrad des Web-Site-Segments Internet die Verfolgung des Wirtschaftlichkeitsziels (Systemleistungsziel) sinnvoll. Es zeigt sich, daß hinsichtlich der Frage nach dem zunächst zu verfolgenden Web-Site-Ziel und ihrer Beantwortung mittels Präferenzmatrix nicht nur die komplementären Zielbeziehungen der Wichtigkeit nach geordnet, sondern daß gleichzeitig auch die indifferenten und konfliktären Zielbeziehungen aufgelöst werden. Im vorliegenden Beispiel ist vor dem Hintergrund der getroffenen Annahme das Ziel „Gewährleistung von Sicherheit" im Vergleich zum Ziel „Erhöhung des Durchdringungsgrads" als indifferentes Ziel weniger wichtig. Das Ziel „Verkürzung aller Antwortzeiten", das gegebenenfalls Investitionen erfordert und über Abschreibungen Kosten verursacht, dominiert das dazu konfliktäre Ziel „Verringerung der Transaktionskosten".

Anhand des Beispiels des Durchdringungsgrads wird ein weiterer Zusammenhang deutlich. Dieses Systemleistungsziel nimmt bei einer Web-Site-spezifischen strategischen Zielplanung eines Unternehmens dann eine solche Dominanz ein, wenn eine hohe Durchdringung noch nicht erreicht ist. Ist dies jedoch der Fall, gewinnen andere Ziele, z. B. die Wirtschaftlichkeit oder die Sicherheit an Bedeutung. Für andere Ziele gilt dies analog. Es wird außerdem deutlich, warum es erforderlich ist, die Gewichtung der Web-Site-Ziele nicht nur erst im Anschluß an die Festlegung der Inhalte der Web-Site-Ziele vorzunehmen, sondern die komplette Teilaufgabe der Web-Site-Zielformulierung der Gewichtung vorangehen zu lassen. Erst durch die Bekanntheit des Zielmaßstabs und gegebenenfalls des Zielerreichungsgrads kann unter Rückgriff auf die Erkenntnisse aus der Web-Site-spezifischen strategischen Situationsanalyse eine fundierte

Gewichtung der Web-Site-Ziele durchgeführt werden. Mit der Gewichtung der zu planenden strategischen Web-Site-Ziele ist der Prozeß der Web-Site-spezifischen strategischen Zielplanung abgeschlossen.

4 Fazit zur strategischen Planung

Die in Abschnitt B. vorgenommene institutionenökonomische Analyse von elektronischen Geschäftsaktivitäten eröffnet mit einer umfassenden Interpretation des „elektronischen Wirtschaftsgefüges" eine strategische eBusiness-Perspektive für Unternehmen. Die Web Site als integratives Konstrukt der eBusiness-Segmente Internet, Intranet und Extranet wird zum Ort des Zusammentreffens mit eCommerce-Kunden, der Ort der Zusammenarbeit mit eIntegration-Geschäftspartnern und der gemeinsame Ort der unternehmensinternen eWorkflow-Mitarbeiter für Routinearbeiten, Information und Kommunikation.

Es liegt nahe, daß die Planung einer Präsenz im elektronischen Wirtschaftsgefüge genauso wie die Planung einer Präsenz auf bekannten Märkten über eine initiale Situationsanalyse erfolgen sollte. Es ist durchaus denkbar, daß Unternehmen nicht von einer Web-Präsenz profitieren oder die Entwicklung einer Web Site keineswegs strategische Relevanz besitzt, sondern nur eine analoge Marktpräsenz flankierend abrundet. Erst wenn sich über die Situationsanalyse realistische Chancen zur Steigerung des Unternehmenserfolgs zeigen, sollte die Entscheidung für eine Web-Site-Entwicklung getroffen werden.

Eine daran anschließende systematische Web-Site-spezifische Zielplanung identifiziert diejenigen eBusiness-Segmente (Zielfelder) für ein Unternehmen, die sinnvollerweise über eine Web Site zu realisieren sind, mit Zielkategorien, Zielinhalten, Zielmaßstäben, Zielerreichungsgraden und Zeithorizonten. Die Ergebnisse der Zielplanung legen offen, ob die Web Site für ein Unternehmen strategische Relevanz besitzt.

Die Zielplanung mündet gegebenenfalls in eine dokumentierte Web-Site-Strategie: ein Konzept aufeinander abgestimmter strategischer Maßnahmen zur Erreichung der strategischen Ziele.[364] Der Prozeß dieser abschließenden Aufgabe der strategischen Planung ist nur sehr bedingt einer Systematisierung zugäng-

---

364 Vgl. Riedl, Rainer: Strategische Planung von Informationssystemen, a. a. O., S. 125.

lich.[365] Die zu formulierenden strategischen Maßnahmen sind zum einen von den unternehmensindividuell definierten Zielen und der aus der Situationsanalyse ermittelten organisatorischen und technischen Ausgangslage des Unternehmens abhängig. Zum anderen existieren keine allgemeingültigen Vorgaben, wie ein Strategie-Dokument auszusehen hat; in der Literatur wird z. B. eine Reihe von sogenannten „Strategiegeneratoren" besprochen, die je nach Anwendungsbereich strukturell und inhaltlich sehr unterschiedliche Ergebnisse erzeugen. Dazu zählen unter anderem das strategische Spielbrett der Unternehmensberatungsgesellschaft McKinsey[366], der morphologische Kasten nach Pümpin[367] und verschiedene Ausprägungen der Portfolio-Technik wie z. B. die Marktanteils-Marktattraktivitäts-Matrix der Boston Consulting Group.[368]

In Fortführung des in Kapitel E.3 geschilderten Vorschlags zur Generierung von Web-Site-spezifischen Zielen bietet es sich an, die dortige Zieldokumentation um strategische Maßnahmen zur Zielerreichung zu ergänzen. Die folgenden Tabellen 9a – 9c zeigen dies beispielhaft, indem sie die Ziele zum Segment eCommerce (Internet) aus den Tabellen 7a - 7c aufgreifen; in Anhang 2 der vorliegenden Untersuchung ist eine um strategische Maßnahmen ergänzte Zieldokumentation zum Segment eWorkflow (Intranet) einer Geschäftsbank als weiteres Beispiel angefügt. Die eindeutige Zuordnung von Maßnahmen zu Zielen läßt eine anschließende Priorisierung der Maßnahmen z. B. anhand der geschilderten Präferenzmatrix (siehe Abbildung 25) zu. Die (textuelle, listenartige, tabellarische) Zusammenfassung der Zielstruktur und priorisierten strategischen Maßnahmen ergibt letztendlich die Dokumentation der Web-Site-Strategie des betreffenden Unternehmens.

---

365 Vgl. Hammer, Richard M.: Unternehmensplanung, a. a. O., S. 167.

366 Vgl. Macharzina, Klaus: Unternehmensführung: das internationale Managementwissen; Konzepte - Methoden - Praxis, Wiesbaden: Gabler 1993, S. 262 ff.

367 Vgl. Pümpin, Cuno: Grundlagen der strategischen Führung, a. a. O., S. 23.

368 Vgl. Bea, Franz Xaver; Haas, Jürgen: Strategisches Management, a. a. O., S. 121 ff.; Macharzina, Klaus: Unternehmensführung: das internationale Managementwissen; Konzepte - Methoden - Praxis, a. a. O., S. 266 ff.

	Zielinhalt	Zielmaßstab	Strategische Maßnahmen
Wettbewerbsziele	Erhöhung des Marktanteils im Bereich der jungen, besserverdienenden Kunden mit einem hohen Bildungsstand	Marktanteil	Steigerung der Attraktivität der Leistungsdarbietung und der Leistungserbringung durch einen Internet-Auftritt Angebot preisgünstigerer Leistungen
	Stärkung der Bindung des vorhandenen Kundenstamms	Fluktuationszahl	Steigerung der Attraktivität der Leistungsdarbietung und der Leistungserbringung durch einen Internet-Auftritt Angebot preisgünstigerer Leistungen Verkürzung von Antwort- und Lieferzeiten
Erfolgsziele	Steigerung des Umsatzes im Endkundenbereich	Umsatz	Steigerung der Attraktivität der Leistungsdarbietung und der Leistungserbringung durch einen Internet-Auftritt Angebot preisgünstigerer Leistungen Verkürzung von Antwort- und Lieferzeiten Einführung und Promotion günstigerer Tarife bei Nutzung der Leistungen via Internet-Auftritt
	Steigerung des Umsatzanteils aus eCommerce gegenüber konventionellem Umsatz	Umsatzstruktur: $\dfrac{\text{eUmsatz}}{\text{Gesamtumsatz}}$	Verstärkte Ansprache junger Kunden mit Internet-Auftritt Gesonderte Promotion (Bewerbung) des Internet-Auftritts neben herkömmlicher Werbung Einführung und Promotion günstiger Tarife bei Nutzung der Leistungen via Internet-Auftritt
	Verringerung der Transaktionskosten	Transaktionskosten	Realisierung aller der Leistungserbringung zugrundeliegenden Phasen einer Transaktionssequenz weitgehend Web-basiert Suche von Lieferanten mittels Ausschreibungsverfahren im Internet
Leistungsziele	Beschleunigung der Leistungserbringung am Kunden	Lieferzeit	Realisierung aller der Leistungserbringung zugrundeliegenden Phasen einer Transaktionssequenz weitgehend Web-basiert
	Verkürzung aller Antwortzeiten	Zeit bis Antwort	Bearbeitung und Beantwortung jeglicher Anfragen, Bestellungen und Reklamationen via Internet

Tab. 9a: Web-Site-Ziele und strategische Maßnahmen

	Zielinhalt	Zielmaßstab	Strategische Maßnahmen
Systemleistungsziele	Erhöhung der Anpassungsflexibilität	Mitarbeitermotivationsnote	Schaffung eines ansprechenden Unternehmensklimas Förderung des fachlichen Interesses an der Arbeit (Weiterbildungsmaßnahmen) Einführung marktgerechter Bezahlung
		# kompetenter Mitarbeiter	Einstellung von Mitarbeitern mit „Web-Fähigkeiten" Einführung marktgerechter Bezahlung
		# Schulungen	Organisation adäquater interner und externer Aus- und Weiterbildungsmaßnahmen
		Web-Fähigkeit Anwendungen	Auswahl neu anzuschaffender und zu erstellender Anwendungen hinsichtlich Internet-Anbindung Betriebswirtschaftlich sinnvolle Migration vorhandener Anwendungen auf Internet-Basis
		Web-Fähigkeit Datenbestände	Gestaltung neu anzulegender Datenbestände hinsichtlich Internet-Anbindung Betriebswirtschaftlich sinnvolle Migration vorhandener Datenbestände auf Internet-Basis
	Erhöhung des Durchdringungsgrads	Anteil Kundentransaktionen	Prüfung aller Routinetransaktionen mit Kunden auf Realisierung via Internet-Auftritt und sukzessive Realisierung
	Verbesserung der Produktivität	Datenumschlag: $\dfrac{\text{übertragene Daten/h}}{\text{Datenbestand}}$	Sicherung eines hochperformanten Internet-Auftritts Promotion des Internet-Auftritts
		$\dfrac{\text{Visits / Monat}}{\text{Implement.-Mh}}$	Promotion des Internet-Auftritts
	Gewährleistung von Sicherheit	Integrität (Verfälschungsimmunität)	Realisierung von technologischen Datensicherheitsmaßnahmen auf hohem, stets zeitgemäßem Niveau Durchführung von Backup-Maßnahmen Ergreifung gebäudetechnischer Sicherungsmaßnahmen
		Vertraulichkeit (Datenschutz): hoher Aufwand an Zeit und Geld für potentielle Eindringlinge	

Tab. 9b: Web-Site-Ziele und strategische Maßnahmen (Fortsetzung)

	Zielinhalt	**Zielmaßstab**	**Zielerreichung**
Systemleistungsziele	Gewährleistung von Sicherheit	Verbindlichkeit (Gültigkeit)	Redaktionelle Überwachung
		Verfügbarkeit: Ist-Betriebszeit Soll-Betriebszeit	Einsatz hochverfügbarer Systeme Rund-um-die-Uhr-Betreuung
	Erhöhung der Wirksamkeit	Ist-Funktionen Soll-Funktionen	Permanente Aufnahme der Benutzeranforderungen und ihre Implementierung nach Prüfung
		Ist-Transaktionen Soll-Transaktionen	Stetige Prüfung von Routinetransaktionen auf Realisierung via Internet und zügige Realisierung
		Akzeptanz: Visits pro Monat	Promotion, Benutzerbeteiligung, Deckung der erwarteten und der tatsächlichen Leistungen des Internet-Auftritts und Benutzerfreundlichkeit
	Verbesserung der Wirtschaftlichkeit	Plankosten Ist-Kosten	Durchführung geeigneter Promotion-Maßnahmen
		Umsatz Ist-Kosten	Überwachung und Steuerung durch Etablierung eines Web Site Controlling

Tab. 9c:　Web-Site-Ziele und strategische Maßnahmen (Fortsetzung)

Zur Erreichung des dritten wesentlichen Erkenntnisziels der vorliegenden Untersuchung, der Operationalisierung von eBusiness, tragen der Prozeß der Situationsanalyse, die Zielplanung und die Strategie-Dokumentation eine systematisch erarbeitete Planungsgrundlage für die weiterführenden, realisierenden Maßnahmen einer eBusiness-Präsenz bei. Der Untersuchungsbereich der elektronischen Geschäftsaktivitäten wird dabei flächendeckend berücksichtigt; die in den Abschnitten B. bis D. theoretisch erarbeitete hierarchische Strukturierung des Untersuchungsobjektes, der Web Site eines Unternehmens mit den Segmenten eCommerce, eIntegration und eWorkflow (Internet, Extranet, Intranet), wird in einem ersten Schritt mit praxisrelevanten Methoden und Techniken zur strategischen Planung versehen. Mit Abschnitt E. soll gleichzeitig verdeutlicht werden, daß eine realistische Einschätzung von Chancen, Risiken und Zielen für eine erfolgreiche eBusiness-Präsenz zwingend erforderlich ist, bevor realisierende Maßnahmen ergriffen werden. Diesbezüglich läßt die in Abschnitt A. geschilderte Problemsituation von Web Sites deutscher Unternehmen vermuten, daß bislang dem (in 1998 wiederum von der IBM durch eine Werbekampagne geprägten) Ausspruch „Wir müssen ins Web!" zu selten die Frage „Müssen wir ins Web?" vorangestellt wurde.

F. Anforderungsanalyse im WSE-Vorgehensmodell

1 Anforderungsanalyse in der Phase „Web Site Requirements"

„Anforderungen an ein System sind Aussagen über zu erbringende Leistungen."[369] Bezogen auf den vorliegenden Zusammenhang sind dies Aussagen über die vom System „Web Site" zu erbringenden Leistungen. Die Web-Site-spezifische Anforderungsanalyse (siehe 3. Aufgabe in Abbildung 26) setzt sich zusammen aus:

- der einleitenden Web-Site-spezifischen strategischen Anforderungsanalyse (siehe Kapitel F.2)
- sowie den fachlichen, organisatorischen und technischen Anforderungsanalysen der aus der strategischen Anforderungsanalyse resultierenden Web-Site-(Teil-)Projekte (siehe Kapitel F.3).

Phase	Aufgaben	Aktivitäten (bzgl.)	Ergebnisse
WSR	1. Situations-analyse	Analyse: Kunden Analyse: Partner Analyse: Konkurenz	Strategische Ebene: Umfeld-Analyse
		Analyse: Eigene Technik Analyse: Eigene Organisation Analyse: Eigenes Know-how	Strategische Ebene: "Eigen"-Analyse
	2. Strategische Ziele	eCommerce eIntegration eWorkflow Passiv, interaktiv Entwicklungspfad	Strategische Ebene: eBusiness-Segmente mit Oberzielen
	3. Anforderungs-analyse	Fachlich orientiert Organisatorisch orientiert	Strat./takt. Ebene: Modelle (modellierte fachliche und organisatorische Anforderungen
		Technisch orientiert	Operative Ebene: Spezifikationen (spezifizierte, technische Anforderungen)

Abb. 26: Anforderungsanalyse in der Phase „WSR"

---

369 Kühnel, B.; Partsch, H.; Reinshagen, K. P.: Requirements Engineering - Versuch einer Begriffsklärung, a. a. O., S. 433.

Die Web-Site-spezifische strategische Anforderungsanalyse läßt sich im WSE-Vorgehensmodell an der Schnittstelle zwischen den Aufgaben 2 und 3 der Abbildung 26 positionieren. Analog zur strategischen Maßnahmenplanung im Rahmen der strategischen IT-Planung[370] fließen in die Web-Site-spezifische strategische Anforderungsanalyse die Ergebnisse der vorgelagerten Aufgaben der Web-Site-spezifischen strategischen Planung (Web-Site-spezifische strategische Situationsanalyse, Web-Site-spezifische strategische Zielplanung, Web-Site-spezifische Strategieentwicklung) ein.[371] Aus der Web-Site-spezifischen strategischen Anforderungsanalyse resultiert ein aus mehreren Teilplänen bestehender strategischer Web-Site-Plan.[372] Die einzelnen Teilpläne beziehen sich jeweils auf strategisch relevante Komponenten, Prozesse oder Eigenschaften der Web Site und/oder einzelner Segmente.[373] Dies können z. B. folgende Teilpläne sein:

- ein Web-Site-spezifischer Zielgruppenplan,

- ein Web-Site-spezifischer Funktionsplan,

- ein Web-Site-spezifischer Transaktionsphasenplan (z. B. zur Unterstützung eines Ausschreibungsverfahrens via Internet)

- ein Web-Site-spezifischer Performanzplan,

- ein Web-Site-spezifischer Sicherheitsplan,

- ein Web-Site-spezifischer Benutzerfreundlichkeits- oder Akzeptanzplan.

Der strategische Web-Site-Plan steht für den in Kapitel E.1 verwendeten Begriff der „strategisch orientierten betriebswirtschaftlichen Planungen" und spiegelt das strategische Projektportfolio in bezug auf die Web Site wider.[374] Die einzelnen Teilpläne konkretisieren sich folglich in entsprechenden Projekten. Die Umsetzung dieser Projekte kann sich an der Wichtigkeit der durch sie zu erreichenden strategischen Web-Site-Ziele orientieren.[375]

---

370 Vgl. z. B. Bea, Franz Xaver; Haas, Jürgen: Strategisches Management, a. a. O., S. 178 ff.; Heinrich, Lutz J.: Strategische Planung der Informationsverarbeitung: Strategie-Entwicklung und strategische Maßnahmenplanung, in: WISU, 8-9/1999, S. 1125 ff.

371 Vgl. Heinrich, Lutz J.: Informationsmanagement, a. a. O., S. 128.

372 Vgl. Heinrich, Lutz J.: Informationsmanagement, a. a. O., S. 128.

373 Vgl. Heinrich, Lutz J.: Strategische Planung der Informationsverarbeitung: Strategie-Entwicklung und strategische Maßnahmenplanung, a. a. O., S. 1125.

374 Vgl. Heinrich, Lutz J.: Informationsmanagement, a. a. O., S. 128 f.

375 Vgl. Heinrich, Lutz J.: Informationsmanagement, a. a. O., S. 129.

Für die Projektierung der zur Realisierung der strategischen Anforderungen erforderlichen Maßnahmen empfiehlt sich eine an Heinrichs „strategische Maßnahmenplanung"[376] angelehnte Vorgehensweise. Im Gegensatz zu Heinrichs Unterteilung der entsprechenden Teilaufgaben (Feststellen strategischer Lükken, Generieren von Projektideen zur Schließung strategischer Lücken, Durchführen der Projektplanung, Evaluieren der generierten Projektideen und Projektauswahl) wird die Anforderungsermittlung, die Heinrichs „Feststellen strategischer Lücken" entspricht, mit der Generierung von Projektideen zusammengefaßt, da die in Abschnitt E. dargelegte Situationsanalyse, Zielplanung und Strategie-Entwicklung die Funktion der Anforderungsermittlung übernimmt. Demzufolge umfaßt die Web-Site-spezifische strategische Anforderungsanalyse drei Teilaufgaben:

- Ableitung strategischer Anforderungen aus der Web-Site-Strategie und Generierung entsprechender Projektideen,

- Durchführung der Projektplanung,

- Evaluierung der Projektideen und Zusammenfassung von Projekten.

Das Ergebnis der Web-Site-spezifischen strategischen Anforderungsanalyse ist schließlich ein mit konkreten Projektvorschlägen gefülltes Web-Site-spezifisches strategisches Projektportfolio, das auf der taktischen Ebene des WSE-Komponentenmodells der Umsetzung der Web-Site-Strategie dient.[377]

Die methodische Ausgestaltung der Web-Site-spezifischen strategischen Anforderungsanalyse wird im nachfolgenden Kapitel F.2 dargelegt; sie erfolgt in Anlehnung an Heinrichs[378] strategische Maßnahmenplanung im Rahmen der strategischen IT-Planung. Mit der Benennung der zur strategischen Maßnahmenplanung inhaltlich analog ausgerichteten Aufgabe der Web-Site-spezifischen strategischen Anforderungsanalyse wird zum Ausdruck gebracht, daß eine Web Site strategischen Anforderungen, d. h. strategischen Aussagen über von ihr zu erbringende Leistungen, zu genügen hat. Solche Anforderungen konkretisieren den durch die jeweilige Web-Site-Strategie vorgegebenen Rahmen zur Erreichung der entsprechenden strategischen Web-Site-Ziele.[379] Zum

---

376 Vgl. Heinrich, Lutz J.: Informationsmanagement, a. a. O., S. 131.

377 Vgl. ähnlich bzgl. IT-Strategien Huber, Heinrich; Gumsheimer, Thomas: Methodik zur strategischen Planung der Informationsverarbeitung, in: Office Management, 5/1991, S. 35.

378 Vgl. Heinrich, Lutz J.: Informationsmanagement, a. a. O., S. 127 ff.

379 Vgl. Heinrich, Lutz J.: Informationsmanagement, a. a. O., S. 128.

anderen bilden die strategischen Anforderungen an eine Web Site die Schnittstelle zu den fachlichen und organisatorischen Anforderungsanalysen der taktischen Planungsebene im WSE-Komponentenmodell.[380] Letztere wurden in Kapitel E.1 als „taktisch orientierte betriebswirtschaftliche Planungen" bezeichnet und sind Gegenstand des Kapitels F.3.

2 Methodische Ausgestaltung einer Web-Site-spezifischen strategischen Anforderungsanalyse

Im Rahmen der ersten Teilaufgabe der Web-Site-spezifischen strategischen Anforderungsanalyse, der Anforderungsermittlung und Projektideengenerierung, werden aus der Web-Site-Strategie „in Form eines sachlogischen Deduktionsprozesses"[381] Anforderungen abgeleitet, die den imperativen Charakter der betreffenden Strategie-Aussagen aufgreifen. Beispielsweise fordert die in Kapitel E.4 skizzierte Internet-Strategie die Realisierung einer zielgruppenorientierten Web Site ein. Aus derartigen strategischen Anforderungen sind anschließend Projektideen zu generieren. Eine sachlogische Begründung erhalten strategische Projekte, wenn die strategischen Anforderungen zu den durch ihre Umsetzung zu erreichenden strategischen Web-Site-Zielen in Beziehung gesetzt werden. Tabelle 10 verfolgt das Beispiel der Internet-Strategie aus Kapitel E.4 weiter und veranschaulicht den Schritt der Anforderungsermittlung mit der Bezugnahme auf die entsprechenden strategischen Web-Site-Ziele.

Die ermittelten strategischen Anforderungen werden jeweils als Ziel und Zweck von Projekten verstanden und zur Generierung entsprechender Projektideen aufgegriffen. Dabei ist es sinnvoll, die Erkenntnisse aus der Web-Site-spezifischen strategischen Situationsanalyse zu Hilfe zu nehmen, da Projekte zu Anforderungen, denen eine identifizierte Schwäche gegenübersteht, relevanter erscheinen als Projekte zu Anforderungen, die als in hohem Maße realisiert angesehen werden können.[382] Wurde durch die SWOT-Analyse z. B. eine mangelnde Zielgruppenausrichtung einer bestehenden Web Site festgestellt, so ist die entsprechende strategische Anforderung in einem Projekt umzusetzen. Es wird daher explizit ein Projekt zur Zielgruppenuntersuchung gebildet.

---

380   Vgl. ähnlich in bezug auf die strategische Maßnahmenplanung Heinrich, Lutz J.: Informationsmanagement, a. a. O., S. 128.

381   Bea, Franz Xaver; Haas, Jürgen: Strategisches Management, a. a. O., S. 180.

382   Vgl. ähnlich Heinrich, Lutz J.: Informationsmanagement, a. a. O., S. 128.

Strategische Anforderung	Verfolgtes strategisches Web-Site-Ziel
Zielgruppenorientierung des Internet-Auftritts	Steigerung des Umsatzes im Endkundenbereich; Steigerung des Umsatzes aus eCommerce gegenüber konventionellem Umsatz; Erhöhung des Marktanteils in der Zielgruppe; Stärkung der Bindung des vorhandenen Kundenstamms; Erhöhung des Durchdringungsgrads; Erhöhung der Wirksamkeit
Einrichtung einer Web Site Promotion	Steigerung des Umsatzes im Endkundenbereich; Steigerung des Umsatzes aus eCommerce gegenüber konventionellem Umsatz; Erhöhung des Marktanteils in der Zielgruppe; Stärkung der Bindung des vorhandenen Kundenstamms; Verbesserung der Produktivität; Erhöhung der Wirksamkeit; Verbesserung der Wirtschaftlichkeit
Gewährleistung einer mediengerechten Aufbereitung der Publikationen auf der Web Site	Steigerung des Umsatzes im Endkundenbereich; Steigerung des Umsatzes aus eCommerce gegenüber konventionellem Umsatz ; Erhöhung des Marktanteils in der Zielgruppe; Stärkung der Bindung des vorhandenen Kundenstamms; Erhöhung der Sicherheit (Verbindlichkeit); Erhöhung der Wirksamkeit
Unterstützung aller Transaktionsphasen des Leistungshandels	Steigerung des Umsatzes im Endkundenbereich; Steigerung des Umsatzes aus eCommerce gegenüber konventionellem Umsatz; Verringerung der Transaktionskosten; Erhöhung des Marktanteils in der Zielgruppe; Stärkung der Bindung des vorhandenen Kundenstamms; Beschleunigung der Leistungserbringung am Kunden; Verkürzung aller Antwortzeiten; Erhöhung des Durchdringungsgrads; Erhöhung der Wirksamkeit; Verbesserung der Wirtschaftlichkeit
Implementierung geeigneter Sicherheitsmaßnahmen	Erhöhung der Sicherheit
Einrichtung eines Web Site Monitoring	Ausgangsbasis für ein Web Site Controlling
Einrichtung eines Web Site Controlling	Steuerung in Richtung aller strategischen Web-Site-Ziele; Verbesserung der Wirtschaftlichkeit

Tab. 10: Abstimmung der Web-Site-spezifischen strategischen Anforderungen
          mit den strategischen Web-Site-Zielen

Zur Durchführung der beschriebenen ersten Teilaufgabe der Web-Site-spezifischen strategischen Anforderungsanalyse eignen sich z. B. Gruppendiskussionen (Joint Sessions) mit Vertretern der Unternehmensleitung und der verschiedenen Geschäfts- und Fachbereiche, um die Standpunkte unterschiedlicher fachlicher Sichten im Unternehmen einzubeziehen.

Die zweite Teilaufgabe, die Projektplanung, umfaßt die Festlegung des Projektziels, gegebenenfalls die Zerlegung eines Projekts in Teilaufgaben respektive in eventuell relevante Meilensteine, die Ermittlung der Dauer des jeweiligen Projekts, des Personalbedarfs und -einsatzes, der anzuwendenden Methoden und Werkzeuge (Sachmittel) und des Budgets (Personal- und Sachkosten).[383]

Für das Beispiel der Projektidee zur Zielgruppenuntersuchung im Rahmen der Entwicklung eines Internet-Auftritts könnte die Projektplanung zu folgenden Ergebnissen führen:

Ziel des Projektes ist die Segmentierung der durch die jeweilige Web-Site-Strategie oder das jeweils besetzte Web-Site-Segment vorgegebenen Zielgruppe in homogene Teilgruppen und die Erhebung von durch diese Teilgruppen artikulierten Anforderungen i. S. v. Erwartungen an zu erbringende Leistungen der Web Site. Ferner soll im Rahmen dieses Projekts ein Konzept zur Institutionalisierung der Aufgabe einer permanenten Aufnahme der Zielgruppenanforderungen erarbeitet werden. Zu unterscheidende Teilaufgaben des Projekts können aus den zuvor genannten Zielen abgeleitet werden. Danach besteht die erste Aufgabe in der Ermittlung der Teilgruppen, die zweite in der Erhebung ihrer Anforderungen, die dritte in der Erarbeitung des Institutionalisierungskonzepts. Die Dauer des Projekts wird auf drei Monate veranschlagt. Davon werden ein Monat für die Erreichung des Meilensteins „Teilgruppenbildung", ein Monat für die Erreichung des Meilensteins „Anforderungsermittlung" und ein Monat für das institutionalisierende Organisationskonzept vorgesehen. Ein Team von fünf Personen ermittelt zunächst die Teilgruppen. Dieses Team wird anschließend zur Ermittlung der jeweiligen Anforderungen auf zehn Personen aufgestockt, um das erhöhte Arbeitsaufkommen dieser Teilaufgabe bewältigen zu können. Für die dritte Aufgabe wird es wieder auf fünf Mitarbeiter reduziert. Das Team setzt sich aus Mitarbeitern mit Internet- und WWW-Know-How und aus Mitarbeitern mit Know-how im Bereich des Marketing, insbesondere der Marktforschung, zusammen. Zur Ermittlung der homogenen Teilgruppen in-

---

383 Vgl. Heinrich, Lutz J.: Informationsmanagement, a. a. O., S. 132 und S. 203 ff.

nerhalb der Zielgruppe werden Erkenntnisse der Marktsegmentierung aus dem Marketing angewandt. Im Anschluß daran kommen geeignete Erhebungstechniken aus der Marktforschung zum Einsatz.

Die Teilaufgabe der Projektplanung soll einen Überblick über den Umfang und die Bedeutung der Projektideen geben. Um diesen Überblick zu erhalten, sind wenigstens die Projektziele und die entsprechenden Projektaufgaben zu erarbeiten. Tabelle 11 veranschaulicht in Fortführung des Beispiels aus Tabelle 10 exemplarisch, wie sich diese Minimalanforderungen an eine Projektplanung im Rahmen der Web-Site-spezifischen strategischen Anforderungsanalyse in der Praxis darstellen könnten.

Projektidee	Projektziele und -aufgaben
Projekt zur Zielgruppenuntersuchung für den Internet-Auftritt	Unterteilung der Zielgruppe in homogene Teilgruppen; Aufnahme teilgruppenspezifischer Anforderungen; Konzeption einer Institutionalisierung (Aufbau-/Ablauforganisation)
Projekt zur Einrichtung einer Web Site Promotion	Erarbeitung geeigneter Promotion-Maßnahmen; Konzeption einer Institutionalisierung (Aufbau-/Ablauforganisation)
Projekt zur mediengerechten Aufbereitung von Publikationen auf der Web Site	Erarbeitung alternativer Realisierungsmöglichkeiten; Bewertung der Alternativen und Auswahl; Konzeption einer geeigneten Infrastruktur; Konzeption einer Institutionalisierung (Aufbau-/Ablauforganisation)
Projekt zur Untersuchung der Transaktionsphasen des Leistungshandels	Identifizierung von Transaktionsprozessen des Leistungshandels; Untersuchung der zugrundeliegenden Sequenzen; Konzeption zur Realisierung via Internet
Projekt zur Einführung von Sicherheitsmaßnahmen	Konzeption einer kontinuierlichen Sicherheitsüberwachung; Konzeption einer Institutionalisierung (Aufbau-/Ablauforganisation)
Projekt zur Einrichtung eines Web Site Monitoring	Festlegung der durch das Web Site Monitoring zu erbringenden Leistungen; Konzeption einer Institutionalisierung (Aufbau-/Ablauforganisation)
Projekt zur Einrichtung eines Web Site Controlling	Festlegung der durch das Web Site Controlling zu erbringenden Leistungen; Konzeption einer Institutionalisierung (Aufbau-/Ablauforganisation)

Tab. 11: Schema zur Grobplanung strategischer Projekte

Eine auf diese Weise erfolgte Projektplanung unterstützt die dritte Teilaufgabe der Web-Site-spezifischen strategischen Anforderungsanalyse, die Projektevaluierung und -zusammenfassung.[384] Durch die Projektevaluierung sollen die Projektideen aus der ersten und zweiten Teilaufgabe bewertet, weniger zieladäquate Projektideen gegebenenfalls eliminiert und die verbleibenden Projektideen in das strategische Projektportfolio aufgenommen werden.[385] Die Projektevaluierung ist diejenige Teilaufgabe der Web-Site-spezifischen strategischen Anforderungsanalyse, die in starkem Maße instrumentell unterstützt werden kann. Auch sie sollte wie die Anforderungsermittlung und Projekt-Ideengenerierung im Rahmen von Gruppendiskussionen durchgeführt werden, damit die Vertreter verschiedener fachlicher Sichten in einem Unternehmen auf die Zusammensetzung des Web-Site-spezifischen strategischen Projektportfolios Einfluß nehmen können.

In Anlehnung an die von Heinrich[386] vorgestellte Variante der Portfoliotechnik wird zur Evaluierung der Projektideen eine einfache Portfolioanalyse vorgenommen. Sie erfolgt auf der Basis

- der Bedeutung des aus einer Projektidee abzuleitenden Projekts für die Erreichung der strategischen Web-Site-Ziele und

- der Realisierbarkeit des aus einer Projektidee abzuleitenden Projekts.

Die Bedeutung des jeweils abgeleiteten Projekts für die strategischen Web-Site-Ziele stellt darauf ab, inwieweit die entsprechende Projektidee zur Erreichung der strategischen Web-Site-Ziele beitragen kann. Die Realisierbarkeit des jeweils abgeleiteten Projekts umfaßt zum einen die Durchführbarkeit des Projekts aufgrund der im entsprechenden Unternehmen zur Verfügung stehenden Ressourcen, z. B. Know-how, und zum anderen seine Durchführbarkeit aufgrund der Abhängigkeit von den Ergebnissen vorangehender, sachlogisch kohärenter strategischer Projekte.

Beide Kriterien repräsentieren die Dimensionen, die der hier angewandten Portfoliomatrix zugrundeliegen. Die Dimension Bedeutung für die strategischen Web-Site-Ziele wird in die Ausprägungen gering, mittel und hoch und die Dimension Realisierbarkeit des Projekts in die Ausprägungen schwierig,

---

384   Vgl. ähnlich Heinrich, Lutz J.: Informationsmanagement, a. a. O., S. 132.

385   Vgl. Heinrich, Lutz J.: Informationsmanagement, a. a. O., S. 132.

386   Vgl. Heinrich, Lutz J.: Informationsmanagement, a. a. O., S. 134 f.

mittel und leicht unterteilt. Dadurch entsteht eine Neun-Felder-Matrix. Die Felder repräsentieren Projektklassen, die nachfolgend spezifiziert werden:

- die Klasse A umfaßt Projekte, die Muß-Charakter aufweisen und deren Realisierung nicht von Vorgängerprojekten abhängt;

- Projekte der Klasse B sind Projekte, deren Zweckmäßigkeit an die Realisierung von Klasse-A-Projekten knüpft;

- Klasse C beinhaltet Projekte, deren Zweckmäßigkeit von der Realisierung von Klasse-A- und -B-Projekten abhängig ist oder deren Realisierbarkeit durch noch zu beseitigende Ressourcenschwächen beeinträchtigt ist.

Abbildung 27 stellt die Projektevaluierungsmatrix mit den entsprechenden Ausprägungen der Dimensionen und den daraus ableitbaren Projektklassen dar.

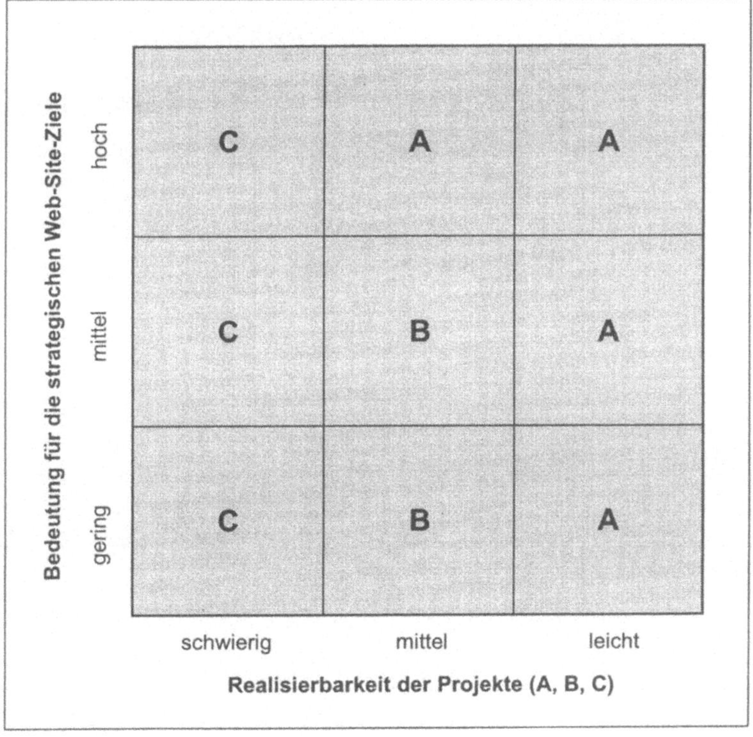

Abb. 27: Die Projektevaluierungsmatrix[387]

---

387   In Anlehnung an IBM Deutschland GmbH (Hrsg.): Der strategische Einsatz von Informationssystemen, in: IBM Nachrichten 290/1987, S. 66-70, Zit. in: Heinrich, Lutz J.: Informationsmanagement, a. a. O., S. 135.

Das bisher verfolgte Beispiel des Internet-Auftritts aufgreifend, könnten in die Klasse A z. B. die Projektideen zur Ermittlung zu unterstützender Transaktionsphasen via Internet, zur Zielgruppenuntersuchung und zur Institutionalisierung einer Web Site Promotion eingeordnet werden. Als Klasse-B-Projekt kann die Projektidee zur Einrichtung eines Web Site Controlling angesehen werden, wenn das Web Site Controlling von der Einrichtung eines Web Site Monitoring abhängt. Ein Klasse-C-Projekt könnte schließlich die Projektidee zur Implementierung von Sicherheitsmaßnahmen sein, wenn mit geeignetem Know-how ausgestattete Mitarbeiter noch nicht zur Verfügung stehen. Tabelle 12 gibt eine Übersicht über die Evaluierung der Projektideen, die mit den in Tabelle 10 aus der beispielhaften Internet-Strategie abgeleiteten strategischen Anforderungen korrespondieren.

Projektidee	Projektevaluierung		
	Bedeutung für die strategischen Internet-Ziele	Realisierbarkeit	Projektklasse
Projekt zur Zielgruppenuntersuchung für den Internet-Auftritt	hoch	leicht	A
Projekt zur Einrichtung einer Web Site Promotion	hoch	mittel	A
Projekt zur mediengerechten Aufbereitung von Publikationen auf der Web Site	mittel	mittel	B
Projekt zur Untersuchung der Transaktionsphasen des Leistungshandels	hoch	mittel	A
Projekt zur Einführung von Sicherheitsmaßnahmen	hoch	schwierig	C
Projekt zur Einrichtung eines Web Site Monitoring	hoch	mittel	A
Projekt zur Einrichtung eines Web Site Controlling	mittel	mittel	B

Tab. 12: Die Projektevaluierung

Das zweite Element der dritten Teilaufgabe der Web-Site-spezifischen strategischen Anforderungsanalyse, die Projektzusammenfassung, ist darauf ausgerichtet, die zukünftig durchzuführenden Projekte darauf zu prüfen, inwieweit sie organisatorisch zusammengefaßt werden können. Solche Zusammenfassungen bieten sich an, wenn ein enger sachlogischer Zusammenhang zwischen zwei oder mehreren Projektideen besteht. Dabei sind entweder Projekte der gleichen Klassenzugehörigkeit, z. B. zwei Klasse-A-Projekte, oder Projekte, die von den Ergebnissen eines Vorgängerprojekts abhängen, z. B. ein Klasse-A- und ein Klasse-B-Projekt, zusammenzufassen. Eine Cluster-Bildung ist im vorliegenden Beispiel der Tabelle 12 bei den Projektideen zur Einrichtung eines Web Site Monitoring und zur Einrichtung eines Web Site Controlling denkbar. Das Web Site Monitoring bildet die Basis für das Web Site Controlling. Die im vorangehenden Projekt eingesetzten Mitarbeiter können das gewonnene Know-How in das Folgeprojekt einbringen.

Die folgende Abbildung 28 illustriert eine angewandte Projektevaluierungsmatrix, in die exemplarisch drei Projekte aus Tabelle 12 eingeordnet wurden.

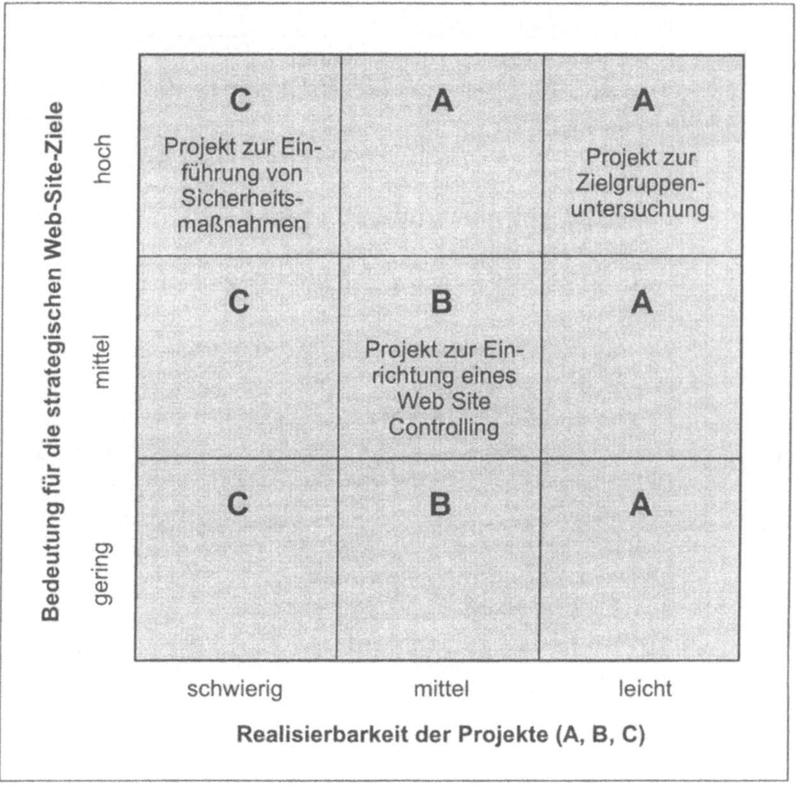

Abb. 28: Die beispielhaft angewandte Projektevaluierungsmatrix

Mit der Evaluierung und der Zusammenfassung der jeweiligen Projektideen
schließt die Web-Site-spezifische strategische Anforderungsanalyse ab. Ihr Ge-
samtergebnis stellt sich mit dem entsprechenden Web-Site-spezifischen strategischen Projektportfolio dar. Es besteht in einer Dokumentation der durchzuführenden strategischen Projekte, sinnvollerweise nach ihrer Klassenzugehörigkeit sortiert. Tabelle 13 stellt ein Beispiel einer solchen Dokumentation auf
der Basis der Tabellen 10, 11 und 12 für einen öffentlichen Internet-Auftritt
dar. In Anhang 3 der vorliegenden Untersuchung wird die betreffende Intranet-
Dokumentation der in den Anhängen 1 und 2 dargestellten Situationsanalyse
und Zielbildung einer Geschäftsbank fortgeführt.

Projekt	Projektziele und –aufgaben	Klasse
Projekt zur Zielgruppenuntersuchung für den Internet-Auftritt	Unterteilung der Zielgruppe in homogene Teilgruppen; Aufnahme teilgruppenspezifischer Anforderungen; Konzeption einer Institutionalisierung (Aufbau-/Ablauforganisation)	A
Projekt zur Einrichtung einer Web Site Promotion	Erarbeitung geeigneter Promotion-Maßnahmen; Konzeption einer Institutionalisierung (Aufbau-/Ablauforganisation)	A
Projekt zur Untersuchung der Transaktionsphasen des Leistungshandels	Identifizierung von Transaktionsprozessen des Leistungshandels; Untersuchung der zugrundeliegenden Sequenzen; Konzeption zur Realisierung via Internet	A
Projekt zur Einrichtung eines Web Site Monitoring	Festlegung der durch das Web Site Monitoring zu erbringenden Leistungen; Konzeption einer Institutionalisierung (Aufbau-/Ablauforganisation)	A
Projekt zur Einrichtung eines Web Site Controlling	Festlegung der durch das Web Site Controlling zu erbringenden Leistungen; Konzeption einer Institutionalisierung (Aufbau-/Ablauforganisation)	B
Projekt zur mediengerechten Aufbereitung von Publikationen auf der Web Site	Erarbeitung alternativer Realisierungsmöglichkeiten; Bewertung der Alternativen und Auswahl; Konzeption einer geeigneten Infrastruktur; Konzeption einer Institutionalisierung (Aufbau-/Ablauforganisation)	B
Projekt zur Einführung von Sicherheitsmaßnahmen	Konzeption einer kontinuierlichen Sicherheitsüberwachung; Konzeption einer Institutionalisierung (Aufbau-/Ablauforganisation)	C

Tab. 13: Beispiel eines Web-Site-spezifischen strategischen Projektportfolios

3 Der Requirements-Engineering-Life Cycle zur fachlichen Anforderungsanalyse

3.1 Einordnung in das WSE-Vorgehensmodell

Aufbauend auf den durch die strategische Anforderungsanalyse erarbeiteten Projektportfolios für die zu realisierenden Web-Site-Segmente (eCommerce, eWorkflow und/oder eIntegration) werden auf der taktischen Ebene des WSE-Komponentenmodells Projekte konkretisiert, die die Entwicklung der betreffenden Web-Site-Segmente als Anwendungssysteme zum Gegenstand haben. Während die strategische Anforderungsanalyse die in Kapitel C.3 erarbeitete strategische Sicht auf eine eBusiness-Präsenz reflektiert, nimmt die nun folgende fachliche und organisatorische Anforderungsanalyse in der betrachteten Phase „Web Site Requirements" den konstruktiven Aspekt einer Web Site als Individual-Software (siehe Kapitel C.4) mit einem breiten Spektrum an anwendungsorientierten Eigenschaften (siehe Kapitel C.5) und denjenigen Spezifika auf, die eine Web Site von konventioneller Software unterscheiden (siehe Kapitel D.1).

Die dem Web Site Engineering zugrundeliegenden Prinzipien des Software Engineering fordern von der fachlichen und organisatorischen Anforderungsanalyse, ein zu entwickelndes System zu modellieren. Als wesentliche Ergebnisse dieser taktischen betriebswirtschaftlichen Planungen werden im WSE-Vorgehensmodell (siehe Abbildung 17 in Abschnitt D. der vorliegenden Untersuchung) Strukturmodelle von Web-Site-Inhalten (statische Funktions- und Datenstrukturen), Prozeßmodelle von Web-Site-Aufgaben (dynamische Funktionsstrukturen) und Organisationsmodelle des betroffenen Umfelds aufgeführt. Diese Modelle stellen die „Essenz" eines Systems dar; sie werden anschließend zu konsistenten technischen Spezifikationen verfeinert, die den Entwicklern in der Phase des Web Site Designs als Anforderungen bei der Umsetzung (der technischen „Inkarnation" des Systems) von Navigation, Layout, Coding und Test dienen.

Die durch Methoden, Techniken und Werkzeuge unterstützte Erfassung, Beschreibung und Analyse von Anforderungen an zu entwickelnde Anwendungssysteme bilden die allgemeinen Hauptaufgaben eines „Requirements Engineering (RE)".[388] In bezug auf die Entwicklung von Web Sites wird hier der Begriff „Web Site Requirements Engineering" (WSRE; Abb. 29) verwendet.

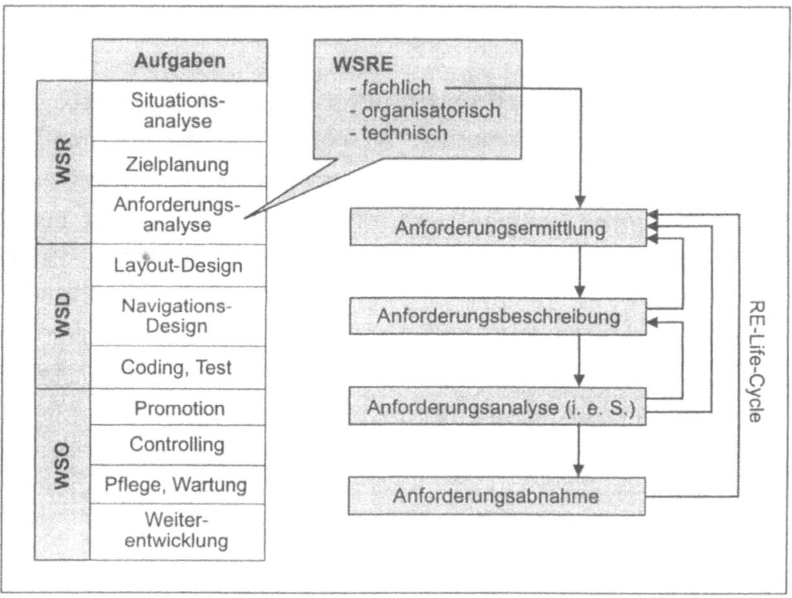

Abb. 29: RE-Life-Cycle und fachlich orientierte Anforderungsanalyse

In der Orientierung am Entwicklungsschema des um Rekursionen ergänzten Phasenmodells umfaßt das Requirements Engineering (RE) die Sub-Phasen der Anforderungsermittlung, -beschreibung, -analyse und -abnahme. Diese Sub-Phasen sind sequentiell zu absolvieren (sog. „Requirements-Engineering-Life-Cycle"[389]), wobei zwischen der Anforderungsbeschreibung und Anforderungsermittlung, der Anforderungsanalyse (i. e. S.) und Anforderungsermittlung sowie der Anforderungsanalyse (i. e. S.) und Anforderungsbeschreibung Rücksprünge möglich sind, um die jeweils vorgelagerte Sub-Phase zu modifizieren. Die Einordnung des Requirements-Engineering-Life-Cycle in das WSE-Vorgehensmodell sowie die Schrittfolge und Bestandteile, die zu einem Requirements Engineering im Web Site Engineering gehören, werden in Abbildung 29

---

388 Vgl. Kühnel, B.; Partsch, H.; Reinshagen, K.P.: Requirements Engineering – Versuch einer Begriffsklärung, a. a. O., S. 433.

389 Vgl. Kühnel, B.; Partsch, H.; Reinshagen, K.P.: Requirements Engineering – Versuch einer Begriffsklärung, a. a. O., S. 435.

dargestellt. Im Mittelpunkt des Requirements Engineering stehen die fachlichen Anforderungen an ein System. Aus diesen fachlichen Anforderungen sind die organisatorischen und technischen Anforderungen abzuleiten.

3.2 Anforderungsermittlung

Ausgehend von den strategischen Zielen und Anforderungen macht die detaillierte Erarbeitung des fachlichen Leistungsvermögens einer Web Site nach dem RE-Life-Cycle zunächst die Ermittlung der fachlichen Anforderungen an das Anwendungssystem „Web Site" erforderlich. Im Rahmen der Entwicklung von Web Sites für eWorkflow und eIntegration sehen sich die Entwickler hier einem abgrenzbaren Adressatenkreis[390] als Quelle der fachlichen Anforderungen gegenüber. Zur Ermittlung der Anforderungen kann neben dem Dokumentenstudium, der Interviewtechnik und der Anwendung von Kreativitätstechniken, die einem zahlenmäßig umfassenderen Adressatenkreis (z. B. mehr als 100 Mitarbeiter) entsprechendere[391] und die Fragebogentechnik beinhaltende Informationsbedarfsanalyse[392] angewendet werden, welche in diesem Fall um die Erhebung von Aufgaben- bzw. Prozeß-bezogenen Funktionsanforderungen zu erweitern ist.[393]

Zur Erhebung der Anforderungen an eine Web Site für eCommerce sehen sich die Entwickler einem weniger leicht abgrenzbaren sowie zahlenmäßig i. d. R. weit über dem von Mitarbeitern eines Unternehmens liegenden Adressatenkreis gegenüber. Dies erfordert zunächst eine ausgedehntere Differenzierung des jeweiligen Adressatenkreises durch weitere Segmentierungen. Die im Anschluß erfolgende Erhebung der jeweiligen Anforderungen kann zur groben Orientierung zunächst auf der Basis von Studien zu allgemeinen Erwartungen von Adressaten an Web Sites (wie sie z. B. Marktforschungsinstitute bereitstellen)

---

390 Alle Mitarbeiter des jeweiligen Unternehmens oder Teile davon (den an Kooperations-bezogenen Prozessen beteiligten Mitarbeitern).

391 Vgl. Kattler, Thomas: Informationsbedarfsanalyse in der Praxis, in: it Management, 9/98, S. 14.

392 Vgl. Kattler, Thomas: Analyse des Informationsbedarfs im Unternehmen; Abgewogen: Informationen nach Mass, in: it Management, 9/98, S. 10-15 und Kattler, Thomas: Informationsbedarfsanalyse in der Praxis, a. a. O., S. 14-15.

393 Vgl. Kattler, Thomas: Analyse des Informationsbedarfs im Unternehmen; Abgewogen: Informationen nach Mass, a. a. O., S. 10.

vorgenommen werden. Detailliertere Erkenntnisse lassen sich hingegen aus eigenen Erhebungen des jeweiligen Anbieters einer Web Site bzw. aus von ihm und für sich in Auftrag gegebenen Erhebungen gewinnen. Darüber hinaus kann ein Anbieter zur Weiterentwicklung seiner Web Site auf die entsprechenden Verfahren des Online-Monitoring zurückgreifen.[394] Die Anforderungen, die ein Anbieter selbst an eine zu entwickelnde Web Site stellt, können z. B. mit Hilfe von Kreativitätstechniken oder der Selbstaufschreibung erhoben werden.

3.3 Anforderungsbeschreibung

Im RE-Life-Cycle folgt im Anschluß an die Ermittlung der fachlichen Anforderungen an eine Web Site die entsprechende Anforderungsbeschreibung. Im Rahmen dieser Phase obliegt den jeweiligen Entwicklern die Aufgabe, die im Verlauf der Anforderungsermittlung erfaßten Anforderungen an eine Web Site zu präzisieren.[395] Die Präzisierung beinhaltet eine exakte, in sich und zu den Zielen des jeweiligen eBusiness-Segments widerspruchsfreie Spezifizierung, Strukturierung und Kategorisierung der komplexen und meist nur in Ansätzen systematisiert vorliegenden Anforderungen der jeweiligen Adressaten und fachlich verantwortlichen Personen an die zu entwickelnde Web Site.[396] Zur effizienten Erfüllung dieser Aufgabe ist ein systematisches Vorgehen erforderlich. Dahingehend haben sich im Rahmen der konventionellen Anwendungssystem-Entwicklung phasenspezifische Methoden (z. B. die Methoden der strukturierten Systementwicklung[397] wie die Strukturierte Analyse -SA- mit ihren verschiedenen Ausprägungen[398] und der Strukturierte Entwurf -SD-[399] oder die

---

394 Vgl. Guba, Andreas; Gebert, Oliver: Online Monitoring – Gewinnung und Verwendung von Online-Daten, in: Arbeitspapiere WI, Nr. 8/1998, Hrsg.: Lehrstuhl für Allg. BWL und Wirtschaftsinformatik, Johannes Gutenberg-Universität: Mainz 1998.

395 Vgl. Partsch, Helmut: Requirements Engineering, a. a. O., S. 31.

396 Vgl. Partsch, Helmut: Requirements Engineering, a. a. O., S. 31; 44.

397 Vgl. Hruschka, Peter: Vom Software-Engineering zum System-Engineering – Verständliche und prüfbare Anforderungsdefinitionen für komplexe Systeme, in: Requirements Engineering '87, GMD-Studien; Nr. 121, Hrsg.: Paul Schmitz; Gesellschaft für Mathematik und Datenverarbeitung Sankt Augustin, Darmstadt: GMD 1987, S. 373 und Stahlknecht, Peter: Einführung in die Wirtschaftsinformatik, a. a. O., S. 350.

398 Vgl. z. B. Balzert, Helmut: Lehrbuch der Software-Technik: Software-Entwicklung, Heidelberg, Berlin, Oxford: Spektrum 1996, S. 398.

399 Vgl. Stahlknecht, Peter: Einführung in die Wirtschaftsinformatik, a. a. O., S. 297.

Methoden der objektorientierten Systementwicklung[400] wie z. B. die Methoden von Booch, Coad/Yourdon, Ferstl/ Sinz oder Jacobson) herausgebildet, welche jeweils als Orientierungsmuster für ein planvolles Vorgehen in den einzelnen Phasen eines Entwicklungsprozesses anzusehen sind.[401] Ihre effiziente Umsetzung wird mit Hilfe von entsprechenden Techniken,[402] wie z. B. HIPO, SA, SADT für strukturierte Analyse und Entwurf oder Coad/Yourdon, UML für objektorientierte Analyse und Design erreicht.[403] Unter Techniken sind Sammlungen von Anleitungen (Konzepte[404]; z. B. Datenflußdiagramm, Datenverzeichnis bei der SA; Anwendungsfallanalyse, Geschäftsklassenidentifikation bei der UML[405]) zu verstehen, welche Angaben darüber machen, wie die im Rahmen der Anwendung einer Methode zu erzielenden Entwicklungsergebnisse zu erarbeiten sind.[406] Die Konzepte beinhalten sowohl die eigentlichen Anleitungen als auch die Konventionen über die jeweilige Darstellung[407] (Notationen)[408] von Entwicklungsergebnissen, im vorliegenden Zusammenhang von fachlichen Anforderungen.[409]

---

400 Vgl. Balzert, Heide: Objektorientierte Systemanalyse: Konzepte, Methoden, Beispiele, Heidelberg, Berlin, Oxford: Spektrum 1996, S. 15; Balzert, Helmut: Lehrbuch der Software-Technik: Software-Entwicklung, a. a. O., S. 358 und Stahlknecht, Peter: Einführung in die Wirtschaftsinformatik, a. a. O., S. 350.

401 Vgl. Stahlknecht, Peter: Einführung in die Wirtschaftsinformatik, a. a. O., S. 249.

402 Vgl. z. B. Partsch, Helmut: Requirements Engineering, a. a. O., S. 57 und Stahlknecht, Peter: Einführung in die Wirtschaftsinformatik, a. a. O., S. 294.

403 Vgl. Stahlknecht, Peter: Einführung in die Wirtschaftsinformatik, a. a. O., S. 272.

404 Festgelegte Sachzusammenhänge (z. B. originäre fachliche Charakteristika einer bestimmten Art von Anwendungssystemen) können mit Hilfe von Konzepten modelliert werden. Vgl. Balzert, Helmut: Lehrbuch der Software-Technik: Software-Entwicklung, a. a. O., S. 38.

405 Vgl. Oestereich, Bernd: Objektorientierte Softwareentwicklung: Analyse und Design mit der Unified modeling language; 4., akt. Aufl., München, Wien: Oldenbourg 1998, S. 121.

406 Vgl. Heym, Michael: Methoden-Engineering: Spezifikation und Integration von Entwicklungsmethoden für Informationssysteme, Dissertation der Hochschule St. Gallen, Hallstadt: Rosch-Buch 1993, S. 15.

407 Vgl. Ludewig, Jochen: Sprachen für das Software-Engineering, in: Informatik Spektrum, 16/1993, S. 286.

408 Vgl. Balzert, Helmut: Lehrbuch der Software-Technik: Software-Entwicklung, a. a. O., S. 38.

409 Vgl. Heym, Michael: Methoden-Engineering: Spezifikation und Integration von Entwicklungsmethoden für Informationssysteme, a. a. O., S. 15.

Einer systematischen Beschreibung der Anforderungen an eine Web Site[410] ist eine Web-Site-konforme Methode mit entsprechend geeigneten Techniken zugrunde zu legen. Eine solche methodische Präzisierung der Anforderungen an ein Anwendungssystem ist notwendig, da die Anforderungsermittlung i. d. R. keine formalisierten Ergebnisse, sondern unstrukturierte und lediglich in groben, uneinheitlichen Gliederungen[411] (z. B. Tabellen) vorliegende Dokumente erzeugt. Eine häufig umgangssprachliche und damit mehrdeutige Formulierung[412] von Anforderungen und ihre inhomogene Strukturierung beruhen im wesentlichen auf der Tatsache, daß viele Anforderungen von jenen Personen artikuliert und festgehalten werden, die das jeweils zu entwickelnde Anwendungssystem nach seiner Fertigstellung in Gebrauch nehmen sollen. Diese Personen verfügen meist zwar über profunde fachliche Kenntnisse ihres Arbeitsgebietes, aber nicht über das Know-How zur Anwendung von in der Systementwicklung gebräuchlichen Instrumenten zur systematischen Beschreibung von Anforderungen an Software, den Techniken zur Anforderungsbeschreibung. Es sei hier angemerkt, daß nicht allein die Orientierung an einer adäquaten Methode sowie die Anwendung entsprechender Techniken die Grundlage zu einer effizienten Realisierung der Aufgabe der Präzisierung bilden. Gleichfalls kann bereits in der Phase der Anforderungsermittlung die Anwendung von komplementären Methoden und Techniken, welche eine systematische Erhebung und strukturierte Dokumentation der jeweiligen Anforderungen gewährleisten, dazu beitragen, in der nachfolgenden Phase der Anforderungsbeschreibung die Effizienz der Präzisierung von Anforderungen zu erhöhen.

Die Darstellung von Anforderungen in einer unstrukturierter Form erschwert z. B. die Vergleichbarkeit von Anforderungen verschiedener Adressaten und beeinträchtigt ihre Überprüfbarkeit auf Konsistenz. In der Folge entsteht das Risiko, Anforderungen mehrfach, unvollständig und/oder inkorrekt zu beschreiben.[413] Daraus erwächst die Notwendigkeit, die Beschreibung von An-

---

410   ... und entsprechend auch der Anforderungsanalyse i. e. S., die in einer engen Wechselbeziehung zur Anforderungsbeschreibung steht ...

411   Vgl. z. B. Balzert, Helmut: Die Entwicklung von Software-Systemen, in: Reihe Informatik, Band 34, Hrsg.: Böhling, Karl Heinz; Kulisch, Ulrich; Maurer, Hermann, Mannheim, Wien, Zürich: Bibliographisches Institut 1982, S. 105.

412   Vgl. Partsch, Helmut: Requirements Engineering, a. a. O., S. 53.

413   Vgl. Balzert, Helmut: Die Entwicklung von Software-Systemen, a. a. O., S. 108 und Partsch, Helmut: Requirements Engineering, a. a. O., S. 53.

forderungen in formale Notationen (z. B. grafische Elemente)[414] zu fassen.[415] Die Erfüllung dieses Erfordernisses obliegt der von Methoden zur Anforderungsbeschreibung bereitgestellten Techniken. Die Techniken besitzen die Eigenschaften einer festgelegten Syntax und Semantik, einer begrenzten Sprachmenge sowie einer Vereinfachung der Überprüfung von Anforderungen auf Konsistenz, Mehrdeutigkeit und Vollständigkeit.[416] Aus diesen Eigenschaften ergeben sich z. B. differenzierte Formulierungen der jeweiligen Anforderungen, eine Systematik bei ihrer Zusammenfassung und Gliederung sowie die Möglichkeit zur strukturierten Darstellung der zwischen den einzelnen Anforderungen bestehenden Zusammenhänge.

An die Techniken zur Beschreibung der fachlichen Anforderungen von Web Sites sind entsprechend der konventionellen Anwendungssystementwicklung die Forderungen zu stellen, sowohl dem systematischen und damit in wesentlichen Zügen auch formalisierten Vorgehen eines WSE als auch dem problemlosen Verständnis durch die Adressaten und der fachlich Verantwortlichen[417] (beide Gruppen artikulieren die Anforderungen) einer zu entwickelnden Web Site Rechnung zu tragen.[418] Danach erlauben die entsprechenden Techniken die Etablierung eines Dialoges zwischen den Entwicklern (i. d. R. Informatik-Spezialisten, aber Laien im Zielfeld einer Web Site) und den jeweiligen Adressaten und fachlich Verantwortlichen (i. d. R. Informatik-Laien, aber Spezialisten im Zielfeld einer Web Site) einer Web-Präsenz, der zu einer größtmöglichen Übereinstimmung von geäußerten Anforderungen, ihrer Interpretation durch die Entwickler und den danach in der Web Site realisierten Funktionalitäten respektive bereitgestellten Informationen führt.[419]

---

414 Vgl. Fowler, Martin; Scott, Kendall: UML konzentriert: Die neue Standard-Objektmodellierungssprache anwenden, Bonn: Addison-Wesley Longman 1998, S. 20.

415 Vgl. Balzert, Helmut: Die Entwicklung von Software-Systemen, a. a. O., S. 107 f. und Partsch, Helmut: Requirements Engineering, a. a. O., S. 56, 59.

416 Vgl. Balzert, Helmut: Die Entwicklung von Software-Systemen, a. a. O., S. 108 und Partsch, Helmut: Requirements Engineering, a. a. O., S. 59.

417 Beispielsweise Vertreter der Geschäftsleitung, welche zu strategisch orientierten betriebswirtschaftlichen Planungen befugt sind und Führungskräfte der Produktion, der Logistik, des Vertriebs u. a., denen taktisch orientierte betriebswirtschaftliche Planungen obliegen.

418 Vgl. Balzert, Helmut: Die Entwicklung von Software-Systemen, a. a. O., S. 107 und Partsch, Helmut: Requirements Engineering, a. a. O., S. 57.

419 Vgl. Floyd, Christiane: Software-Engineering – und dann?, in: Informatik Spektrum, 17/1994, S. 34.

In der Entwicklung von konventionellen Anwendungssystemen konnten Erfahrungen gewonnenen werden, die zeigen, daß es der überwiegenden Zahl der zukünftigen Benutzer dieser Systeme an Wissen über die Existenz und insbesondere den Umgang mit den durch die Informatik bereitgestellten Techniken zur Anforderungsbeschreibung mangelt.[420] Aus diesem Grund werden zur Anforderungsbeschreibung häufig semi-formale Techniken (z. B. SA, SADT, UML)[421] eingesetzt,[422] welche

- den zukünftigen Benutzern sowie den fachlich für ein Entwicklungsvorhaben verantwortlichen Personen ein rasches Verständnis über die konkrete Präzisierung der originär von ihnen artikulierten Anforderungen gewähren und zugleich

- die Eignung besitzen, die jeweiligen Anforderungen derart zu präzisieren, daß sie relativ reibungslos in die formalen Techniken (z. B. Zerlegungskonzepte für Software, abstrakte Kontrollstrukturen)[423] der Phase des Entwurfs (in die Phase des Entwurfs sind die zukünftigen Benutzer und die fachlich für ein Entwicklungsvorhaben Verantwortlichen nur in einem geringen Maße involviert) überführt werden können.[424]

Aufgrund dieser Erfahrungen im Bereich der konventionellen Anwendungssystem-Entwicklung erscheint es für die Entwicklung von Web Sites ebenfalls angebracht, semi-formale Techniken zur Beschreibung der jeweiligen Anforderungen (sowie zu ihrer anschließenden Analyse) anzuwenden. Damit besteht die Möglichkeit, in der Web-Site-Entwicklung über die Anforderungsermittlung hinaus dem Gedanken der Benutzer-Partizipation – danach sind die zukünftigen Benutzer eines zu entwickelnden Anwendungssystems explizit in den entsprechenden Entwicklungsprozeß zu involvieren[425] – instrumentell Rech-

---

420 Vgl. Endres, Albert: Software und Software-Entwicklung im Wandel: ein historischer Vergleich, in: Informatik Spektrum, 16/1993, S. 264 und Partsch, Helmut: Requirements Engineering, a. a. O., S. 75.

421 Vgl. Floyd, Christiane: Software-Engineering – und dann?, a. a. O., S. 35.

422 Vgl. z. B. Balzert, H.: Die Entwicklung von Software-Systemen, a. a. O., S. 132; Endres, A.: Methoden der Programm- und Systemkonstruktion, in: Informatik Spektrum, 3/1980, S. 158; Endres, A.: Software und Software-Entwicklung im Wandel: ein historischer Vergleich, S. 264 und Ludewig, J.: Sprachen für das Software-Engineering, a. a. O., S. 289 f.

423 Vgl. Floyd, Christiane: Software-Engineering – und dann?, a. a. O., S. 35.

424 Vgl. Partsch, Helmut: Requirements Engineering, a. a. O., S. 44.

425 Vgl. Kargl, Herbert: Fachentwurf für DV-Anwendungssysteme, 2., erg. Aufl., München; Wien: Oldenbourg 1990, S. 58 f.

nung zu tragen. Gleichzeitig kann mit der Anwendung von semi-formalen Techniken in der Anforderungsbeschreibung (und -analyse i. e. S.) ein Beitrag geleistet werden, den fachlich für die Entwicklung einer Web Site verantwortlichen Personen einen transparenten Einblick[426] in den Fortgang des jeweiligen Entwicklungsprozesses zu gewähren. Daraus folgt, daß semi-formale Techniken geeignet erscheinen, einer Ablehnung[427] des zum Abschluß der Phase Anforderungsanalyse i. e. S. zu erstellenden fachlichen Anforderungsdokumentes[428], der fachlichen Detaillösung[429] (sie ist Teil des übergeordneten, auch organisatorische und technische Anforderungen enthaltenden, Anforderungsdokumentes[430] z. B. einem „Pflichtenheft"), in der Phase der Anforderungsabnahme vorzubeugen.

Dem Gedanken der Adressaten-Partizipation[431] in der Phase der Anforderungsbeschreibung (und -analyse i. e. S.) kann organisatorisch insbesondere im Rahmen der Entwicklung einer Web Site für eWorkflow oder eIntegration nachdrücklich gefolgt werden. In diesen Gebieten der Web-Site-Entwicklung sehen sich die Entwickler einem zahlenmäßig begrenzten sowie räumlich fixierten und damit relativ einfach erreichbaren Adressatenkreis gegenüber, der in wesentlichem Umfang über die Phase der Anforderungsermittlung hinaus aktiv in einen Entwicklungsprozeß eingebunden werden kann. Bei der Entwicklung einer Web Site für eCommerce liegt hingegen ein zahlenmäßig nicht eindeutig einzugrenzender und räumlich nicht fixierbarer Adressatenkreis vor. In Übereinstimmung mit der Phase der Anforderungsermittlung gewährt dieser Sachverhalt für die Phase der Anforderungsbeschreibung (und -analyse i. e. S.) organisatorisch nur eingeschränkt die Gelegenheit zur Adressaten-Partizipation. Stellvertretend für alle Adressaten einer zu entwickelnden Web Site für eCom-

---

426 Zum Beispiel im Rahmen von Reviews oder Audits

427 Vgl. Kühnel, B.; Partsch, H.; Reinshagen, K.P.: Requirements Engineering – Versuch einer Begriffsklärung, a. a. O., S. 435.

428 Vgl. Partsch, Helmut: Requirements Engineering, a. a. O., S. 31, 33.

429 Vgl. z. B. Kargl, Herbert: Fachentwurf für DV-Anwendungssysteme, a. a. O., S. 266.

430 Ein solches Dokument wird auch Anforderungsspezifikation, Lastenheft, Produktdefinition oder Requirementskatalog genannt. Vgl. Partsch, Helmut: Requirements Engineering, a. a. O., S. 31.

431 Die potentiellen und aktiven Benutzer einer Web Site werden zusammenfassend als Adressaten bezeichnet. Aus diesem Grund erfolgt hier eine Umbenennung des Begriffes „Benutzerpartizipation" (vgl. Kargl, Herbert: Fachentwurf für DV-Anwendungssysteme, a. a. O., S. 58-63) in „Adressaten-Partizipation".

merce kann lediglich ein repräsentativer Personenkreis über die Phase der Anforderungsermittlung hinaus aktiv[432] in den entsprechenden Entwicklungsprozeß eingebunden werden, z. B. zur Beurteilung der Adäquanz respektive Konsistenz von Anforderungen an eine Web Site für eCommerce, die mit Hilfe einer semi-formalen Technik präzisiert wurden.[433]

Mit der Verwendung von Techniken werden die originär umgangssprachlichen und damit mehrdeutigen Formulierungen sowie die zumeist groben Gliederungen von Anforderungen an eine Web Site dahingehend präzisiert, daß modellhafte Darstellungen der jeweiligen Anforderungen entstehen. Damit kann ab der Phase der Anforderungsbeschreibung von einer Modellierung der Anforderungen respektive einem fachlichen Modell[434] der zu entwickelnden Web Site gesprochen werden.

3.4 Anforderungsanalyse

Nach dem RE-Life-Cycle schließt an die Anforderungsbeschreibung die Analyse der fachlichen Anforderungen (i. e. S.) an eine Web Site an (Abb. 29). Ihr obliegen hauptsächlich die Aufgaben, die jeweils beschriebenen Anforderungen systematisch auf ihre Vollständigkeit[435] und Widerspruchsfreiheit hin zu überprüfen sowie mit Hilfe des explorativen Prototypings[436] die Benutzerakzeptanz zu testen. Die letztgenannte Form der Analyse erscheint allerdings nur im Rahmen des eWorkflow und der eIntegration praktikabel, da in diesen Bereichen ein relativ leicht abgrenzbares und zu erreichendes Adressatenspektrum vorliegt. Das Hauptziel der Anforderungsanalyse (i. e. S.) liegt in der Feststellung der Qualität der Anforderungsbeschreibung. Damit wird eine frühzeitige Identifikation und Bereinigung von fachlichen Defiziten angestrebt, welche ansonsten erst in späteren Phasen der Web-Site-Entwicklung zu Tage treten würden.

---

432 Die aktive Einbindung von Adressaten einer Web Site for eCommerce in die Phase der Anforderungsermittlung zeigt sich z. B. in der Teilnahme an Interviews oder im Ausfüllen von Fragebögen, wenn die jeweiligen Anforderungen mit Hilfe von statistischen Methoden erhoben werden.

433 Vgl. Partsch, Helmut: Requirements Engineering, a. a. O., S. 54.

434 Vgl. Partsch, Helmut: Requirements Engineering, a. a. O., S. 59.

435 Zum Beispiel Kontrolle, ob zu allen grundlegenden fachlichen Aspekten einer Web Site auch fachliche Anforderungen zu deren konkreten Realisierung beschrieben wurden.

436 Vgl. Kargl, Herbert: DV-Controlling, a. a. O., S. 44.

Führt eine Anforderungsanalyse i. e. S. zu dem Ergebnis, daß Defizite der Anforderungsbeschreibung vorliegen, so ist die Beschreibung entsprechend zu modifizieren. Dabei kann es erforderlich werden, zuvor noch fehlende Anforderungen durch einen Rückgriff auf die Anforderungsermittlung nachzuerheben. Ergeben sich aus einer Anforderungsanalyse i. e. S. keine Defizite in der jeweiligen Anforderungsbeschreibung, so werden die Anforderungen in einem entsprechenden Dokument, der fachlichen Detaillösung, niedergeschrieben.

3.5 Anforderungsabnahme

Die abschließende Phase des RE-Life-Cycle umfaßt die Anforderungsabnahme. Sie dient dazu, die in den vorangegangenen Phasen erarbeiteten fachlichen Anforderungen an eine Web-Präsenz den für das entsprechende Entwicklungsvorhaben verantwortlichen Personen zur Beurteilung vorzulegen. Die Grundlage dazu bildet die zum Ende der Anforderungsanalyse erstellte und im jeweiligen „Pflichtenheft" niederzulegende fachliche Detaillösung.[437] Werden dabei Widersprüche zu den ursprünglich von den Initiatoren an die jeweilige Web Site gestellten Anforderungen offenbar, so ist ein abermaliger Durchlauf des RE-Life-Cycle erforderlich, um die angemahnten Mängel zu beheben. Wird eine zur Abnahme vorgelegte fachliche Detaillösung durch den verantwortlichen Personenkreis bestätigt, ist der RE-Life-Cycle abgeschlossen.

Mit der Erstellung einer fachlichen Detaillösung werden grundlegende Vorgaben für die konkreten inhaltlichen, funktionalen und organisatorischen Eigenschaften einer Web Site erzeugt.[438] Die fachliche Detaillösung dient weiterhin als Basis der technischen Spezifikationen (z. B. zu Datenbankmodelle, Sicherheits-, Server-, Provider-Konzepte)[439] sowie deren Realisierung in der Phase des Web Site Design (WSD). Die Phase WSD umfaßt zudem die Konzeptionierung der Navigationsstruktur, die Gestaltung der einzelnen Pages und Page-Sequenzen (z. B. mit Hilfe von sog. Flowcharts oder Storyboards)[440] sowie deren Programmierung (Coding).

---

437 Vgl. z. B. Kühnel, B.; Partsch, H.; Reinshagen, K.P.: Requirements Engineering – Versuch einer Begriffsklärung, a. a. O., S. 435.

438 Vgl. Partsch, Helmut: Requirements Engineering, a. a. O., S. 55.

439 Vgl. Partsch, Helmut: Requirements Engineering, a. a. O., S. 38.

440 Vgl. z. B. Grauer, Manfred; Merten, Udo: Multimedia, Berlin, Heidelberg, New York: Springer 1997, S. 145-147.

4 Fazit: Strategische und fachliche Anforderungsanalyse

Die strategische Anforderungsanalyse operationalisiert in einem ersten Schritt die aus der Situationsanalyse und Zielplanung gewonnene Web-Site-Strategie über die Identifizierung, Positionierung und Zusammenfassung strategischer Projekte. Die in Kapitel F.2 dargelegte methodische Ausgestaltung der strategischen Anforderungsanalyse orientiert sich an der aus der IT-Planung bekannten strategischen Maßnahmenplanung. In Abstimmung mit den strategischen Web-Site-Zielen erfolgte zunächst die Definition Web-Site-spezifischer strategischer Anforderungen, daraus ein Schema zur Grobplanung strategischer Projekte, deren Positionierung in einer Projektevaluierungsmatrix sowie die Generierung Web-Site-spezifischer strategischer Projektportfolios für bestimmte Web-Site-Segmente.

Die auf die strategische Anforderungsanalyse folgende fachliche Anforderungsanalyse fokussiert auf die zu entwickelnden Web-Site-Segmente (für e-Commerce, eWorkflow und/oder eIntegration) als Softwaresysteme. Als zweiter Operationalisierungsschritt auf dem Weg von der Web-Site-Strategie zur fertiggestellten eBusiness-Präsenz wird hier über den RE-Life-Cycle die fachliche Detaillösung einer Web Site modelliert, die der anschließenden Realisierungsphase (WSD als drittem Operationalisierungsschritt) als Vorgabe dient.

Das fachliche RE im Rahmen von Anwendungssystem-Entwicklungsprozessen generell und damit gleichermaßen des WSE-Komponentenmodells zielt auf eine systematisch erarbeitete fachliche Detaillösung ab, welche die fachlichen Anforderungen an ein zu entwickelndes Anwendungssystem (z. B. Web Site) strukturiert und im Sinne[441] der jeweiligen Adressaten sowie fachlich verantwortlichen Personen (und z. T. auch der Entwickler) vollständig und widerspruchsfrei wiedergibt.[442] Zur Erfüllung dieser Zielsetzung ist es erforderlich, die jeweiligen Anforderungen zu ermitteln, zu beschreiben und zu analysieren.

---

441 Vgl. Schienmann, Bruno: Objektorientierte Spezifikation betrieblicher Informationssysteme: Anforderungen und Lösungskonzepte eines Terminologie-basierten Ansatzes; in: Wirtschaftsinformatik '95, Hrsg.: König, Wolfgang, Heidelberg: Physica 1995, S. 158.

442 Vgl. Boehm, Barry W.: Software Engineering: R&D Trends and Defense Needs, in: Wegner, P. (Hrsg.): Research Directions in Software Technology. Cambridge: MIT Press 1979, S. 47. Zitiert in Schienmann, Bruno: Objektorientierte Spezifikation betrieblicher Informationssysteme: Anforderungen und Lösungskonzepte eines Terminologie-basierten Ansatzes; a. a. O., S. 153.

Das dem klassischen Software Engineering entlehnte Modell des RE-Life-Cycle beschreibt auf abstrakter Ebene die zielgerichtete Anordnung dieser (Haupt-) Aufgaben und bildet damit eine übergeordnete Richtlinie zur Systematisierung und Strukturierung des Prozesses des fachlichen RE im WSE-Komponentenmodell.

Allerdings beinhaltet der RE-Life-Cycle keine Angaben darüber, in welchem fachlichen Umfeld und in welcher Reihenfolge die Instrumente zur Ermittlung von Anforderungen sowie insbesondere bestimmte Techniken zur Anforderungsbeschreibung und -analyse i. e. S. jeweils zielkonform angewendet werden können. Die durch die spezifischen Merkmale (siehe Kapitel C.4, D.1) und das unternehmensübergreifende Anwendungsspektrum (siehe Kapitel C.5) begründete Alleinstellung des Anwendungssystems „Web Site" im Vergleich zu konventioneller Software erfordert spezifische, auf den Bereich der Web-Site-Entwicklung ausgerichtete Methoden zur Anforderungsanalyse und deren Kernaufgabe der Modellierung. Eine Methode stellt „(...) eine festgelegte, systematische Vorgehensweise zur Lösung von Aufgaben (...)"[443] in den Entwicklungsprozessen von Anwendungssystemen dar.[444] Konkret besitzt eine Methode z. B. die Funktionen, in einem Entwicklungsprozeß zur Systematisierung (z. B. durch Modellbildung) von ermittelten Informationen[445] (z. B. Anforderungen) beizutragen, die Planung von Aktivitäten, welche zur Erfüllung von Aufgaben erforderlich sind zu unterstützen, sowie die Fixierung von Zwischen- und Endergebnissen zu erleichtern.[446]

Methoden für spezielle Anwendungssysteme basieren i. d. R. auf allgemein ausgerichteten Methoden (z. B. Strukturierte Analyse -SA- mit ihren verschiedenen Ausprägungen oder die objektorientierten Methoden von Booch, Coad/Yourdon oder Jacobson), die darlegen, in welcher Weise die einzelnen Aufgaben in den Phasen eines nicht näher spezifizierten Anwendungssystem-Entwicklungsprozesses durchzuführen sind, um zur Realisierung eines Anwendungssystems zu gelangen.[447] Die den allgemeinen Methoden zugeordneten

---

443 Streller, Kay: Begriffe aus dem Bereich der Softwaretechnik, in: WISU, 7/92, S. 549.

444 Vgl. Streller, Kay: Begriffe aus dem Bereich der Softwaretechnik, a. a. O., S. 549.

445 Unter Informationen werden zweckbezogene Daten verstanden.

446 Vgl. Heym, Michael: Methoden-Engineering: Spezifikation und Integration von Entwicklungsmethoden für Informationssysteme, a. a. O., S. 14.

447 Vgl. Streller, Kay: Begriffe aus dem Bereich der Softwaretechnik, a. a. O., S. 549.

Techniken als Konventionen für die Darstellung von Anforderungen in Modellen werden dabei ggfs. für die Entwicklung spezieller Anwendungssysteme modifiziert und/ oder ergänzt.

Die Weiterentwicklung des Themenbereichs „Fachliche Anforderungsanalyse im Web Site Engineering" legt es nahe, als nächsten Schritt die Erfordernisse zu erarbeiten, denen Methoden genügen sollten, um im fachlichen RE des WSE-Komponentenmodells eine systematische und zielgerichtete Durchführung der Phasen der Anforderungsbeschreibung und -analyse zu gewährleisten. Dazu ist zunächst ein entsprechender Strukturierungsrahmen zu beschreiben. Dieser Rahmen muß sich aus Elementen zusammensetzen, die grundlegend für die Konstituierung von Methoden zum fachlichen RE von Anwendungssystem-Entwicklungsprozessen erscheinen. Die für solche Methoden geltenden Erfordernisse sind anschließend für Beschreibungs- und Analyse-Methoden des fachlichen RE im WSE-Komponentenmodell zu spezifizieren und ggfs. zu modifizieren. Sind die Web-Site-spezifischen Erfordernisse an diese Methoden bekannt, kann die Auswahl und evtl. Anpassung konkreter Methoden oder die (Neu-) Entwicklung einer eigens für die Web-Site-Entwicklung ausgestalteten Methode sowie die Auswahl zugehöriger Techniken und Notationen erfolgen. Gegenstand weiterer Forschungsarbeiten muß es daher sein, Methoden und Techniken zur Anforderungsanalyse im Rahmen eines Web Site Engineering zu erarbeiten. Einen Ansatz dazu zeigt der in Anhang 4 der vorliegenden Untersuchung illustrierte UML-basierte Vorschlag einer Methode zur fachlichen Anforderungsanalyse[448] auf. Im Gegensatz zu dieser zwar geschlossenen, bisher jedoch praktisch noch nicht erprobten Methode zeigt Anhang 5 eine Reihe von Einzel-Techniken zur Anforderungsdokumentation und Modellbildung, die jedoch weder inhaltlich noch formal durchgängige Ergebnisse erzeugen. Die dargestellten Einzel-Techniken wurden mangels verfügbarer Alternativen in verschiedenen Praxisprojekten entwickelt.

Zum Abschluß des „Web Site Requirements" führt Abbildung 30 (in Verfeinerung des entsprechenden Teils des WSE-Vorgehensmodells aus Abbildung 17) die in dieser Phase zu erfüllenden Aufgaben und deren Bezugsobjekte mit den

---

448	Vgl. Schwickert, Axel C.; Wild, Martin: Requirements Engineering im Web Site Engineering, Vortragsdokumentation vom 26.05.1999, Dresdner Bank AG, Frankfurt am Main, Online im Internet: http://service.wiwi.uni-mainz.de/dl/dl_det.phtml?dl_nr=52&ef_dl=100000 4&ef_dl2=22.

in den vorherigen Kapiteln anhand durchgängiger Web-Site-Projekte (siehe dazu auch die Anhänge 1, 2 und 3 der vorliegenden Untersuchung) ausgeführten Methoden, Techniken und Ergebnissen zusammen.

Die Aufgaben sind inhaltlich mit denen vergleichbar, die bei der Entwicklung herkömmlicher Anwendungssysteme anfallen; die Situationsanalyse und die Zielplanung jedoch sind bei einer Web Site aufgrund ihrer spezifischen Eigenschaft, ein Unternehmen (teil-)öffentlich darzustellen, zu intensivieren. Die Aufgaben betreffen diejenigen eBusiness-Segmente, die ein Unternehmen zu realisieren beabsichtigt. Die in Abbildung 30 jeweils zugeordneten Methoden und Techniken wurden als problemadäquat hergeleitet und angewendet; die gezeigte Auswahl erhebt dabei nicht den Anspruch, vollständig zu sein.

Beispielsweise wäre zu prüfen, inwiefern die Balanced Scorecard[449] (BSC) als strukturierte Methode im Bereich der Zielplanung für die Zielformulierung und die Strategiegenerierung sowie in der darauf folgenden Strategieumsetzung für Web Sites eingesetzt werden kann. Neben der Finanz-, Prozeß- und Lern-/Entwicklungsperspektive setzt die BSC mit ihrer vierten wesentlichen Perspektive auf die Kunden einen Schwerpunkt, der in bezug auf eine Web Site die Forderung nach einer strikten Adressatenorientierung unterstreicht. Die BSC-Perspektive auf die internen Prozesse lenkt bei eBusiness-Präsenzen die besondere Aufmerksamkeit auf deren Entwicklungsprocedere und damit auf Vorgehensmodelle zum Web Site Engineering, die über die Interdisziplinarität von Teams, Know-How-Analysen, Qualifikationsmaßnahmen sowie phaseninterne und -übergreifende Rückkopplungen die Lern-/Entwicklungsperspektive der BSC integrieren. Im Vergleich zu der in Kapitel E.3 ausgeführten Zielplanung steuert die BSC somit keine Web-Site-spezifischen Inhalte zur Zielformulierung und Strategiegenerierung bei; die BSC schärft jedoch den Blick für die Zielfelder und die Systematik eines Web Site Engineering. Der BSC-Einsatz zur Umsetzung einer Strategie erfolgt über eine verfeinernde Zielhierarchie, die Zuordnung jeweils entsprechender Maßnahmen und die Festlegung zugehöriger Leistungsindikatoren.[450] Gleiches fordert die in Kapitel E.3 dargelegte Web-Site-spezifische Zielplanung und liefert dazu auch Instrumentenansätze.

---

449 Vgl. Kaplan, Robert S.; Norton, David P. (Hrsg.): Balanced scorecard: Strategien erfolgreich umsetzen, Stuttgart: Schäffer-Poeschel 1997.

450 Vgl. Horstmann, Walter: Der Balanced-Scorecard-Ansatz als Instrument der Umsetzung von Unternehmensstrategien, in: Controlling, Heft 4/5 1999, S. 195.

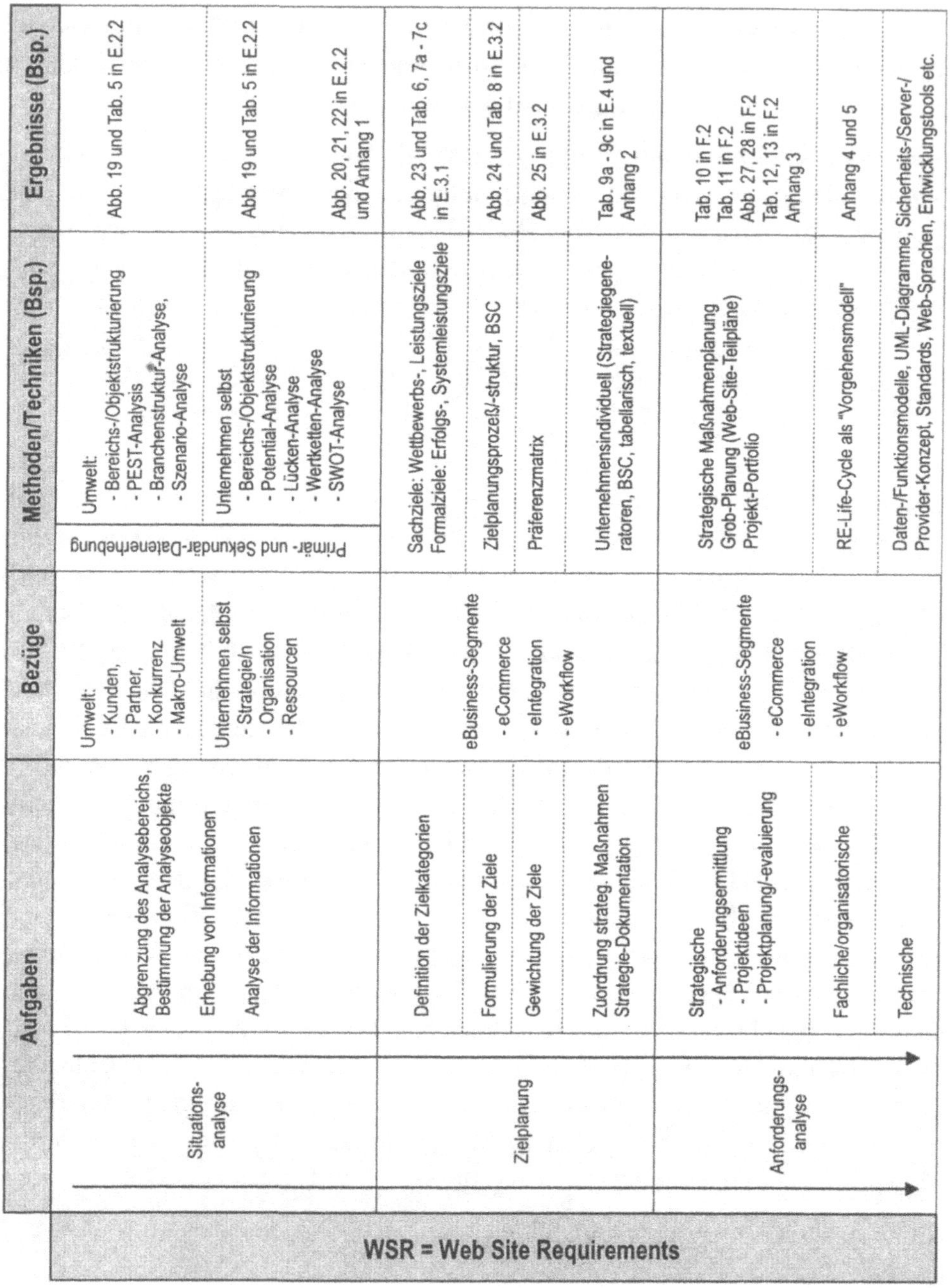

WSR = Web Site Requirements	Aufgaben	Bezüge	Methoden/Techniken (Bsp.)	Ergebnisse (Bsp.)
Situations-analyse	Abgrenzung des Analysebereichs, Bestimmung der Analyseobjekte Erhebung von Informationen Analyse der Informationen	Umwelt: - Kunden, - Partner, - Konkurrenz - Makro-Umwelt Unternehmen selbst - Strategie/n - Organisation - Ressourcen	*Primär- und Sekundär-Datenerhebung* Umwelt: - Bereichs-/Objektstrukturierung - PEST-Analysis - Branchenstruktur-Analyse, - Szenario-Analyse Unternehmen selbst - Bereichs-/Objektstrukturierung - Potential-Analyse - Lücken-Analyse - Wertketten-Analyse - SWOT-Analyse	Abb. 19 und Tab. 5 in E.2.2 Abb. 19 und Tab. 5 in E.2.2 Abb. 20, 21, 22 in E.2.2 und Anhang 1
Zielplanung	Definition der Zielkategorien Formulierung der Ziele Gewichtung der Ziele Zuordnung strateg. Maßnahmen Strategie-Dokumentation	eBusiness-Segmente - eCommerce - eIntegration - eWorkflow	Sachziele: Wettbewerbs-, Leistungsziele Formalziele: Erfolgs-, Systemleistungsziele Zielplanungsprozeß/-struktur, BSC Präferenzmatrix Unternehmensindividuell (Strategiegeneratoren, BSC, tabellarisch, textuell)	Abb. 23 und Tab. 6, 7a - 7c in E.3.1 Abb. 24 und Tab. 8 in E.3.2 Abb. 25 in E.3.2 Tab. 9a - 9c in E.4 und Anhang 2
Anforderungs-analyse	Strategische - Anforderungsermittlung - Projektideen - Projektplanung/-evaluierung Fachliche/organisatorische Technische	eBusiness-Segmente - eCommerce - eIntegration - eWorkflow	Strategische Maßnahmenplanung Grob-Planung (Web-Site-Teilpläne) Projekt-Portfolio RE-Life-Cycle als "Vorgehensmodell" Daten-/Funktionsmodelle, UML-Diagramme, Sicherheits-/Server-/Provider-Konzept, Standards, Web-Sprachen, Entwicklungstools etc.	Tab. 10 in F.2 Tab. 11 in F.2 Abb. 27, 28 in F.2 Tab. 12, 13 in F.2 Anhang 3 Anhang 4 und 5

Abb. 30: Aufgaben, Methoden und Techniken der Phase WSR

Eine besonderen Nutzen für die Web-Site-Entwicklung erzeugt BSC, wenn eine übergreifende Unternehmensscorecard die Oberziele eines Unternehmens klar vorgibt, zu deren Erreichung eine Web Site beitragen soll. Die Durchgängigkeit der BSC erzwingt die Ausrichtung der Web-Site-Ziele und -Strategie an den Oberzielen. Die BSC erfüllt hier ihre originäre Rolle als Methode: eine systematische, zielgerichtete Vorgehensweise, die mit einem Bündel aufeinander abgestimmter Techniken und Instrumente realisiert wird. In diesem Sinne lassen sich die geschilderten Web-Site-spezifischen Techniken und Instrumente in die „BSC-Toolbox" neben einer Vielzahl anderer bekannter Instrumente wie z. B. Benchmarking, Total Quality Management, Kennzahlen/-Systeme, Target Costing oder der Prozeßkostenrechnung einordnen.

Die methodische Durchgängigkeit der BSC kann insbesondere für die Wirkungsanalyse von realisierten Maßnahmen in den betreffenden Perspektiven ausgenutzt werden. Voraussetzungen dafür sind (wie bei den geschilderten Web-Site-spezifischen Instrumenten auch) meßbare Leistungsindikatoren, die die jeweiligen Zielerreichungsgrade zutreffend beschreiben, sowie eine Zielhierarchie, die den realen Ursache-Wirkungsketten entspricht.[451] Sind die Voraussetzungen erfüllt, kann die BSC in überschaubaren „Kennzahlentafeln" besonders wichtige Ziele gemeinsam mit den zugeordneten Maßnahmen und Zielerreichungsgraden offenlegen; Wirkungen auf Perspektiv-Objekte lassen sich ablesen und ggfs. für ziel- und strategiemodifizierende Rückkopplungen auswerten. Die BSC erfüllt dann neben den genannten Zielformulierungs- und Strategieumsetzungsaufgaben auch Controlling-Zwecke.

---

451   Vgl. Horváth, Péter; Kaufmann, Lutz: Balanced Scorecard – ein Werkzeug zur Umsetzung von Strategien, in: Harvard Business Manager, 5/1998, S. 48.

G. Web Site Controlling in der Phase „Web Site Online"

1 Einordnung in das WSE-Komponentenmodell

Betrachtet man die Entwicklung des Internet in den letzten drei bis vier Jahren aus Sicht der Unternehmen, so fällt auf, daß der wirtschaftliche Nutzen des elektronischen Handels lange Zeit unterschätzt wurde.[452] Viele Unternehmen befinden sich in Warteposition, um im richtigen Moment mit elektronischen Geschäftsaktivitäten zu starten.[453] Selbst Medienriese Bertelsmann und Microsoft haben lange Zeit das Potential für Innovationen unterschätzt, welches sich den Unternehmen durch das Medium Internet öffnet.[454] Als Grund für ihre Zurückhaltung geben viele Unternehmen die Frage nach dem wirtschaftlichen Nutzen an, der ihnen durch eine Web Site entstehen soll.[455]

Ein Unternehmen zeigt seine eBusiness-Präsenz anhand einer unternehmenseigenen Web Site, über die die eBusiness-Aktivitäten des Unternehmens abgewickelt werden. Unter dem Begriff „Web Site" wird alles zusammengefaßt, was die Präsenz des Unternehmens im Internet betrifft: neben der gewöhnlich aufgeführten, öffentlichen „Home Page" des Unternehmens (mit weiterführendem öffentlichem Page-Unterbau) gehören sowohl die Strukturen des unternehmenseigenen Intranets als auch die Schnittstellen und Verfahren zur Kooperation mit Geschäftspartnern dazu (Extranet). In allen drei Bereichen tätigt das Unternehmen Investitionen, deren Erfolg daran gemessen werden muß, welche Rendite erzielt wird. Die Rendite einer Web Site läßt sich z. B. an deren Umsatzwirkungen, unternehmensinternen Kostenersparnissen sowie an Zeitbedarfsreduzierungen bei Kooperationen mit anderen Unternehmen messen. Der Untersuchungsbereich des vorliegenden Abschnittes G. erstreckt sich über Konzepte, Maßnahmen und Instrumente, die dazu beitragen, über die Gewinnung und Verwertung relevanter Informationen die wirtschaftlichen Potentiale

---

452 Vgl. o. V.: Trotz Krisen rechnen die Unternehmen mit guten Wachstumschancen, in: FAZ, 29.01.99, S. 13, 14.

453 Vgl. Nemecek, Martin: Deutsche Unternehmen und Behörden nähern sich E-Commerce nur schüchtern, in: Computerzeitung, 14.05.98, S. 33.

454 Vgl. o. V.: Marktanteil und Innovation sind die Erfolgsfaktoren im Internet, in: FAZ, 24.12.98, S. 24.

455 Vgl. Beuthner, Andreas: Deutschen Firmen fehlt noch der richtige Draht zu E-Commerce und Web-Handel, a. a. O., S. 9.

der Web Site eines Unternehmens auszuschöpfen. Dieser Untersuchungsbereich wird hier als „Web Site Controlling" (WSC) bezeichnet. Ziel ist es, über die grundlegende Aufarbeitung des Themas „Web Site Controlling" zu einem Konzeptvorschlag zu gelangen. Es werden dabei die für den laufenden Betrieb einer Web Site relevanten Controlling-Aspekte zusammengefügt. Auch diejenigen finden Berücksichtigung, die zum Teil bereits in der vorgelagerten Phase einer Neu- oder substantiellen Weiterentwicklung von Bedeutung sind.

Abbildung 31 ruft das in Abschnitt D. der vorliegenden Untersuchung erarbeitete WSE-Komponentenmodell in Erinnerung. Die betriebswirtschaftlichen Planungen der Phase Web Site Requirements (Ziele, Projekte, Maßnahmen, Modelle und Spezifikationen) werden in der Phase Web Site Design als Web-Site-Segmente technisch realisiert. Die dortigen Aktivitäten betreffen vorrangig die äußere Gestaltung und die Programmierung der Web-Site-Segmente. Bei der Umsetzung einer Corporate Identity (CI), der Farb-, Graphik-, Symbolik- und Typographiegestaltung werden insbesondere Kommunikations-, Graphik-designer und Multimedia-Experten aktiv, die bzgl. Navigationskonzept, -elementen, -konsistenz mit den Programmierern in experimentellem, explorativem und evolutionärem Prototyping zusammenarbeiten. Die Oberflächen der zu entwickelnden Web-Site-Segmente werden sukzessive ausgebaut, über zugehörige technische Guidelines dokumentiert und anhand von Link- und Funktions-Checks, Cross Referencing sowie Performance-Messungen ausgetestet. Die verschiedenen Ausbaustufen der „lauffähigen" Web-Site-Segmente werden von Prüfgremien der jeweiligen Adressatenkreise beurteilt, bis letztlich endgültige Fassungen abgenommen werden und als Web Site (-Segmente) des Unternehmens online gehen.

Die Phase Web Site Design beschränkt sich im WSE-Komponentenmodell somit auf die technischen Aktivitäten zur Realisierung der Individualsoftware „Web Site". Aus betriebswirtschaftlicher Sicht ist diese Phase daher mit nachrangiger Bedeutung einzustufen. Allenfalls werden hier Outsourcing-Entscheidungen und/oder die Hinzuziehung unternehmensexterner Fachkräfte betriebswirtschaftliche Relevanz entfalten, die sich jedoch aufgrund eines durch die WSR-Vorgaben klar abgesteckten Bereichs in überschaubaren Grenzen halten. Ein Web Site Engineering nach dem Komponentenmodell betont die betriebswirtschaftlichen Planungen als die Kernaufgabe einer Web Site-Entwicklung, nicht die technischen Design- und Realisierungsaktivitäten.

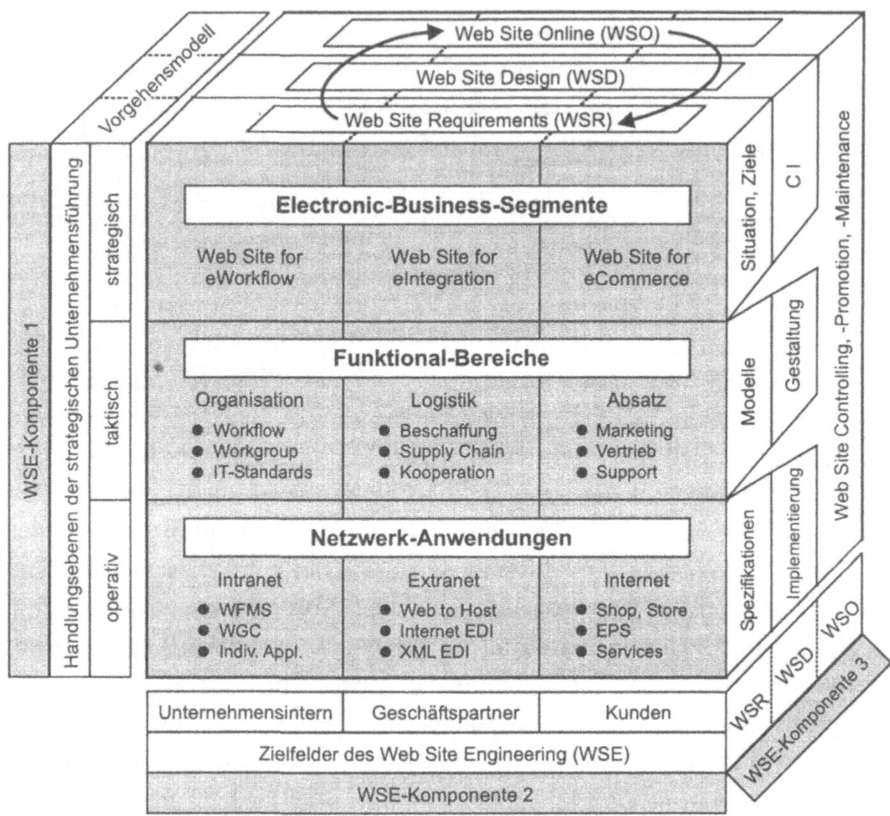

Abb. 31: Das WSE-Komponentenmodell

Den betriebswirtschaftlichen Planungen der Phase WSR bis zur „produktiven" Nutzung der in der Phase WSD entwickelten Web Site (-Segmente) schließen sich betriebswirtschaftlich relevante Aufgaben in der Phase „Web Site Online" (WSO) an. Von hervorgehobener Bedeutung ist hier die Exponierung der jeweiligen Web-Site-Segmente in ihren Zielfeldern. Wie bei herkömmlichen Marktpräsenzen auch wird es erforderlich sein, die Zielgruppen der eBusiness-Präsenz von deren Existenz und Funktionen zu informieren. Die Einführung und der Betrieb der Web Site bedürfen eigener Promotion-Aktivitäten (siehe Abschnitt H. der vorliegenden Untersuchung zu „Web Site Promotion").

Die Promotion der Web Site zielt auf die Erhöhung ihres Bekanntheits- und Akzeptanzgrades in den betreffenden Zielfeldern ab. Diesen „Außenwirkungen" einer Web Site stehen die für das Unternehmen relevanten wirtschaftlichen Erfolgswirkungen einer Web Site gegenüber. Die Gewinnung und Verwertung diesbezüglicher Informationen erfolgt über die im vorliegenden Abschnitt G. erörterten Web-Site-spezifischen Controlling-Aktivitäten.

Den folgenden Ausführungen wird der Ansatz des managementsystemorientierten Controllers für die Ausarbeitung der Ziele und Aufgaben des Controlling zugrundegelegt.[456] Demnach wird Controlling als „Unterstützung der Unternehmensführung" mit Transparenzverantwortung verstanden[457] und bezieht sich auf die sachbezogenen Komponenten der Führung: Zielformulierung, Planung, Entscheidung und Kontrolle. Der Controller leistet hierzu „in begleitender Funktion betriebswirtschaftlichen Service, sorgt für Kosten- und Ergebnissowie Strategie-Transparenz, koordiniert die Teilpläne des Unternehmens ganzheitlich und nicht nur zahlenmäßig, organisiert ein unternehmensübergreifendes Berichtswesen und sorgt für die Wirtschaftlichkeit im System"[458]. Vor diesem Hintergund lassen sich die allgemeinen Aufgaben des Controlling wie folgt zusammenfassen:[459]

- Unterstützung bei der Zielformulierung
- Unterstützung bei der Planung
- Unterstützung bei der Überwachung
- Informationsversorgung zur Koordination von Zielformulierung, Planung und Überwachung

Ein Web Site Controlling (WSC) übernimmt diese Unterstützungs- und Versorgungsaufgaben mit Bezug auf die eBusiness-Präsenz und die dafür verantwortliche Führung eines Unternehmens. Im folgenden Kapitel G.2 wird für das WSC ein strategischer und ein operativer Aufgabenbereich unterschieden sowie

---

456 Es lassen sich die historisch-buchhaltungsorientierten, die zukunfts- und aktionsorientierten sowie die managementsystemorientierten Controller unterscheiden. Weber, Jürgen: Einführung in das Controlling, 7., vollst. überarb. Aufl., Stuttgart: Schäffer-Poeschel 1998, S. 10 f. Zur Entwicklung des Controller-Begriffs siehe auch Horváth, Péter: Controlling, 7., vollst. überarb. Aufl., München: Vahlen 1998, S. 28 f. und Preißler, Peter: Controlling-Lexikon, München, Wien: Oldenbourg 1995, S. 68 f. sowie Preißler, Peter: Controlling, 10., bearb. Aufl., München, Wien: Oldenbourg 1998, S.13.

457 Vgl. Bottler, J.: Das Controlling-Konzept, in: Controlling und automatisierte Datenverarbeitung, Hrsg.: Horváth, P.; Kagl, H.; Müller-Merbach, H., Wiesbaden: Gabler 1975.

458 Deyle, A.: Kommentar der 12 Thesen im Beitrag von Küpper/Weber/Zünd zum „Verständnis und Selbstverständnis des Controlling", in: ZfB-Ergänzungsheft, 3/1991, S. 2.

459 Vgl. Kargl, Herbert: DV-Controlling, a. a. O., S. 5.

die Handlungsfelder eines Web-Site-spezifischen Controlling abgegrenzt. In Kapitel G.3 werden für die einzelnen WSC-Handlungsfelder zielorientierte Maßnahmen, Instrumente, Indikatoren und Meßgrößen vorgestellt.

2   Web Site Controlling und „Strategische Unternehmensführung"

2.1   Strategisches Web Site Controlling

Gemäß der dem WSE-Komponentenmodell zugrundeliegenden „Strategischen Unternehmensführung" wird die Unternehmensführung in drei Planungsebenen mit unterschiedlichen Planungshorizonten unterteilt. In der grundlegenden Literatur findet sich eine ähnliche Unterteilung für das Controlling. Es wird eine Trennung in operatives und strategisches Controlling durchgeführt.[460] Auch hier dient der Planungshorizont als Trennungsmerkmal, denn die Wahl der Instrumente, Kennzahlen und Meßgrößen, deren sich das Controlling bedient, lassen sich grundsätzlich in kurzfristig und langfristig orientierte unterscheiden. In breiter Übereinstimmung mit der Literatur zum Controlling bedient sich die strategische Planungsebene des strategischen Controlling; das operative Controlling unterstützt die taktische und die operative Planungsebene.[461] Abbildung 32 zeigt diesen Zusammenhang zwischen den Handlungsebenen und dem Controlling auf einer Zeitachse.

	Operative Planungsebene	Taktische Planungsebene	Strategische Planungsebene
Kontrolle	Operatives Controlling		Strategisches Controlling
Vergangenheit	Gegenwart		Zukunft

Abb. 32: Zusammenhang zwischen Planungsebenen und Controlling

Controlling im klassischen Sinne war operativ ausgerichtet. Seine Aufgabe war die Sicherung der kurzfristigen wie mittelfristigen Unternehmensziele. Anfang

---

460   Vgl. Preißler, Peter: Controlling, a. a. O., S. 17.
461   Vgl. Horváth, Péter: Controlling, a. a. O., S. 249.

der achtziger Jahre kam mit der Einführung der strategischen Unternehmensplanung auch die Notwendigkeit auf, ein langfristig orientiertes Controlling durchzuführen. Das strategische Controlling wird organisatorisch der strategischen Planung bzw. dem strategischen Management zugeordnet. Es verknüpft die strategische Planung und Kontrolle mit der strategischen Informationsversorgung. Im Gegensatz zum operativen Controlling beschränkt sich die Informationsbeschaffung nicht auf unternehmensinterne Daten. Um z. B. valide Aussagen über langfristige Marktentwicklungen zu treffen, benötigt die Unternehmensführung auch Informationen aus der Unternehmensumwelt.

Im Mittelpunkt des strategischen Controlling steht die strategische Planung, die über die Formulierung von Zielen und die Generierung von Strategien zur Schaffung oder Pflege bereits bestehender Erfolgspotentiale des Unternehmens beiträgt. Erfolgspotentiale sind abgrenzbare Produkt-, Kunden- oder Marktsegmente, in denen das Unternehmen für einen längeren Zeitraum Erfolge erzielen kann. Um eine strategische Planung auf Grundlage der Erfolgspotentiale durchzuführen, müssen diese zunächst bestimmt werden. Da Erfolgspotentiale durch Erfolgsfaktoren determiniert sind, greift man hier auf die Erfolgsfaktorenanalyse zurück.[462] Dieses Instrument des strategischen Controlling separiert die wichtigsten Faktoren, die für den Unternehmenserfolg verantwortlich sind. Sind die Faktoren bestimmt, wird eine Unternehmensstrategie ausgearbeitet, die auf den ermittelten Wirkungszusammenhängen zwischen Erfolgsfaktoren und -potentialen basiert.

Ein weiteres Instrument des strategischen Controlling zur Unterstützung der strategischen Planung ist die Stärken-Schwächen-Analyse.[463] Sie stellt die Stärken und Schwächen der zuvor durch die Erfolgsfaktorenanalyse ermittelten marktbezogenen Erfolgsfaktoren gegenüber, die für das Unternehmen als existentiell erachtet werden. Diese Faktoren werden bewertet, um so eine Aussage über ihre Ausprägung im Unternehmen treffen zu können. Die Bewertung kann z. B. in Ausrichtung auf die Konkurrenten am Markt erfolgen. Zusätzlich wird die Chancen-Risiken-Analyse eingesetzt, um mögliche strategische Veränderungen des Unternehmens für die Zukunft zu beurteilen. Als weitere Planungs-

---

462 Vgl. Ossadnik, Wolfgang: Controlling, 2., durchges. und verb. Aufl., München, Wien: Oldenbourg 1998, S. 257.

463 Vgl. die Ausführungen zur SWOT-Analyse aus Kapitel E.2.2 der vorliegenden Untersuchung im Rahmen der Situationsanalyse.

instrumente des strategischen Controlling seien noch die GAP(Lücken)-Analyse wie auch die Shareholder-Value-Analyse genannt.[464]

Strategisches Controlling bezieht sich somit vorwiegend auf die ersten beiden der im vorigen Kapitel genannten allgemeinen Controlling-Aufgaben „Unterstützung bei der Zielformulierung" und „Unterstützung bei der Planung". Auf der Basis der diesbezüglichen Ausführungen in Abschnitt E. lassen sich für das strategische WSC folgende Aufgaben ableiten:

- Permanente Stärken-Schwächen-/Chancen-Risiken-Analysen der Web-Präsenz des Unternehmens

- Beratung und Mitarbeit bei der Definition und Operationalisierung der strategischen Web-Site-Ziele

- Beratung und Mitarbeit bei der Generierung von Web-Site-Strategien

- Ständiger Soll-Ist-Vergleich strategischer Ziele (Zielerreichungsgrade)

- Koordination der strategischen Planung und der Überwachungsaktivitäten als Abstimmung der Zusammenarbeit zwischen strategischem und operativem WSC

Ein in der Praxis häufig vernachlässigter Aspekt ist die Umsetzbarkeit strategischer Ziele. Hier prüft das strategische Controlling, ob die in der Planung festgelegten Ziele praxisrelevant operationalisierbar sind, und ob im operativen Controlling Instrumente vorhanden sind, die eine Steuerung und Kontrolle auf der operativen Ebene überhaupt zulassen.[465] Nur so kann eine nutzbringende Verknüpfung von strategischer Planung und operativem Controlling gewährleistet werden.

2.2 Operatives Web Site Controlling

Das operative WSC unterstützt die taktische und die operative Planung bei der Umsetzung der strategischen Unternehmens- und Web-Site-Ziele. Die taktische Planungsebene ist für die Schaffung der für die Umsetzung der Ziele erforderlichen Unternehmensstruktur zuständig. Dabei bedient sie sich sogenannter stra-

---

464 Vgl. Weber, Jürgen: Einführung in das Controlling, a. a. O., S. 46 ff.

465 Vgl. Horváth, Péter: Controlling, a. a. O., S. 248.

tegischer Programme[466]. Weber unterscheidet je nach Zielausrichtung zwischen[467]

- produktbezogenen Programmen,
- kundenbezogenen Programmen,
- marktbezogenen Programmen,
- beschaffungsbezogenen Programmen,
- produktionsbezogenen Programmen,
- prozeßbezogenen Programmen.

Programme integrieren i. d. R. verschiedene Zwischenziele. Dies können Ressourcen-, Zeit- oder Ergebnisziele sein. Das operative Controlling steht der taktischen Planung bei der Festlegung dieser Zwischenziele beratend zur Seite. Bei der Durchführung der Programme nimmt das operative Controlling permanent den Status des bezogenen Zielbereichs auf, um dem taktischen Management Informationen über den Verlauf des Programms bereitzustellen. Auf diese Weise ist das Management bei Zielabweichungen in der Lage gegenzusteuern.

Um relevante Informationen zu erhalten, setzt das Controlling Instrumente wie z. B. die Produktlebenszyklus-Kostenanalyse ein. Grundidee dieser Analyse ist, daß jedes Produkt einen Lebenszyklus durchläuft: Planung, Einführung, Wachstum, Reife, Sättigung/Rückgang. Das operative Controlling kann nun durch Einsatz geeigneter Kennzahlen jederzeit den Status des Produktes im Produktlebenszyklus bestimmen. Neben der Produktlebenszyklus-Kostenanalyse werden bei der Unterstützung der taktischen Planung Instrumente wie das Erfahrungskurvenmodell, die Portfolio-Analyse, das Target Costing und das Benchmarking eingesetzt.[468]

Im Anschluß an die taktische Planung folgt die operative Planung, die auf den „strategischen Programmen" aufbaut. Die operative Planung soll die durch die taktische Planung geschaffene Unternehmensstruktur bestmöglich ausnutzen. Das operative Controlling liefert die Informationen, die nötig sind, um der operativen Planung effektive Zielformulierungen im Rahmen der vorgegebenen Strukturen zu ermöglichen. Die dafür benötigten Informationen basieren fast

---

466 Unter Programmen werden Konzeptionen verstanden die zur Erreichung eines bestimmten Ziels führen.

467 Vgl. Weber, Jürgen: Einführung in das Controlling, a. a. O., S. 43 f.

468 Vgl. Weber, Jürgen: Einführung in das Controlling, a. a. O., S. 63 ff.

ausschließlich auf quantifizierbaren (vorwiegend monetären) Größen.[469] Als Instrumente zur Ermittlung dieser Informationen setzt das operative Controlling z. B. die Deckungsbeitrags- oder Kostenvergleichsrechnung ein. Diese Instrumente benötigen umfassende Informationen über das Produkt, auf das sie sich beziehen. Dazu gehören Nutzungs- oder Absatzzahlen, auf deren Grundlage dann Handlungsempfehlungen ausgesprochen werden.

Bei der Einführung einer Web Site als „neues Produkt" sind diese Informationen nur selten so umfassend, daß gesicherte Handlungsempfehlungen möglich wären. In einem solchen Fall greift das operative Controlling auf Instrumente wie die Nutzschwellenanalyse zurück.[470] Hier wird eine Auslastungsgrenze für eine Web Site bestimmt, bis zu der eine kostengünstigere Ausbaustufe einer komplexeren, aber kostenintensiveren vorzuziehen ist. Auf Basis dieser Auslastungsgrenze (Nutzschwelle) entscheidet sich die Unternehmensführung für die Lösung, die ihrer Nutzenerwartung nach sinnvoller ist.

Die Informationen, die das operative Controlling liefert, werden im Gegensatz zu denen des strategischen Controlling ausschließlich aus unternehmensinternen Daten gewonnen. Der Aufgabenbereich des operativen WSC bezieht sich dabei nicht auf die technischen Bereiche des eBusiness, sondern auf die betriebswirtschaftlichen Sachverhalte. Im Vordergrund stehen die letzten beiden der im vorigen Kapitel genannten allgemeinen Controlling-Aufgaben „Unterstützung bei der Überwachung" und „Informationsversorgung zur Koordination von Zielformulierung, Planung und Überwachung". Aus den diesbezüglichen Einzelaufgaben eines operativen Controlling lassen sich für das operative WSC folgende Aufgaben ableiten:[471]

- Mitarbeit bei der Planung und Operationalisierung von Web-Site-Teilzielen sowie deren Umsetzung

- Entwicklung und Implementierung eines Berichtssystems mit betriebswirtschaftlichen Kennzahlen zur Web Site (z. B. auf der Basis technischer Kennzahlen, die aus einem Web Site Monitoring gewonnen werden)

- Permanente Durchführung von Soll-Ist-Vergleichen betriebswirtschaftlicher Kennzahlen

---

469   Vgl. Horváth, Péter: Controlling, a. a. O., S. 249.

470   Vgl. Weber, Jürgen: Einführung in das Controlling, a. a. O., S. 112 f.

471   Die einzelnen Aufgaben des operativen Controlling Ossadnik, Wolfgang: Controlling, a. a. O., S. 39 sowie Preißler, Peter: Controlling, a. a. O., S. 20.

- Interpretation der gewonnenen Informationen
- Informationsversorgung der betroffenen Managementebenen mit entscheidungsrelevanten Informationen (z. B. über die Entwicklung/Implementierung eines Web-Site-spezifischen Führungsinformationssystems)
- Durchführung von Prognosen und Simulationen (z. B. Web-Site-Nutzung, Weiter-/Entwicklungsaufwand)

In Tabelle 14 werden die wichtigsten Unterschiede zwischen dem strategischen und operativen Controlling zusammengefaßt, die auch für das WSC von Bedeutung sind.

Merkmale	Controlling-Typen	
	Strategisches Controlling	Operatives Controlling
Orientierung	Umwelt und Unternehmung Adaption	Unternehmung: Wirtschaftlichkeit betrieblicher Prozesse
Planungsstufe	Strategische Planung	Taktische und operative Planung, Budgetierung
Dimension	Chancen/Risiken, Stärken/Schwächen	Aufwand/Ertrag, Kosten/Leistung
Zielgröße	Existenzsicherung, Erfolgspotential	Wirtschaftlichkeit, Gewinn, Rentabilität

Tab. 14: Strategisches und operatives Controlling[472]

2.3 Handlungsfelder des WSC

Die Auswahl der Maßnahmen und Instrumente zum WSC ist nicht nur von der Ausrichtung am Zeithorizont und den Managementebenen abhängig, sondern auch von den Handlungsfeldern des WSC und den damit verbundenen Web-Site-Zielen. Auf der Basis des WSE-Komponentenmodells werden für das WSC drei Handlungsfelder abgeleitet. Unter einem Handlungsfeld wird hier ein bestimmter Tätigkeitsbereich des Controllers verstanden. Unterscheidungskriterien für diese Handlungsfelder sind die eBusiness-Segmente des WSE-Komponentenmodells. Demnach sind die Handlungsfelder in die Bereiche eWorkflow, eIntegration und eCommerce aufgeteilt. Nachfolgend werden die Handlungsfelder beschrieben und mögliche Ziele aufgezeigt.

---

472 Vgl. Horváth, Péter: Controlling, a. a. O., S. 250.

eWorkflow

Hier handelt es sich um den auf das Unternehmensinnere beschränkten Teil der Web Site mit einer geschlossenen Benutzergruppe (Intranet).[473] Typische strategische Ziele, die mit der Implementierung eines Intranet verbunden werden, sind z. B. die Reduzierung von Durchlaufzeiten administrativer Vorgänge, die Senkung von Prozeßkosten, die Förderung der Organisationstransparenz, die Verbesserung der Informationsinfrastruktur und die Erhöhung der Kommunikationsintensität. Das WSC liefert hier Informationen für die Vorgabe von strategischen Zielgrößen durch das Management. Bei der Reduzierung bestimmter Durchlaufzeiten kann dies z. B. ein fester Prozentsatz sein.

Verbunden mit den strategischen Zielen ist die Festlegung von taktischen und operativen Zwischenzielen. Zwischenziele ermöglichen eine permanente Kontrolle und eine schnelle Reaktion bei Abweichungen. Ein mögliches Zwischenziel bei der Reduzierung der Durchlaufzeiten kann der Abbau von Entscheidungshierarchien und die damit verbundene Erweiterung des Kompetenzbereichs einzelner Mitarbeiter sein.[474] Kommunikations- und transparenzorientierte strategische Ziele werden z. B. über die Schaffung von unternehmensinternen Informationssystemen erreicht, die den Mitarbeitern Projektstatusabfragen ermöglichen, Dokumentationen zu Strategien, Programmen, Zielen anbieten oder Unternehmenszeitschriften, schwarze Bretter bis hin zum Speiseplan der Kantine zur Verfügung stellen. Eng mit solchen Informationssystemen kann die Schaffung eines ortsunabhängigen Bürosystems verbunden sein. Hierüber können sich Mitarbeiter unabhängig von ihrem unternehmensinternen Arbeitsplatz Zugang zu ihrem virtuellen Büro verschaffen und so z. B. auf Terminplaner zugreifen oder an Videokonferenzen teilnehmen.[475]

eIntegration

Bei der elektronischen Integration (eIntegration) geht es um die Erstellung eines sicheren, der Öffentlichkeit nicht zugänglichen Teils der Web Site, mit dessen Hilfe sich das Unternehmen mit ausgewählten Geschäftspartnern vernetzt – und zwar nicht nur in technischer, sondern vielmehr in organisa-

---

473 Vgl. Cole, Tim: Erfolgsfaktor Internet, Düsseldorf; München: Econ Verlag 1999, S. 47.

474 Vgl. Steuck, Joachim W.: Geschäftserfolg im Internet, a. a. O., S. 58.

475 Vgl. Bronner, Rolf; Appel, Wolfgang Ph.: So nah und doch so fern, in: Personalwirtschaft, 6/1996, S. 20-23.

torischer Hinsicht (Extranet).[476] Als Geschäftspartner kommen hier in der unternehmerischen Wertschöpfungskette insbesondere Lieferanten, Abnehmer (das eigene Unternehmen übernimmt die Rolle des Lieferanten) und Logistikpartner wie z. B. Speditionen in Betracht.

So kann es z. B. strategisches Ziel des Extranet sein, Lieferanten enger an das eigene Unternehmen zu binden, um Verbundeffekte zu nutzen. Zwischenziele können der Abbau von Schnittstellen im Bestellsystem oder der Ideenaustausch mit Lieferanten sein. So kann das Unternehmen bei der Entwicklung von neuen Produkten den Lieferanten stärker einbeziehen, um z. B. durch eine Extranet-gestützte CAD-Planung Paßprobleme von Zulieferteilen auszuschließen. In der Forschung kann ein Ideenaustausch zu Produktinnovationen führen. Nicht nur das eigene Unternehmen zieht aus dieser effizienteren Form der Kooperation Vorteile. Durch eine gemeinsame Planung können Produkte eventuell kostengünstiger oder schneller auf den Markt gebracht werden, was wegen einer damit verbundenen steigenden Nachfrage nach Zulieferteilen auch im Interesse der Lieferanten ist.

Das WSC muß die Möglichkeiten der Einbeziehung von Geschäftspartnern aufzeigen und die Zusammenarbeit permanent nach Verbesserungen absuchen. Der Erfolg des WSC bei der Suche nach neuen Ansatzpunkten zum Ausbau einer Zusammenarbeit hängt sehr stark von der Bereitschaft der Partner ab, ihre internen Informationen zur Verfügung zu stellen.

eCommerce

Beim eCommerce steht der Kontakt zum (End-)Kunden im Vordergrund. Die Web Site kann hier zu weit mehr als dem Einsatz als Werbeträger genutzt werden. Sie kann dem Kunden als Service-Center, Diskussionsforum oder Einkaufsmöglichkeit dienen und ihm darüber hinaus noch gezielte Informationen zu Produkten liefern.

Strategische Ziele einer Web Site im eCommerce können die Gewinnung von Neukunden oder die Intensivierung von Kundenbindung sein. Durch den Auftritt im Internet erschließen sich dem Unternehmen neue Kundensegmente (die „Surfer" im Vergleich zu den „konventionellen Kunden") und neue Marktsegmente (räumlich), da global keine Zugangsbeschränkungen mehr existieren. Das Unternehmen ist nicht mehr auf die konventionellen, analogen Absatzmärkte angewiesen, sondern hat jetzt die Möglichkeit, seine

---

476 Vgl. Steuck, Joachim W.: Geschäftserfolg im Internet, a. a. O., S. 60.

Ware weltweit anzubieten, ohne dafür ein kostenintensives Vertriebsnetz aufzubauen. Zudem kann es spezielle Bedürfnisse neuer Kunden durch die digitale Variierung seiner Produkte generieren. Um bereits bestehende Kundenbindungen zu intensivieren, bietet das Internet dem Unternehmen durch neue Techniken die Gelegenheit, den Kundenkontakt zu personalisieren. Das Unternehmen hat die Möglichkeit mittels eines Kontakt-Monitorings (besser als die konventionellen Erfassungen), die Präferenzen und Gewohnheiten des Kunden (im Web) zu erfassen und zu speichern, um so ein auf den Kunden zugeschnittenes Produktangebot zu erstellen. Ebenso kann eine zielgruppengenaue Informationspolitik betrieben werden, welche die Bindung des Kunden an das Unternehmen stärkt.

Das WSC ist dafür verantwortlich, die Instrumente auszuwählen und einzusetzen, die eine den Kundenwünschen entsprechend gestaltete Web Site ermöglichen und überwachen können. Zudem muß das WSC ständig prüfen, ob das Unternehmen eventuell bestimmte Bereiche der Kundenbetreuung der Web Site hinzufügen oder sogar nur noch über die Web Site anbieten sollte. So kann der Kunde schneller und vielleicht für das Unternehmen günstiger bedient werden. Exemplarisch stehen dafür z. B. der Support von Treibern für Computerhardware oder die Bestellung von Ersatzteilen.

Mit den vorigen Ausführungen werden die grundlegend unterschiedlichen Ziele der Handlungsfelder eWorkflow, eIntegration und eCommerce angesprochen. Im folgenden Kapitel G.3 werden handlungsfeld- bzw. zielspezifische WSC-Maßnahmen, -Instrumente und -Kenngrößen erläutert, die zur Operationalisierung der strategischen Ziele eingesetzt werden können. Die Wahl der Maßnahmen und Instrumente ist konsequent von der strategischen Zielvorgabe abhängig. Im Rahmen der vorliegenden Untersuchung können nicht alle Zielausrichtungen angesprochen werden. Es werden für jedes Handlungsfeld typische strategische Ziele ausgewählt, anhand derer dann beispielhaft die Wahl geeigneter WSC-Maßnahmen, -Instrumente und -Kenngrößen beschrieben wird. Unternehmen, die eine Implementierung eines WSC planen, erhalten mittels dieser Beispiele Anregungen, um ein auf ihre Zielausrichtungen abgestimmtes WSC entwickeln zu können. Zur Unterstützung einer WSC-Planung und -Umsetzung werden zu jedem Handlungsfeld eine Checkliste und die wichtigsten Kenngrößen zusammengetragen.

3 Handlungsfeldspezifische Betrachtung des Web Site Controlling

3.1 Web Site Controlling und eWorkflow

3.1.1 Strategisches Ziel: Reduzierung von Durchlaufzeiten

Wählt das Unternehmen als ein strategisches Ziel für das Intranet die Reduzierung von Durchlaufzeiten administrativer Vorgänge, wird das zu entwickelnde Segment des Intranet im Sinne eines Vorgangssteuerungssystems verstanden. Mit diesem Segment werden unternehmensinterne geschäftliche Vorgänge abgebildet, um (u. a.) die Durchlaufzeiten der betroffenen Prozesse zu verkürzen. Unter der Durchlaufzeit eines Prozesses ist die Zeitspanne zu verstehen, die vom Beginn des ersten Arbeitsschrittes bis zum Abschluß des letzten Arbeitsschrittes eines Prozesses verstreicht.[477]

Es ist Aufgabe des WSC, diejenigen administrativen Bestandteile von Geschäftsprozessen zu lokalisieren, die sich im Intranet abbilden lassen und ein hohes Zeiteinsparungspotential besitzen. Hierzu müssen in Frage kommende Vorgänge im Unternehmen untersucht und mittels eines Kriterienkataloges klassifiziert werden. Diese Klassifizierung soll Aufschluß darüber geben, wie gut sich die betreffenden Vorgänge im Intranet abbilden lassen und wie hoch ihr Einsparungspotential ist.

Idealtypische Eigenschaften, die ein Vorgang besitzen muß, um durch das Intranet abgebildet werden zu können, sind z. B:

- Alle Dokumente, die mit dem Vorgang in Verbindung stehen, müssen digitalisierbar sein.

- Jeder Mitarbeiter, der am Prozeß beteiligt ist, braucht einen Zugang zum Intranet.

- Es kommen nur Vorgänge in Betracht, mit denen ein relativ hoher Informationsfluß verbunden ist. Überwiegend Materialfluß-bestimmte Logistik- oder Produktionsvorgänge bieten vergleichsweise geringere Einsparungspotentiale.

---

477 Vgl. Maurer, Gerd: Zum Fachentwurf von Workflow-Management-Systemen in prozeßorientierten Organisationen, Aachen: Shaker 1998, S. 80.

Nachdem die Intranet-geeigneten Vorgänge isoliert sind, werden sie nach ihrem Einsparungspotential unterteilt. Ein mögliches Instrument für diese Einteilung ist die ABC-Analyse.[478] Hier werden drei Klassen gebildet: A (wichtig), B (weniger wichtig) und C (unwichtig). Die Klasseneinteilung erfolgt nach einem Kriterium, das der Zielformulierung zu entnehmen ist. In dem hier gewählten Beispiel ist dies das Potential für die Durchlaufzeitreduzierung. Zur Klassifizierung der betreffenden Vorgänge werden zunächst deren mögliche Zeitersparnisse bestimmt. Das Ergebnis kann anhand einer Konzentrationskurve dargestellt werden (siehe Abbildung 33).

Aus der Konzentrationskurve kann man ablesen, welchen Wertanteil (in % vom maximalen Einsparungspotential) und welchen Mengenanteil (in %) die Vorgangsklassen haben. Auf Basis dieser Daten entscheidet das Management, welche Vorgänge im Intranet abgebildet werden. Wenn z. B. die A- und B-Vorgänge zusammen einen Wertanteil von 95% und einen Mengenanteil von nur 30 Prozent haben, ist es ökonomisch sinnvoll, nur diese Vorgänge durch das Intranet abzubilden. Wenn hingegen die B-Vorgänge den Wertanteil der A-Vorgänge nur geringfügig ergänzen (sprich: die Kurve in Abbildung 33 verläuft sehr flach), ist zu entscheiden, ob nur die A-Vorgänge durch eWorkflow unterstützt werden.

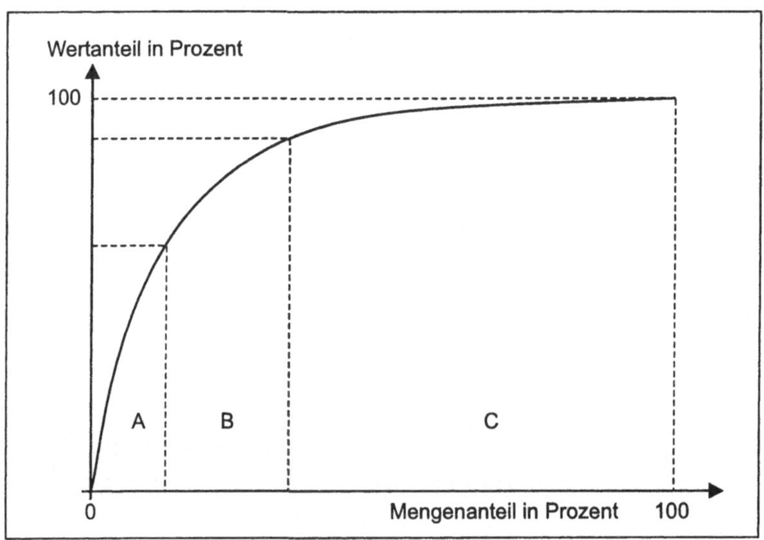

Abb. 33: Konzentrationskurve der ABC-Analyse

---

478   Vgl. Weber, Jürgen: Einführung in das Controlling, a. a. O., S. 193 ff.

Bevor nun eine Entscheidung bezüglich der Implementierung eines eWorkflow getroffen werden kann, ist der aus der Reduzierung der Durchlaufzeiten ermittelte und quantifizierbare Nutzen dem Implementierungsaufwand gegenüberzustellen. Entscheidet sich das Management auf Basis dieser Gegenüberstellung für die Implementierung, legt es mit Unterstützung des WSC eine Zielgröße für das Projekt fest. Die in der ABC-Analyse gewonnenen Daten lassen eine genaue Bestimmung der Zielgröße bezüglich der Durchlaufzeitenreduzierung zu (z. B. ein Prozentsatz, der die Zeitersparnis bei den Durchlaufzeiten angibt). Ist die Zielgröße einmal festgelegt, wird diese durch das WSC mit Soll-Ist-Vergleichen permanent auf Einhaltung überwacht. Sollte es zu Abweichungen kommen, ist es Aufgabe des WSC, die Ursachen für diese Differenzen zu finden, zu analysieren und dem Management mögliche Handlungsalternativen aufzuzeigen. Typische Ursachen für nicht erreichte Ziele können in diesem Fall sein:

- Schlechtes Navigationsdesign im Intranet und damit verbundene lange Suchzeiten

- Mangelnde Erfahrung und Ausbildung der Mitarbeiter am System (Akzeptanz)

- Technische Hemmnisse wie z. B. eine schlecht ausgebaute Netz-Infrastruktur

Die ABC-Analyse ist ein Instrument, das auf einfache und anschauliche Weise eine Unterteilung ermöglicht. Sie eignet sich gut zur Unterstützung der Entscheidungsfindung. Basiert eine Entscheidung nur auf den Ergebnissen der ABC-Anaylse, sollte bedacht werden, daß diese Analyse nur ein Kriterium (hier das Reduzierungspotential für die Durchlaufzeit) zur Klassifizierung zuläßt. Es ist jedoch durchaus denkbar, daß der Entscheidungprozeß weitere Aspekte erfordert, wie z. B. die Frage nach den Kosten, die durch die Darstellung eines Vorganges im Intranet entstehen. In einem solchen Fall sollten weitere Controlling-Instrumente zur Unterstützung hinzugezogen werden, die den speziellen Erfordernissen anzupassen sind (z. B. Portfolio-Analyse, Wertschöpfungsketten-Analyse, Scoring-Modelle o. ä.)

In der bisherigen Betrachtung wurde davon ausgegangen, daß das Unternehmen kein eigenständiges Vorgangssteuerungssystem einsetzt. Gerade in den Unternehmen, die bereits Geschäftsprozesse definiert und deren Bestandteile in einem (Intranet-unabhängigen) Vorgangssteuerungssystem abgebildet haben, ist es für das WSC leichter, die Intranet-relevanten Vorgänge zu analysieren. Welche Zeiteinsparungspotentiale vorhanden sein können, verdeutlichen folgende Beispiele:

- Das Intranet basiert auf einer plattformübergreifenden Technologie. Es bietet die Möglichkeit, Schnittstellen zu vermeiden, die durch EDV-Insellösungen entstanden sind.

- Es werden Medienbrüche vermieden, die aufgrund von Inkompatibilitäten einzelner Softwarelösungen entstanden sind.

- Die Systempflege Intranet-tauglicher Applikationen ist wesentlich wirtschaftlicher, da auf jedem Einzelplatzrechner nur noch der Browser installiert werden muß.

- Der Anwender erlernt dann nur noch die Bedienung des Browsers und kann diesen durch häufigere Nutzung effizienter handhaben.

3.1.2 Strategisches Ziel: Verbesserung der Informationsinfrastruktur

Ein weiteres strategisches Ziel für ein Intranet kann die Verbesserung der Informationsinfrastruktur sein. Die Informationsinfrastruktur umfaßt alle Einrichtungen, Mittel und Maßnahmen zur Produktion, Verbreitung und Nutzung von Informationen im Unternehmen.[479] Das WSC überprüft diese Einrichtungen, Mittel und Maßnahmen auf ihre Eignung, im Intranet implementiert zu werden und damit eine Nutzensteigerung zu verbinden. Des weiteren ist das WSC permanent auf der Suche nach effizienteren Informationsinfrastrukturen, die sich aus den technischen Potentialen eines Intranets ergeben.

Ein Instrument zur Analyse und Bewertung von Informationsinfrastrukturen ist die Informationswertanalyse;[480] sie ermöglicht es, Potentiale zur Verkürzung von Informationsdurchlaufzeiten, zur Erhöhung des Informationswertes und zur Senkung des Aufwandes für die Zurverfügungstellung von Informationen aufzudecken. Dafür werden die Informationsträger anhand von quantitativen

---

479 Vgl. Heinrich, Lutz J.: Informationsmanagement, 5., vollst. überarb. und erw. Aufl., München, Wien: Oldenbourg 1996, S. 19.

480 Vgl. Heinrich, Lutz J.; Roithmayr, Friedrich: Wirtschaftsinformatik-Lexikon, 6. vollst. überarb. und erw. Aufl., München, Wien: Oldenbourg 1998, S. 272.

und qualitativen Kriterien auf ihre Bedeutung und Funktion hin überprüft. Informationsträger können z. B. sein:

- Unternehmensinterne Post
- „Schwarzes Brett"
- Berichtssysteme
- Frühwarnsysteme
- Terminplaner
- Mitarbeiterzeitschrift

Da in der einschlägigen Literatur[481] keine allgemeingültigen Informationswert-Kriterien angeführt werden, sind diese einzelfallspezifisch zu bestimmen. Um im weiteren Verlauf der Informationswertanalyse ein Ranking der Informationsflüsse nach dem Informationswert erstellen zu können, werden ausschließlich quantitative Kriterien eingesetzt, wie z. B.:

- Aktualität
- Verfügbarkeit
- Bedarfshäufigkeit
- Zugriffsmöglichkeit
- Generierungskosten
- Bereitstellungskosten

Der nächste Schritt der Informationswertanalyse ist die Aufnahme des Ist-Zustandes der Informationsinfrastruktur. Eine einfache Möglichkeit der grafischen Darstellung zeigt das Kommunikationsdiagramm[482] aus Abbildung 34. Hier sind nicht nur die relevanten Informationsflüsse zu sehen, sondern man erkennt an der Stärke der Pfeile, mit welcher Intensität sie auftreten. Nach der Lokalisierung der Informationsflüsse wird ein Ranking anhand der vorgenannten Informationswert-Kriterien durchgeführt. Dafür eignet sich die Entscheidungstabelle.[483] Zunächst werden die Kriterien entsprechend ihrer Bedeutung gewichtet. Danach wird die Ausprägung jedes einzelnen Kriteriums (Werte zwischen 0 und Maximalwert des Kriteriums) in bezug auf die Informationsflüsse in der Entscheidungstabelle festgehalten. Durch den im Summenfeld ermittelten In-

---

481 Vgl. stellvertretend Heinrich, Lutz J.: Informationsmanagement, 6. Aufl., a. a. O.

482 Vgl. Schmidt, Götz: Methode und Techniken der Organisation, a. a. O., S. 186 f.

483 Vgl. Pagenkemper, K.; Heitz, B.: Entscheidungstabellen in Organisation und Datenverarbeitung, Darmstadt, Neuwied: Hermann Luchterhand Verlag 1975.

formationswert ergibt sich das Informationsfluß-Ranking. Tabelle 15 zeigt exemplarisch den Aufbau einer Entscheidungstabelle, in der den Informationsflüssen B und C mit Abstand vor A und D die größte Bedeutung zukommt.

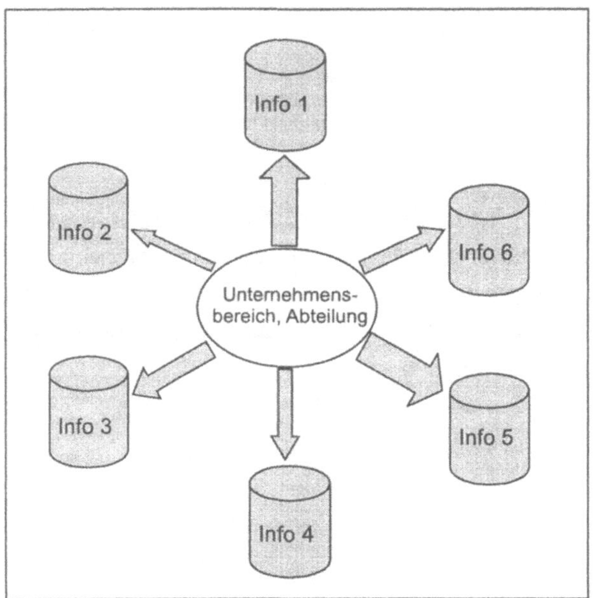

Abb. 34: Informationsflüsse ohne Intranet

	Informationsfluß A	Informationsfluß B	Informationsfluß C	Informationsfluß D
Aktualität (max. 10)	4	7	9	6
Verfügbarkeit (max. 20)	9	16	14	12
Bedarfshäufigkeit (max. 35)	8	28	26	19
Generierungskosten (max. 35)	6	19	23	17
Summe (max. 100)	27	70	72	54

Tab. 15: Entscheidungstabelle für Informationsflüsse

Informationsflüsse mit geringem Wert und/oder mangelnder Intranet-Tauglichkeit werden von der weiteren Betrachtung ausgeschlossen. Das WSC legt gemeinsam mit dem Management die Selektionsgrenzen fest. Für die Informationsflüsse, die weiterhin in der Betrachtung stehen, wird der Zusatznutzen ermittelt, der durch die Realisierung im Intranet entsteht. Dieser Zusatznutzen ist monetär quantifizierbar, wenn durch die Bereitstellung bestimmter Informationen wie z. B. Rundläufe, Projektprotokolle oder Mitarbeiterzeitschriften Such- und/oder Zustellkosten meßbar werden. Zusatznutzen qualitativer Art entsteht, wenn z. B. durch die Schaffung eines Ideenpools die Produktinnovation gefördert oder durch die Einführung eines virtuellen Terminplaners ein effizienteres Teamwork ermöglicht wird. Hier können Verfahren wie z. B. Nutzenwirkungsnetze, die Nutzwertanalyse und Argumentebilanzen eingesetzt werden,[484] um über Punktbewertungen die Tendenzen und Intensitäten der Zusatznutzen verschiedener Informationsflüsse beurteilen und vergleichen zu können.

Das WSC stellt den Zusatznutzen der betroffenen Informationsflüsse dem Aufwand gegenüber, der durch die Einführung des Intranet entsteht. Bei der Ermittlung des Nutzens sollte sich das WSC nicht nur auf die nachfrageorientierte Betrachtung der Informationen beschränken. Das Intranet bietet auch Potential für die Generierung neuer Informationen, die bisher noch nicht nachgefragt wurden, da sie noch nicht existierten. Dies ist die angebotsorientierte Sicht[485] (Enabler-Effekt); erst wenn der Nutzen mitberücksichtigt wird, der sich dem Unternehmen in Zukunft durch die neue Informationsinfrastruktur erschließt, läßt sich eine valide Aufwand-Nutzen-Gegenüberstellung durchführen.

Wird die Entscheidung aufgrund eines positiven Saldos für die Implementierung bestimmter Intranet-Applikationen getroffen, unterstützt das WSC das Management bei der Planung und der Umsetzung des Intranet. In der Planungsphase wird auf Basis der Ergebnisse der Informationswertanalyse die neue Informationsinfrastruktur entwickelt. Auch hier bietet sich eine einfache graphische Darstellung an, um einen Überblick zu erhalten. Abbildung 35 zeigt den Informationsfluß der Marketing-Abteilung. Eine solche Darstellung ist für jede Abteilung zu erstellen, für die eine Intranet-Applikation entwickelt werden soll; sie dient als Vorgabe für die System-Realisierung.

Nach der Implementierung der Intranet-Applikationen ist es wichtig, Daten über die Nutzungshäufigkeit und das Nutzungsverhalten zu erfassen. Hierzu wird ein permanentes Web Site Monitoring[486] eingesetzt. Anhand der daraus gewonnenen Daten vergleicht das WSC die erwartete mit der tatsächlichen

---

484 Vgl. Kargl, H.: DV-Controlling, a. a. O., S. 92 f.

485 Vgl. Heinrich, Lutz J.: Informationsmanagement, a. a. O., S. 129.

486 Vgl. Guba, Andreas; Gebert, Oliver: Online-Monitoring – Gewinnung und Verwertung von Online-Daten, in: Arbeitspapiere WI, Nr. 8/1998, Hrsg.: Lehrstuhl für Allg. BWL und Wirtschaftsinformatik, Johannes Gutenberg-Universität: Mainz 1998.

Nutzung. Bei Abweichungen kann z. B. durch gezielte Befragungen die Ursache ermittelt werden. Durch die Erfassung der Nutzungsdaten ist das WSC in der Lage, strukturelle Erfordernisse im Intranet zu erkennen. Dies geschieht mittels systematischer Analyse von Nutzungsverläufen, -verweildauern und Frequentierung. Die Erkenntnisse hierüber verwendet das WSC zur Weiterentwicklung des Intranets, z. B. zur Gestaltung der Netz-Topologie, zur Dimensionierung neuer Ports, zur Web-Site-Neu- bzw. -Umgestaltung, zur Informationsaufbereitung, zu Hinweisen auf spezielle Informationsbereitstellungen.

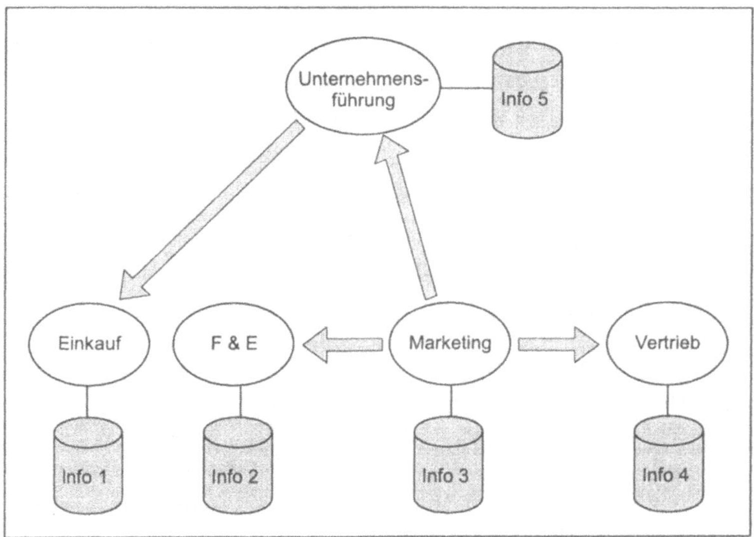

Abb. 35: Informationsinfrastruktur der Marketing-Abteilung (Beispiel)

3.1.3 WSC-Checkliste und -Kenngrößen zum eWorkflow

Die nachfolgende Checkliste (Tabelle 16) zum Web Site Controlling stellt situationsunabhängig diejenigen Hauptfragestellungen zusammen, die bzgl. eines eWorkflow per Intranet unternehmensindividuelle Antworten erfordern.

Werden WSC-Maßnahmen wie gefordert an strategischen Unternehmens- und Web-Site-Zielen ausgerichtet, können als Intranet-relevante Kenngrößen für das WSC die Zielmaßstäbe aus einer systematischen Zielplanung (siehe Abschnitt E. der vorliegenden Untersuchung) als unternehmensindividuell anzupassende Rahmenvorgabe übernommen werden. Tabelle 17 führt die betreffenden Kenngrößen als Übersicht zusammen.

	WSC-Checkliste zum eWorkflow
1	Sind strategische Ziele im Bereich eWorkflow aufgezeigt?
2	Hat das Management strategische Ziele ausgewählt?
3	Sind die im Unternehmen damit verbundenen Prozesse und Vorgänge lokalisiert?
4	Existieren Kriterien zur Klassifizierung der unternehmensinternen Prozesse und Vorgänge?
5	Ist ein kriterienadäquates Controlling-Instrument zur Klassifizierung ausgewählt?
6	Kann das Management sich auf Grundlage dieser Klassifizierung für die Implementierung einzelner Intranet-Applikationen entscheiden?
7	Liegen betriebswirtschaftlich verwertbare Kenngrößen für die Intranet-Applikationen vor?
8	Ist eine Überwachung der Ziele während der Implementierungsphase möglich?
9	Ist ein Instrumentarium zur Analyse von Zielabweichungen im Intranet währen der Betriebsphase vorhanden?
10	Sind Berichtssysteme zum Intranet vorhanden, die es ermöglichen, neue strategische Ziele bei technischen Neuerungen oder Änderungen im Nutzungsverhalten zu benennen?

Tab. 16: WSC-Checkliste zum eWorkflow

WSC zu eWorkflow im Intranet	
Strategische Ziele	**Kenngrößen (Zielmaßstäbe)**
Erhöhung der Informationsqualität	- Informationsnote
Verringerung der Transaktionskosten	- Transaktionskosten
Verringerung der Durchlaufzeiten	- Durchlaufzeit
Förderung der Organisationstransparenz	- Transparenznote
Verbesserung der Informationsinfrastruktur	- Informationsnote
Erhöhung der Kommunikationsintensität	- Kommunikationsnote
Erhöhung der Anpassungsflexibilität	- Mitarbeitermotivationsnote - Anzahl kompetenter Mitarbeiter, Schulungen - Web-Fähigkeit der Anwend., Daten, Hardware
Erhöhung des Durchdringungsgrads	- Anteil Intranet-Arbeitsplätze - Anteil Routinetransaktionen - Ist-Inhalte / Soll-Inhalte
Verbesserung der Produktivität	- Übertragene Daten pro Stunde / Datenbestand - Anzahl Transaktionen pro Tag - Anzahl Intranet-Arbeitsplätze - Nutzungs-Mh / Implementierungs-Mh
Gewährleistung der Sicherheit	- Integritätsbewertung - Vertraulichkeits-/Verbindlichkeitsbewertung - Verfügbarkeit: Ist- / Soll-Betriebszeit
Erhöhung der Wirksamkeit	- Ist-Funktionen / Soll-Funktionen - Ist-Transaktionen / Soll-Transaktionen - Akzeptanznote
Verbesserung der Wirtschaftlichkeit	- Plankosten / Istkosten

Tab. 17: WSC-Kenngrößen zu eWorkflow im Intranet

3.2 Web Site Controlling und eIntegration

3.2.1 Strategisches Ziel: Steigerung der Effizienz im Logistikbereich

Um in der Industrie Wettbewerbsvorteile zu erschließen, bietet sich u. a. eine unternehmensübergreifende Überarbeitung der Logistikkonzeption entlang der Wertschöpfungskette eines Unternehmens an.[487] Die bedarfssynchrone Lieferung ist ein markantes Beispiel dafür. Das WSC prüft, welches wirtschaftliche Potential durch die elektronische Unterstützung der unternehmensexternen Logistik in Form eines Extranet vorhanden ist. Im ersten Schritt nimmt das WSC alle betriebsübergreifenden Prozesse in den Teilbereichen Beschaffung und Absatz durch eine Situationsanalyse auf.

Typische Prozesse im Beschaffungsbereich sind z. B.:
- Angebotsausschreibung
- Angebotsanforderung
- Angebotsprüfung
- Absprachen mit dem Lieferanten
- Auftragserteilung
- Lieferung entgegennehmen und prüfen

Typische Prozesse im Absatzbereich sind z. B.:
- Produktbeschreibungen versenden
- Angebotsabgabe
- Anfragenbearbeitung
- Auftragseingang
- Auftragsbearbeitung
- Auslieferung

Es sind die Prozeßkosten zu ermitteln, die durch diese Vorgänge verursacht werden. Hier kann sich das WSC auf bereits im Unternehmen vorhandene DV-Systeme zur Kostenrechnung stützen.[488] Nach der Aufnahme des Ist-Zustandes werden mögliche Einsparungspotentiale durch die Unterstützung mittels Extranet-Applikationen gesucht. Dies können z. B. sein:

---

487 Vgl. Kleer, Michael: Gestaltung von Kooperationen zwischen Industrie- und Logistikunternehmen, Berlin: Schmidt 1991, S. 1.

488 Vgl. Kargl, Herbert: DV-Prozesse zur Auftragsführung, München, Wien: Oldenbourg 1996, S. 80.

- Abbau von Medienbrüchen durch ein Bestellsystem auf Basis des Extranets,
- Senkung der Lagerkosten durch Anbindung des Bestellsystems an die Fertigung,
- Vermeidung von Schnittstellenproblemen, die durch den Einsatz von proprietären Softwarelösungen entstehen.

Das Einsparungspotential eines Prozesses erhält man durch den Vergleich der zu erwartenden Kosten nach der Implementierung der Extranet-Applikationen mit den Ist-Kosten der Prozesse. Durch eine Kostenschätzung werden die zu erwartenden Kosten der betroffenen Prozesse quantifiziert. Als Schätzverfahren eignet sich z. B. das Bottum-Up-Verfahren.[489] Dabei werden für eine repräsentative Teilmenge von Prozessen die Kosten geschätzt und auf die Gesamtheit hochgerechnet. Die Prozesse, bei denen die Schätzkosten höher liegen als die Ist-Kosten, werden von der weiteren Betrachtung ausgeschlossen, da sie keine Einsparungspotentiale aufweisen.

Nun gilt es, die Geschäftsbeziehungen auf ihre Intensität zu prüfen. Erfahrungen zeigen, daß ca. 5% – 10% der Lieferanten ca. 80% des wertmäßigen Beschaffungsvolumens ausmachen.[490] In der Regel handelt es sich hierbei um langfristige, intensive Geschäftsbeziehungen mit einem hohen Prozeßkostenanteil. Diese Geschäftsbeziehungen bieten sich für die Implementierung von Extranet-Applikationen an, da hier das höchste Einsparungspotential zu erwarten ist. Als Instrument zur Klassifizierung der Geschäftsbeziehungen eignet sich z. B. die Lieferanten-/Kundenanalyse. Hier werden analog zu der ABC-Analyse die Lieferanten/Kunden nach der Summe der Prozeßkosten unterteilt. Tabelle 18 zeigt das Ergebnis einer Lieferantenanalyse. Aus dem Beispiel der Tabelle ergibt sich, daß die Lieferanten Müller und Schmidt in die engere Auswahl für eine Anbindung per Extranet kommen. Auf sie entfallen 87,5% der Prozeßkosten, sie stellen aber nur 10% der in Frage kommenden Lieferanten dar.

Anhand der vorliegenden Daten ist das WSC nun in der Lage, dem Management eine Empfehlung auszusprechen, welche Vorgänge mit welchen Geschäftspartnern durch eine Extranet-Unterstützung ein hohes Einsparungspotential aufweisen. Des weiteren kann das WSC für eine Umsetzung Kennzahlen

---

489 Vgl. Kargl, Herbert: DV-Controlling, a. a. O., S. 53.

490 Vgl. Steinle, Claus; Bruch, Heike: Controlling, 2., erw. Aufl., Stuttgart: Schäffer-Poeschel 1999, S. 703.

für die Einsparung quantifizieren. Während des Betriebs der Extranet-Applikationen führt das WSC permanent Soll-Ist-Vergleiche durch, um Diskrepanzen zu den erwarteten Einsparungen frühzeitig zu erkennen und dem Management Handlungsempfehlungen für Anpassungsmaßnahmen auszusprechen.

	Lieferantengruppe A	Lieferantengruppe B	Lieferantengruppe C	Anteil
Müller	5.000.000 DM			62,5%
Schmidt		2.000.000 DM		25,0%
18 weitere			1.000.000 DM	12,5%

Tab. 18: Lieferantenanalyse nach Prozeßkosten (Beispiel)

3.2.2 Strategisches Ziel: Unterstützung von F&E-Kooperationen

Innovationen gelten in der Unternehmensumwelt als ausschlaggebende Erfolgsfaktoren.[491] Voraussetzung hierfür sind intensive F&E-Aktivitäten.[492] In der heutigen, sich dynamisch entwickelnden Umwelt mit kurzen Produktlebenszyklen ist F&E (Forschung und Entwicklung) mit einem hohen Kostenaufwand verbunden. Sowohl die Reduktion und Aufteilung der Kosten als auch die Risikostreuung und Zeitgewinne basieren auf Synergieeffekten und führen zur Bildung von F&E-Kooperationen.[493] Um das hohe Kommunikationsaufkommen, das durch derartig komplexe Kooperationen hervorgerufen wird, optimal im Sinne der vorgenannten Synergieeffekte bewältigen zu können, bietet sich ein Extranet mit seiner ganzen Bandbreite multimedialer und technischer Möglichkeiten an. Das WSC prüft das Kommunikationsaufkommen auf Prozesse, die sich durch Extranet-Applikationen unterstützen lassen. Beispiele hierfür können sein:

- unternehmensübergreifende Projektierung,
- gemeinsamer Zugriff auf Konstruktionspläne,
- Bereitstellung von Forschungsergebnissen der Kooperationspartner,
- Durchführung von Meetings.

---

491 Vgl. Franz, Maren: F&E-Kooperationen aus wettbewerbspolitischer Sicht, Baden Baden: Nomos 1995, S. 13.

492 Vgl. Steinle, Claus; Bruch, Heike: Controlling, a. a. O., S. 707.

493 Vgl. Franz, Maren: F&E-Kooperationen aus wettbewerbspolitischer Sicht, a. a. O., S. 30 f.

Im ersten Schritt mißt das WSC das Kommunikationsaufkommen. Das Ergebnis gibt Aufschluß darüber, mit welchen Geschäftspartnern bei welchen Kooperationsprozessen wie intensiv kommuniziert wird. Zur Veranschaulichung hierfür kann eine graphische Darstellung ähnlich der Abbildung 34 (Kapitel G.4.1.2) herangezogen werden. Um die Zeitersparnis via Extranet zu bestimmen, bildet das WSC die Differenz zwischen dem Zeitaufwand der Prozesse vor der Extranet-Unterstützung und dem danach. Das Ergebnis kann tabellarisch festgehalten werden (Tabelle 19 zeigt ein Beispiel).

	Prozeß A	Prozeß B	Prozeß C	Prozeß D
Zeitaufwand vorher (Min.)	100	80	120	65
Zeitaufwand nachher (Min.)	20	48	36	26

Tab. 19: Zeitersparnis der Prozesse via Extranet

Nicht alle Prozesse bieten dasselbe Potential zur Effizienzsteigerung. Es sind diejenigen Prozesse zu selektieren, bei denen eine Extranet-Unterstützung rentabel ist. Als Selektionsverfahren kann allerdings nicht alleine die Rentabilitätsrechnung[494] herangezogen werden. Sie basiert ausschließlich auf quantifizierbaren (monetären) Selektionskriterien. Bei F&E sind jedoch auch qualitative Kriterien wie z. B. Innovationsschübe zu berücksichtigen (und zu bewerten). Quantitative und qualitative Kriterien werden in einer Entscheidungstabelle mit Punktwerten zusammengefaßt. Sie stellt die Ausprägungen der Selektionskriterien für die Prozesse in einem Ranking dar. Tabelle 20 zeigt eine Entscheidungstabelle für F&E-Kooperationen.

	Prozeß A	Prozeß B	Prozeß C	Prozeß D
Zeitersparnis (max. 10)	8	4	7	6
Risikostreuung (max. 20)	15	8	18	12
Innovationsschübe (max. 30)	24	12	29	19
Kostenreduktion (max. 40)	31	9	21	27
Summe	78	33	75	64

Tab. 20: Entscheidungstabelle für F&E-Kooperationsprozesse

Das Management entscheidet auf dieser Grundlage über die Realisierung der Extranet-Applikationen. Beispiele für F&E-Applikationen sind:

---

494   Vgl. Horváth, Péter: Controlling, a. a. O., S. 504.

- Extranet-Projekttools (Projektverwaltung, Projektprotokollierung etc.)
- Kooperationsideenpool, Videokonferenzen, Virtuelle CAD-Planung
- Unternehmensübergreifende Datenbanken

Bei der Realisierung einzelner Applikationen legt das Management gemeinsam mit den WSC-Verantwortlichen Kennzahlen und Zielgrößen fest, wie z. B.:

- Reduzierung von Entwicklungskosten um einen bestimmten Prozentsatz,
- Verkürzung von Produktentwicklungszeiten,
- Häufigkeit von Innovationsschüben,
- Abbau von Dienstreisen im Rahmen von F&E.

Das Erreichen dieser Zielgrößen wird mittels permanenter Soll-Ist-Vergleiche kontrolliert. Differenzen werden zeitig aufgedeckt und lassen eine situationsnahe Reaktion zu.

3.2.3 WSC-Checkliste und -Kenngrößen zur eIntegration

Die nachfolgende Chcekliste (Tabelle 21) zum Web Site Controlling zeigt situationsunabhängig diejenigen Hauptfragestellungen, die bzgl. einer eIntegration per Extranet unternehmensindividuelle Antworten erfordern.

	WSC-Checkliste zur eIntegration
1	Wurde mittels einschlägiger Analysen ein Spektrum an strategischen Zielen aufgezeigt?
2	Ist eine Auswahlentscheidung des Management bzgl. dieser strategischen Ziele erfolgt?
3	Wurde die Kooperations-/Nutzungsakzeptanz bei den Geschäftspartnern geklärt?
4	Sind die mit der Geschäftsbeziehung verbundenen Prozesse definiert?
5	Ist eine Aufwand-Nutzen-Gegenüberstellung durchgeführt worden, um die rentablen Prozesse benennen zu können?
6	Hat sich das Management auf Basis dieser Daten für die Implementierung bestimmter Extranet-Applikationen entschieden?
7	Existieren Kennzahlen zur Bewertung der Extranet-Applikationen?
8	Ist die technische Infrastruktur als Verbindung zu den kooperierenden Partnern adäquat ausgestaltet, um die selektierten Extranet-Prozesse zu realisieren?
9	Sind Systeme zur Überwachung der Ziele während des Betriebs ausgewählt?
10	Ist ein Instrumentarium zur Analyse von Zielabweichungen im Extranet vorhanden?
11	Sind Berichtssysteme eingebunden, die es ermöglichen, neue strategische Ziele bei technischen Neuerungen oder Änderungen im Nutzungsverhalten zu benennen?

Tab. 21: WSC-Checkliste zur eIntegration

Werden WSC-Maßnahmen wie gefordert an strategischen Unternehmens- und Web-Site-Zielen ausgerichtet, können als Extranet-relevante Kenngrößen für das WSC die Zielmaßstäbe aus einer systematischen Zielplanung (siehe Abschnitt E. der vorliegenden Untersuchung) als unternehmensindividuell anzupassende Rahmenvorgabe übernommen werden. Die folgende Tabelle 22 führt die betreffenden Kenngrößen als Übersicht zusammen.

WSC zu eIntegration im Extranet	
Strategische Ziele	**Kenngrößen (Zielmaßstäbe)**
Erhöhung des Marktanteils in bestimmten Branchen	- Marktanteil
Engere Lieferantenbindung	- Fluktuationsrate
Bildung von F&E-Kooperationen	- Anzahl F&E-Kooperationen
Steigerung des Umsatzes im Geschäftskundenbereich	- Umsatz
Steigerung des Umsatzanteils aus eIntegration im Vergleich zu konventionellem Umsatz	- eUmsatz / Gesamtumsatz
Verringerung der Transaktionskosten	- Transaktionskosten
Beschleunigung der Leistungserbringung aus Sicht der Geschäftskunden	- Lieferzeiten
Beschleunigung der Belieferung durch Zulieferer	- Lieferzeiten
Verringerung von Bestellzeiten	- Bestelldauer
Erhöhung der Anpassungsflexibilität	- Mitarbeitermotivationsnote - Anzahl kompetenter Mitarbeiter, Anzahl Schulungen - Web-Fähigkeit der Anwend., Daten, Hardware
Erhöhung des Durchdringungsgrads	- Anteil Extranet-Arbeitsplätze - eIntegrationstransaktionen / Gesamttransaktionen - Ist-Inhalte / Soll-Inhalte
Verbesserung der Produktivität	- Übertragene Daten pro Stunde / Datenbestand - Anzahl Transaktionen pro Tag - Anzahl Extranet-Arbeitsplätze - Nutzung-Mh / Implementierungs-Mh
Gewährleistung der Sicherheit	- Integritätsbewertung - Vertraulichkeits-/Verbindlichkeitsbewertung - Verfügbarkeit: Ist-Betriebszeit / Soll-Betriebszeit
Erhöhung der Wirksamkeit	- Ist-Funktionen / Soll-Funktionen - Ist-Transaktionen / Soll-Transaktionen - Akzeptanznote
Verbesserung der Wirtschaftlichkeit	- Plankosten / Istkosten - Umsatz / Ist-Kosten

Tab. 22: WSC-Kenngrößen zu eIntegration im Extranet

3.3 Web Site Controlling und eCommerce

3.3.1 Strategisches Ziel: Verkauf von Produkten

Durch die Entwicklung neuer Technologien z. B. zur Kryptographie, für Electronic-Payment-Systeme (EPS) und plattformunabhängige Programmiersprachen steigt die Akzeptanz und Bereitschaft beim Benutzer, über das Internet
einzukaufen. Die Vorteile des Internet-Handels liegen auf der Hand:

- Es können räumlich neue Marktsegmente erschlossen werden.
- Es können neue Kundensegmente angesprochen werden.
- Es entstehen Wettbewerbsvorteile gegenüber der Konkurrenz, die noch kein
  eCommerce betreibt (z. B. keine Ladenschlußzeiten, geringere filialbeding-
  ten Kosten).

Das WSC selektiert zunächst diejenigen Produkte eines Unternehmens, bei denen es sich aus Sicht des Kunden als nutzbringend erweist, sie über das Internet
zu beziehen. Als Auswahlverfahren kann z. B. die Eignungsanalyse eingesetzt
werden.[495] Hier wird der Transaktionsaufwand des Kunden in Abhängigkeit
zum erzielbaren Mehrwert des Online-Angebots für jedes Produkt dargestellt
(siehe Abb. 36). Es interessieren nur die Produkte, die dem Kunden einen hohen Mehrwert bei einem vergleichsweise geringen Transaktionsaufwand bieten.

Diese kundenorientierte Produktauswahl ist aus Unternehmenssicht zu bewerten. Aufgrund des kurzen Weges vom Unternehmen zum Kunden im Internet
eignen sich z. B. Produkte mit einer kurzen Produktlebenszeit besonders für
den eCommerce. Bei Produkten mit geringem Umsatz ist zu prüfen, ob die zu
erwartenden Einnahmen die zuzuordnenden Investitionen und laufenden Kosten für einen Absatz im Internet rechtfertigen. Ein Controlling-Instrument, das
zur Entscheidungsunterstützung eingesetzt werden kann, ist die Portfolio-Analyse.[496] Abbildung 37 unterteilt die Produkte nach Lebenszeit und zu erwarten-
dem Umsatz in vier Gruppen.

Aufgrund der Ergebnisse dieser Analyse trifft das WSC eine Vorauswahl bezüglich der Produkte, die das Unternehmen im Internet profitabel vermarkten
kann. Bevor das Management eine endgültige Entscheidung darüber fällt, welche Produkte über das Internet verkauft werden, stellt das WSC den mit dem
Aufbau und Betrieb der Vertriebs-Web-Site verbundenen Aufwand dem erziel-

---

495   Vgl. Cole, Tim: Erfolgsfaktor Internet, a. a. O., S. 104.
496   Vgl. Steinle, Claus; Bruch, Heike: Controlling, a. a. O., S. 302.

baren Ertrag gegenüber. Es bietet sich an, das Segment eCommerce (als Ganzes oder produktbezogen) als Profit Center zu betreiben. Gewinne und Verluste lassen sich so relativ einfach für die einzelnen Produkte identifizieren. Dazu bietet sich z. B. die Kennzahl ROI (Return on Investment) an, bei der erwartete Gewinne ins Verhältnis zu investiertem Kapital gesetzt werden.[497]

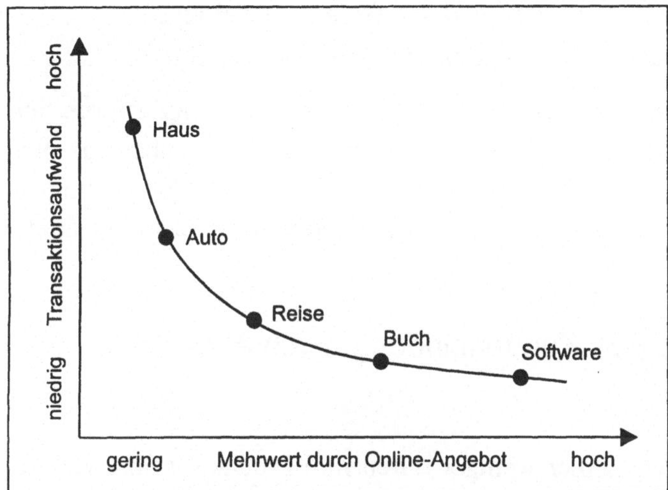

Abb. 36: Internet-Eignungsanalyse

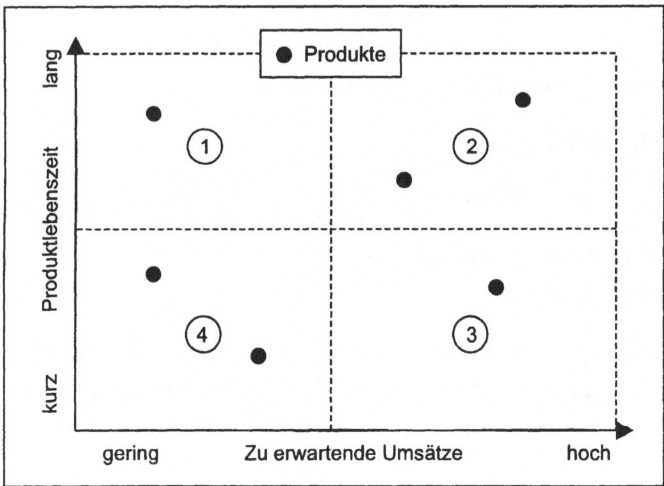

Abb. 37: Produkt-Portfolio

---

497 Vgl. o. V.: Erfolg ist meßbar, in: Informationweek, 14.02.99, S. 16 ff. Vgl. auch Horváth,
     Péter: Controlling, a. a. O., S. 142.

Durch die Anwendung permanenter Soll-Ist-Vergleiche ist das WSC in der Lage, Abweichungen von der Zielgröße zu erkennen und rechtzeitig gegenzusteuern. Gründe für Zielabweichungen können z. B. sein:

- mangelnde Web Site Promotion,
- schlechte Benutzerführung (mangelndes Navigations-/Layout-Design),
- Änderung des Kaufverhaltens aufgrund von Gesetzesänderungen,
- eingeschränktes Angebot an EPS und Support auf der Web Site.

Da sich das Internet sehr dynamisch entwickelt, ist es unbedingt erforderlich, die Web Site ständig kundenorientiert zu überarbeiten. Daten über das Nutzungs- und Kaufverhalten von Kunden sind für die Überarbeitung unabdingbar. Sie werden mittels Web Site Monitoring[498] erfaßt und vom WSC ausgewertet.

3.3.2 Strategisches Ziel: Kundenbindung durch After Sales Service

Unternehmen können sich immer weniger durch ihre Produkte selbst von der Konkurrenz abheben. Der Kunde macht seine Kaufentscheidung zunehmend davon abhängig, welchen Service ihm das Unternehmen auch nach dem Kauf bietet (After Sales Service).[499] Mit seiner Multimedialität bietet sich das Internet an, den After Sales Service zu erweitern und seine Qualität zu verbessern. Einige Beispiele für derartige Serviceleistungen sind:

- Hotline bei Fragen zum Produkt
- Ersatzteilservice
- Reparaturleistungen
- Geltendmachung von Garantieansprüchen
- Angebot von Produkt-Updates

Zunächst sondert das WSC die Tätigkeiten aus, die nicht durch das Internet unterstützt werden können (geringe informationelle, digitalisierbare Bestandteile). Für alle anderen Bereiche wird ein Benchmarking[500] erstellt, das „brach-

---

498   Vgl. Guba, Andreas; Gebert, Oliver: Online-Monitoring – Gewinnung und Verwertung von Online-Daten, in: Arbeitspapiere WI, Nr. 8/1998, Hrsg.: Lehrstuhl für Allg. BWL und Wirtschaftsinformatik, Johannes Gutenberg-Universität: Mainz 1998.

499   Vgl. Cole, Tim: Erfolgsfaktor Internet, a. a. O., S. 129.

500   Vgl. Preißler, Peter: Controlling, a. a. O., S. 260 f.

liegende" Potentiale aufzeigt. Dies geschieht durch einen Vergleich mit führenden Konkurrenzunternehmen, die bereits mit After Sales Service im Internet aktiv sind.

Ein weiteres Instrument, um Potentiale des After Sales Service offenzulegen, ist die SWOT-Analyse, die gegenwärtige Stärken (Strengths) und Schwächen (Weaknesses) sowie zukünftige Chancen (Opportunities) und Risiken (Threats) des Unternehmens für diesen Bereich untersucht.[501]

Bevor das Management auf Basis dieser Analysen eine Entscheidung nach wirtschaftlichen Gesichtspunkten für die Implementierung einzelner Internet-Applikationen treffen kann, stellt das WSC die Betriebs- und Implementierungskosten den zu erwartenden Mehreinnahmen und den Einsparungen im Vergleich zum bisherigen After Sales Service gegenüber. Die Einsparungen berechnen sich z. B. aus der Differenz von Prozeßkosten für die Bearbeitung von Anfragen im Call Center zu denen für den Betrieb einer FAQ-Liste (Frequently Asked Questions) im Internet. Die Kosten-Informationen für die einzelnen Arbeitsschritte kann eine Prozeßkostenrechnung liefern.[502]

Ob Mehreinnahmen durch das Angebot von Online-Dienstleistungen generiert werden können, zeigt das Target-Costing-Verfahren.[503] Zunächst wird der Preis ermittelt, den der Kunde bereit ist, für eine bestimmte Dienstleistung zu bezahlen. Davon wird die gewünschte Zielrendite (Gewinne) abgezogen. Übrig bleiben die Zielkosten für die Erstellung der Leistung. Nun muß ein Weg gefunden werden, die Leistung unter Berücksichtigung der Zielkosten anzubieten. Der Vorteil des Target Costing liegt in der Einbeziehung der Kundenwünsche bei der Produktgestaltung („market into company"). Beim „out of company" orientiert sich die Zielkostenbildung an dem Angebot der Konkurrenz. Bietet diese bestimmte Leistungen kostenlos an, muß man nachziehen. Am Beispiel der Web Site einer Tageszeitung wird deutlich, daß nicht durch alle angebotenen Leistungen Einnahmen erzielt werden können. Der Kunde erwartet von der Web Site tagesaktuelle Nachrichten, die er kostenlos im Internet abrufen kann. Er ist jedoch bereit, für eine Datenbankrecherche in älteren Ausgaben zu bezahlen.

---

501 Vgl. Horváth, Péter: Controlling, a. a. O., S. 370 ff. Siehe dazu auch das Kapitel E.2.2 der vorliegenden Untersuchung.

502 Vgl. Ossadnik, Wolfgang: Controlling, a. a. O., S. 131 ff.

503 Vgl. Weber, Jürgen: Einführung in das Controlling, a. a. O., S. 74 ff.

Nachdem das WSC durch eine Aufwand-Nutzen-Gegenüberstellung die profitablen Servicebereiche aufgezeigt hat, kann das Management über die Implementierung entscheiden. Damit der (erwartete) Erfolg überwacht werden kann, müssen Kennzahlen für die betroffenen Internet-Applikationen generiert werden. In Frage kommen hier z. B. die Nutzungsdauer, die Entlastung des traditionellen After Sales Service oder die Nutzungshäufigkeit der Kunden. Während des Betriebs der Web Site müssen diese Kennzahlen permanent durch Soll-Ist-Vergleiche überprüft werden, um bei Abweichungen direkt gegensteuern zu können. Die Ursachen für Abweichungen können z. B. sein:

- zu hohe Preise für die Online-Dienstleistungen,

- geringe Akzeptanz aufgrund einer unangemessenen Web-Site-Gestaltung,

- mangelnder Bekanntheitsgrad der Services,

- Überlastung der Service-Kanäle und damit verbundene lange Wartezeiten.

3.3.3 WSC-Checkliste und -Kenngrößen zum eCommerce

Die nachfolgende Checkliste (Tabelle 23) zum Web Site Controlling zeigt situationsunabhängig diejenigen Hauptfragestellungen, die bzgl. eines eCommerce im öffentlichen Internet unternehmensindividuelle Antworten erfordern.

	WSC Checkliste zum eCommerce
1	Wurde eine Analyse zur Bestimmung möglicher strategischer Ziele durchgeführt?
2	Hat sich das Management für bestimmte Ziele entschieden?
3	Wurde die Kundenakzeptanz für diese Ziele geprüft?
4	Sind die Internet-Applikationen ermittelt, die zur Erreichung der strategischen Ziele benötigt werden?
5	Ist eine Aufwand-Nutzen-Gegenüberstellung für die Implementierung der Applikationen erstellt worden?
6	Kann das Management auf Grundlage dieser Analysen über die Installation ausgewählter Internet-Applikationen bestimmen?
7	Sind Kennzahlen generiert, die eine Überwachung der Implementierung und des Service-Betriebs zulassen?
8	Existieren Systeme, die auf Grundlage eines Web-Site-Monitorings verlässliche Daten über das Nutzungsverhalten durch Kunden erheben können?
9	Sind Berichts- und Frühwarnsysteme ausgewählt, die Veränderungen im Kundenumfeld erfassen und auswerten?

Tab. 23: WSC-Checkliste zum eCommerce

Werden WSC-Maßnahmen wie gefordert an strategischen Unternehmens- und Web-Site-Zielen ausgerichtet, können als Internet-relevante Kenngrößen für das WSC die Zielmaßstäbe aus einer systematischen Zielplanung (siehe Abschnitt E. der vorliegenden Untersuchung) als unternehmensindividuell anzupassende Rahmenvorgabe übernommen werden. Die folgende Tabelle 24 führt die betreffenden Kenngrößen als Übersicht zusammen.

WSC zu eCommerce im öffentlichen Internet	
Strategische Ziele	**Kenngrößen (Zielmaßstäbe)**
Erhöhung des Marktanteils in bestimmten Kundengruppen	- Marktanteil
Engere Kundenbindung	- Fluktuationsrate
Bildung von F&E-Kooperationen	- Anzahl F&E-Kooperationen
Steigerung des Umsatzes im Endkundenbereich	- Umsatz
Steigerung des Umsatzanteils aus eCommerce im Vergleich zu konventionellem Umsatz	- eUmsatz / Gesamtumsatz
Verringerung der Transaktionskosten	- Transaktionskosten
Beschleunigung der Leistungserbringung aus Sicht der Endkunden	- Lieferzeiten
Verkürzung aller Antwortzeiten in Richtung Endkunden	- Antwortzeiten
Verringerung von Bestellzeiten	- Bestelldauer
Erhöhung der Anpassungsflexibilität	- Mitarbeitermotivationsnote - Anzahl kompetenter Mitarbeiter, Anzahl Schulungen - Web-Fähigkeit der Anwend., Daten, Hardware
Erhöhung des Durchdringungsgrads	- Anteil Intranet-Arbeitsplätze - eCommercetransaktionen / Gesamttransaktionen
Verbesserung der Produktivität	- Übertragene Daten pro Stunde / Datenbestand - Anzahl Transaktionen pro Tag - Anzahl Visits/Zeiteinheit - Visits pro Zeiteinheit / Implementierungs-Mh
Gewährleistung der Sicherheit	- Integritätsbewertung - Vertraulichkeits-/Verbindlichkeitsbewertung - Verfügbarkeit: Ist-Betriebszeit / Soll-Betriebszeit
Erhöhung der Wirksamkeit	- Ist-Funktionen / Soll-Funktionen - Ist-Transaktionen / Soll-Transaktionen - Akzeptanz: Visits pro Zeiteinheit - Umsatz pro Visit
Verbesserung der Wirtschaftlichkeit	- Plankosten / Istkosten - Umsatz / Ist-Kosten

Tab. 24: WSC-Kenngrößen zu eCommerce im öffentlichen Internet

4 Fazit: Web-Site-spezifisches Controlling

WSC akzentuiert neben der Transparenzverantwortung auch die Planungsverantwortung; das, was eigentlich das Management tun sollte und nicht zum üblichen Verständnis des Controlling gehört. Aufgrund seiner engen Anbindung an die strategischen Web-Site-Ziele profitiert ein Web Site Controlling maßgeblich von der Ergebnisqualität der Web-Site-spezifischen strategischen Planungen und Anforderungsanalysen (siehe Abschnitte E. und F. der vorliegenden Untersuchung). Die dort angewendeten Methoden und Techniken decken sich z. T. mit den vorgeschlagenen Analyse-Instrumenten des WSC (z. B. SWOT- und Portfolio-Technik). Die im WSR definierten Ziele und Modelle schaffen damit eine weiterverwendbare Informationsbasis für das WSC (z. B. Prozeß-modelle für die Reduzierung von bestimmten Durchlaufzeiten durch Intranet-Applikationen).

In der gedruckten Literatur und im WWW finden sich bisher kaum Beiträge zur Entwicklung und dem Einsatz von Web-Site-spezifischen Controlling-Instrumenten. Interpretiert man die Web Site eines Unternehmens nicht als rein technisches Konstrukt, sondern als eine Präsenz im elektronischen Wirtschaftsgefüge, wird ein Controlling der betreffenden Aktivitäten unumgänglich. Abschnitt G. der vorliegenden Untersuchung will einen Ansatz für die Positionierung und Ausgestaltung eines Web Site Controlling aufzeigen. Die spezifischen Handlungsfelder werden aus der Aufteilung einer elektronischen Web-Präsenz in die Segmente (öffentliches) Internet, (begrenztes) Extranet und (geschlossenes) Intranet generiert. Für jeden Bereich wird ein strategisches und ein taktisch-operatives Controlling eingefordert.

Für ein strategisches Controlling der Web Site (-Segmente) leisten die Instrumente der Unternehmensplanung gute Dienste, die auch für „konventionelle", analoge Marktpräsenzen eingesetzt werden, wie z. B. ABC-Analyse, Portfolio-Analyse, Scoring-Modelle, Informationswert-Analyse, Prozeß-Modellierung, Prozeßkosten-Analyse etc. Für die Ausgestaltung des taktisch-operativen Controllings ist es erforderlich, die jeweiligen Instrumente und Meßgrößen auf die unternehmensindividuellen Spezifika der betrachteten Web-Site-Segmente auszurichten. In Kapitel G.4 wurde anhand praxisnaher Beispiele mögliche Vorgehensweisen des WSC für die drei Web-Site-Segmente skizziert.

Während sich noch relativ einfach eCommerce-Umsätze oder Durchlaufzeitreduzierungen bei Kooperationen mit Geschäftspartnern ermitteln lassen, stehen die Controller bei den „weichen" Faktoren der elektronischen Marktpräsenz wie z. B. Leistungsqualität, Kundenzufriedenheit, Kundenbindung oder Kommunikationsintensität/-wert vor bekannten Bewertungs- und Quantifizierungsproblemen. Dies obwohl die Internet-Technologie ein Instrumentarium zur Verfügung stellt (technisches Web Site Monitoring), das weitaus mehr Informationen zur Web Site liefern kann, als das konventionelle Instrumentarium zur Informationsbeschaffung für herkömmliche Geschäftsaktivitäten. Die Komplexität und Kompliziertheit der Internet-Technologie scheint ursächlich mitverantwortlich für den Mangel an Verfahren und Kennzahlen im operativen Web Site Controlling.

H. Web Site Promotion in der Phase „Web Site Online"

1 Zur Positionierung der Web Site Promotion

1.1 Web Site Promotion im WSE-Komponentenmodell

An wen denken die meisten Menschen, wenn sie Bücher im Internet bestellen wollen? Vermutlich an den Weltmarktführer „Amazon.com". Die Internet-Adresse des ABC-Bücherdienstes, Deutschlands größter Online-Buchversand, sowie Deutschlands zweitgrößter Versand, die Bücher.de AG, sind im Vergleich zu Amazon.com weit weniger bekannt. In „Deutschlands umfangreichstem Web-Katalog", in Web.de, sind fast 600 weitere Firmen gelistet, bei denen man Bücher im Internet bestellen kann. Eine erfolgreiche Marktpräsenz ist bei diesen Unternehmen ausschließlich abhängig von dem Bekanntheitsgrad ihrer Internetadresse. Einige Unternehmen wie z. B. Dell tätigen bereits Jahresumsätze in der Höhe von mehr als einer Milliarde US-Dollar über das Internet.[504]

Besonders für Unternehmen, die verstärkt und überwiegend über das Internet vertreiben, stellt sich die zentrale Aufgabe, ihre Internet-Adresse und damit ihre Web Site zu promoten. Seine Web Site zu promoten, heißt für ein Unternehmen, seine Präsenz im elektronischen Wirtschaftsgefüge einer breiten Öffentlichkeit kund zu tun. Im Unterschied zum Online-Marketing, das sich vorwiegend mit der Vermarktung von Produkten oder Dienstleistungen eines Unternehmens im Internet befaßt, steht bei der Web Site Promotion (WSP) im Vordergrund, die Web-Präsenz eines Unternehmens im elektronischen Markt zu exponieren. Web Site Promotion muß somit einem Online-Marketing vorgelagert und begleitend praktiziert werden.

Das Web-Site-Engineering-Komponentenmodell dient sowohl als Vorgabe für die Systematisierung des Handlungsfeldes „eBusiness" als auch als systematischer Handlungsleitfaden für die Generierung einer marktgerechten Web-Präsenz. Die Web Site Promotion als zentraler Gegenstand der vorliegenden Abschnitts H. wird in diesem Komponentenmodell in der Phase Web Site Online positioniert (siehe Abbildung 38; Wiederholung der Abbildungen 13 und 31).

---

504   Vgl. Fuchs, Franz X.: Digitaler Einkauf, in: Gateway, 8/1998, S. 58 ff.

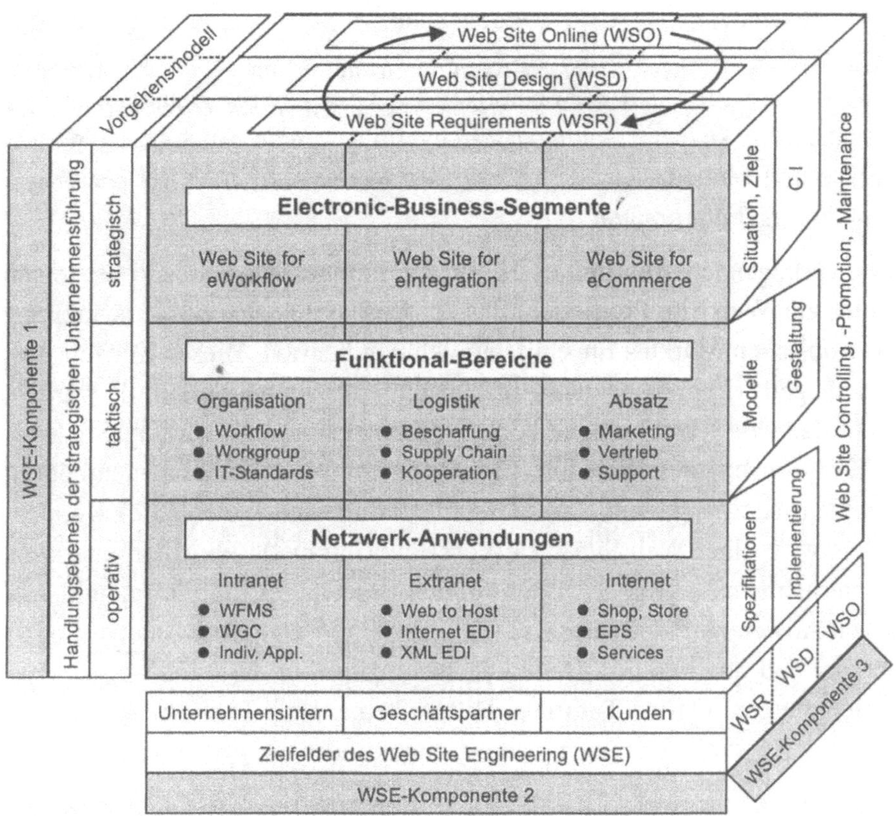

Abb. 38: Das WSE-Komponentenmodell

Für Web-Site-Promotion-Aktivitäten sind Zeit-Aspekte von Bedeutung; die sogenannte „Wirkungsverzögerung" (direkter Carry-over-Effekt) äußert sich darin, daß Veränderungen ökonomischer Größen erst nach Ablauf einer bestimmten Zeitspanne (time-lag) zu beobachten sind.[505] Für eine Web Site (in Weiter-/Entwicklung) bietet es sich aufgrund des „time-lags" an, frühzeitig mit einer Promotion zu beginnen. Das heißt, daß die Promotion-Aktivitäten nicht erst dann einsetzen, wenn die zugehörigen Netzwerkanwendungen online gehen, sondern in bestimmtem Ausmaß bereits in den davorliegenden Phasen des Web Site Requirements Engineering und Web Site Design. Dies ist insbesondere dann förderlich, wenn durch geeignetes „timing" die Wirkung verschiedener

---

505 Vgl. Bruhn, Manfred: Kommunikationspolitik: Grundlagen der Unternehmenskommunikation, München: Vahlen 1997, S. 280.

Promotion-Aktivitäten verstärkt werden kann.[506] Gleichermaßen ist von Bedeutung, daß Web-Site-Promotion-Aktivitäten nicht nur Wirkung erzielen, wenn sie von Akteuren auf der operativen Ebene mit hoher Detailgenauigkeit für betriebsfertige Netzanwendungen durchgeführt werden. Auch bereits Strategien, Pläne und Modelle lassen sich von den Verantwortlichen der jeweiligen Ebene nutzbringend promoten.

Ziel des vorliegenden Abschnittes H. ist die Entwicklung eines konsistenten Konzeptes zur Web Site Promotion, das zu einer systematischen Erschließung des elektronischen Marktes für ein Unternehmen beiträgt. Dieses Konzept soll mit Grundlagen, Komponenten, Aufgaben und Aktivitäten ausgefüllt werden. Die nachfolgenden Ausführungen konzentrieren sich auf die vorrangigen Zielfelder (Zielgruppen) der Web Site Promotion im WSE-Komponentenmodell: unternehmensexterne (potentielle) Geschäftspartner und (potentielle) Kunden. Die „Promotion einer Web Site für eWorkflow (Intranet)" im Mitarbeiterkreis eines Unternehmens fällt überwiegend in den Bereich der Einführung und Adaption von Anwendungssoftware; hier sind vor allem akzeptanz-, motivations-, verständnis- und qualifikationsfördernde Maßnahmen (z. B. stufenweises Vorgehen, Schulungen, Online-Tutorials, Hilfesysteme, Help Desk, Erläuterungen zu Effizienzsteigerungen, einfache Anreizinteraktionen etc.) zu ergreifen.

Nachfolgend wird die Web Site Promotion im Marketing-Mix eingeordnet sowie eine Definition und Abgrenzung zwischen Online-Marketing und Web Site Promotion vorgestellt. Aus dieser Abgrenzung leiten sich die Aufgaben der Web Site Promotion im Marketing-Mix eines Unternehmens ab. Für die Realisierung einer systematischen Web Site Promotion lassen sich zwei Maßnahmengruppen unterscheiden. Web Site Promotion kann zum einen innerhalb des Mediums Internet betrieben werden. Die betreffenden Möglichkeiten in den Bereichen World Wide Web (WWW), Electronic Mail (eMail) und Newsgroups werden in Kapitel H.2 aufgezeigt. Zum anderen bieten sich auch Web-Site-Promotion-Maßnahmen außerhalb des Mediums Internet (Kapitel H.3) in Printmedien, herkömmlichen elektronischen Medien und sonstigen Offline-Medien an.

---

506 Vgl. Bruhn, Manfred: Kommunikationspolitik: Grundlagen der Unternehmenskommunikation, a. a.. O., S. 103.

1.2 Web Site Promotion im Marketing-Mix

Der Begriff des „Marketing-Mix" umfaßt Produkt-, Preis-, Distributions- und Kommunikationspolitik zur Vermarktung von Produkten und Dienstleistungen.[507] Für eine differenzierte Projektion des Marketing-Mix auf die innovativen technischen Transaktionen in elektronischen Märkten werden nachfolgend die Online-Marketing-Instrumente von den Offline-Marketing-Instrumenten in den bekannten, nicht-elektronischen Märkten unterschieden.

Der traditionelle (Offline-)Marketing-Mix wird durch einen Online-Marketing-Mix ergänzt. Dieser besteht in Analogie zum traditionellen Marketing-Mix aus Online-Produktpolitik, Online-Preispolitik, Online-Distributionspolitik und Online-Kommunikationspolitik. Die Web Site Promotion wird der Kommunikationspolitik zugeordnet; sie kann sowohl innerhalb (Online) als auch außerhalb (Offline) des Mediums Internet erfolgen. Die kombinierte Online-Offline-Web-Site-Promotion wird hier als Web Site Promotion i. w. S. definiert. Web Site Promotion i. e. S. wird verstanden als die separate Bekanntmachung der Web Site innerhalb elektronischer oder traditioneller Märkte (siehe Abbildung 39).

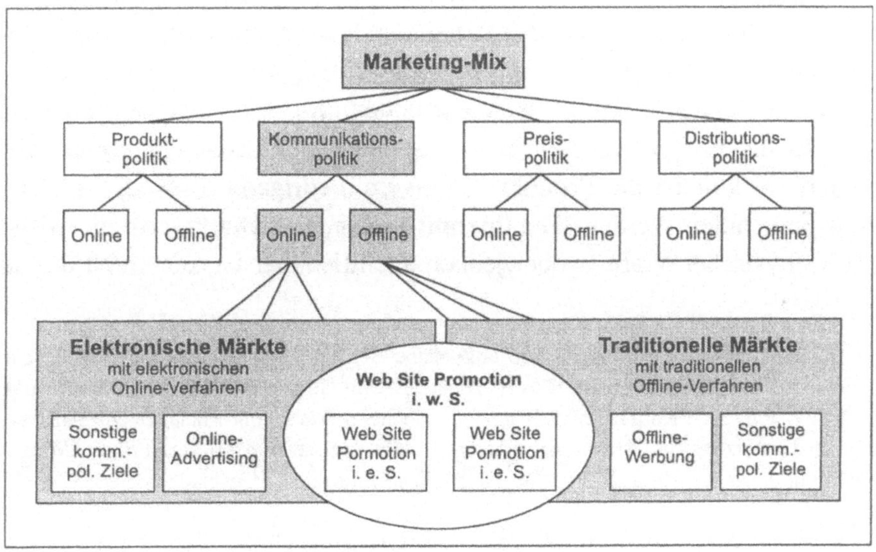

Abb. 39: Web Site Promotion im Marketing-Mix

---

507 Vgl. Kotler, Philip; Bliemel, Friedhelm: Marketing-Management: Analyse, Planung, Umsetzung und Steuerung, 8..Aufl., Stuttgart: Schaeffler-Poeschel 1995, S. 141.

Werbung, Verkaufsförderung und Öffentlichkeitsarbeit werden im Konsens als die wesentlichen Elemente der Kommunikationspolitik benannt;[508] neuere Instrumente wie z. B. Direktmarketing und Sponsoring werden zunehmend als eigenständige kommunikationspolitische Maßnahmenbereiche anerkannt.[509] Die Instrumente der Kommunikationspolitik können mit Zielrichtung auf bestimmte Märkte über die jeweiligen medienspezifischen elektronischen (Online-) bzw. traditionellen (Offline-)Verfahren umgesetzt werden.

Für die absatzpolitischen Instrumente Produkt-, Preis-, Distributions- und Kommunikationspolitik des Marketing-Mix[510] ist somit neben dem herkömmlichen, Offline-spezifischen auch ein Online-spezifisches Vorgehen denkbar, wobei letzteres je nach Produkt und Dienstleistung unterschiedliche Optionen eröffnet. Ein differenziertes branchen- und firmenspezifisches Vorgehen ist insbesondere zu beachten. Innovative Unternehmen können auf diese Weise Online-Distributionspolitik, Online-Produktpolitik und Online-Preispolitik mit Online-Kommunikationspolitik in einem Online-Marketing-Mix kombinieren, der idealerweise in Abstimmung mit einem traditionellen (Offline-)Marketing-Mix betrieben wird.

Amazon.com operiert z. B. innerhalb der Kommunikationspolitik nahezu ausschließlich über das Internet. Das Unternehmen nutzt somit vorrangig die Online-Kommunikationspolitik. Die Online-Preispolitik von Amazon.com ist einer der entscheidenden Vorteile für den Kunden, dort ein Buch zu bestellen. Durch (u. a.) die Einsparung von Handelsspannen der Zwischenhändler (Disintermediation) können die Produkte zu einem niedrigeren Preis als im Offline-Markt angeboten werden. Der hiermit gekoppelte Direktvertrieb erfolgt (noch) mit physischer Ware, wobei jedoch auch denkbar ist, ein Buch digital

---

508　Vgl. Wöhe, Günter: Einführung in die allgemeine Betriebswirtschaftslehre, 19. Aufl., a.a. O., S. 635. Vgl. auch Nieschlag, Robert; Dichtl, Erwin; Hörschgen, Hans: Marketing, a. a. O., S. 529. Vgl. auch Kotler, Philip; Bliemel, Friedhelm: Marketing-Management: Analyse, Planung, Umsetzung und Steuerung, a. a. O., S. 908. Vgl. auch Meffert, Heribert: Marketing: Grundlagen der Absatzpolitik: mit Fallstudien Einführung und Relaunch des VW-Golf, a. a. O., S. 119.

509　Vgl. Nieschlag, Robert; Dichtl, Erwin; Hörschgen, Hans: Marketing, a. a. O., S. 471 und S. 529, Vgl. auch Kotler, Philip; Bliemel, Friedhelm: Marketing-Management: Analyse, Planung, Umsetzung und Steuerung, a. a. O., S. 909, S. 1022, und S. 1089.

510　Vgl. Kotler, Philip; Bliemel, Friedhelm: Marketing-Management: Analyse, Planung, Umsetzung und Steuerung, a. a. O., S. 142 f. Vgl. auch Wöhe, Günter: Einführung in die allgemeine Betriebswirtschaftslehre, 19. Aufl., a. a. O., S. 634 f.

online zu übermitteln. Eine solche Online-Distributionpolitik erfolgt bereits bei Nachrichtendiensten wie z. B. Börsenbriefen.[511] Hieraus kann auch eine Veränderung der Produkte an sich resultieren. Die bereits existierenden „Digitalen Bücher" sind aufladbare handliche Lesegeräte mit einem LCD.[512] Neuer Lesestoff wird via Internet (und Modem) in das digitale Lesegerät übertragen. Die Ladekapazitäten lagen Ende 1998 bei ca. 4000 Seiten.[513] Eine Vielzahl solcher On-Demand-Services sind denkbar;[514] die News-On-Demand sind ein Vorläufer der Online-Produktpolitik.

Das integrierte Vorgehen von Amazon.com kombiniert den traditionellen (Offline-)Marketing-Mix mit den Online-Instrumenten. Diese Online-Offline-Kombination ist insbesondere sinnvoll, solange das Bandbreitenproblem im Internet nicht gelöst ist und somit die Übertragung großer Datenmengen entweder zu teuer oder qualitativ unzureichend ist, wie z. B. im Falle einer Video-Bildübertragung. Hier bieten sich Hybrid-Lösungen an, welche die Vorteile des jeweiligen Online- oder Offline-Mediums gezielt ausnutzen.[515]

1.3   Begriffsabgrenzungen und Ziel der Web Site Promotion

Der Begriff „to promote" wird übersetzt als „fördern, unterstützen, Vorschub leisten, Verkauf steigern, bewerben, befürworten, anstiften, begünstigen". Der Begriff „to advertise" spiegelt hingegen eine weitaus engere, werbespezifischere Bedeutung wieder: „ankündigen, anzeigen, bekanntmachen, inserieren, annoncieren, werben und Reklame machen".[516] Hinzu kommt, daß der Begriff

---

511   Vgl. o. V.: http://www.platowbrief.de/emailer/index.htm, 4.11.1998.

512   LCD ist die Abkürzung für Liquid Crystal Display (Flüssigkristallanzeige). Vgl. Microsoft Press: Computer-Fachlexikon: mit Fachwörterbuch (deutsch-englisch/englisch-deutsch), Unterschleißheim: Microsoft Press 1997, S. 385 u. S. 257.

513   Vgl. Borchers, Detlef: Die Bibliothek für unterwegs kann übers Internet nachgeladen werden: Digitale Bücher – Die handlichen elektronischen Lesegeräte speichern bis zu 4000 Seiten, in: Handelsblatt, 9.9.1998 / Nr. 173, S. 25. Der interessierte Leser findet weitere Informationen unter: http://www.nuvomedia.com; http://www.everybk.com.

514   Silberer, Günter (Hrsg.): Interaktive Werbung: Marketingkommunikation auf dem Weg ins digitale Zeitalter, Stuttgart: Schäffer-Poeschel 1997, S. 206.

515   Vgl. Silberer, Günter (Hrsg.): Interaktive Werbung: Marketingkommunikation auf dem Weg ins digitale Zeitalter, a. a. O., S. 13.

516   Vgl. Langenscheidts Handwörterbuch Englisch: Englisch - Deutsch, Deutsch - Englisch, 6. Auflage, Berlin, München, Wien, Zürich, New York: Langenscheidt 1994, S. 39, S. 503.

„Werbung" im Deutschen semantisch eng als versuchte Meinungs- und Ver-
haltensbeeinflussung vorbelegt ist.[517] Weiter haftet dem Begriff der „Werbung" die Konnotation der „Reklame" an, unter welcher häufig vor allem
schlechte, aufdringliche Werbung verstanden wird. „Promotion" drückt somit
mehr aus als nur den Teilaspekt „Werbung".

Für die Vermarktung von Produkten und Leistungen innerhalb des Mediums
Internet werden in der Literatur verschiedene Begriffe verwendet: Cyber-Mar-
keting,[518] Online-Marketing,[519] Hypermarketing,[520] Electronic Marketing,[521]
Internet-Marketing,[522] Marketing mit Multimedia[523] oder einfach Marketing
im Internet.[524] Genauso vielfältig wie die Begriffe sind auch die Inhalte und
Methoden, welche die Autoren unter den einzelnen Bezeichnungen subsumie-
ren. Gemeinsam ist allen, daß Marketing für den Verkauf von Gütern und
Dienstleistungen in elektronischen Märkten mittels des Mediums Internet im
Mittelpunkt steht; im folgenden wird hierunter Online-Marketing verstanden.

Umfaßt die Vermarktung von Produkten und Dienstleistungen zusätzlich auch
Marketingmaßnahmen außerhalb des Mediums Internet, die auf die Verwendung des Online-Mediums abzielen, so wird im vorliegenden Zusammenhang

---

517   Vgl. Nieschlag, Robert; Dichtl, Erwin; Hörschgen, Hans: Marketing, a. a. O., S. 481.

518   Vgl. Rohner, K.: Cyber-Marketing: Paradigmen, Perspektiven, Praxis, Zürich: Orell Füsli
      Verlag 1996, S. 13.

519   Vgl. Oenicke, Jens: Online-Marketing: Kommerzielle Kommunikation im interaktiven Zeit-
      alter, Stuttgart: Schäffer-Poeschel 1996, S. 2.

520   Vgl. Resch, Jörg: Marktplatz Internet: Das Internet als strategisches Instrument für Marke-
      ting und Werbung. Von der Konzeption bis zur Erfolgskontrolle, in: Reihe: Internet-Series,
      Hrsg.: Microsoft Press Deutschland; Kuppinger, Martin, Stuttgart; Resch, Jörg, Düsseldorf;
      Unterschleißheim: Microsoft Press Deutschland 1996, S. 126.

521   Vgl. Oenicke, Jens: Online-Marketing: Kommerzielle Kommunikation im interaktiven Zeit-
      alter, a. a. O., S. 99. Vgl. auch Rohner, Kurt: Cyber-Marketing: Paradigmen, Perspektiven,
      Praxis, a. a. O., S. 118.

522   Vgl. Roll, Oliver: Marketing im Internet: Neue Märkte erschließen, München: tewi-Verlag
      1996, S. 153.

523   Vgl. Heinemann, Ch.: Multimedia in der internen Marketing-Kommunikation, in: Siberer,
      G. (Hrsg.), Marketing mit Multimedia: Grundlagen, Anwendungen und Management einer
      neuen Technologie im Marketing, Stuttgart: Schäffer-Poeschel & Wirtschaftswoche 1995,
      S. 33 ff.

524   Vgl. Ellsworth, Jill H.; Ellsworth, Matthew V.: Marketing on the Internet: Multimedia
      Strategies for the World Wide Web, New York: John Wiley & Sons, Inc. 1995, S. 17. Vgl.
      auch Roll, Oliver: Marketing im Internet: Neue Märkte erschließen, a. a. O., S. 15.

hierunter das kombinierte Online-Offline-Marketing verstanden. Dieser umfassende Marketing-Mix nutzt somit traditionelle und elektronische Verfahren.

In Abgrenzung zum Online-Marketing befaßt sich Web Site Promotion jedoch nicht primär mit der Vermarktung von Gütern und Dienstleistungen, sondern richtet sich auf die Bekanntmachung der Web Site im Markt. Diese Bekanntmachung sollte jedoch nicht im Sinne eines Online-Marketing auf das Medium Internet beschränkt bleiben, sondern sowohl innerhalb als auch außerhalb des Mediums Internet erfolgen. Bezüglich des zeitlichen Kontextes ist hervorzuheben, daß Web Site Promotion dem eigentlichen Online-Marketing vorgelagert ist, bzw. dieses begleitet. Im Idealfall wird Web Site Promotion als integrierter Bestandteil eines umfassenden Kommunikationspolitik-Mixes betrieben .

In der inzwischen vielfältigen Marketingliteratur zum Thema Internet wird die Web Site Promotion in der Regel nur sehr begrenzt abgehandelt. Dem kritischen Leser drängt sich hierbei die Frage auf, welchen Nutzen ein Unternehmen von einem Online-Marketing-Konzept hat, wenn die Präsenz und Positionierung des Unternehmens im elektronischen Markt nicht gleichzeitig diejenige Aufmerksamkeit der Nachfrager erfährt, die für den Erfolg von eBusiness-Aktivitäten erforderlich ist. Will ein Unternehmen in elektronischen Märkten wahrgenommen werden und den Bekanntheitsgrad seiner Web Site maßgeblich steigern, muß Web Site Promotion als berechtigtes Element im Marketing-Mix positioniert werden (siehe Abbildung 40).

Web Site Promotion soll als Bestandteil der Kommunikationspolitik einen Beitrag zur Erschließung des für ein Unternehmen relevanten elektronischen Marktes leisten. Markterschließung bedeutet in diesem Zusammenhang, die Zielgruppen des Unternehmens auf die Web Site aufmerksam zu machen und zu deren Nutzung zu bewegen. Kotler/Bliemel[525] schematisieren diesen Prozess allgemein aus der Sicht des Nachfragers anhand der fünf Phasen Problemerkennung, Informationssuche, Bewertung von Alternativen, Kaufentscheidung und Verhalten nach dem Kauf (siehe Abbildung 41; diese Phasengliederung gibt die in Kapitel B.3.2 erläuterte Transaktionssequenz aus der Marketing-Sicht wieder).

---

525 Vgl. Kotler, Philip; Bliemel, Friedhelm: Marketing-Management: Analyse, Planung, Umsetzung und Steuerung, a. a. O., S. 309.

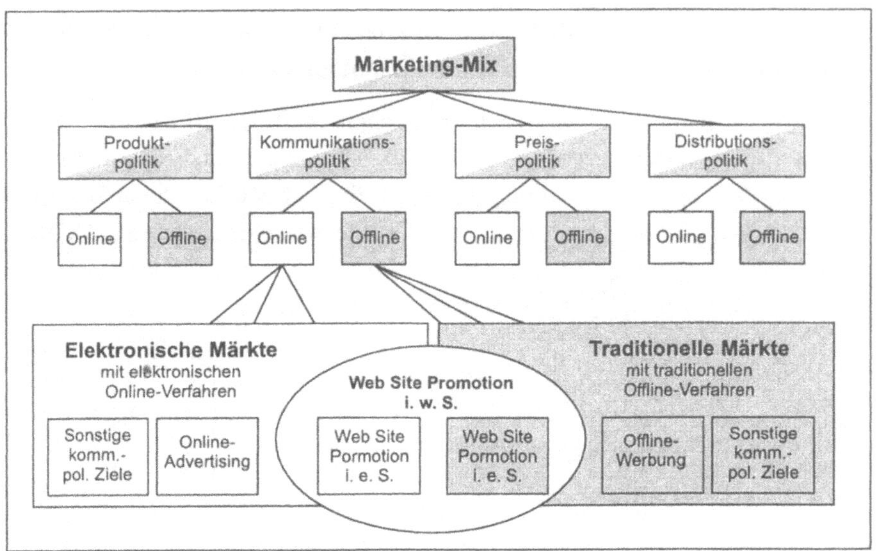

Abb. 40: Online-Offline-Marketing-Mix

In der Phase der Informationssuche erlangt die Web Site Promotion als kommunikationspolitisches Instrument besondere Bedeutung. Der Konsument, der ein Bedürfnis bei sich erkannt hat, wird sich entsprechende Informationen einholen Die wichtigsten Informationsquellen lassen sich hierbei in vier Gruppen einteilen: [526]

- Persönliche Quellen (z. B. Familie, Freunde, Nachbarn, Bekannte),
- Kommerzielle Quellen (z. B. Werbung, Verkäufer, Händler, Verpackung),
- Öffentliche Quellen (z. B. Massenmedien, Verbraucherverbände),
- Erfahrungsquellen (z. B. das Produkt „begreifen", untersuchen, benutzen).

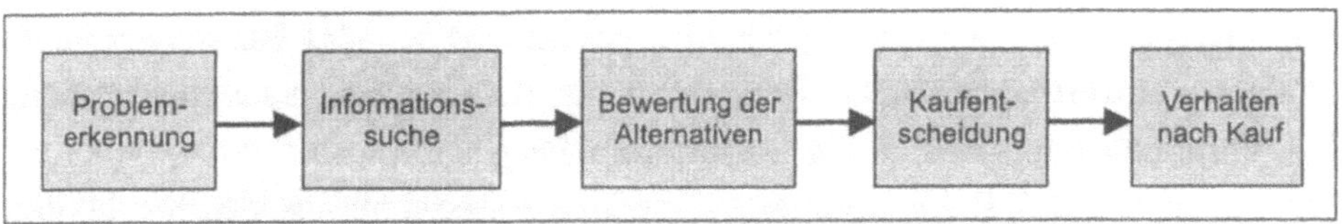

Abb. 41: 5-Phasen-Modell des Kaufprozesses[527]

---

526 Vgl. Kotler, Philip; Bliemel, Friedhelm: Marketing-Management: Analyse, Planung, Umsetzung und Steuerung, a. a. O., S. 310.

527 Vgl. Kotler, Philip; Bliemel, Friedhelm: Marketing-Management: Analyse, Planung, Umsetzung und Steuerung, a. a. O., S. 309.

Web-Site-Promotion-Aktivitäten sind so zu gestalten, daß möglichst viele Informationsquellen bedient werden. Ein Unternehmen wird sich darüber in das Bewußtsein, in die konkrete Erwägung und schließlich in die Endauswahl des potentiellen Käufers bringen müssen. Ziel ist es, daß sich das Unternehmen mit seinen Leistungen im „accept set" (auch „evoked set"[528] genannt) der Konsumenten befindet. Der Web Site Promotion kommt hierbei als kommunikationspolitisches Instrument des Marketing-Mix eine Schlüsselrolle zu.

Ein „evoked set" setzt voraus, daß Konsumenten unter den angebotenen Produktalternativen eine Vorauswahl getroffen haben und in einer konkreten Kaufentscheidung nur noch die als akzeptabel eingestuften Produkte miteinander verglichen werden.[529] Die Gesamtheit der als akzeptabel eingestuften Produkte stellt das „evoked set" (accept set) dar. Generiert wird dieses „evoked set", indem der Konsument bei der Informationssammlung aus der Gesamtmenge („total set") einige Produkte kennt („awareness set"), von welchen jedoch nur ein Teil näher betrachtet wird („processed set"). Aus diesem werden einige Marken sofort abgelehnt („reject set"), anderen steht der Konsument noch indifferent gegenüber („hold set").[530] Letzendlich ist es Ziel der Web Site Promotion, ein Unternehmen speziell mit und über seine Web Site im „evoked set" des Konsumenten zu positionieren.

Grundlegend dafür ist ein zielgruppenspezifisches Vorgehen sowohl bei der Inter-Media-Selektion, d. h. der Auswahl geeigneter Kategorien von Kommunikationsträgern (wie Online-Offline-Medien), als auch bei der Intra-Media-Selektion, d. h. der Auswahl spezieller Kommunikationsträger innerhalb der einzelnen Kategorien.[531] Für die nachfolgenden Ausführungen wird vorausgesetzt, daß ein Unternehmen seine Zielgruppe(n) kennt und sowohl bei der inhaltlichen Gestaltung der Promotion-Maßnahmen als auch bei der Intra-Media-Selektion die jeweiligen branchenspezifischen Besonderheiten beachtet.

---

528 Vgl. Kotler, Philip; Bliemel, Friedhelm: Marketing-Management: Analyse, Planung, Umsetzung und Steuerung, a. a. O., S. 340. Erstmals: Howard, John A.; Sheth, Jagdish N.: Theory of Buyer Behavior, New York: Wiley 1969, S. 26.

529 Vgl. Nieschlag, Robert; Dichtl, Erwin; Hörschgen, Hans: Marketing, a. a. O., S. 154.

530 Vgl. Kotler, Philip; Bliemel, Friedhelm: Marketing-Management: Analyse, Planung, Umsetzung und Steuerung, a. a. O., S. 310 f.

531 Vgl. Nieschlag, Robert; Dichtl, Erwin; Hörschgen, Hans: Marketing, a. a. O., S. 624.

2 Web Site Promotion innerhalb des Mediums Internet

2.1 Vorbemerkungen zum Medium Internet

Die im Rahmen des Online-Marketing angeführten Vorteile und Besonderheiten des Internet sind hilfreich, um dessen medienspezifische Vorzüge auch für die Web Site Promotion herauszustellen. Als ein entscheidender Vorteil der Kommunikation mittels interaktiver Medien wird allenthalben der Wandel der Marketingkommunikation von der „One-Way- zur Two-Way-Kommunikation" angeführt.[532] Die herkömmliche Massenkommunikation bzw. traditionelle Werbung ist als One-Way-Kommunikation einzustufen. Ihr Hauptcharakteristikum ist, daß die Rollen von Sender und Empfänger nicht austauschbar bzw. asymmetrisch sind. „Die Möglichkeit der Antwort ist von vornherein ausgeschlossen, [und] nur ein sehr eingeschränktes indirektes Feedback ist, wenn überhaupt, möglich."[533]

Die Two-Way-Kommunikation ermöglicht einen wechselseitigen Austausch von Mitteilungen, womit die Rollen von Sender und Empfänger austauschbar bzw. symmetrisch werden.[534] Die Interaktionsfähigkeit erlaubt es, die Kommunikation mit Marktteilnehmern exakt auf deren Bedürfnisse abzustimmen.[535] Durch diese Kundenorientierung kann die Leistung eines Unternehmens beträchtlich an Qualität gewinnen. Diejenigen Produkt- und Dienstleistungsmerkmale, welche die Qualität steigern und so zur Kundenzufriedenheit beitragen, sind eine Vorbedingung für die Gestaltung des Leistungsangebots eines Unternehmens.[536] Two-Way-Kommunikation sollte folglich auch zur Steigerung der Kundenzufriedenheit Teil des Leistungsangebots sein.

Weitere Vorteile des Online-Marketing sind neben der Interaktivität die Multimedialität sowie die globale Reichweite des Internet. Multimedia-Technologie

---

532 Vgl. z. B. Oenicke, Jens: Online-Marketing: Kommerzielle Kommunikation im interaktiven Zeitalter, a. a. O., S. 59.

533 Oenicke, Jens: Online-Marketing: Kommerzielle Kommunikation im interaktiven Zeitalter, a. a. O., S. 61.

534 Vgl. Oenicke; Jens: Online-Marketing: Kommerzielle Kommunikation im interaktiven Zeitalter, a. a. O., S. 61.

535 Vgl. Roll, Oliver: Marketing im Internet: Neue Märkte erschließen, a. a. O., S. 70.

536 Vgl. Homburg, Christian; Werner, Harald: Kundenorientierung mit System: mit Customer-Orientation-Management zu profitablem Wachstum, Frankfurt (Main), New York: Campus-Verlag 1998, S. 233.

schafft die Möglichkeit, über alle Ausdrucksmittel zu verfügen, die der Botschaft adäquat sind. Hypertext ermöglicht es dem Kunden, die Information in der von ihm geforderten Ausführlichkeit zu erhalten. Die globale Ausdehnung des Internet ermöglicht es, Web-Site-Promotion-Aktivitäten innerhalb des Internet auch überregional zu betreiben. Dies bedeutet für die Web-Site-Promotion-Aktivitäten, daß es für die globale Vermarktung eines relativ geringen Mehraufwands im Vergleich zur globalen Vermarktung mittels Offline-Medien bedarf.[537] Das Internet bietet dabei als erstes Medium die Möglichkeit, „interaktive Massenkommunikation" zu betreiben.

Die Netiquette[538] ist als Besonderheit jeglicher Kommunikation im Internet herauszustellen („Netiquette" als Abkürzung für „Network Etiquette"[539]). „Dieses selbstgeschaffene Regelwerk enthält freiwillige, allgemein anerkannte Verhaltensgrundsätze, die für das Funktionieren der virtuellen Gemeinschaft von Bedeutung sind."[540] Da das Internet bzgl. seiner Inhalte über keine Aufsichtsorgane verfügt, war es notwendig, ein Regelwerk zu formulieren, auf dessen Einhaltung solidarisch geachtet wird.[541] Auch die Web Site Promotion muß diesem Codex unterstellt werden.

Das Internet bietet eine Fülle von Möglichkeiten, Web Site Promotion zu betreiben. Mit den nachfolgenden Kapiteln wird nicht die Absicht verfolgt, die einzelnen Instrumente im Detail zu beschreiben. Die Menge und Wirkungsbreite der Instrumente soll jedoch verdeutlichen, daß eine Web Site nicht mit dem in Abschnitt A. aufgeführten Kardinalfehler einer schwierigen Lokalisierbarkeit für die Zielgruppen behaftet sein muß.

---

537 Vgl. Oenicke, Jens: Online-Marketing: Kommerzielle Kommunikation im interaktiven Zeitalter, a. a. O., S. 113.

538 Das Original der Netiquette wird von Arlene H. Rinaldi an der Florida Atlantic University (USA) gepflegt und ist online im Internet unter http://www.fau.edu/netiquette/netiquette.html verfügbar (17.01.2000). Eine autorisierte und kommentierte Übersetzung ins Deutsche hält Christian Reiser online im Internet unter http://www.ping,at/guides/netmayer/netmayer.html vor (17.01.2000).

539 Vgl. Microsoft Press: Computer-Fachlexikon: mit Fachwörterbuch (deutsch-englisch/englisch-deutsch), a. a. O., S. 444.

540 Vgl. Silberer, Günter (Hrsg.): Interaktive Werbung: Marketingkommunikation auf dem Weg ins digitale Zeitalter, a. a. O., S. 108. Vgl. auch Roll, Oliver: Marketing im Internet: Neue Märkte erschließen, a. a. O., S. 18.

541 Vgl. Roll, Oliver: Marketing im Internet: Neue Märkte erschließen, a. a. O., S. 18. Vgl. auch Rohner, Kurt: Cyber-Marketing: Paradigmen, Perspektiven, Praxis, a. a. O., S. 161.

2.2 Web Site Promotion im World Wide Web

2.2.1 Web Site Promotion durch Online-Werbung

Web Site Promotion kann als Online-Werbung (Online-Advertising) im WWW praktiziert werden, wenn das beworbene Objekt die Web Site des Unternehmens ist (nicht die Produkte und Dienstleistungen des Unternehmens). Web Site Promotion durch Online-Werbung wird mit den nachfolgenden Aspekten erarbeitet:

1.) Klassifikation von Online-Werbung
2.) Begriffsdefinitionen und Formen von Online-Werbung
3.) Mischformen der Online-Werbung
4.) Web-Cookies
5.) Online-Werbung als Finanzierungs- und Kostenfaktor

1.) Klassifikation von Online-Werbung

Aus der Sicht der Marketingtheorie ist Werbung (Advertising) ein wesentlicher Bestandteil des Kommunikationspolitik-Mix. „Jede bezahlte Form der nicht-persönlichen Präsentation und Förderung von Ideen, Waren oder Dienstleistungen durch einen identifizierten Auftraggeber"[542] kann als Werbung verstanden werden. Online-Werbung läßt sich über die beiden Unterscheidungsmerkmale „Inhalt der Werbung" und „Partizipationsgrad der Werbung" beschreiben.

Der Inhalt der Werbung kann in sechs Hauptbereiche gegliedert werden: [543]

• Einladende Werbung: Bei dieser Werbeform wird um Abruf der Werbung gebeten.

• Informative Werbung: Diese wird auch als Infomercial bezeichnet und stellt Sachinformation und Informationsnutzen in den Mittelpunkt.

• Unterhaltende Werbung: Neuere Formen der unterhaltenden Werbung (Advertainment) zielen darauf ab, mittels Werbung Spaß, Abwechslung und Zerstreuung zu erzielen und somit Aufmerksamkeit zu erzeugen.

---

542 Vgl. Kotler, Philip; Bliemel, Friedhelm: Marketing-Management: Analyse, Planung, Umsetzung und Steuerung, a. a. O., S. 908.

543 Vgl. Silberer, Günter (Hrsg.): Interaktive Werbung: Marketingkommunikation auf dem Weg ins digitale Zeitalter, a. a. O. , S. 11 f.

- Dialogische Werbung: Diese Werbeform zielt auf die ausgeprägte Interaktion ab, im Mensch-Maschine-Dialog oder im semipersönlichen Kontakt (z. B. Bildtelefon), um Interesse hervorzurufen.

- Werbespiele: Diese Form der Werbung betont ebenfalls den interaktiven Aspekt der Werbevermittlung; hierbei sollen auf spielerische Weise Werbeinhalte vermittelt werden.

- Werbung mit finanziellem Anreiz bzw. Honorierung des Werbekontakts: Dem Kunden wird für eine bestimmte Form der Auseinandersetzung mit der Werbung ein Rabatt, eine Gutschrift oder eine sonstige Form der Vergünstigung gewährt.[544]

Anhand des Partzipationsgrads der Werbung innerhalb des WWW lassen sich grundsätzlich zwei Werbeformen unterscheiden: interaktives Placement und nicht-interaktives Placement.[545]

- „Nicht-interaktives Placement", auch einfaches Placement genannt, kann verstanden werden als Plazierung von Produktabbildungen, Namen, Logos, Slogans und dergleichen. Charakteristisch für diese Form des Advertising ist das Fehlen einer Interaktionsmöglichkeit, welches einen der Hauptvorteile des Mediums WWW ausmacht.

- Durch „interaktives Placement", sogenannte Werbe-Buttons oder -Banner, wird der Nutzer eines interaktiven Mediums zum Informationsangebot des werbenden Unternehmens geführt. Für diese Werbeform ist die Interaktionsmöglichkeit des Mediums WWW unabdingbar.

2.)   Begriffsdefinitionen und Formen von Online-Werbung

Zu Online-Werbung und Online-Advertising existiert eine verwirrende Vielzahl von Begriffen, die teilweise dasselbe meinen, teils den gleichen Begriff für unterschiedliche Sachzusammenhänge gebrauchen. Im Herbst 1996 haben in Zusammenarbeit der Verband Deutscher Zeitschriftenverleger (VDZ), der Bundesverband Deutscher Zeitungsverleger (BDZV), der Verband Privater Rundfunk und Telekommunikation (VPRT) sowie der Deutsche Multimedia Ver-

---

544   Vgl. Silberer, Günter (Hrsg.): Interaktive Werbung: Marketingkommunikation auf dem Weg ins digitale Zeitalter, a. a. O. , S. 11 f.

545   Vgl. Silberer, Günter (Hrsg.): Interaktive Werbung: Marketingkommunikation auf dem Weg ins digitale Zeitalter, a. a. O. , S. 12.

band (DMMV) Definitionen für Online-Advertising festgelegt. Hierbei hat man sich auch auf ein einheitliches Verfahren zur Messung von Online-Werbung geeinigt. Im folgenden werden diese Definitionen kurz vorgestellt. [546]

Werbe-Banner oder Werbe-Buttons sind Werbeträger, die auf „fremden" Web Sites positioniert werden (Banner-Advertising). Hierbei handelt es sich um (kleine) Graphiken, welche durch Anklicken einen Link, d. h. eine Verbindung, zur Internet-Präsenz des Werbetreibenden herstellen. Ein solches Anklicken wird als AdClick bezeichnet und stellt ein wichtiges Maß für Erfolgsbewertung und Abrechnung der Werbung dar. Geschaltet werden Werbe-Banner vorzugsweise auf hochfrequentierten Web Sites von z. B. Suchdiensten (Yahoo, Alta Vista u. a.) oder im redaktionellen Umfeld großer Online-Magazine (Spiegel-Online, Focus-Online u. a.).

Neben Bannern und Buttons findet man im Internet weitere Werbeformen, die als AdSpecials bezeichnet werden. AdSpecials sind Sonderformen der Werbung wie AdEvents, AdGames oder AdMails.

- AdEvents sind durch den Werbetreibenden unterstützte redaktionelle Aufbereitungen von besonderen Ereignissen, beispielsweise aus dem Sport. Für die Berichterstattung fungiert der Werbetreibende quasi als Sponsor.

- AdGames stellen eine Möglichkeit dar, die Interaktivität des Mediums spielerisch werbend zu nutzen. „Memory" und „Master Mind" werden hierbei oft abgewandelt und als Werbespiele verwendet.

- AdMails bieten die Möglichkeit, Usern, die sich in themenspezifische Verteilerkreise haben aufnehmen lassen, eine Werbebotschaft per eMail zukommen zu lassen. Hierbei wird dem Userkreis eine Sammlung angeforderter redaktioneller Nachrichten zugesendet, in welche die Werbebotschaft integriert werden kann. Bei Übersendung von HTML-Dokumenten können zusätzlich Links auf die Web Site des Werbetreibenden verweisen.

Aufbauend auf dieser Begriffsabgrenzung ist es für eine systematische Mediaplanung im Internet entscheidend, Leistungskennziffern eines Werbeträgers festzulegen sowie diese messen zu können. Die Leistungskennziffern des Werbeträgers werden durch die Begriffe Visits (Besuche) und Page Views (Seitenabrufe) wiedergegeben.

---

546 Vgl. Bachhofer, Michael: Wie wirkt Werbung im Web?: Blickverhalten, Gedächtnisleistung und Imageveränderung beim Kontakt mit Internet-Anzeigen, Reihe: Stern Bibliothek, Hamburg: Stern Gruner + Jahr Druck und Verlagshaus 1998, S. 16 ff.

- Ein Visit (Besuch) wird definiert als ein zusammenhängender Nutzungsvorgang eines WWW-Angebots. Als Nutzungsvorgang zählt ein technisch erfolgreicher Zugriff eines Internet-Browsers auf (irgend-)eine Seite einer Web Site, wenn er von außerhalb der Web Site erfolgt.[547]

- Page Views (Seitenabrufe) bezeichnen „die Anzahl der Sichtkontakte beliebiger Benutzer mit einer werbeführenden HTML-Seite. Sie liefern ein Maß für den technischen Zugriff auf einzelne Seiten des Angebots.[548]

Online-Medien bieten den Vorteil, daß sich die Nutzungsdaten einfacher erheben lassen als bei traditionellen Werbeträgern. Log-Routinen im Web-Server protokollieren automatisch den Zugriff auf die Web Site. Die so gewonnenen Daten können anschließend ausgewertet werden (Web Site Monitoring). Die Informationsgesellschaft zur Feststellung der Verbreitung von Werbeträgern (IVW) fungiert seit Oktober 1997 auch im Online-Bereich als unabhängige, neutrale Kontrollinstanz. Hierbei bedient sie sich einer standardisierten Zähl-Software, die jeden Nutzungsvorgang exakt registriert.[549]

Neben den vorgenannten Leistungskennziffern des Werbeträgers sind die Leistungskennziffern des Werbemittels von Bedeutung. Visits und Page Views – also Werbeträgerkontakte – belegen lediglich einen potentiellen Werbemittelkontakt. Ob tatsächlich ein Werbemittelkontakt stattgefunden hat, kann anhand der Logfiles ermittelt werden. In ihnen wird der online-spezifische Parameter AdClick aufgezeichnet.[550] AdClicks sind definiert als die Werbemittelleistung eines einzelnen Werbeträgers. Sie zeigt an, wieviele Anwender durch Anklicken der Werbefläche zur Internet-Präsenz des Werbetreibenden weitergeleitet wurden. Da die absolute Zahl dieser AdClicks ohne Vergleichswert wenig aussagekräftig ist, wird die AdClick Ratio bzw. AdClick Rate ermittelt;[551] sie wird durch das Verhältnis der auf einen Werbeträger entfallenen AdClicks zu den PageViews der Trägerseite ausgedrückt. PageViews und Visits geben somit die

---

547 Vgl. Vgl. Bachhofer, Michael: Wie wirkt Werbung im Web?: Blickverhalten, Gedächtnisleistung und Imageveränderung beim Kontakt mit Internet-Anzeigen, a. a. O., S. 19.

548 Vgl. o.V.: Online-Werbung einheitlich messen, FAZ, 02.11.98, S. 31.

549 Vgl. Bachhofer, Michael: Wie wirkt Werbung im Web?: Blickverhalten, Gedächtnisleistung und Imageveränderung beim Kontakt mit Internet-Anzeigen, a. a. O., S. 18.

550 Vgl. Bachhofer, Michael: Wie wirkt Werbung im Web?: Blickverhalten, Gedächtnisleistung und Imageveränderung beim Kontakt mit Internet-Anzeigen, a. a. O., S. 22.

551 Vgl. Bachhofer, Michael: Wie wirkt Werbung im Web?: Blickverhalten, Gedächtnisleistung und Imageveränderung beim Kontakt mit Internet-Anzeigen, a. a. O., S. 22.

technische Nutzung und Attraktivität des Werbeträgers wieder; AdClicks und AdClick Ratio sind hingegen Indikatoren für den Erfolg des Werbemittels.

Beim Banner-Advertising lassen sich zwei Basiszielsetzungen und daraus resultierend zwei Strategien bilden.

- Maximierung der AdClick Ratio als erste Basisstrategie: Ihr Ziel ist es, den Verkehr (Traffic) auf der eigenen Web Site zu erhöhen, d. h., möglichst viele Internet-Surfer anzuziehen und damit auch die Nutzungsparameter der eigenen Seite zu verbessern.

- Als zweite Basisstrategie kann die Maximierung der potentiellen Werbemittelkontakte verfolgt werden. Ziel dieser Strategie ist es, eine Marke im Internet bekannt zu machen. Die Markenbekanntheit profitiert von hohen Page-View- und Visit-Werten. Hierfür werden in der Praxis reichweitenstarke Online-Magazine und Suchmaschinen gebucht.

Tabelle 25 faßt die definierten Begriffe zusammen.

Begriffe zu Online-Werbung/-Advertising	
Fachterminus	**Kurzerläuerung**
Werbe-Banner/-Buttons	Werbeträger auf „fremden" Web Sites
AdSpecial	Oberbegriff für Sonderformen der Online-Werbung
AdEvent	Gesponsorte Berichterstattung
AdGames	Werbespiele
AdMails	Werbende eMail
Visits (Besuche)	Leistungskennziffer eines Werbeträgers
Page Views (Seitenabrufe)	Leistungskennziffer eines Werbeträgers
AdClicks (WerbeKlicks)	Werbemittelleistung eines Werbebuttons
AdClick Ratio (Ad Click Rate)	Verhältniszahl
Maximierung der AdClick Ratio	Strategie I
Maximierung der potentiellen Werbemittelkontakte	Strategie II

Tab. 25: Begriffe zu Online-Werbung/-Advertising

3.) Mischformen der Online-Werbung

Zunehmend setzen sich moderne Mischformen aus Advertising, Mund-zu-Mund-Propaganda und eMail als Werbeinstrumente im Internet durch. Bei diesen Mischformen wird den Besuchern einer Web Site die Möglichkeit gegeben, beispielsweise eine kleine Produkt- oder Firmenabbildung (Image) mittels e-Mail an einen Empfänger seiner Wahl zu senden. Das Unternehmen tritt in keiner Phase als der direkt Werbende auf, sondern leitet lediglich das Image als Kundenservice weiter. Die „eCard" von Audi ist ein Beispiel für diese Werbeform. Der Empfänger erhält auf Veranlassung einer ihm bekannten Person z. B. das Bild eines Audi-TT als eMail übersendet. Das Unternehmen Audi hat dieses Konzept auch auf Hintergrundbilder, Screensaver u. ä. übertragen.[552] Die Firma Microsoft bietet seit vielen Jahren die „Flying Windows" als Bildschirmschoner integriert ins Betriebssystem Windows 95 und NT an, wobei es sich letztlich auch um ein Markensymbol handelt.

4.) Web-Cookies

Um den einzelnen Besucher einer Web Site zu identifizieren und wiederzuerkennen, kann die Zugangssoftware (Browser) des Internet-Nutzers registriert werden. Für die Browserregistrierung werden sogenannte „Cookies" (Web-Cookies) eingesetzt. Cookies sind Informationen, die durch den jeweils angesprochenen Web-Server in die Datei „cookie.txt" auf der lokalen Festplatte des Benutzers geschrieben werden, wenn dieser auf bestimmte Pages dieses Servers zugreift. Bei jedem weiteren Besuch der betreffenden Web Site liest der Browser Informationen aus der Cookie-Datei und übermittelt sie an den Server. Dieses Verfahren erlaubt dem Server, den zugreifenden Browser wiederzuerkennen, die Anzahl der Besuche durch diesen Browser zu zählen sowie den genommen Pfad durch die Web Site aufzuzeichnen.

Web-Cookies ermöglichen es, Nutzungsvorgänge innerhalb einer Web Site zu identifizieren. Das Sammeln und Auswerten solcher Informationen ermöglicht beispielsweise gezielte Maßnahmen zur Steigerung der Kundenzufriedenheit, die Entwicklung nachfrageorientierter Produkte und Serviceleistungen sowie einen effizienteren Einsatz zielgruppenorientierter Werbung.[553] Ferner kann durch eine standardisierte Erfolgsmessung von Online-Präsenzen sowohl die Messung des Verkehrs auf kommerziellen Web Sites als auch die Messung der Reaktion der Konsumenten auf Online-Advertising und Web Site Promotion

---

552 Vgl. o. V.: eCard, Werbung im WWW für den Audi TT, http://www.audi-tt.com/tt-event/normal.html, 8.11.98. Vgl. o. V.: Screensaver, Werbung im WWW für den Audi TT, http://www.audi-tt.com/tt-event/normal. html, 8.11.98.

553 Vgl. Hagel III, John; Rayport, Jeffrey F.: The Coming Battle for Customer Information, in: Harvard Business Review, January-February 1997, S. 53.

ermittelt werden. Die Standardisierung des „Web measurement process" ist ein entscheidender Schritt auf dem Weg zu einer erfolgreichen kommerziellen Nutzung des WWW.[554]

Durch Cookies soll der Besucher einer Web Site wiedererkannt werden, ohne daß er persönliche Daten preisgeben muß. So lassen sich auf einfachem und effektivem Weg Web Sites personalisieren. Voreingestellte Präferenzen und häufig genutzte Pfade könnten dynamisch in die jeweils aufgerufenen Pages integriert werden.

Cookies sind umstritten. Datenschützer kritisieren, daß genommene Pfade durch eine Web Site aufgezeichnet und auf der Festplatte des Nutzers eingesehen werden können.[555] Aus diesem Grund wurden Programme entwickelt, die das Schreiben von Cookies verhindern oder kontrollieren sollen.[556] Die neueren Versionen von Web-Browsern wie „Netscape Navigator/Communicator" und „Microsoft Internet Explorer" beinhalten die Möglichkeit, das Setzen von Cookies auf der Festplatte abzulehnen.

Das Konzept der Benutzeridentifikation durch Cookies hat einen wesentlichen Mangel. Es handelt sich hierbei um eine Browser-orientierte und nicht um eine Personen-orientierte Technik. Eine eindeutige Benutzeridentifikation würde voraussetzen, daß ein Client-Arbeitsplatz immer vom gleichen User genutzt wird und dieser User immer diesen einen Client-Rechner verwendet. In der Praxis ist dieser Fall häufig nicht gegeben. In Schulen und Universitäten beispielsweise erfolgt der Internet-Zugang oft über verschiedene Arbeitsplätze in PC-Pools. Eine eindeutige Zuordnung von Rechnern zu Usern ist hier nicht möglich.[557] Dieses Zuordnungsproblem wird durch die weitere Verbreitung

---

554 Vgl. Hoffmann, D. L.; Novak, Th. P.: New Metrics for New Media; Toward the Development of Web Measurement Standards, Owen Graduate School of Management, Vaderbilt University, Nashvill, 1996, http://www2000.ogsm.vanderbilt.edu/novak/web.standards web-stand.htm,#1. Introduction. Vgl. auch Lampham, Chris: The Internet Is ´Mission Critical´ For Business, in: CMC Magazine, Feb. 1997, http://www.december. com/cmc/mag/1997/feb/lapham.html,#An Uncanny Way To Collect Data.

555 Vgl. Kornblum, Janet: Users unleash cookie monsters, in: News.Com, http://www.news. com/News/Item/0,4,6249,00.html, 16.12.96.

556 Beispiele für Programme zum Einsatz gegen Cookies: NSClean und IEClean von Axxis (http:// www.axxis. com); cookie.cutter von PGP (http://www.pgp.com).

557 Vgl. Gudmundsson, Om et al.: Commercialization of the World Wide Web: The Role of Cookies, in: Electronic Commerce Student Reports, Hrsg.: Hoffman, Donna; Novak, Thomas, Owen Graduate School of Management, Vanderbilt University, Nashville, 1997,

von internetfähigen Home- und Büro-PCs, Laptops und tragbaren digitalen Assistenten verstärkt. Ein Internet-Nutzer wird von einer steigenden Zahl ihm zur Verfügung stehender Geräte aus auf das Internet zugreifen können.[558] Wird ein Rechner von mehreren Personen benutzt, kann es sogar zu einer regelrecht kontraproduktiven Wirkung von Cookies kommen, denn dynamisch erstellte, personalisierte Web Sites können nun auf einen falschen Nutzer treffen.

Alternativ zum Einsatz von Cookies besteht die Möglichkeit, daß sich Besucher von Web Sites freiwillig durch einen Login identifizieren und somit aus freien Stücken ihre Anonymität preisgeben. Dieses nutzerorientierte Registrierungsverfahren legt die Entscheidung über die Informationsweitergabe in die Hand des Nutzers. Dieser ist zu einer Preisgabe persönlicher Daten um so eher bereit, je größer der Nutzen für ihn selber ist. Zusätzlicher Nutzen läßt sich durch die Möglichkeit des Zugriffs auf bestimmte Informationsbestände und die Erstellung von personalisierten Web Sites schaffen. Eine Identifikation ohne Preisgabe persönlicher Daten ist durch die Angabe eines Pseudonyms möglich.

5.) Online-Werbung als Finanzierungs- und Kostenfaktor

Online-Werbung/-Advertising kann sich für ein Unternehmen als Kostenfaktor und/oder als Finanzierungsquelle darstellen. Internet-Präsenzen, deren Wertschöpfung auf Werbeeinnahmen beruht, stellen attraktive Inhalte (für den Nutzer möglichst kostenfrei) zur Verfügung, so daß ein reger Besucherverkehr entsteht. Durch hohe Nutzerzahlen werden diese Präsenzen für Unternehmen als Werbeträger interessant. Hierbei wird eine Werbefläche gegen eine pauschale oder nutzungsabhängige Gebühr vergeben. Der nutzungsabhängigen Verrechnung können Page Views (Seitenabrufe), Visits (Besuche), AdClicks oder die AdClickRatio zugrunde gelegt werden. Der Betreiber der werbefinanzierten Internet-Präsenz hat die Möglichkeit, interaktive und nicht-interaktive Placements anzubieten, die sich gegebenenfalls auch preislich unterscheiden.[559]

Zahlreiche Präsenzen versuchen, mittels Werbeeinnahmen Gewinne zu erzielen. Da hierzu eine starke Frequentierung durch Nutzer notwendig ist, bedarf es

---

http://www.2000.ogsm.vanderbilt/edu/cb3mgt565a/group5/paper.group5.paper2.htm, # Marketing Implications for Cookie Usage.

558 Vgl. Andrews, Whit: Sites Dip Into Cookies to Track User Info, in: Web Week, Volume 2, Issue 7, June 3, 1996, http://www.webweek.com/96Jun03/comm/cookies.htm.

559 Vgl. Resch, Jörg: Marktplatz Internet: Das Internet als strategisches Instrument für Marketing und Werbung. Von der Konzeption bis zur Erfolgskontrolle, a. a. O., S. 101.

jedoch hoher Investitionen, sowohl in die Präsenz an sich als auch in die Promotion der Web Site. Hieraus resultiert, daß Werbefinanzierung sehr riskant sein kann, sofern die Werbeeinnahmen der einzige Wertschöpfungsfaktor sind.[560] In aller Regel stellt Online-Werbung für die meisten Unternehmen weniger eine Finanzierungsquelle als vielmehr ein Kostenfaktor dar.

2.2.2 Web Site Promotion mit Öffentlichkeitsarbeit

Mit der stark zunehmenden Anzahl von Internet-Nutzern wächst die Bedeutung der Öffentlichkeitsarbeit innerhalb des WWW. Öffentlichkeitsarbeit (i. w. S.) bzw. Public Relation (PR) ist definiert als alle Maßnahmen, die das Ansehen der PR-treibenden Institution in der Öffentlichkeit fördern und eine potentielle Interessenidentität des Trägers mit der Zielgruppe herstellen sollen.[561] Begriffliche Unsicherheiten resultieren aus der konkreten Umsetzung (Öffentlichkeitsarbeit i. e. S.), da eine eindeutige Abgrenzung zu anderen Maßnahmen wie Werbung, Marketing u. a. fehlt.

Öffentlichkeitsarbeit wird im vorliegenden Zusammenhang nach Roll in „allgemeine Öffentlichkeitsarbeit" und „individuelle Öffentlichkeitsarbeit" unterteilt.[562] Allgemeine Öffentlichkeitsarbeit richtet sich an eine breite, nicht abgegrenzte Öffentlichkeit, wohingegen sich individuelle Öffenlichkeitsarbeit an eine spezielle Gruppe von Personen richtet. Häufig wird Öffentlichkeitsarbeit in einem redaktionellen Umfeld betrieben und ist somit der „informativen Werbung" zuzurechnen. Diese kann sowohl für allgemeine als auch für individuelle Öffentlichkeitsarbeit genutzt werden. Für die Web Site Promotion gibt es zwei Einsatzmöglichkeiten. Einerseits kann mittels der Web Site Promotion auf allgemeine Öffentlichkeitsarbeit im World Wide Web hingewiesen werden, andererseits kann Web Site Promotion „als Öffentlichkeitsarbeit außerhalb des Internet" auf die Internet-Präsenz verweisen. Zielgruppe beider Vorgehensweisen ist die breite, allgemeine Öffentlichkeit.

---

560 Vgl. Resch, Jörg: Marktplatz Internet: Das Internet als strategisches Instrument für Marketing und Werbung. Von der Konzeption bis zur Erfolgskontrolle, a. a. O., S. 102.

561 Vgl. Kotler, Philip; Bliemel, Friedhelm: Marketing-Management: Analyse, Planung, Umsetzung und Steuerung, a. a. O., S. 926, 1039 und Nieschlag, Robert; Dichtl, Erwin; Hörschgen, Hans: Marketing, a. a. O., S. 495 f.

562 Vgl. Roll, Oliver: Marketing im Internet: Neue Märkte erschließen, a. a. O., S. 80.

Die individuelle Öffentlichkeitsarbeit zielt darauf ab, Ergebnisse der Öffentlichkeitsarbeit an eine konkrete Gruppe weiterzuleiten. So kann man beispielsweise veröffentlichte Pressemitteilungen sowie in der Presse erschienene Artikel an eine relevante Bezugsgruppe wie z. B. Journalisten weiterleiten. Hier soll sichergestellt werden, daß die definierte Bezugsgruppe die Information auch tatsächlich empfängt.[563] Diese Öffentlichkeitsarbeit ist dann besonders förderlich, wenn die Zielgruppe diese Form der Kooperation explizit wünscht.

Event-Marketing wird ebenfalls der Öffentlichkeitsarbeit zugeordnet; es stellt keinen eigenen Marketing-Ansatz dar, sondern ist vielmehr ein Bestandteil der Kommunikationspolitik, der in inhaltlicher und zeitlicher Abstimmung zu den anderen Instrumenten eingesetzt werden muß. Aufgabe des Event-Marketing ist es, für ein Produkt, eine Dienstleistung oder ein Unternehmen im Rahmen eines besonderen firmeninternen oder -externen, informierenden oder unterhaltenden Ereignisses (z. B. Veranstaltungen, Pressekonferenzen) die Basis für eine erlebnisorientierte Kommunikation zu schaffen.[564] Das aus dieser erlebnisorientierten Kommunikation resultierende erhöhte Aktivierungspotential kann durch Web Site Promotion ebenfalls wieder auf zweierlei Weise genutzt werden: der Event kann zum Bekanntmachen der Internet-Adresse dienen, oder mittels der Web Site kann der Event bekanntgemacht werden.

2.2.3 Web Site Promotion durch Linking

Ein Hyperlink (Link) ist eine Verknüpfung zwischen Elementen (z. B. Wort, Satz, Symbol, Bild) verschiedener Hypermedia-Dokumente. Der Benutzer aktiviert eine Verknüpfung per Mausklick auf ein mit einem Link versehenes Element und gelangt zum verknüpften Element. Der Satz aller Dokumente, auf die über Hyperlinks im WWW zugegriffen werden kann, wird Hyperspace genannt.[565]

Web Site Promotion muß darauf abzielen, die Hyperlinks zu der eigenen Homepage so zu positionieren und zu gestalten, daß Internet-Nutzer auf diese zu-

---

563 Vgl. Roll, Oliver: Marketing im Internet: Neue Märkte erschließen, a. a. O., S. 82.

564 Kotler, Philip; Bliemel, Friedhelm: Marketing-Management: Analyse, Planung, Umsetzung und Steuerung, a. a. O., S. 949.

565 Vgl. Microsoft Press: Computer-Fachlexikon: mit Fachwörterbuch, a. a. O., S. 316.

greifen. Auf dem Cross-Linking basiert das Funktions- und Erfolgsprinzip des WWW. Cross-Linking bezeichnet das gegenseitige Verweisen mit Hyperlinks auf andere Web Sites, die in der Regel eine ähnliche Zielgruppe ansprechen und nicht direkte Wettbewerber sind.[566] Entlang dieser Links läuft der Hauptverkehr im Internet ab, wobei sich die Netizen[567] (Internet-Nutzer) nach dem Prinzip der assoziativen Suche durch die Inhalte des weltweiten Netzwerks „hangeln".[568] Aufgabe eines Web-Site-Promotion-Konzeptes ist es, die eigene Internet-Präsenz gleichsam in diesen Verbund einzuweben, so daß möglichst viele Links zur eigenen Web Site hinführen. Auf nicht-kommerziellen Seiten verschiedener Informationsanbieter sind Hyperlinks zu inhaltlich verwandten Seiten sehr beliebt. Insbesondere wenn beide Seiten gegenseitig Hyperlinks zu der jeweils anderen Seite integrieren, können beide Web-Präsenzen von erhöhten Besucherzahlen profitieren.[569]

Die vermeintlichen Vorteile der Hyperlinks müssen aus Marketingsicht differenzierter betrachtet werden. Für eine Verknüpfung spricht, daß die Links einen Service für den Kunden darstellen, woraus die Befürworter der Hyperlinks eine erhöhte Kundenzufriedenheit ableiten (welche den Kunden zu späterem Zeitpunkt erneut zurückkehren läßt). Moderne Web Sites öffnen den Hyperlink in einem „neuen" Browserfenster, um die Chance der Rückkehr zum Startpunkt zu erhöhen; der Startpunkt befindet sich hierbei noch im Hintergrund. Gegen Hyperlinks spricht jedoch, daß diese bewußt von der eigenen Web Site wegleiten.[570] Synergieeffekte sind denkbar, wenn Geschäftspartner auf ihre Internet-Präsenz mittels Hyperlinks hinweisen. Diesem, auf gegenseitigen Austausch basierenden Andienen von Werbefläche, steht der käufliche Erwerb von Werbeflächen wie z. B. für Werbe-Banner gegenüber.

Eine weitere Möglichkeit, Hyperlinks für die Web Site Promotion zu erschließen, sind sogenannte Cool Site Indizes. Es handelt sich hierbei um Verzeichnisse, die Verweise zu Web Sites zusammenstellen, die unter bestimmten Ge-

---

566   Vgl. Resch, Jörg: Marktplatz Internet: Das Internet als strategisches Instrument für Marketing und Werbung. Von der Konzeption bis zur Erfolgskontrolle, a. a. O., S. 194.

567   Vgl. Microsoft Press: Computer-Fachlexikon: mit Fachwörterbuch, a. a. O., S. 446.

568   Vgl. Resch, Jörg: Marktplatz Internet: Das Internet als strategisches Instrument für Marketing und Werbung. Von der Konzeption bis zur Erfolgskontrolle, a. a. O., S. 195.

569   Vgl. Roll, Oliver: Marketing im Internet: Neue Märkte erschließen, a. a. O., S. 149.

570   Vgl. Roll, Oliver: Marketing im Internet: Neue Märkte erschließen, a. a. O., S. 149.

sichtspunkten als besonders gut gelungen gelten.[571] Um dies zu erreichen, sollte die Unternehmenspräsenz im Internet herausragende Besonderheiten für die Besucher bieten. Typische Beispiele für „Cool Sites" lassen sich bei www.killersites. com finden.[572]

2.2.4 Web Site Promotion mit Suchmaschinen

Aufgrund der Vielzahl von Web Sites sind Internet-Nutzer bei der Informationssuche auf Unterstützung angewiesen; Suchmaschinen sind dabei die erste Wahl. Für das werbetreibende Unternehmen ist es naheliegend, Vorkehrungen zu treffen, die den Informationssuchenden schnell, einfach und treffgenau per Suchmaschine die Web Site des Unternehmens finden lassen.

Eine Suchmaschine (Search Engine) ist ein Programm, das Dokumente oder Datenbanken im Internet nach bestimmten Inhalten durchsucht. Regionale Suchmaschinen beschränken sich darauf, nur eine Region in die Suche mit einzubeziehen, wie z. B. deutsche Web Sites. Globale Suchmaschinen hingegen zeigen alle weltweit verfügbaren Treffer zu gesuchten Begriffen an. Weltweit existierten Anfang 1999 etwa 600 Suchmaschinen,[573] die sich deutlich bezüglich der Qualität der Ergebnisse sowie der Trefferanzahl unterschieden. Sogenannte Meta-Indizes sind Suchhilfen, von denen aus in mehreren Suchmaschinen gleichzeitig gesucht wird, was sich besonders bei speziellen Themen anbietet. Ein Beispiel hierfür ist Meta Crawler.[574]

Für ein Web-Site-Promotion-Konzept können Suchmaschinen genutzt werden, um dort Werbung zu plazieren (direkte Nutzung) oder um die Web Site des Unternehmens finden zu lassen (indirekte Nutzung). Für die direkte Nutzung, d. h. die Plazierung z. B. eines Werbe-Banners, gilt es, eine Auswahl der für das betrachtete Unternehmen „am besten" geeigneten Suchmaschinen zu treffen. Die Eignung einer Suchmaschine kann nach folgenden Kriterien untersucht werden:

---

571 Vgl. Resch, Jörg: Marktplatz Internet: Das Internet als strategisches Instrument für Marketing und Werbung. Von der Konzeption bis zur Erfolgskontrolle, a. a. O., S. 195.

572 Vgl. o. V.: http://www.killersites.com/core.html, 12.11.1998. Links werden auch hier immer in neuen Browserfenstern geöffnet.

573 Vgl. Resch, Jörg: Marktplatz Internet: Das Internet als strategisches Instrument für Marketing und Werbung. Von der Konzeption bis zur Erfolgskontrolle, a. a. O., S. 196.

574 Vgl. o. V.: http://www.metacrawler.com/, 23.11.1998.

- Anzahl der Nutzer,

- Menge potentieller Kunden des werbetreibenden Unternehmens,

- Dauerhaftigkeit der Existenz,

- Bedienungskomfort,

- Trefferqualität (technischer Stand der Recherche-Verfahren),

Um die Web Site des Unternehmens im Rahmen einer indirekten Nutzung der Suchmaschine von einem Suchenden finden zu lassen, empfiehlt es sich, bestimmte Pages der Web Site von möglichst vielen Suchmaschinen erfassen zu lassen. Der HTML-Code der Pages ist dafür ausschlaggebend, wie zielgenau eine Suchmaschine einen Informationssuchenden zur Web Site führt. Um in Suchmaschinen wunschgenau aufgeführt zu werden, ist es notwendig, Schlüsselworte, die den Inhalt der Page möglichst präzise wiedergeben, in das Titel-Tag des HTML-Dokuments einzutragen. Manche Suchmaschinen durchsuchen lediglich die Titel-Tags der Web Site nach Schlagworten; hier kann das Unternehmen folglich nur darüber zielgenau innerhalb der Suchmaschine positioniert werden. Für Suchmaschinen mit Volltextrecherche ist die Gestaltung des Titel-Tags jedoch nicht zu vernachlässigen, da der Text zwischen den Titel-Tags häufig ganz oben in Trefferlisten aufgeführt wird. Zusätzlich erscheint dieser Text in der Bookmark-Liste, wenn ein Nutzer eine Markierung auf diese Seite setzt.[575]

Meta-Tags können genutzt werden, um die Inhalte der Page genauer zu beschreiben. Auf diese Weise kann die Indizierung der Page bewußt geführt werden, was das Risiko einer Fehlinterpretation durch automatisierte Indizierer (Agenten, Spider) reduziert. Das Unternehmen kann in Meta-Tags zusätzliche Schlüsselworte unterbringen, die im restlichen Dokument nicht erscheinen. Eine detaillierte Beschreibung der Inhalte in Schlagworten fördert das zielgenaue Auffinden der Web Site durch Informationssuchende.

Um sicherzugehen, daß eine Suchmaschine auf eine Web Site aufmerksam wird, ist es empfehlenswert, die Web Site bei der Suchmaschine anzumelden. Anmeldungen werden von Suchmaschinen in der Regel innerhalb von 1-3 Tagen bearbeitet; die Web Site wird dann unter den angegebenen Schlüsselwör-

---

575 Vgl. Resch, Jörg: Marktplatz Internet: Das Internet als strategisches Instrument für Marketing und Werbung. Von der Konzeption bis zur Erfolgskontrolle, a. a. O., S. 198.

tern geführt.[576] Für die Eintragung bei Suchmaschinen gibt es inzwischen eine Vielzahl von Anbietern, die (teils sogar kostenlos) die Anmeldungen bei den einzelnen Suchmaschinen übernehmen.

2.3 Web Site Promotion mit eMail

Neben dem WWW wird der Boom des Internet insbesondere von der elektronischen Post (eMail) getragen.[577] Das Versenden einer eMail anstelle eines Briefes bringt eine Reihe von Vorteilen: höhere Geschwindigkeit, deutliche Kostenvorteile, das papierlose Büro wird begünstigt, einfachere Weiterverarbeitung und Weiterleitung, Übermittlung von Dateien aller Art (Text, Graphik, Multimedia).[578]

Im Online-Marketing wird eMail zunehmend intensiver zu Werbezwecken verwendet und kann als neue Möglichkeit des Direktmarketing eingestuft werden.[579] Unter Direktmarketing verstehen Kotler/Bliemel, „ein interaktives System des Marketing, in dem ein oder mehrere Werbemedien genutzt werden, um eine meßbare Reaktion bei den Kunden und/oder Transaktion mit dem Kunden zu erzielen".[580] Die direkte Beziehung zum Kunden, im Sinne eines One-to-One-Marketing, steht beim Direktmarketing im Vordergrund.

Um die direkte Beziehung zum Kunden für Web Site Promotion bzw. Offline-/ Online-Marketing nutzen zu können, sind umfangreiche Informationen über den Kunden notwendig. Datenbanksysteme für das Direktmarketing bieten hierzu eine ideale Unterstützung. Kotler/Bliemel definieren eine Datenbank für das Direktmarketing als eine systematisch organisierte Sammlung von Daten über einzelne Kunden, Interessenten oder mögliche Interessenten, die für Mar-

---

576 Vgl. Lamprecht, Stephan: Marketing im Internet: Chancen, Konzepte und Perspektiven im World Wide Web, Freiburg i. Br.: Haufe 1996, S. 169.

577 Vgl. Silberer, Günter (Hrsg.): Interaktive Werbung: Marketingkommunikation auf dem Weg ins digitale Zeitalter, a. a. O., S. 104.

578 Vgl. Roll, Oliver: Marketing im Internet: Neue Märkte erschließen, a. a. O., S. 46. Vgl. auch Oenicke, Jens: Online-Marketing: Kommerzielle Kommunikation im interaktiven Zeitalter, a. a. O., S. 23.

579 Vgl. Roll, Oliver: Marketing im Internet: Neue Märkte erschließen, a. a. O., S. 26.

580 Kotler, Philip; Bliemel, Friedhelm: Marketing-Management: Analyse, Planung, Umsetzung und Steuerung, a. a. O., S. 1090.

ketingzwecke zugänglich ist und die Marketingabteilung handlungsfähig macht.[581] Je umfangreicher die in der Datenbank enthaltenen persönlichen Informationen sind, desto zielgruppenspezifischer kann Web Site Promotion per Mailing-Aktionen betrieben werden.[582]

Im Vergleich zu persönlichen eMails stellt eine Mailing-Liste ein Forum zum öffentlichen Kommunikationsaustausch zur Verfügung. Obwohl Mailing-Listen technisch auf eMail basieren, stellen sie keine One-to-One-, sondern eine One-to-Many-Kommunikation dar. Jeder Teilnehmer hat die Möglichkeit, Anfragen oder Diskussionsbeiträge an eine vorgegebene eMail-Adresse zu senden. Von dort werden die eMails dann automatisch an alle Teilnehmer der Liste weitergeleitet. Somit erreicht jeder Teilnehmer mit nur einer Nachricht ein größeres Publikum.[583] Man unterscheidet zwei Formen von Mailing-Listen:

- Moderierte Mailing-Listen: Hierbei werden die eingereichten Beiträge vor der Veröffentlichung von der moderierenden Redaktion auf Themenbezug und inhaltliche Qualität geprüft und gegebenenfalls nicht zur Veröffentlichung freigegeben.

- Bei unmoderierten Mailing-Listen achtet keine Redaktion auf die thematische Konsistenz und Qualität der Beiträge, wodurch das Diskussionsniveau in der Regel deutlich niedriger ist als in moderierten Mailing-Listen.[584]

Ein Unternehmen kann sich an Mailing-Listen mit Beiträgen beteiligen oder selbst Mailing-Listen anbieten und moderieren.

Beteiligung an Mailinglisten

Mailing-Listen widmen sich meist eng abgegrenzten Themen. Wenn eigene Beiträge eingereicht werden, muß darauf geachtet werden, daß sie exakt zum Thema passen und nur dezent auf das werbetreibende Unternehmen mit seiner Web Site verweisen. Web Site Promotion erfolgt demgemäß innerhalb von Mailing-Listen immer nur indirekt. Ob ein Beitrag als akzeptabel eingestuft wird, hängt wesentlich von dem Nutzen ab, welchen er der Diskussionsgemeinschaft stiftet. Durch qualitativ hochwertige Beiträge, welche

---

581 Vgl. Kotler, Philip; Bliemel, Friedhelm: Marketing-Management: Analyse, Planung, Umsetzung und Steuerung, a. a. O., S. 1100.

582 Vgl. Rohner, Kurt: Cyber-Marketing: Paradigmen, Perspektiven, Praxis, a. a. O., S. 117.

583 Vgl. Roll, Oliver: Marketing im Internet: Neue Märkte erschließen, a. a. O., S. 26.

584 Vgl. Roll, Oliver: Marketing im Internet: Neue Märkte erschließen, a. a. O., S. 27.

der Diskussion der Mailing-Liste zuträglich sind, kann das Unternehmen am schnellsten in der Diskussionsgemeinschaft akzeptiert werden.[585] Werbung innerhalb der Mailing-Liste widerspricht der Netiquette und wird von Teilnehmern der Mailing-Liste nicht gerne gesehen bzw. bei mehrmaligem Mißbrauch der Mailing-Liste entsprechend sanktioniert.[586]

Anbieten und moderieren von Mailing-Listen
Für ein Unternehmen bietet sich auch die Möglichkeit, Mailing-Listen selbst zu initiieren, indem beispielsweise eigene Listen zu Produkten des Unternehmens betreut und moderiert werden. Vorstellbar sind hierbei Diskussions-, Ankündigungs- oder Nachrichten-Mailing-Listen, die die Kundenbindung intensivieren; gleichzeitig kann durch die Analyse der Diskussionsbeiträge Marktforschung betrieben und Kundenbedürfnisse aufgedeckt werden. Mailing-Listen können somit mittelbar Anregungen für weitere Online-Marketing-Aktivitäten erbringen.

Allen eMail-basierten Web-Site-Promotion-Aktivitäten sind die von Kotler/ Bliemel benannten Vorteile eines Direktmarketing gemeinsam: „Interessenten können selektiver angesprochen werden, die Botschaft kann persönlich gehalten werden und auf den Kunden zugeschnitten werden, es kann eine kontinuierliche Beziehung zu jedem Kunden aufgebaut werden, Direktmarketing kann zeitlich präziser gesteuert werden und hat eine höhere Leserate, (...), Direktmarketing gestattet einen höheren Grad an Geheimhaltung von Marketingaktionen vor der Konkurrenz."[587]

Gestaltung, Inhalt und Anzahl von Mailing-Aktionen ist jedoch besondere Aufmerksamkeit zu widmen. Unerwünschte, unerwartete Werbe-eMail („Spamming") füllt zusehends die Postfächer von Internet-Nutzern und wird ähnlich der Vielzahl von gedruckten Werbebotschaften in den herkömmlichen Briefkästen erfahrungsgemäß leicht einen negativen Effekt für das werbende Unternehmen erzielen.

Seit Mitte 1997 können sich Internet-Nutzer in sogenannte „Freitagslisten" eintragen, welche bekunden, daß die dort eingetragenen Personen oder Institutio-

---

585 Vgl. Resch, Jörg: Marktplatz Internet: Das Internet als strategisches Instrument für Marketing und Werbung. Von der Konzeption bis zur Erfolgskontrolle, a. a. O., S. 204.

586 Vgl. Roll, Oliver: Marketing im Internet: Neue Märkte erschließen, a. a. O., S. 150.

587 Kotler, Philip; Bliemel, Friedhelm: Marketing-Management: Analyse, Planung, Umsetzung und Steuerung, S. 1112.

nen keine Werbe-Mails erhalten möchten.[588] Die Beachtung dieses Eintrags durch werbetreibende Unternehmen ist jedoch freiwillig. Internet-Provider setzen sogenannte Lotsen ein, um Verbreiter von unerwünschter eMail und Mißachter der Nutzungsbedingungen aufzuspüren. Ein unerwünscht werbetreibendes Unternehmen riskiert nicht nur einen Imageverlust. Unerwünschte eMails oder unpassende Beiträge in Mailing-Listen werden von aggressiven Internet-Nutzern meist durch Flames, d. h. beschimpfende eMail oder durch eMail-Bombs, d. h. eMails mit ausgesprochen großen Datenmengen, beantwortet.[589] Eine weitere Möglichkeit, unerwünsche Mail abzuwehren, bietet der Einsatz von eMail-Filtern. Diese Software kann automatisch eMails von bestimmten Absendern ablehnen.[590]

2.4 Web Site Promotion in Newsgroups

Newsgroups sind Foren im Internet für Diskussionen über einen bestimmten Themenbereich. Eine Newsgroup besteht aus Artikeln und Folgeartikeln, sogenannten Follow-Ups. Die gesamte Kette von Artikeln mit allen Follow-Ups, die sich auf das bestimmte, im ursprünglichen Artikel genannte Thema beziehen, bezeichnet man als Thread („Diskussionsfaden").[591] Threads können in Dateiarchiven auf Stichworte abgesucht und auch zu einem späteren Zeitpunkt gelesen werden.[592] Zum Lesen von Newsgroups benötigt der Internet-Nutzer lediglich einen Newsreader, der inzwischen zur Standardfunktion eines jeden WWW-Browsers gehört.[593]

---

588 Vgl. o. V.: http://www.freitagsliste.de/, 30.11.98.

589 Vgl. Resch, Jörg: Marktplatz Internet: Das Internet als strategisches Instrument für Marketing und Werbung. Von der Konzeption bis zur Erfolgskontrolle, a. a. O., S. 203 f.

590 Vgl. Microsoft Press: Computer-Fachlexikon: mit Fachwörterbuch (deutsch-englisch/englisch-deutsch), a. a. O., S. 223.

591 Vgl. Microsoft Press: Computer-Fachlexikon: mit Fachwörterbuch (deutsch-englisch/englisch-deutsch), a. a. O., S. 450, S. 635.

592 Vgl. Rohner, Kurt: Cyber-Marketing: Paradigmen, Perspektiven, Praxis, a. a. O., S. 161. Vgl. auch Schott, Barbara; Brinschwitz, Thorsten; Nowara, Frank-Marc: Kunden gewinnen im Internet: Grundlagen, Techniken, Strategien, Landsberg am Lech, MVG-Verlag 1997, S. 52.

593 Vgl. Microsoft Press: Computer-Fachlexikon: mit Fachwörterbuch (deutsch-englisch/englisch-deutsch), a. a. O., S. 450. Vgl. auch Resch, Jörg: Marktplatz Internet: Das Internet als

Die Gesamtheit aller Newsgroups wird Usenet genannt. Das Usenet kann mit einer großen Pinnwand verglichen werden, auf der Newsgroup-Nutzer Nachrichten hinterlassen und einsehen können. Im August 1996 existierten weltweit über 18.000 Newsgroups zu den verschiedensten Themen. Das Usenet verfügt über keine zentrale Stelle, welche für die Organisation und Koordination der verschiedenen Newsgroups zuständig ist.[594] Die Organisation wird von Teilnehmern an der Newsgroup-Gemeinschaft eigenverantwortlich betrieben, wobei als Verhaltenskodex die Netiquette dient. Einschränkungsmöglichkeiten obliegen lediglich den Providern, die Newsgroups zu bestimmten Themen wie z. B. Rechtsradikalismus oder Pornographie nicht zulassen müssen.[595]

In Newsgroups organisieren sich Tausende von Interessengruppen. Genau dies bietet für die Marketing-Verantwortlichen eines Unternehmens die Chance, mit homogenen Zielgruppen Kontakt aufzunehmen bzw. Erkenntnisse über bestimmte Zielgruppen zu gewinnen. Zur Nutzung von Newsgroups für die Web Site Promotion bieten sich drei Möglichkeiten der Beteiligung an Newsgroups, der Initiierung von eigenen Newsgroups und der Marktforschung innerhalb von Newsgroups.

Beteiligung an Newsgroups

Analog zu Mailing-Listen sollte das Unternehmen Newsgroups nicht für direkte Werbung mißbrauchen, sondern durch aktive Beteiligung der Diskussionsgemeinschaft einen Nutzen stiften. Aufgrund vieler Gemeinsamkeiten zwischen Mailing-Listen und Newsgroups werden nachfolgend ausschließlich Newsgroup-spezifische Chancen und Risiken aufgeführt, welche im Bereich eMail nicht erwähnt wurden. Die kritische Betrachtung zur eMail als Web-Site-Promotion-Instrument kann auf den Bereich der Newsgroups übertragen werden.

Ein Unternehmen kann sich durch Kompetenzdemonstration, ähnlich wie in Mailing-Listen, auch selbst als Meinungsmacher positionieren. Der konventionelle Weg führt über die Beteiligung an laufenden Diskussionen. Threads

---

strategisches Instrument für Marketing und Werbung. Von der Konzeption bis zur Erfolgskontrolle, a. a. O., S. 25.

594   Vgl. Resch, Jörg: Marktplatz Internet: Das Internet als strategisches Instrument für Marketing und Werbung. Von der Konzeption bis zur Erfolgskontrolle, a. a. O., S. 25.

595   Die Johannes Gutenberg-Universität Mainz nutzt beispielsweise diese Entscheidungshoheit für ihr Newsgroup-Angebot.

können aber auch vom Unternehmen selbst initiiert bzw. geführt werden. Ein verbreitetes Verfahren, den Thread selbst zu führen, ist, eine Art Selbstgespräch aufzubauen und auf diese Weise auf eigene Produkte und Dienstleistungen aufmerksam zu machen. Mit Hilfe einer oder mehrerer weiterer Adressen, somit unter verschiedenen Namen, wird in einer Newsgroup eine Frage geäußert, die vom Unternehmen unter anderem Namen erst bestärkt und schließlich selbst, mit Verweis auf das Unternehmen, beantwortet wird. Bei Bekanntwerden eines solchen Verstoßes gegen die Netiquette wird jedoch Verdruß bei den Mitgliedern der Gemeinschaft entstehen.[596]

Initiieren von eigenen Newsgroups

Analog zu eigenen Mailing-Listen können vom Unternehmen auch eigene Newsgroups initiiert werden. Diese Newsgroups können sich z. B. mit Produkten des Unternehmens oder mit aktuellen Fragestellungen zur Anwendung und Problemlösung auseinandersetzen. Eigene Newsgroups bieten den Vorteil, daß das Thema der Newsgroup auf die Interessen bzw. Produkte und Dienstleistungen des Unternehmens zugeschnitten werden kann. Für den Kunden und Interessenten kann hieraus ein zusätzlicher Service resultieren. Ferner besteht die Möglichkeit, innerhalb der veröffentlichten Beiträge auf die Web Site des Unternehmens zu verweisen, ohne die Netiquette zu verletzen, da sich die Newsgroup-Nutzer speziell für das Unternehmen interessieren. Umgekehrt verweist idealerweise auch die Web Site auf die eigene Newsgroup.

Marktforschung innerhalb von Newsgroups

Die besondere Chance, welche sich für Web Site Promotion (und Online-Marketing) in Newsgroups erschließen läßt, liegt neben der aktiven Beteiligung an der Diskussion mit einer homogenen Zielgruppe, in der Analyse der Newsgroups zu Marktforschungszwecken.[597] In der täglichen Praxis ist es bereits für die Marketingabteilung eines Unternehmens eine Herausforderung, mit einer nach Interessensschwerpunkten homogenen Zielgruppe in Kontakt zu treten. Die Schwierigkeit des Erkennens von interessenshomogenen Zielgruppen liegt darin begründet, daß sich derartige psychologische Kriterien schwieriger erkennen lassen, als beispielsweise soziodemographi-

---

596 Vgl. Schott, Barbara; Brinschwitz, Thorsten; Nowara, Frank-Marc: Kunden gewinnen im
     Internet: Grundlagen, Techniken, Strategien, a. a. O., S. 47 f.

597 Vgl. Rohner, Kurt: Cyber-Marketing: Paradigmen, Perspektiven, Praxis, a. a. O., S. 160 f.

sche, biologische oder geographische Selektionskriterien.[598] Newsgroups haben aufgrund der homogenen Interessengemeinschaft ideale Voraussetzungen für eine psychographische Zielgruppensegmentierung.

Je nach Aufgabenstellung kann in der Markt- und Marketing-Forschung zwischen explorativen, deskriptiven und kausalen (explikativen) Ansätzen unterschieden werden. Die explorative Untersuchung beabsichtigt eine erste Aufhellung und Strukturierung des Problemfeldes, wohingegen deskriptive Studien auf eine möglichst genaue Erfassung und Beschreibung problemrelevanter Tatbestände abzielen. Kausalanalysen gehen über die Tatsachenbeschreibung hinaus und zeigen Ursache-Wirkungs-Zusammenhänge auf.[599] Die in aller Regel inhaltlich ausführliche Auseinandersetzung mit bestimmten Themen in Newsgroups liefert für alle Untersuchungsansätze eine tragfähige Informationsbasis. Die gewonnenen Erkenntnisse lassen sich für den effizienten Einsatz von Werbeträgern, für das zielgruppengerechte Gestalten der eigenen Web Site sowie für die Gestaltung von Newsgroup-Aktionen verwerten, die einen erkennbaren Nutzen für die betreffende Diskussionsgemeinschaft stiften. Insbesondere durch die Vielzahl von persönlichen Äußerungen in Newsgroups können Trends, sich ausbreitende Interessensschwerpunkte und Meinungsmacher frühzeitig erkannt werden.[600]

3 Web Site Promotion außerhalb des Mediums Internet

3.1 Vorbemerkungen

Ein ausgewogenes Web-Site-Promotion-Konzept kombiniert Maßnahmen des elektronischen Online-Marketing im Internet mit Maßnahmen des traditionellen Offline-Marketing zur Exponierung einer Web Site im Blickfeld bestimmter Zielgruppen. Genau wie zwischen den einzelnen Aktionsfeldern des Marketing-Mix (Produkt-, Preis- und Distributions- und Kommunikationspolitik) vielfältige Interdependenzen bestehen, sind diese Interdependenzen auch innerhalb der Kommunikationspolitik vorhanden. Hierbei unterstützen kommunikationspolitische Maßnahmen einerseits die anderen Instrumente des Marke-

---

598   Vgl. Nieschlag, Robert; Dichtl, Erwin; Hörschgen, Hans: Marketing, a. a. O., S. 85 f.

599   Vgl. Nieschlag, Robert; Dichtl, Erwin; Hörschgen, Hans: Marketing, a. a. O., S. 675.

600   Vgl. Rohner, Kurt: Cyber-Marketing: Paradigmen, Perspektiven, Praxis, a. a. O., S. 161.

ting-Mix, andererseits entfalten auch andere Instrumente des Marketing-Mix eine kommunikative Wirkung. Die Wechselbeziehungen der Instrumente erschweren die Erfolgskontrolle bei Marketing-Maßnahmen in erheblichem Maße.[601] Die vielfältigen Aspekte der Kommunikationspolitik können im Rahmen der vorliegenden Untersuchung nicht erschöpfend behandelt werden. Aufbauend auf die im vorigen Kapitel H.2 innerhalb des Mediums Internet verwendeten kommunikationspolitischen Instrumente zur Werbung, Öffentlichkeitsarbeit und Direktmarketing (umgesetzt über WWW, eMail, Newsgroups) werden im vorliegenden Kapitel H.3 mögliche Web-Site-Promotion-Aktivitäten mit verschiedenen Offline-Medien vorgestellt; diese gliedern sich wie folgt:[602]

- Web Site Promotion mit Printmedien,
- Web Site Promotion mit herkömmlichen elektronischen Medien,
- Web Site Promotion mit sonstigen Offline-Medien.

Web-Site-Promotion-Aktivitäten außerhalb des Mediums Internet können häufig mit geringem Zusatzaufwand in herkömmliche kommunikationspolitische Maßnahmen integriert werden. Die Plazierung der Internet-Adresse des Unternehmens in möglichst vielen Werbemaßnahmen außerhalb des Mediums Internet bewirbt beispielsweise bereits eine Web Site; ergänzend lassen sich eigenständige Maßnahmen gezielt für die Promotion einer Web Site einsetzen. Die in den nachfolgenden Kapiteln beschriebenen Werbeträger innerhalb der verschiedenen Offline-Medien bieten Anhaltspunkte sowohl für die integrative als auch die eigenständige Umsetzung. Vorausgesetzt wird, daß ein Unternehmen seine Maßnahmen unter Beachtung von firmen- und branchenspezifischen Besonderheiten bündelt.

3.2 Web Site Promotion in Printmedien

Bruhn definiert Printmedien als Druckerzeugnisse, die sich anhand ihrer „Erscheinungshäufigkeit" (Periodizität) in periodische und episodische Erzeugnisse unterscheiden.[603] Diese Definition beschränkt sich auf unternehmens-

---

601 Vgl. Nieschlag, Robert; Dichtl, Erwin; Hörschgen, Hans: Marketing, a. a. O., S. 528.

602 Einteilung in Anlehnung an Bruhn, Manfred: Kommunikationspolitik: Grundlagen der Unternehmenskommunikation, München: Vahlen 1997, S. 182 f.

603 Vgl. Bruhn, M.: Kommunikationspolitik: Grundlagen der Unternehmenskommunikation, a. a. O., S. 182 f.

fremde Printmedien. Für eine Web Site Promotion eignen sich jedoch gleichermaßen auch unternehmenseigene Printmedien. Für den vorliegenden Zusammenhang sind daher folgende Kategorien von Printmedien relevant:

- periodisch und episodisch erscheinende Druckerzeugnisse,
- unternehmenseigene und. unternehmensfremde Druckerzeugnisse.

Unter unternehmenseigenen Printmedien werden im folgenden alle Druckerzeugnisse des Unternehmens verstanden, die intern oder extern von der Unternehmung im Rahmen des Geschäftsbetriebs eingesetzt werden. Unter unternehmensfremden Printmedien werden alle Druckerzeugnisse zusammengefaßt, die nicht vom werbetreibenden Unternehmen selbst herausgegeben werden. Innerhalb der unternehmensfremden Druckerzeugnisse kann meist auf entgeltlicher Basis Werbefläche erworben werden. Im folgenden werden konkrete Werbeträger zusammengetragen, welche für die Web Site Promotion zumindest mit der Internet-Adresse des Unternehmens versehen werden können. Die Auflistung ist vom Unternehmen durch firmen- und branchenspezifische Werbeträger zu ergänzen und erfolgt ohne Wertung in alphabetischer Sortierung.[604]

Unternehmenseigene Printmedien

Briefpapier	Briefumschläge
Fax-Briefkopf	Firmeninterne Formulare
Firmenplakate	Firmenunterlagen (Prospekte, u. ä.)
Geschäftsberichte	Gutscheine und Coupons
Handbüchern	Handouts
Handzettel (Flyer etc.)	Kalender
Kataloge	Newsletter (firmenintern/-extern)
Packungsbeilagen	Postwurfsendung (Werbepost)
Präsentationsunterlagen	Preisausschreiben
Pressemappen	Pressemitteilungen
Produktverpackungen	Prospekte
Quittungen	Rechnungen
Veröffentlichungen	Visitenkarten

Unternehmesfremde Printmedien

Adreß- und Telefonbücher	Beilagen, Beihefter, Beikleber
Fachzeitschriften	Publikumszeitschriften
Tageszeitungen	Wochen- und Sonntagszeitungen

---

604 Anregungen entnommen aus Kotler, Philip; Bliemel, Friedhelm: Marketing-Management: Analyse, Planung, Umsetzung und Steuerung, a. a. O., S. 909 sowie Nieschlag, Robert; Dichtl, Erwin; Hörschgen, Hans: Marketing, a. a. O., S. 528. S. 541 ff.

3.3 Web Site Promotion mit herkömmlichen elektronischen Medien

Neben den Printmedien repräsentieren die herkömmlichen elektronischen Medien die zweite große Gruppe medialer Werbeträger. Sie unterscheiden sich von Printmedien bezüglich des Zeitpunktes der Informationsaufnahme; dieser ist bei den elektronischen Medien identisch mit dem Zeitpunkt der Informationsübermittlung. Ein weiterer Unterschied liegt in der Dauer der Informationsaufnahme; diese ist identisch mit der Dauer der Informationsübertragung.[605] Als herkömmliche elektronischen Medien für Web Site Promotion durch eine Plazierung der Internet-Adresse kommen Telefax, Telefon, Fernsehen (TV), Videotext, Hörfunk, Kino in Betracht.

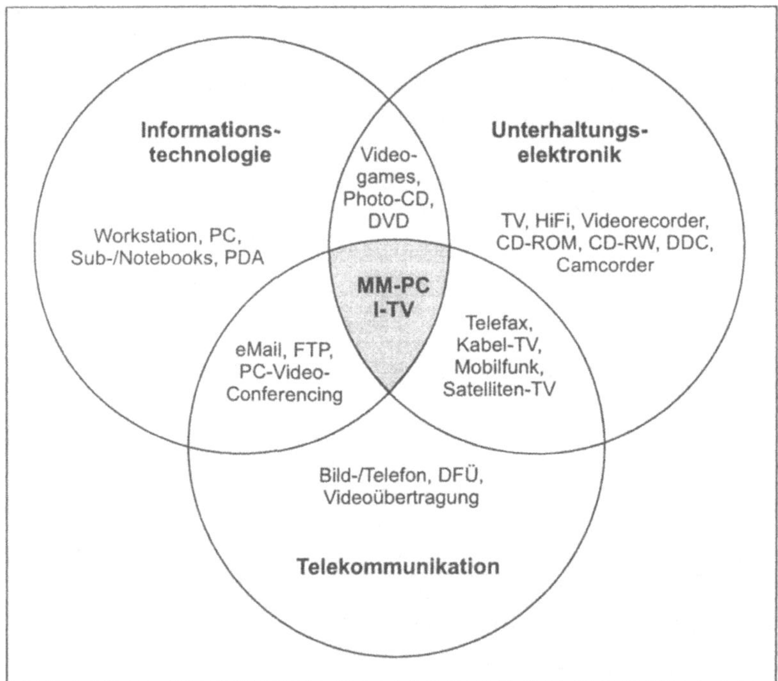

Abb. 42: Konvergenz zur Multimedia-Technologie[606]

---

605 Vgl. Bruhn, Manfred: Kommunikationspolitik: Grundlagen der Unternehmenskommunikation, a. a. O., S. 183.

606 In Anlehnung an Silberer, Günter (Hrsg.): Interaktive Werbung: Marketingkommunikation auf dem Weg ins digitale Zeitalter, a. a. O., S. 201.

Insbesondere dem TV-Bereich wird in naher Zukunft eine wachsende Bedeutung zukommen, wenn sich die Entwicklung hin zum Multimedia-PC (MM-PC) bzw. Internet-TV (I-TV) fortsetzt. Internet-TV kann als interaktives Fernsehen verstanden werden, das durch die Konvergenz der technischen Basen bisher dedizierter Informationsträger aus den Bereichen Informationstechnologie, Telekommunikation und Unterhaltungselektronik zu einem multimedialen Instrumentarium ermöglicht wird.[607] Internet-TV (auch Web-TV genannt) wird einen gesendeten Werbespot im „Fernsehen" mittels eines Hyperlinks direkt mit der beworbenen Web Site verknüpfen. Der Werbeempfänger gelangt folglich ohne Medienbruch auf die Web Site des Unternehmens. Abbildung 42 skizziert die konvergierenden Technologien.

3.4 Web Site Promotion mit sonstigen Offline-Medien

Die Medien der Außenwerbung werden von Bruhn als dritte große Gruppe von Werbeträgern gesehen, wobei er insbesondere der Plakat- und Verkehrsmittelwerbung Bedeutung zumißt.[608] Diese dritte Gruppe soll hier weiter gefaßt werden und unterschiedliche Werbemedien zu sonstigen Offline-Medien subsumieren, welche sich für die Web Site Promotion nutzen lassen. Die trennscharfe Unterscheidung bzw. Zuordnung einzelner kommunikationspolitischer Maßnahmen ist nicht immer eindeutig vorzunehmen. Die nachfolgende offene Liste dient der Systematisierung eines möglichen Katalogs und muß vom werbetreibenden Unternehmen individuell gestaltet werden.[609]

Aufkleber (Sticker)	Außenwerbung
Ausstellungen	Events (Event-Marketing)
Firmenfahrzeuge	Frankiermaschinen
Gewinnspiele	Merchandising (Geschenke, Give-aways)
Messen	Muster und Kostproben

---

607 Vgl. Silberer, Günter (Hrsg.): Interaktive Werbung: Marketingkommunikation auf dem Weg ins digitale Zeitalter, a. a. O., S. 201.

608 Vgl. Bruhn, Manfred: Kommunikationspolitik: Grundlagen der Unternehmenskommunikation, a. a. O., S. 183.

609 Anregungen entnommen aus Kotler, Philip; Bliemel, Friedhelm: Marketing-Management: Analyse, Planung, Umsetzung und Steuerung, a. a. O., S. 909 sowie Nieschlag, Robert; Dichtl, Erwin; Hörschgen, Hans: Marketing, a. a. O., S. 543 ff.

Networking (Empfehlung durch Kunden)	Offline-Medien der EDV (z. B. CD-ROM)
Persönlicher Verkauf (Außendienstmitarbeiter)	Präsentation des Unternehmens
Produkte der Unternehmung	Produktvorführungen
Schaufenster	Sponsoring
Stempel	Terminals (z. B. in Verkaufsstellen)
Verkaufsförderung (Schilder, Leuchtreklame u.a.)	Verkaufsstelle (Point of Sale)
Werbung auf Verkehrsmitteln	Verlosungen, Lotterien

4 Fazit: Web Site Promotion durch einen Kommunikations-Mix

Die Vielfalt der zur Verfügung stehenden Kommunikationsmaßnahmen und -instrumente macht es erforderlich, diese zu harmonisieren und in einen umfassenden Kommunikations-Mix zu integrieren. Der Kommunikations-Mix stellt die begriffliche Fassung für den kombinierten Einsatz von Offline- und Online-Kommunikationsinstrumenten in einem „Konzept der integrierten Unternehmenskommunikation" dar, das in zunehmend wettbewerbsintensiven Märkten die Grundlage für den Kommunikationserfolg von Unternehmen bildet. Um im Bereich der Web Site Promotion Kommunikationserfolge zu erzielen, sind die Instrumente der Web Site Promotion i. w. S. planerisch abzustimmen (siehe Abbildung 43). Hierzu bieten sich die bekannten Verfahren zur Inter-Media- und Intra-Media-Selektion an.[610] Ziel dieser Abstimmung sollte es sein, Synergieeffekte zu erzeugen, wobei folgende Aspekte zu berücksichtigen sind:

- Die kommunikationspolitischen Maßnahmen im elektronischen Online-Bereich (WWW, eMail, Newsgroups) sind zu intensivieren und zu bündeln.

- Die kommunikationspolitischen Maßnahmen im traditionellen Offline-Bereich (Printmedien, herkömmliche elektronische Medien, sonstige Offline-Medien) sind mit integrativen Web-Site-Informationen und/oder eigenständigen Web-Site-Promotion-Maßnahmen zu erweitern.

- Die Aktivitäten innerhalb (Online-Verfahren) und außerhalb des Mediums Internet (Offline-Verfahren) sind interdependent und sollten sich ergänzen.

---

610 Vgl. Nieschlag, Robert; Dichtl, Erwin; Hörschgen, Hans: Marketing, a. a. O., S. 624 und Bruhn, Manfred: Kommunikationspolitik: Grundlagen der Unternehmenskommunikation, a. a. O., S. 184.

• Die Variabilität und Geschwindigkeit von technologischen Entwicklungen
  im elektronischen Wirtschaftsgefüge erfordert die permanente Wiederholung der Planung und Abstimmung eines Kommunikations-Mix.

In Bruhns Definition des Kommunikationserfolgs steht die anvisierte Zielgruppe im Mittelpunkt eines Kommunikations-Mix bei der Erreichung der kommunikativen Ziele.[611] Auf die Web Site Promotion übertragen, ist der Kommunikations-Mix auf die Zielfelder der (potentiellen) Geschäftspartner und Kunden
im WSE-Komponentenmodell auszurichten. In den eBusiness-Segmenten eIntegration und eCommerce sind demnach auf den Ebenen der strategischen Unternehmensführung (strategisch, taktisch, operativ) Entscheidungen und Maßnahmen für ein ausgewogenes Web-Site-Promotion-Konzept zu treffen.

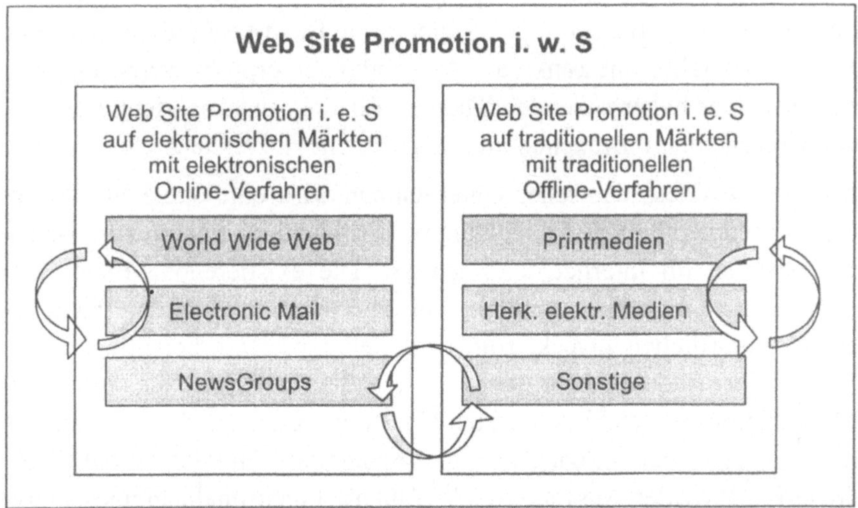

Abb. 43: Web-Site-Promotion-Instrumente im Kommunikations-Mix mit
          dynamischen Interdependenzen

---

611 Vgl. Bruhn, Manfred: Kommunikationspolitik: Grundlagen der Unternehmenskommunika-
     tion, a. a. O., S. 5.

I. Zusammenfassende Auswertung

1 Erkenntnisse zur ökonomischen Fundierung und Konzeptualisierung von Electronic Business

Die raschen und raumgreifenden Entwicklungsschritte der Hardware- und Software-Technologien treiben die Ausbreitung der technischen Netzinfrastruktur „Internet" seit Anfang der 90er Jahre permanent voran. Seit 1992 stehen Bedienungsoberflächen zur Verfügung, die die Netzinfrastruktur auch für die breite Masse der technisch weniger versierten Nutzer über den Internet-Dienst „World Wide Web" (WWW, Web) zugänglich machen. Damit verbunden eröffneten sich für Unternehmen die ersten Perspektiven für die Ausschöpfung der kommerziellen Internet-Potentiale. Ausgangspunkt der vorliegenden Untersuchung war die Beobachtung, daß Electronic Business („eBusiness") erst seit Mitte der 90er Jahre mit konkreten Anwendungen erprobt wurde und sich seither zu einem der beherrschenden Themen für die zukunftsorientierte Gestaltung von Unternehmen, Branchen und Märkten entwickelt hat.

Zum Electronic Business deutscher Unternehmen wird eine Vielzahl von beträchtlichen Problemen bei der Anbahnung und Abwicklung von elektronischen Geschäftsaktivitäten im Internet dokumentiert. Die existierenden Electronic-Business-Präsenzen (Web Sites) erfüllen weit überwiegend nicht den ihnen zugedachten wirtschaftlichen Zweck, zum Unternehmenserfolg beizutragen. Die Unternehmen selbst finden hierfür hauptsächlich Begründungen aus dem Technik- und Realisierungsbereich: zu geringe Übertragungskapazitäten, zu geringe Performanz, geringe Technologieakzeptanz, mangelnde Entwicklerqualifikationen, schwierige Provider-Auswahl etc.[612] Unternehmensunabhängige Analysen von konkreten eBusiness-Präsenzen im Web hingegen identifizieren eklatante betriebswirtschaftliche Defizite derjenigen Konstrukte, die ihre Wirkungen auf den Unternehmenserfolg direkt und nicht über nachgelagerte technische Merkmale entfalten: die Web Sites der Unternehmen im Online-Betrieb (Defizite bei Organisationsanpassung, Zielgruppensegmentierung, Anforderungsanalysen, Nutzenanalysen, Promotion etc.).[613]

---

612 Vgl. die Ausführungen in Kapitel A.1 der vorliegenden Untersuchung mit der dortigen Quelle Kurbel, Karl: Nutzeffekte und Hemmnisse der Internet-Nutzung durch deutsche Unternehmen, in: Industrie Management, 1/1998, Sonderdruck, S. 1-5.

613 Vgl. die Ausführungen in Kapitel A.1 der vorliegenden Untersuchung mit den dortigen Quellen Kamenz, Uwe: Spieglein, Spieglein an der Wand ..., in: FAZ, 01.06.99, S. B9 und o. V.: Mercedes verliert den Anschluß im Internet, in: FAZ, 25.11.99, S. 28.

Die Quellenanalyse zum Thema Electronic Business liefert zwei interdependente Anhaltspunkte für die Ursachen der betriebswirtschaftlichen Defizite. Zum einen ist noch kein verläßlicher Konsens in der Terminologie zum Themenkreis des Electronic Business zu erkennen. Zum anderen werden überwiegend partikuläre, eng abgegrenzte Probleme und Randthemen analysiert, ohne diese Details in einen umfassenden ökonomischen Zusammenhang zu stellen. Demzufolge fehlen bislang auch betriebswirtschaftlich fundierte Systematiken für die Vorgehensweise bei der Planung, Entwicklung und dem Betrieb von Web Sites.

Vor diesem Hintergrund wurden die folgenden Erkenntnisziele für die vorliegende Untersuchung formuliert:

1. Erkenntnisziel: Aufbau einer konsistenten Terminologie für den Untersuchungsbereich „Electronic Business"

2. Erkennntisziel: Positionierung und Beschreibung des Untersuchungsobjektes „Electronic-Business-Präsenz" im relevanten ökonomischen Umfeld

3. Erkennntisziel: Ein Modell, das die Struktur des ökonomischen Umfelds sowie die Maßnahmen zur Planung, Entwicklung und zum Betrieb einer Electronic-Business-Präsenz unter betriebswirtschaftlichen Aspekten integriert und operationalisiert.

Zur Erreichung des ersten Erkenntnisziels trägt Abschnitt B. der vorliegenden Untersuchung mit den aufeinander aufbauenden Abgrenzungen und Definitionen zu den Begriffen „elektronische Geschäftsaktivitäten" und „elektronisches Wirtschaftsgefüge" zur semantischen Klarheit des Untersuchungsbereichs „Electronic Business" bei. Demnach umfassen die elektronischen Geschäftsaktivitäten nicht nur die Kategorie des eCommerce (Business-to-Consumer), sondern auch die der eIntegration (Business-to-Business) und des eWorkflow (Business-to-Self). Diese Aktivitäten finden in einem elektronischen Wirtschaftsgefüge statt, das neben den üblicherweise angeführten „elektronischen Märkten" auch die kooperativen Beziehungen zwischen Unternehmen und die unternehmensinterne Organisation explizit berücksichtigt. Abschnitt C. der vorliegenden Untersuchung liefert die mit den Begriffsbestimmungen des Untersuchungsbereichs konsistente Definition des Untersuchungsobjektes „Web Site". Demnach wird die Präsenz eines Unternehmens im elektronischen Wirtschaftsgefüge über eine Web Site realisiert, die über ihre Segmente im öffentlichen Internet, im begrenzten Extranet und im geschlossenen Intranet die drei Kategorien elektronischer Geschäftsaktivitäten separiert.[614]

Das „elektronische Wirtschaftsgefüge" stellt das für eBusiness relevante ökonomische Umfeld dar. Abschnitt B. analysiert dieses Umfeld als Gegenstand des zweiten Erkenntnisziels aus der Sicht der Neuen Institutionenökonomik (NIÖ). Die NIÖ ist „nicht das Ergebnis eines vorsätzlichen Versuches, eine gegen die herrschende neoklassische Theorie gerichtete neue und andersartige Lehre aufzustellen."[615] Die NIÖ verfolgt die Intention, die Modelle und Erklärungsmuster der neoklassischen Wirtschaftstheorie dort zu ergänzen, wo „deren Vereinfachungen zur Vernachlässigung wichtiger Aspekte führen und damit die Sicht auf weitere fruchtbare Erkennntisse verstellen."[616] In diesem Sinne wird in der vorliegenden Untersuchung zur ökonomischen Fundierung von eBusiness ein institutionenökonomischer Bezugsrahmen gewählt, der über seine Pointierung interdependenter Institutionen und institutionenübergreifender Transaktionssequenzen die gezielte theoretische Analyse derjenigen betriebswirtschaftlichen Problembereiche erlaubt, die sich in der aktuellen Praxis von eBusiness insbesondere deutscher Unternehmen offenbaren: Defizite in der strategischen Planung, Organisationsanpassung und Adressatenorientierung. Die NIÖ begründet eine Gesamtsicht auf eBusiness, die eCommerce, eWorkflow und eIntegration in deren Bedeutung für strategische Entscheidungen gleichordnet und damit die aktuell vorherrschende Konzentration auf das „Verkaufen im Web" vermeidet. Die institutionenökonomische Transaktionsanalyse zeigt gleichzeitig organisationsrelevante Anknüpfungspunkte auf: das elektronische Wirtschaftsgefüge stellt im Sinne Porters ein unternehmensübergreifendes Wertschöpfungssystem dar, das im konkreten Fall eine unternehmensinterne Wertschöpfungskette mit vor- und nachgelagerten Wertschöpfungsketten

---

614 Die Zusammenfassungen der Untersuchungsergebnisse aus den Abschnitten B. bis H. werden im vorliegenden Abschnitt I. nicht im Detail wiederholt. Es sei hier auf die Ergebnisverdichtungen der betreffenden Abschnitte in den Kapiteln B.5, C.6, D.6, E.4, F.4, G.5 und H.4 verwiesen.

615 Richter, Rudolf; Furubotn, Eirik: Neue Institutionenökonomik, a. a. O., S. 478. Erlei/Leschke/Sauerland betonen die Anknüpfungspunkte der NIÖ und der Neoklassik über die Relativierung der Kritik der Neoklassik und die Gemeinsamkeiten von Neoklassik und NIÖ. Siehe Erlei, Matthias; Leschke, Martin; Sauerland, Dirk: Neue Institutionenökonomik, a. a. O., S. 47 ff.

616 Erlei, Matthias; Leschke, Martin; Sauerland, Dirk: Neue Institutionenökonomik, a. a. O., S. 51.

von Geschäftspartnern und Kunden umfaßt. Dies führt konsequent zu einer klaren Unterscheidung von Wertschöpfungsketten und somit zu einer bewußten Separierung der Adressatengruppen von elektronischen Geschäftsaktivitäten.

Sowohl die einzelnen Wertschöpfungsketten als auch deren Schnittstellen lassen sich in beträchtlichem Ausmaß elektronisch unterstützen (siehe dazu Kapitel C.2). Die Realisierung dieser Unterstützung erfolgt über eine eBusiness-Präsenz im elektronischen Wirtschaftsgefüge. Über die drei Segmente einer „Web Site" als konkrete Ausprägung einer eBusiness-Präsenz werden alle elektronischen Geschäftsaktivitäten eines Unternehmens abgewickelt. Die Web Site repräsentiert somit ein Unternehmen auf dem öffentlichen Marktplatz „Internet", stellt seine Plattform für elektronische Kooperationen mit Geschäftspartnern dar und erfüllt unternehmensintern Funktionen eines Workflow-Managementsystems. Dieses breite Aufgabenspektrum kennzeichnet eine Web Site als ein strategierelevantes betriebswirtschaftliches Konstrukt (siehe Kapitel C.3), dessen Planung die technische Umsetzung determiniert. Die Analyse aus technisch-konstruktiver Sicht führt zu dem Schluß, daß eine Web Site als unternehmensindividuelles Anwendungssystem zu interpretieren ist (siehe Kapitel C.4). Die vielfältigen Anwendungsbereiche dieses Systems (siehe Kapitel C.5) führen zu einer umfassenden Charakterisierung der Web Site eines Unternehmens aus strategischer, technisch-konstruktiver und anwendungsorientierter Sicht. Eine Web Site ist demnach ein komplexes Software-Konstrukt, das im Vergleich zu herkömmlichen Anwendungssystemen exponiert zum wirtschaftlichen Erfolg eines Unternehmens beitragen kann.

Die Erkennntisziele 1 und 2 führen zu einem Zwischenergebnis der vorliegenden Untersuchung: eine schlüssige Terminologie zum eBusiness, das Umfeld einer eBusiness-realisierenden Web Site sowie die Positionierung und Beschreibung der Web Site tragen über die Dimensionierung des ökonomischen Bezugsrahmens zur Konzeptualisierung von eBusiness bei. Zur Erreichung des dritten Erkenntnisziels werden die erarbeiteten Strukturen anschließend mit einem abgestimmten Vorgehensmodell für den dynamischen Entwicklungs- und Betriebsprozeß einer Web Site zusammengeführt.

In Kapitel D.1 wird dazu zunächst der Begriff des „Web Site Engineering" (WSE) hergeleitet. Die institutionenökonomisch unterbaute umfassende Interpretation einer Web Site impliziert zwingend ein aus dem Systems Engineering abgeleitetes Software Engineering als kontrollierte, ingenieurmäßige Planung und (Weiter-)Entwicklung mit Vorgehensmodell sowie abgestimmten Methoden, Techniken und Werkzeugen. „Web Site Engineering" bezeichnet die ingenieurmäßige Planung und Entwicklung einer Web Site, die die technisch-konstruktiven Aspekte von den betriebswirtschaftlichen abhängig macht.

Das WSE-Komponentenmodell (siehe Kapitel D.2 – D.4) integriert die Strukturierung des ökonomischen Bezugsrahmens mit einem Dynamik-beschreibenden Vorgehensmodell. Das WSE-Vorgehensmodell (siehe Kapitel D.5) stellt ein spezielles, auf den Einsatzbereich der Web-Site-Entwicklung ausgerichtetes Vorgehensmodell dar. Mit der Hauptgliederung des WSE-Vorgehensmodells in die zeitlich aufeinander folgenden Phasen Web Site Requirements (WSR), Web Site Design (WSD) und Web Site Online (WSO) ist dieses Modell an das Entwicklungsschema des „Phasenmodells" angelehnt, nach dem der Beginn einer Phase den Abschluß der jeweils vorangestellten Phase erfordert. In gleicher Orientierung ist Phase WSR inhaltlich als Abfolge strukturiert. Danach bauen die Aufgaben der Situationsanalyse, der Bildung von strategischen Zielen und der Anforderungsanalyse sequentiell aufeinander auf. Die strukturelle Gestaltung der Phasen WSD und WSO orientiert sich jeweils an einem rekursiv-iterativen Grundbaumuster. Im Sinne eines Spiralmodells wird eine prototypische Lösung evolutionär vorangetrieben. Die einzelnen Aufgaben einer Phase werden vor dem Übergang zur nachfolgenden Phase (nach dem Durchlauf der Phase WSO muß bei substantiellen Änderungen der Web Site wieder mit dem Durchlauf der Phase WSR begonnen werden) mehrmals, mit Erzeugung einer Prototyp-Lösung (Versionencharakter) je Durchlauf, absolviert. Es wird damit eine zunehmend detailliertere Anpassung einer Web Site an fundamentale und spezielle Anforderungen der entsprechenden Adressaten erreicht.

Das WSE-Vorgehensmodell bildet mit seiner Phasengliederung und Aufgabendekomponierung den Handlungsrahmen zur Planung und Durchführung von Web-Site-Entwicklungen sowie für den Online-Betrieb von Web Sites. Als Komplement zur Dimensionierung des ökonomischen Bezugsrahmens vervollständigt das Vorgehensmodell die Konzeptualisierung des Phänomens „eBusiness" somit zu einer ökonomisch fundierten, semantisch klaren und inhaltlich strukturierten Gesamtdarstellung im WSE-Komponentenmodell. Dieses Modell postuliert den Vorrang der betriebswirtschaftlichen Essenz vor der technisch-konstruktiven Inkarnation von Electronic-Business-Präsenzen (Web Sites) und bietet gleichzeitig eine systematische Vorgehensweise zur Operationalisierung dieses Postulats in der Unternehmenspraxis an.

2 Erkenntnisse zur Operationalisierung von Electronic Business für die Unternehmenspraxis

In einer Reihe von Projekten, die unter modelltheoretischen Aspekten durchgeführt und beobachtet wurden, konnten im Umfeld der vorliegenden Untersuchung Erfahrungen gesammelt werden, die den Bedarf an adäquaten Entwicklungsverfahren für Web Sites offensichtlich machten.[617] Es stellten sich immer wieder die gleichen Fragen:

1. Wie wird das Projekt abgegrenzt?
2. Was gilt es zu beachten?
3. Wie fängt man an?
4. Wie geht man weiter vor?
5. Welche Methoden, Techniken und Instrumente sind sinnvoll?

Das WSE-Komponentenmodell kann für die Fragen 1 und 2 nachvollziehbare Antworten herleiten. Die inhaltliche Projektabgrenzung unterstützt das WSE-Komponentenmodell über die erste und zweite Komponente anhand der Handlungsebenen-Zielfeld-Matrix. Die Zielfelder des WSE zeigen die fundamentalen eBusiness-Segmente, die betroffenen Funktionalbereiche eines Unternehmens und die zugehörigen technischen Web-Site-Segmente Internet, Extranet und Intranet auf. Gleichzeitig weisen die Ebenen der strategischen Unternehmensführung dem oberen und mittleren Management sowie den Realisierungsverantwortlichen abgegrenzte Aufgabenbereiche zu.

Auf Frage 3 läßt sich im WSE-Komponentenmodell eine zumindest plausible Antwort finden: Wie bei jedem Projekt liegt es nahe, eine Situationsanalyse, eine Zielfestlegung und eine Anforderungsanalyse durchzuführen.

---

617 Seit 1996 Neu- und/oder Weiterentwicklungen von Web-Site-Segmenten für ein Unternehmen der Gas-Meß- und -Regeltechnik mit ca. 500 Mitarbeitern (komplette Web-Präsenz im öffentlichen Internet), eine Unternehmensberatung mit ca. 50 Mitarbeitern (komplette Web-Präsenz im öffentlichen Internet), eine Bausparkasse mit ca. 400 Mitarbeitern (interaktiver Kundenservice sowie Marketing-Pages für die Kundengruppe „Jugendliche"), die IV- und Personalabteilung (ca. 70 Mitarbeiter) eines Pharmakonzerns (Fachentwurf zu Intra- und Extranet), ein weltweit agierender Großhändler für Medizintechnik mit ca. 10 Mitarbeitern (komplette Web-Präsenz im öffentlichen Internet), den Lehrstuhl für Allg. BWL und Wirtschaftsinformatik sowie die gesamte Abt. Wirtschaftswissenschaften an der Universität Mainz mit ca. 20 Organisationseinheiten (Portale, öffentliche Web-Terminals, Intranet); Entwicklung einer Strategie und Maßnahmen zum Intranet-Relaunch einer führenden deutschen Geschäftsbank.

Auch Frage 4 wird durch das WSE-Komponentenmodell beantwortet. Die dargestellte Phasengliederung, die Zuordnung von Aufgaben und Aktivitäten im WSE-Vorgehensmodell sowie dessen kontrollierte Rekursionen sind die Extrakte praktischer Erfahrungen, die im Laufe der o. g. Web-Site-Entwicklungsprojekte verfeinert und angewendet wurden. Als vorteilhaft hat sich herauskristallisiert, daß den Entwicklern durch das WSE-Komponenten- und -Vorgehensmodell folgendes an die Hand gegeben wurde:

- eine umfassende Projekt-Darstellung,

- eine Vorgabe für die Festlegung von Zielen und Anforderungen,

- ein Top-Down-Ablauf-Leitfaden,

- Anhaltspunkte für die Aufgaben-Verteilung,

- eine Checkliste für Aktivitäten.

In punkto Zielorientierung und Projektbeschleunigung konnten diese Handreichungen jedoch nur dann positiv wirken, wenn sie nicht als starre, sequentielle Vorgaben zum bremsenden Korsett wurden. Die modellintegrierten Rekursionsmöglichkeiten wurden häufig und intensiv genutzt. Insofern profitiert das WSE-Komponentenmodell und insbesondere das WSE-Vorgehensmodell von seiner relativ geringen Detailtiefe; es bleibt flexibel gestaltbar und bietet trotzdem einen „roten Faden" für ein Web-Site-Entwicklungsprojekt.

Eine für alle Phasen des WSE-Vorgehensmodells flächendeckende Antwort auf obige Frage 5 „Welche Methoden, Techniken und Instrumente sind sinnvoll?" kann bisher nicht formuliert werden. Für die in der Phase Web Site Design (WSD) überwiegend technisch-konstruktiven Aufgabenstellungen finden sich im World Wide Web und als gedruckte Literatur eine Fülle von Quellen mit Lösungen für Corporate Identiy, Design, Oberflächengestaltung, Navigation, Codierung, Tools etc. Leider wird diese aus betriebswirtschaftlicher Sicht zwar auch relevante, aber eher nachrangige Phase immer wieder als Kernproblem einer Web-Site-Entwicklung verstanden. Vor dem Hintergund der rasanten Fortschritte im Bereich der Web-Technologie fehlt den Entwicklern zudem jegliche Gewißheit, welche der verwendeten Techniken, Instrumente, Standards, Sprachen etc. sich bewähren bzw. durchsetzen werden. Es erscheint zumindest zum gegebenen Zeitpunkt nicht sinnvoll, hier ein Paket mit Vorschlägen für mittel- und langfristig „gültige" Methoden, Techniken und Instrumenten zu schnüren.

Besonders drängend stellt sich die Frage nach Methoden, Techniken und Instrumenten für die Phasen Web Site Requirements (WSR) und Web Site Online (WSO). In diesen Phasen stehen die betriebswirtschaftlichen Entscheidungen bzgl. Strategie- und Zielbildung, der fachlichen Anforderungen einer Web Site sowie der wirtschaftlichen Evaluation (Web Site Controlling) im Vordergrund. Hier, insbesondere auf der strategischen und taktischen Handlungsebene, werden die Weichen für den Beitrag einer Web Site zum wirtschaftlichen Erfolg eines Unternehmens gestellt. Während sich für Strategie- und Zielbildung noch bekannte Verfahren wie z. B. Markt-, Branchen-, Konkurrenz-, Kundenanalysen, Portfolio-Technik, Szenario-Technik, Polaritätsprofile, Bestandsaufnahmen, Kreativitätstechniken, Erhebungstechniken etc. (siehe Abschnitt E.) aufgrund ihrer bewußten Abstraktion von technischen Details anbieten, wird es für Verfahren im Bereich der Anforderungsanalyse (Anforderungsermittlung/-spezifikation; Requirements Engineering im Sinne des Software Engineering) zwingend erforderlich, die Spezifika des Zielobjektes „Web Site" zu berücksichtigen (siehe Fazit zu Abschnitt F.). Die Analyse der fachlichen Anforderungen, die eine Web Site erfüllen soll, ist dabei ausschlaggebend für die Analyse der zugehörigen organisatorischen und technischen Anforderungen.

Als Lösungsbeitrag zur initialen Problemstellung, daß Unternehmen das Erfolgspotential von eBusiness aufgrund inadäquater Web Sites nicht ausschöpfen, sollen folgende Erkenntnisse zur Operationalisierung von Electronic Business als praxisbezogene Empfehlungen aus der vorliegenden Untersuchung extrahiert werden:

- Genau wie bei traditionellen Geschäftstätigkeiten auch sind für eBusiness strategische betriebswirtschaftliche Planungen von beträchtlicher Bedeutung, bevor Realisierungsmaßnahmen ergriffen werden.

- Für diese Planungen läßt sich in weiten Teilen das bewährte betriebswirtschaftliche Instrumentarium anwenden.

- Die Unternehmensstrategie bezieht sich auf die Ziele und die Kernkompetenzen eines Unternehmens. Wenn die Präsenz eines Unternehmens im elektronischen Wirtschaftsgefüge für das Unternehmen von strategischer Relevanz ist, sollten die zugehörigen strategischen Entscheidungen auch von dem Unternehmen selbst vorbereitet und getroffen werden; externe Dienstleister sollten hier allenfalls zur Beratung herangezogen werden.

- Gleiches gilt dann auch für die Analyse und Modellierung der betriebswirtschaftlich-fachlichen Anforderungen an eine Web Site. In der aktuellen Unternehmenspraxis ist weit verbreitet, daß externe Dienstleister (z. B. sogenannte „Web-Agenturen") unter hohem Zeitdruck aus vorgefertigten technischen Komponenten Web Sites als Standard-Software erzeugen, die im Idealfall auf betriebswirtschaftlichen Referenzmodellen aufsetzt. Wenn eine Web Site als Marktpräsenz dient, muß ihr unternehmensindividueller, differenzierender Charakter im Vordergrund stehen.

- Mit den betriebswirtschaftlich-fachlichen Planungen und Modellen werden klare Vorgaben für eventuell beauftragte externe Dienstleister in der Phase des Web Site Design erzeugt. Zum einen vereinfachen diese Vorgaben die anforderungsgerechte technische Systemrealisierung, das Layout- und Navigationsdesign sowie der Codierung und der Tests; zum anderen wird es für das auftraggebende Unternehmen sehr viel einfacher sein, die Erfüllung der gestellten Anforderungen zu überprüfen.

- Die Empfehlung, daß betriebswirtschaftliche Planungen und Entscheidungen unternehmensintern erfolgen sollten und nachgelagerte technisch-konstruktive Aktivitäten unternehmensextern vergeben werden können, läßt sich ebenfalls für das Web Site Controlling aussprechen. Es bietet sich hier an, das Know-How und Equipment externer Dienstleister für ein technisches Online-Monitoring zur Erhebung von „Rohdaten" von Web Sites im Online-Betrieb zu nutzen. Die betriebswirtschaftliche Interpretation der gewonnenen Daten kann nur vom Unternehmen selbst vorgenommen werden.

Die vorgenannten Empfehlungen transferieren im Grunde genommen lediglich eine Reihe von Grundsätzen auf den Bereich von Electronic-Business-Präsenzen, die in der Betriebswirtschaftslehre und der Wirtschaftsinformatik als gefestigtes Wissen gelten. Die Beachtung dieser Grundsätze schafft zumindest die Voraussetzung für erfolgreiche Marktpräsenzen und anforderungsgerechte Anwendungssysteme. Die in Abschnitt A. der vorliegenden Untersuchung als tendenziell negativ geschilderte deutsche eBusiness-Situation weist darauf hin, daß die Web Sites einer Vielzahl von Unternehmen einen hohen Umsetzungsbedarf in bezug auf diese Grundsätze aufweisen.

Dieser Umsetzungsbedarf wird zum Teil durch Problembereiche verursacht, für die noch keine informativen Aussagensysteme existieren, die in ihrem empirischen Gehalt hinreichend bestätigt sind. Ansatzpunkte für weitere Forschungsarbeiten finden sich insbesondere bei der Schaffung durchgängiger Methoden zur Anforderungsanalyse von Web Sites aus betriebswirtschaftlicher Sicht, die für das technisch-konstruktive Web Site Design direkt weiterverwendbare Ergebnisse produzieren (siehe dazu Kapitel F.4). Des weiteren sind zum Controlling von Web Sites im Online-Betrieb bislang kaum Untersuchungen verfügbar. Abschnitt G. der vorliegenden Untersuchung zeigt hier einen Ansatz für die Positionierung und Ausgestaltung eines Web Site Controlling auf, der Konkretisierung und Praxis-Evaluation in den einzelnen Web-Site-Segmenten eCommerce, eIntegration und eWorkflow bedarf.

Anhang

Anhang 1:   SWOT-Kriterien-/Fragenkatalog im Rahmen der strategischen Situationsanalyse einer Geschäftsbank

Einflußfaktoren	Stärken / Schwächen						
	Gewicht	4	3	2	1	0	Ergebnis
Managementebene							
1 Sind Unternehmensziele präzise formuliert, dokumentiert und kommuniziert?							
2 Ist eine Unternehmensstrategie präzise formuliert, dokumentiert und kommuniziert?							
3 Besteht ein Wissensmanagement?							
4 Sind Wissensmanagementziele präzise formuliert, dokumentiert und kommuniziert?							
5 Ist eine Wissensmanagementstrategie präzise formuliert, dokumentiert und kommuniziert?							
6 Unterstützen die vorhandenen Entlohnungssysteme ein Wissensmanagements?							
7 Fördert die vorherrschende Unternehmenskultur Wissensteilung?							
8 Steht genügend fachkundiges Personal zur Entwicklung und Pflege des Intranets für alle Aspekte zur Verfügung?							
9 Stehen ausreichende Mittel (Budgets) für Entwicklung und Pflege des Intranets zur Verfügung?							
Fachliche Ebene							
10 Ist das Unternehmenswissen kodifizierbar?							
11 Wie groß ist der Bestand an bereits kodifiziertem Wissen?							
12 Liegt eine Diagnose der vorhandenen fachlichen Geschäftsprozesse vor (Identifikation von Routineprozessen)?							
13 Sind diese Geschäftsprozesse frei von Ineffizienzen?							
14 Bedient das Intranet alle betriebswirtschaftlich sinnvollen fachlichen Informationsbedürfnisse?							
15 Sind die im Intranet dargebotenen Inhalte zielgruppengerecht aufbereitet?							
16 Sind alle wirtschaftlich und technologisch sinnvollen fachlichen Anwendungen unter der Oberfläche des Intranets verfügbar?							
Organisatorische Ebene							
17 Gibt es eine klar differenzierte und dokumentierte Organisationsstruktur?							
18 Sind alle Organisationseinheiten im Intranet vertreten?							
19 Liegt eine Diagnose der vorhandenen organisatorischen Geschäftsprozesse vor (Wiedervorlagen, Genehmigungen)?							
20 Ist die Organisation frei von Ineffizienzen (unnötige Genehmigungsprozesse)?							
21 Sind die fachlichen, redaktionellen und technischen Verantwortlichkeiten für das Intranet klar geregelt?							
22 Unterstützt das Intranet routinemäßige Workflows, z. B. automatische Wiedervorlage?							

Abb. 1-1:   Fragenkatalog einer SWOT-Analyse zum Intranet-Relaunch einer deutschen Geschäftsbank

Anhang 1:   SWOT-Kriterien-/Fragenkatalog im Rahmen der strategischen Situationsanalyse einer Geschäftsbank

IT-Ebene	Gew.	4	3	2	1	0	Ergeb.
23 Sind IT-Ziele präzise formuliert, dokumentiert und kommuniziert?							
24 Ist eine IT-Strategie präzise formuliert, dokumentiert und kommuniziert?							
25 Sind Web-Site-Ziele mit gemeinsamer Gültigkeit für die Segmente Internet, Extranet und Intranet präzise formuliert, dokumentiert und kommuniziert?							
26 Ist eine Web-Site-Strategie mit gemeinsamer Gültigkeit für alle Segmente präzise formuliert, dokumentiert und kommuniziert?							
27 Sind Intranet-Ziele präzise formuliert, dokumentiert und kommuniziert?							
28 Ist eine Intranet-Strategie präzise formuliert, dokumentiert und kommuniziert?							
29 Ist Intranet-Technologie vorhanden (bestehendes Netz, Know-how, Strukturen)?							
30 Ist die Leistung (Performance) des Intranets zufriedenstellen?							
31 Ist Know-how in Form von Mitarbeitern für die technische (Weiter-) Entwicklung des Intranets vorhanden?							
32 Ist die Funktionalität des Intranets auf zeitgemäßem Niveau (Interaktivität, z. B. Suche, flache Navigationshierarchien)?							
33 Ist das Intranet homogen im Oberflächendesign, im Layout, in der Navigation?							
34 Erfolgt die Weiterentwicklung des Intranets systematisch, konform zu Zielen und Strategien?							
35 Entspricht das Intranet der Corporate Identity?							
36 Entspricht das Intranet angemessenen Sicherheitsstandards?							
Wettbewerber							
37 Hat der Referenzwettbewerber IT-Ziele?							
38 Hat der Referenzwettbewerber IT-Strategien?							
39 Hat der Referenzwettbewerber Ziele für das Intranet oder die Web Site allgemein?							
40 Hat der Referenzwettbewerber Strategien für das Intranet oder die Web Site allgemein?							
41 Stehen die IT- und die Intranet-Ziele des Referenzwettbewerbers im Einklang mit seiner Unternehmensstrategie?							
42 Sind IT- und Intranet-Strategie des Referenzwettbewerbers mit der Unternehmensstrategie abgestimmt?							
43 Hat das Intranet beim Referenzwettbewerber einen hohen Durchdringungsgrad?							
44 Führt das Intranet beim Referenzwettbewerber zu einer verbesserten Wirtschaftlichkeit?							
45 Wird das Intranet des Referenzwettbewerbers als effektiv eingestuft?							
46 Verfügt das Intranet des Referenzwettbewerbers über ein hohes Maß an betriebswirtschaftlich und technisch sinnvollen Funktionen und Inhalten?							

Abb. 1-2: Fragenkatalog einer SWOT-Analyse zum Intranet-Relaunch einer deutschen Geschäftsbank (Fortsetzung)

Anhang 1:   SWOT-Kriterien-/Fragenkatalog im Rahmen der strategischen Situationsanalyse einer Geschäftsbank

		Chancen / Risiken						
Einflußfaktoren	Gew.	4	3	2	1	0	Ergeb.	
Endkunden								
47 Ist die Art der aktuellen und zukünftigen Transaktionen mit den Endkunden bestimmt?								
48 Gibt es Angaben zu der Anzahl der Transaktionen mit den Endkunden?								
49 Gibt es Angaben zum Umsatz der Transaktionen mit den Endkunden?								
Geschäftspartner								
50 Ist die Art der aktuellen und zukünftigen Transaktionen mit den Geschäftskunden bestimmt?								
51 Gibt es Angaben zu der Anzahl der Transaktionen mit den Geschäftskunden?								
52 Gibt es Angaben zum Umsatz der Transaktionen mit den Geschäftskunden?								
53 Ist die Art der aktuellen und zukünftigen Transaktionen mit den Lieferanten bestimmt?								
54 Gibt es Angaben zu der Anzahl der Transaktionen mit den Lieferanten?								
55 Gibt es Angaben zum Umsatz der Transaktionen mit den Lieferanten?								
Politische / rechtliche Entwicklungen								
56 Gibt es national und international zu beachtende Entwicklungen zum Datenschutz?								
57 Werden Transaktionen im elektronischen Geschäftsverkehr durch die Anerkenntnis bestimmter Technologien (z. B. elektronische Signatur) Rechtsverbindlichkeit erlangen?								
Ökonomische Entwicklungen								
58 Trägt ein Intranet zur Verbesserung der Wirtschaftlichkeit bei?								
59 Ist das Intranet eine Chance für die Mitarbeiter, die Komplexität ihrer Aufgaben und den gestiegenen Informationsbedarf zu bewältigen?								
60 Ist das Intranet eine Chance, die Auswirkungen der Veränderungen der Märkte auf das Größenverhalten und die Internationalität der Bank zu bewältigen?								
61 Ist das Intranet flexibler als andere Technologien, um die durch Veränderung der Leistungsbereiche der Bank hervorgerufenen Veränderungen der IuK-Basis zu bewältigen?								
62 Hilft ein Intranet, organisatorische Auswirkungen von Kooperationen und strategischen Allianzen zu bewältigen?								
Soziale / kulturelle Entwicklungen								
63 Zeichnen sich Veränderungen in der Einstellung zu und im Umgang mit Internet-Technologie in den Lebensgewohnheiten ab?								
64 Zeichnen sich Veränderungen in der Einstellung zu und im Umgang mit Internet-Technologie am Arbeitsplatz ab?								

Abb. 1-3: Fragenkatalog einer SWOT-Analyse zum Intranet-Relaunch einer deutschen Geschäftsbank (Fortsetzung)

Anhang 1:   SWOT-Kriterien-/Fragenkatalog im Rahmen der strategischen
Situationsanalyse einer Geschäftsbank

		Chancen / Risiken					
Technologische Entwicklungen	Gew.	4	3	2	1	0	Ergeb.
62 Wirken sich bestimmte zeitgemäße Hardwareentwicklungen als begünstigend für das Intranet aus?							
63 Begünstigen bestimmte zeitgemäße Softwareentwicklungen das Intranet?							
64 Stehen Intranet-relevante Entwicklungen von Programmiersprachen und Standards an?							
65 Gibt es neue Erkenntnisse (Konzepte) hinsichtlich Intranet oder anderer Web-Site-Segmente?							
66 Existieren (neue) Vorgehens- oder Projektmodelle zur Strukturierung der Entwicklung des Intranets oder von Web Sites allgemein?							
67 Existieren neue, zeitgemäße Strategie-Konzepte für Web Sites oder Intranet?							
68 Gibt es neue Erkenntnisse zu Controlling und Kosten-Nutzen-Evaluation von Web Sites und Intranet?							

Abb. 1-4:   Fragenkatalog einer SWOT-Analyse zum Intranet-Relaunch einer
deutschen Geschäftsbank (Fortsetzung)

Anhang 2:   Web-Site-Ziele und strategische Maßnahmen zum Intranet
                  einer Geschäftsbank

	Zielinhalt	Zielmaßstab	Zielerreichung
Wettbewerbsziele	Erhöhung der Informationsqualität	Informationsnote	- Konsistente und valide Geschäftsinformationen durch Erfassung, Verarbeitung, Speicherung und Übertragung von Geschäftsinformationen via Intranet - Promotion der Nutzung des Intranets als zentrale Informationsquelle - Förderung der Zurverfügungstellung von Informationen im Intranet
Erfolgsziele	Verringerung der Transaktionskosten	Transaktionskosten	- Konsistente und valide Geschäftsinformationen durch Erfassung, Verarbeitung, Speicherung, Übertragung von Geschäftsinformationen via Intranet - Realisierung von Beschaffungsanforderungen und entsprechenden Genehmigungsverfahren im Intranet - Promotion der Nutzung des Intranets als zentrale Informationsquelle - Förderung der Zurverfügungstellung von Informationen im Intranet - Outsourcing des technischen Intranet-Betriebs
Leistungsziele	Förderung der Organisationstransparenz	Transparenznote	- Konsistente und valide Geschäftsinformationen durch Erfassung, Verarbeitung, Speicherung und Übertragung von Geschäftsinformationen via Intranet - Promotion der Nutzung des Intranets als zentrale Informationsquelle - Förderung der Zurverfügungstellung von Informationen im Intranet - Darstellung von Aufbau- und Ablauforganisation via Intranet

Tab. 2-1:   Web-Site-Ziele und strategische Maßnahmen zum Intranet
            einer Geschäftsbank

Anhang 2:   Web-Site-Ziele und strategische Maßnahmen zum Intranet
einer Geschäftsbank

	Zielinhalt	Zielmaßstab	Zielerreichung
Leistungsziele	Verbesserung der Informationsinfrastruktur	Informationsnote	- Konsistente und valide Geschäftsinformationen durch Erfassung, Verarbeitung, Speicherung und Übertragung von Geschäftsinformationen via Intranet - Promotion der Nutzung des Intranets als zentrale Informationsquelle - Förderung der Zurverfügungstellung von Informationen im Intranet - Intranet-Basis stets auf zeitgemäßem, betriebswirtschaftlich sinnvollen technologischem Niveau
	„One Face to staff"	Einfachheitsnote	- Darbietung von Informationen und Anwendungen im Intranet als einheitliche Oberfläche - Realisierung eines einheitlichen Corporate Designs - Promotion der Nutzung des Intranets als zentrale Informationsquelle - Förderung der Zurverfügungstellung von Informationen im Intranet
Systemleistungsziele	Erhöhung der Anpassungsflexibilität	Mitarbeitermotivationsnote	- Schaffung eines ansprechenden Unternehmensklimas - Förderung des fachlichen Interesses an der Arbeit (Weiterbildungsmaßnahmen)
		# einschlägig kompetenter Mitarbeiter	Einstellung von Mitarbeitern mit „Web-Fähigkeiten"
		# einschlägige Schulungen	Organisation adäquater interner und externer Aus- und Weiterbildungsmaßnahmen
		Web-Fähigkeit Anwendungen	- Auswahl neu anzuschaffender und zu erstellender Anwendungen hinsichtlich Intranet-Anbindung - Betriebswirtschaftlich sinnvolle Migration vorhandener Anwendungen auf Intranet-Basis
		Web-Fähigkeit Datenbestände	- Gestaltung neu anzulegender Datenbestände hinsichtlich Intranet-Anbindung - Betriebswirtschaftlich sinnvolle Migration vorhandener Datenbestände auf Intranet-Basis

Tab. 2-2:   Web-Site-Ziele und strategische Maßnahmen zum Intranet einer
Geschäftsbank (Fortsetzung)

Anhang 2:   Web-Site-Ziele und strategische Maßnahmen zum Intranet
einer Geschäftsbank

	Zielinhalt	Zielmaßstab	Zielerreichung
Systemleistungsziele	Erhöhung der Anpassungsflexibilität	Web-Fähigkeit Hardware	- Auswahl neu anzuschaffender Hardware hinsichtlich Intranet-Anbindung - Betriebswirtschaftlich sinnvolle Migration vorhandener Hardware auf Intranet-Basis
	Erhöhung des Durchdringungsgrads	Anteil bwl. sinnvoller Intranet-Arbeitsplätze (Bank-Mitarbeiter)	Ausstattung von an Routineprozessen beteiligten und auf Intranet-Informationen zugreifenden Arbeitsplätzen mit Intranet-Zugang
		Ist-Funktionen / Soll-Funktionen	- (Permanente) Analyse der Benutzeranforderungen
		Ist-Inhalte / Soll-Inhalte	- (Permanente) Aufnahme des Informationsbedarfs - Umgehende Implementierung der Anforderungen nach Prüfung
	Verbesserung der Produktivität	Datenumschlag: übertragene Daten / Datenbestand	- Sicherung eines performanten Intranets - Promotion des Intranets als zentrale Informationsquelle
		Nutzungs-Mh / Implement.-Mann-h	Promotion des Intranets als zentrale Informationsquelle
	Gewährleistung von Sicherheit	Integrität (Verfälschungsimmunität)	- Realisierung von technologischen Datensicherheitsmaßnahmen auf hohem, stets zeitgemäßem Niveau - Durchführung von Backup-Maßnahmen
		Vertraulichkeit (Datenschutz): hoher Aufwand an Zeit und Geld für potentielle Eindringlinge	
		Verbindlichkeit	Redaktionelle Überwachung
		Verfügbarkeit: Ist-Betriebszeit / Soll-Betriebszeit	- Einsatz hochverfügbarer Systeme - Rund-um-die-Uhr-Betreuung
	Erhöhung der Wirksamkeit	Ist-Funktionen / Soll-Funktionen	- (Permanente) Analyse der Benutzeranforderungen
		Ist-Inhalte / Soll-Inhalte	- (Permanente) Aufnahme des Informationsbedarfs - Umgehende Implementierung der Anforderungen nach Prüfung
		Akzeptanznote	Promotion, Benutzerbeteiligung (Anforderungsaufnahme), Deckung der erwarteten und der tatsächlichen Leistungen des Internet-Auftritts und Benutzerfreundlichkeit
	Verbesserung der Wirtschaftlichkeit	Plankosten / Ist-Kosten	- Outsourcing des technischen Intranet-Betriebs - Steuerung durch Etablierung eines Web Site Controlling

Tab. 2-3:   Web-Site-Ziele und strategische Maßnahmen zum Intranet
einer Geschäftsbank (Fortsetzung)

Anhang 3:   Strategische Anforderungsanalyse zum Intranet einer Geschäftsbank

Strategische Anforderung	Verfolgtes strategisches Intranet-Ziel
Zielgruppenorientierung des Intranets	- Erhöhung des Durchdringungsgrads - Erhöhung der Wirksamkeit
Wissensmanagement via Intranet**Fehler! Textmarke nicht definiert.**	- Verringerung der Transaktionskosten - Erhöhung der Informationsqualität - Förderung der Organisationstransparenz - Verbesserung der Informationsinfrastruktur
Einrichtung einer Intranet Promotion	- Verringerung der Transaktionskosten - Erhöhung der Informationsqualität - Förderung der Organisationstransparenz - „One face to staff" - Verbesserung der Produktivität - Erhöhung der Wirksamkeit
Gewährleistung einer mediengerechten Aufbereitung von Intranet-Publikationen	- Verringerung der Transaktionskosten - Erhöhung der Informationsqualität - Förderung der Organisationstransparenz - Verbesserung der Informationsinfrastruktur - Erhöhung der Sicherheit (Verbindlichkeit) - Erhöhung der Wirksamkeit
Unterstützung von Beschaffungsanforderungen	Verringerung der Transaktionskosten
Unterstützung von Genehmigungsprozessen	Verringerung der Transaktionskosten
Outsourcing des technischen Betriebs des Intranets	- Verringerung der Transaktionskosten - Verbesserung der Wirtschaftlichkeit
Performanz	- Verbesserung der Informationsinfrastruktur - Verbesserung der Produktivität - Erhöhung der Wirksamkeit
Gestaltung entsprechend Corporate Design	„One face to staff"
Einbindung von Anwendungen in das Intranet unter einer einheitlichen Oberfläche	- „One face to staff" - Erhöhung der Anpassungsflexibilität
Orientierung an Ergonomie und Transparenz	- Verringerung von Transaktionskosten - „One face to staff" - Erhöhung der Wirksamkeit
Einführung geeigneter Sicherheitsmaßnahmen	Erhöhung der Sicherheit
Gewährleistung eines motivationsfördernden Betriebsklimas	Erhöhung der Anpassungsflexibilität
Organisation Internet- und WWW-relevanter Aus- und Weiterbildungsmaßnahmen	Erhöhung der Anpassungsflexibilität
Einrichtung eines Intranet Monitoring	Ausgangsbasis für ein Intranet Controlling
Einrichtung eines Intranet Controlling	- Steuerung in Richtung aller Intranet-Ziele - Verbesserung der Wirtschaftlichkeit

Tab. 3-1:   Abstimmung der strategischen Anforderungen an das Intranet mit den strategischen Intranet-Zielen einer Geschäftsbank

Anhang 3:   Strategische Anforderungsanalyse zum Intranet einer
                  Geschäftsbank

Projektidee	Projektziele und –aufgaben
Projekt zur Zielgruppen-untersuchung im Intranet	- Unterteilung der Zielgruppe in homogene Teilgruppen - Aufnahme teilgruppenspezifischer Anforderungen - Konzeption einer Institutionalisierung (Aufbau-/Ablauforga.)
Projekt zum Wissensma-nagement via Intranet	- Ermittlung des Informationsbedarfs (kodifiziertes Wissen) - Konzeption einer geeigneten Infrastruktur - Konzeption einer Institutionalisierung (Aufbau-/Ablauforga.)
Projekt zur Einrichtung ei-ner Intranet Promotion	- Erarbeitung geeigneter Promotion-Maßnahmen - Konzeption einer Institutionalisierung (Aufbau-/Ablauforga.)
Projekt zur mediengerech-ten Aufbereitung von Int-ranet-Publikationen	- Erarbeitung alternativer Realisierungsmöglichkeiten - Bewertung der Alternativen und Auswahl - Konzeption einer geeigneten Infrastruktur - Konzeption einer Institutionalisierung (Aufbau-/Ablauforga.)
Projekt zur Untersuchung des zu unterstützenden Be-schaffungswesens	- Identifizierung von Beschaffungsanforderungsprozessen (Routi-ne-/Massenprozesse) - Untersuchung der zugrundeliegenden Sequenzen - Konzeption zur Realisierung via Intranet
Projekt zur Untersuchung zu unterstützender Geneh-migungsprozesse	- Identifizierung von Genehmigungsprozessen (Routine-/Massen-prozesse) - Untersuchung der zugrundeliegenden Sequenzen - Konzeption zur Realisierung via Intranet
Projekt zur Gewährleistung des Corporate Designs im Intranet	- Identifizierung des konventionellen Corporate Designs - Übertragung der Elemente des Corporate Designs - Erarbeitung eines Gesamt-Layouts
Projekt zur Untersuchung einzubindender Anwen-dungen	- Identifizierung potentiell einzubindender Anwendungen - Untersuchung der Implementierbarkeit - Konzeption einer einheitlichen Oberfläche
Projekt zu konzeptionellen Vorgaben für Ergonomie und Transparenz	Erarbeitung von Vorgaben zur Layout- und Designaspekten hin-sichtlich Ergonomie und Transparenz
Projekt zur Einführung von Sicherheitsmaßnahmen	- Maßnahmen zu Schaffung eines Sicherheitsbewußtseins - Konzeption einer kontinuierlichen Sicherheitsüberwachung - Konzeption einer Institutionalisierung (Aufbau-/Ablauf-organisation)
Projekt zum Betriebsklima im Internet- und WWW-Bereich	Erarbeitung eines Konzepts zur Verbesserung oder Beibehaltung eines guten Betriebsklimas
Projekt zur Mitarbeiter-entwicklung im Internet- und WWW-Bereich	Erarbeitung eines Konzept zur organisierten Aus-/Weiterbildung
Projekt zur Einrichtung ei-nes Intranet-Controlling	- Festlegung der vom Controlling zu erbringenden Leistungen - Konzeption einer Institutionalisierung (Aufbau-/Ablauf-organisation)

Tab. 3-2:   Ein konkretes Schema zur Grobplanung strategischer Projekte im
            Intranet einer Geschäftsbank

Anhang 3:   Strategische Anforderungsanalyse zum Intranet einer
                  Geschäftsbank

Projektidee	Projektevaluierung		
	Bedeutung für die strategischen Intranet-Ziele	Realisierbarkeit	Projektklasse
Projekt zur Zielgruppenuntersuchung im Intranet	hoch	leicht	A
Projekt zum Wissensmanagement via Intranet	mittel	schwierig	C
Projekt zur Einrichtung einer Intranet Promotion	mittel	mittel	B
Projekt zur mediengerechten Aufbereitung von Intranet-Publikationen	hoch	leicht	A
Projekt zur Untersuchung des zu unterstützenden Beschaffungswesens	gering	schwierig	C
Projekt zur Untersuchung zu unterstützender Genehmigungsprozesse	gering	schwierig	C
Projekt zur Gewährleistung des Corporate Designs im Intranet	mittel	leicht	A
Projekt zur Untersuchung einzubindender Anwendungen	mittel	schwierig	C
Projekt zu konzeptionellen Vorgaben für Ergonomie und Transparenz	hoch	leicht	A
Projekt zur Einführung von Sicherheitsmaßnahmen	gering	schwierig	C
Projekt zum Betriebsklima im Internet- und WWW-Bereich	hoch	mittel	A
Projekt zur Mitarbeiterentwicklung im Internet- und WWW-Bereich	mittel	mittel	B
Projekt zur Einrichtung eines Intranet Controlling	hoch	schwierig	C

Tab. 3-3:   Die Projektevaluierung zum Intranet einer Geschäftsbank; z. B. mit:
            Klasse A: Projekte mit Muß-Charakter
            Klasse B: Zweckmäßigkeit von A-Projekten abhängig
            Klasse C: Abhängig von A-/B-Projekten oder Schwierigkeitsgrad

Anhang 3:   Strategische Anforderungsanalyse zum Intranet einer
                   Geschäftsbank

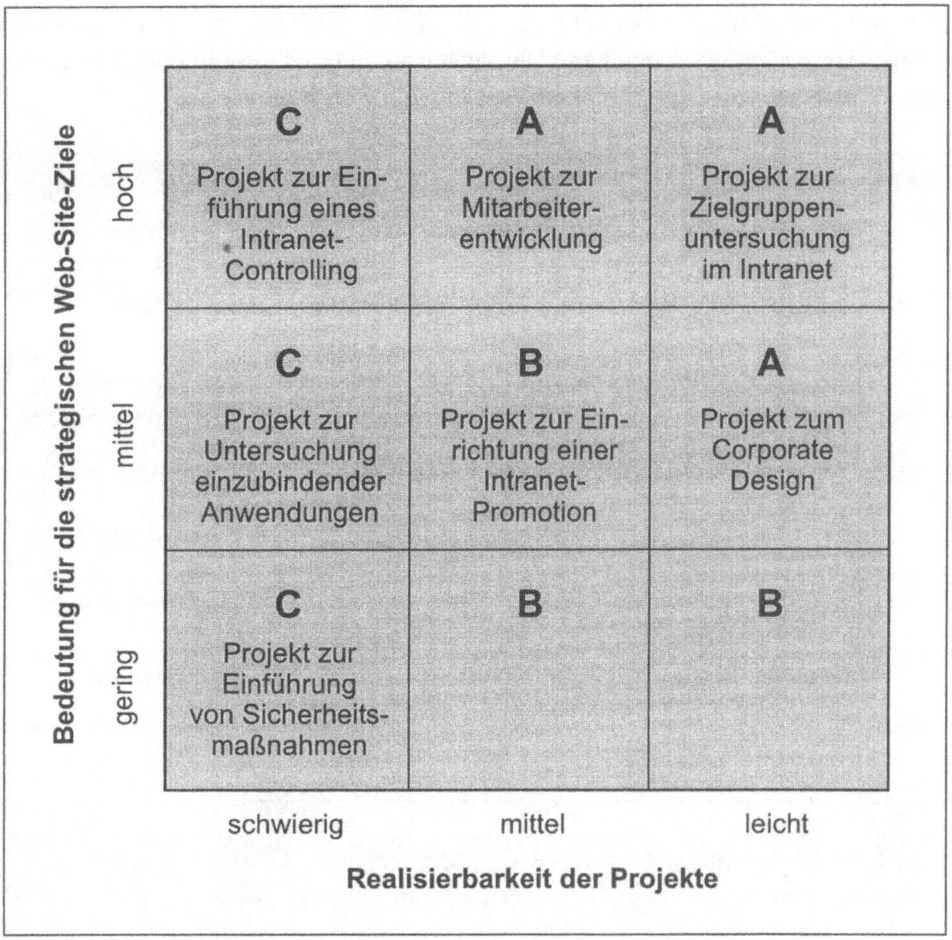

Abb. 3-4:   Die beispielhaft angewandte Projektevaluierungmatrix zum Intranet
            einer Geschäftsbank; z. B. mit:
            Klasse A: Projekte mit Muß-Charakter
            Klasse B: Zweckmäßigkeit von A-Projekten abhängig
            Klasse C: Abhängig von A-/B-Projekten oder Schwierigkeitsgrad

Anhang 4:   Vorschlag einer UML-basierten Methode zur fachlichen
Anforderungsanalyse im WSE-Vorgehensmodell[618]

Die nach der Methodenübersicht aus Abbildung 46 folgenden Modell-Darstellungen des Anhangs 4 beziehen sich auf das eCommerce-Segment einer Lehrstuhl-Web-Site zum entgeltlichen Vertrieb von Schriften.

Schritt	Beschreibung	UML-Konzept
1	Vorbereitung auf die Anwendung der Methode	----------
2	Darstellung der fachlich relevanten Umgebung der zu entwickelnden Web Site	Paket
3	Darstellung der Adressaten der zu entwickelnden Web Site	Akteur/ Akteurdiagramm
4	Darstellung der in der zu entwickelnden Web Site abzubildenden Aufgabenbereiche und Prozesse	Anwendungsfalldiagramm
5	Darstellung der in der zu entwickelnden Web Site abzubildenden Aufgaben	Anwendungsfall
6	Darstellung der dynamischen Struktur der in der zu entwickelnden Web Site abzubildenden Aufgaben	Aktivitätsdiagramm
7	Darstellung der statischen Struktur, der in der zu entwickelnden Web Site abzubi ldenden Aufgaben	Geschäftsklasse
8	Detaillierte Darstellung der statischen Struktur, der in der zu entwickelnden Web Site abzubildenden Aufgaben	Fachklasse

Abb. 4-1: Übersicht zur UML-basierten Methode

---

618 Alle Abbildungen des Anhangs 4 aus Schwickert, Axel C.; Wild, Martin: Requirements Engineering im Web Site Engineering, Vortragsdokumentation vom 26.05.1999, Dresdner Bank AG, Frankfurt am Main, Online im Internet: http://service.wiwi.uni-mainz.de/dl/dl_det.phtml?dl_nr=52&ef_dl=1000004&ef_dl2=22

Anhang 4:   Vorschlag einer UML-basierten Methode zur fachlichen
                  Anforderungsanalyse im WSE-Vorgehensmodell

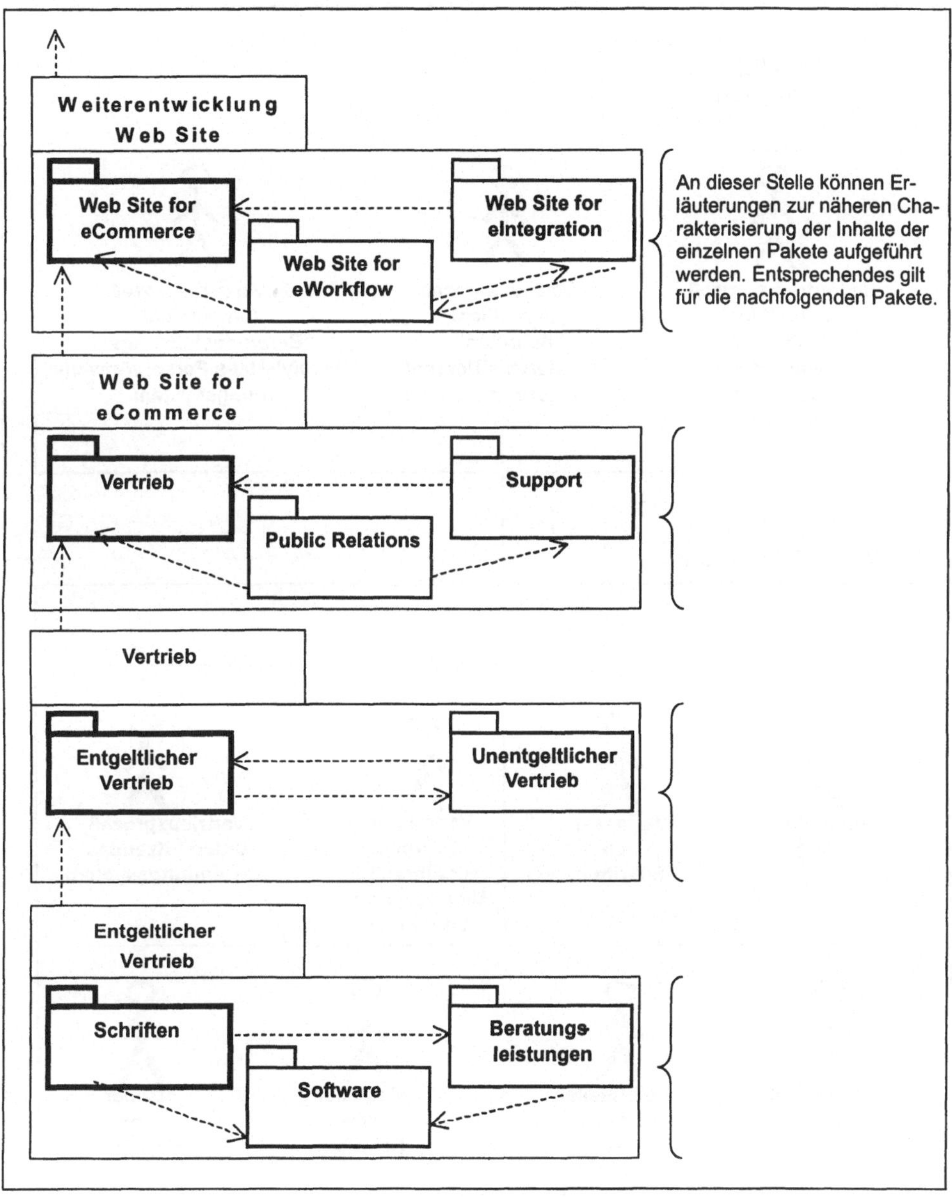

Abb. 4-2:   Schritt 2 – Fachliches Umgebungsmodell

Anhang 4:   Vorschlag einer UML-basierten Methode zur fachlichen
                  Anforderungsanalyse im WSE-Vorgehensmodell

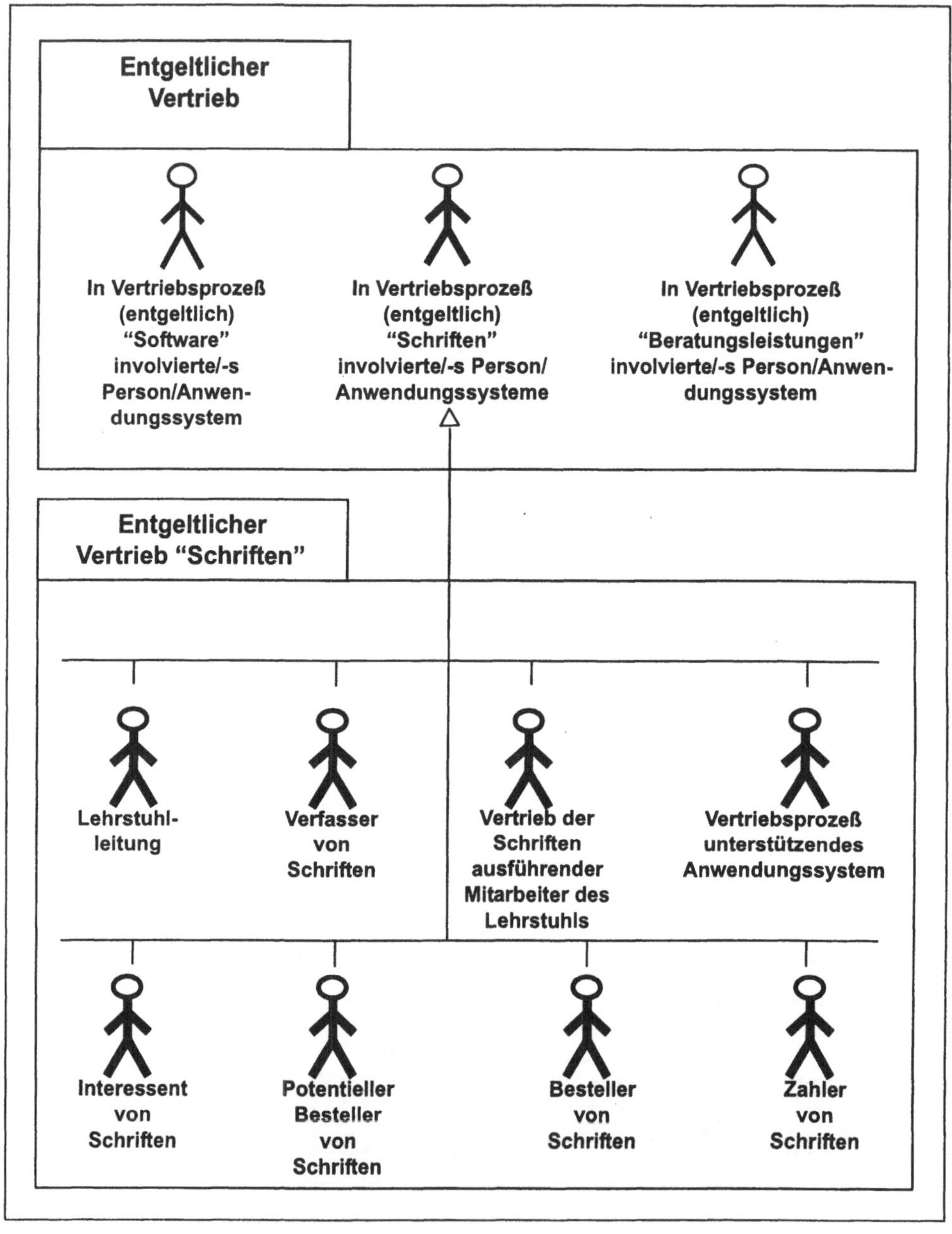

Abb. 4-3: Schritt 3 – Beteiligungsmodell

Anhang 4:   Vorschlag einer UML-basierten Methode zur fachlichen
                  Anforderungsanalyse im WSE-Vorgehensmodell

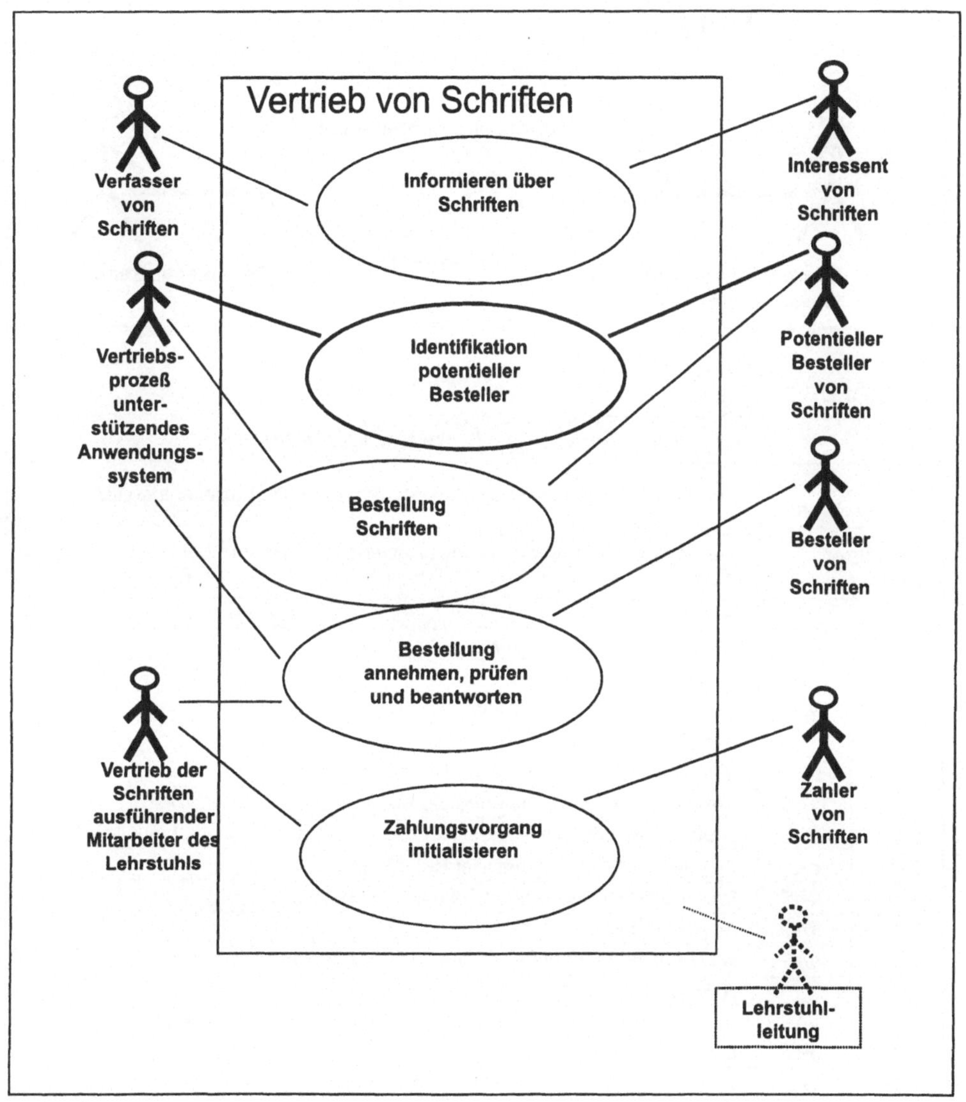

Abb. 4-4:   Schritt 4 – Integrations-/Transparenzmodell

Anhang 4:   Vorschlag einer UML-basierten Methode zur fachlichen
               Anforderungsanalyse im WSE-Vorgehensmodell

Darstellung Überblick

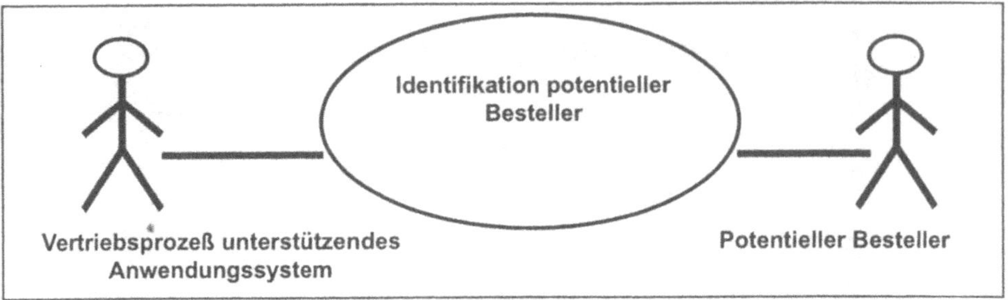

Darstellung Details

Identifikation potentieller Besteller		
Kurz-beschreibung	Ein potentieller Besteller wird als Stamm- oder Neubesteller identifiziert	
Beteiligte Akteure	Vertriebsprozeß unterstützendes Anwendungssystem (VAS)	potentieller Besteller (pB)
Ablauf:		
1.		**Bestellprozeß initialisieren**
1.1	pB	„Eingabe" der Bestellabsicht
1.2	VAS	Aufforderung sich als Stamm- oder Neubesteller zu identifizieren
2.		**Identifikation realisieren**
2.1	pB	Identifikation als Stamm- oder Neubesteller
2.2	VAS	Aufforderung den Namen und die Kundennummer einzugeben
2.3	VAS	**Ausnahme:** potentieller Besteller hat sich als Neubesteller identifiziert
2.4	pB	Eingabe des Namens und der Kundennummer
2.5	VAS	Prüfung der eingegebenen Daten auf Konsistenz
2.6	VAS	Bestellfreigabe
2.7	VAS	**Ausnahme:** Eingegebene Daten sind inkonsistent
Ausnahmen:		
2.3	VAS	**potentieller Besteller hat sich als Neubesteller identifiziert**
2.3.1	pB	Eingabe persönlicher Daten
2.3.2	VAS	Prüfung der eingegebenen persönlichen Daten auf Konsistenz
2.3.3	VAS	Bestellfreigabe
2.3.4	VAS	**Ausnahme:** Eingegebene persönliche Daten sind inkonsistent
...	...	...

Abb. 4-5: Schritt 5 – Aufgabenmodell

Anhang 4: Vorschlag einer UML-basierten Methode zur fachlichen Anforderungsanalyse im WSE-Vorgehensmodell

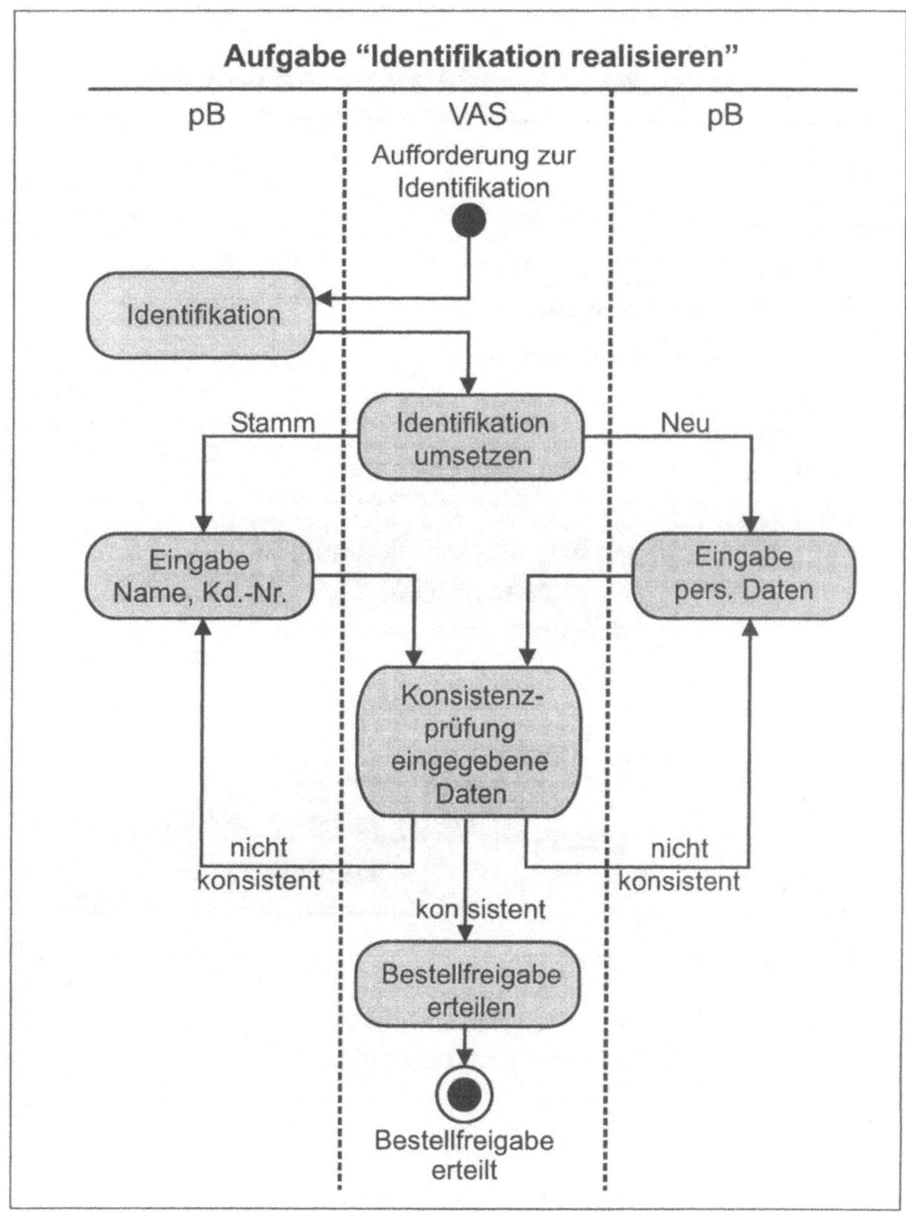

Abb. 4-6: Schritt 6 – Dynamisches Kontextmodell

Anhang 4:   Vorschlag einer UML-basierten Methode zur fachlichen
                  Anforderungsanalyse im WSE-Vorgehensmodell

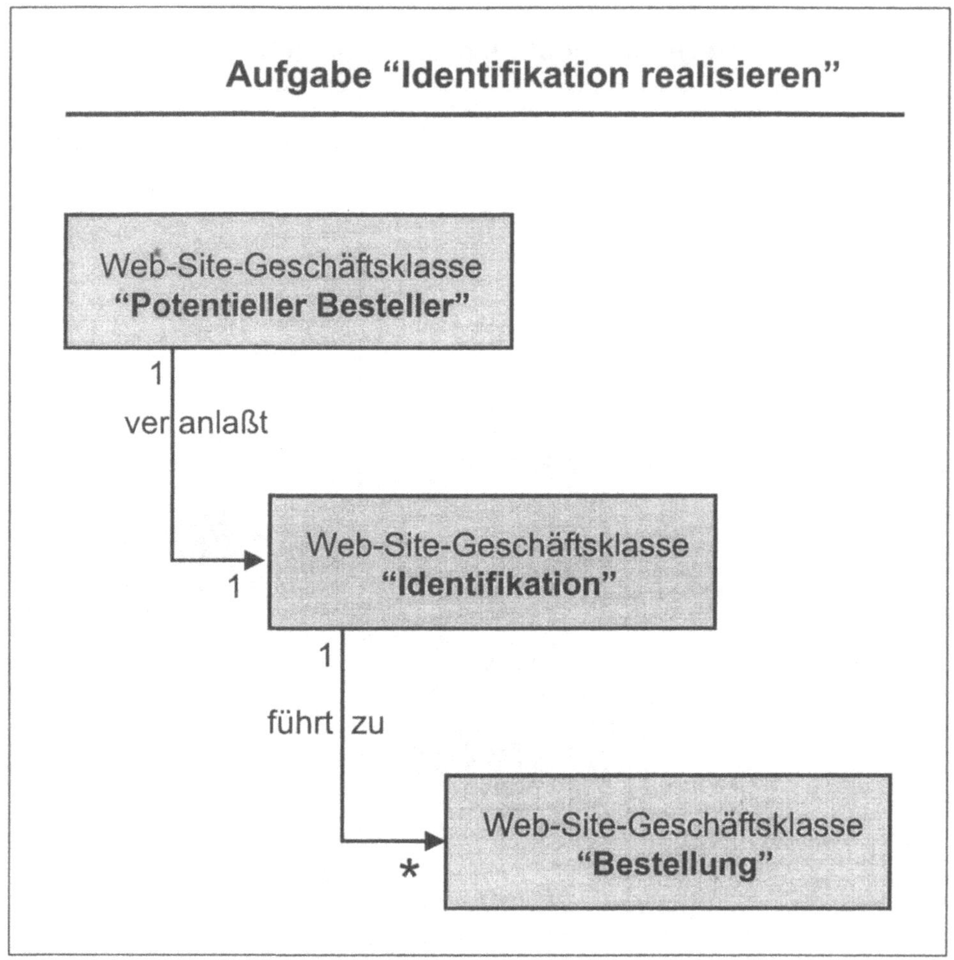

Abb. 4-7: Schritt 7 – Grobes statisches Kontextmodell

Anhang 5:   Einzel-Techniken zur fachlichen Anforderungsanalyse im
                  WSE-Vorgehensmodell

Die in Anhang 5 gezeigten Techniken wurden im Verlauf folgender Praxisprojekte seit 1996 entwickelt: Neu- und/oder Weiterentwicklungen von Web-Site-Segmenten für ein Unternehmen der Gas-Meß- und -Regeltechnik mit ca. 500 Mitarbeitern (komplette Web-Präsenz im öffentlichen Internet), eine Unternehmensberatung mit ca. 50 Mitarbeitern (komplette Web-Präsenz im öffentlichen Internet), eine Bausparkasse mit ca. 400 Mitarbeitern (interaktiver Kundenservice sowie Marketing-Pages für die Kundengruppe „Jugendliche"), die IV- und Personalabteilung (ca. 70 Mitarbeiter) eines Pharmakonzerns (Fachentwurf zu Intra- und Extranet), ein weltweit agierender Großhändler für Medizintechnik mit ca. 10 Mitarbeitern (komplette Web-Präsenz im öffentlichen Internet), den Lehrstuhl für Allg. BWL und Wirtschaftsinformatik sowie die gesamte Abt. Wirtschaftswissenschaften an der Universität Mainz mit ca. 20 Organisationseinheiten (Portale, öffentliche Web-Terminals, Intranet). Die nachfolgenden Dokumentationen beziehen sich auf die Anforderungsanalyse für öffentliche Web-Terminals und Lehrstuhl-Web-Sites in der Abteilung Wirtschaftswissenschaften im Fachbereich 03 an der Johannes Gutenberg-Universität Mainz.

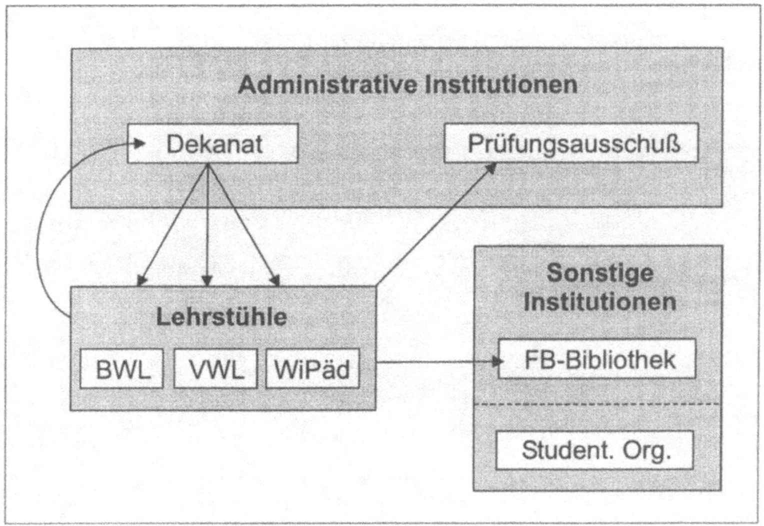

Abb. 5-1: Beispiel eines Organigramms zur Organisationsstruktur des
           bezogenen Web-Site-Umfelds

Anhang 5:   Einzel-Techniken zur fachlichen Anforderungsanalyse im
                  WSE-Vorgehensmodell

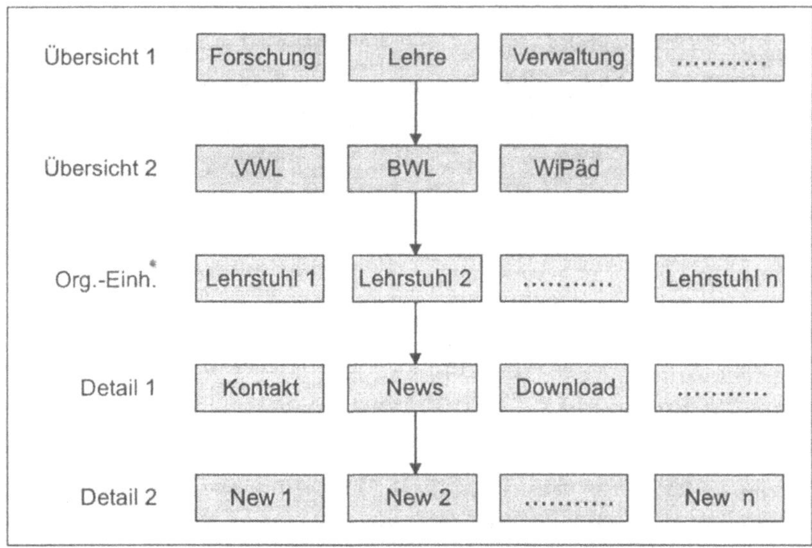

Abb. 5-2: Vertikale Ausrichtung der Inhaltsdarbietung

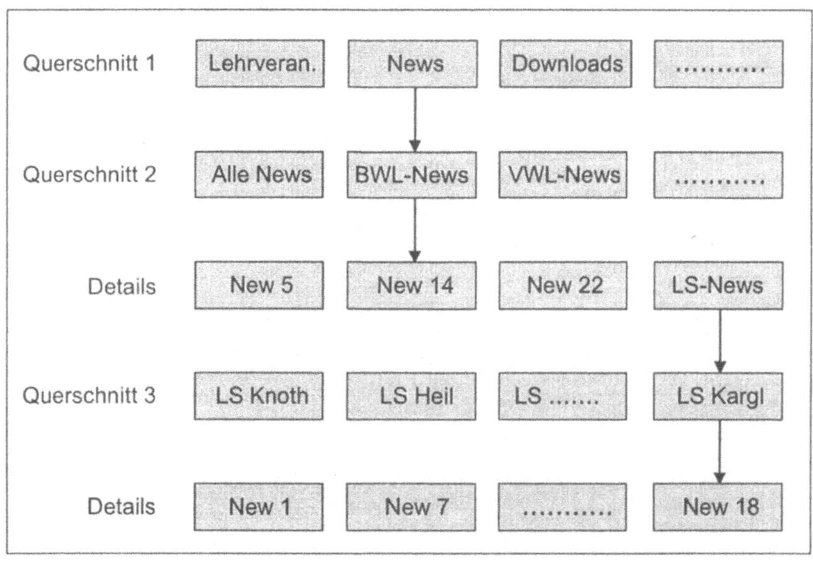

Abb. 5-3: Horizontale Ausrichtung der Inhaltsdarbietung

Anhang 5:   Einzel-Techniken zur fachlichen Anforderungsanalyse im
                WSE-Vorgehensmodell

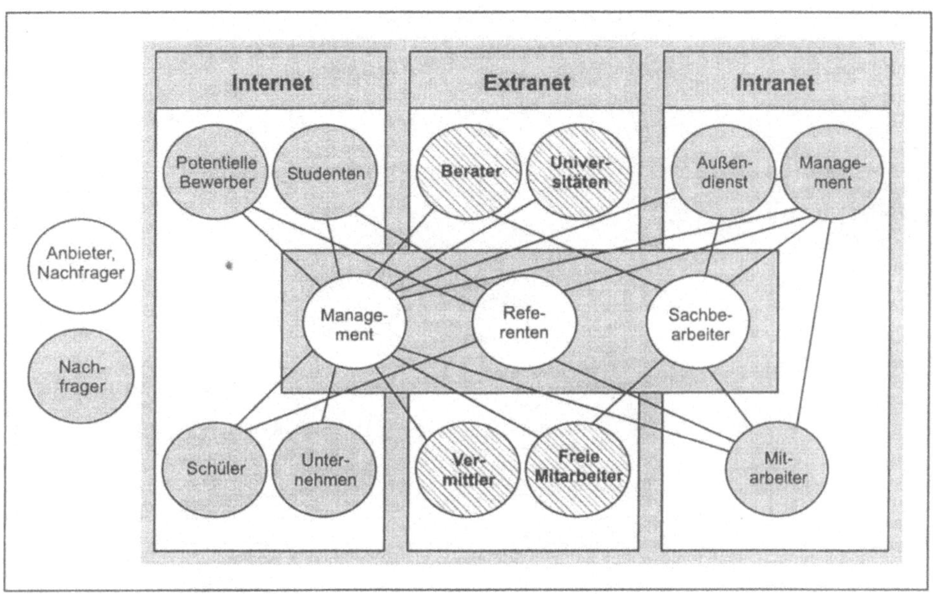

Abb. 5-4: Kommunikatorenmodell am Beispiel einer Personalabteilung

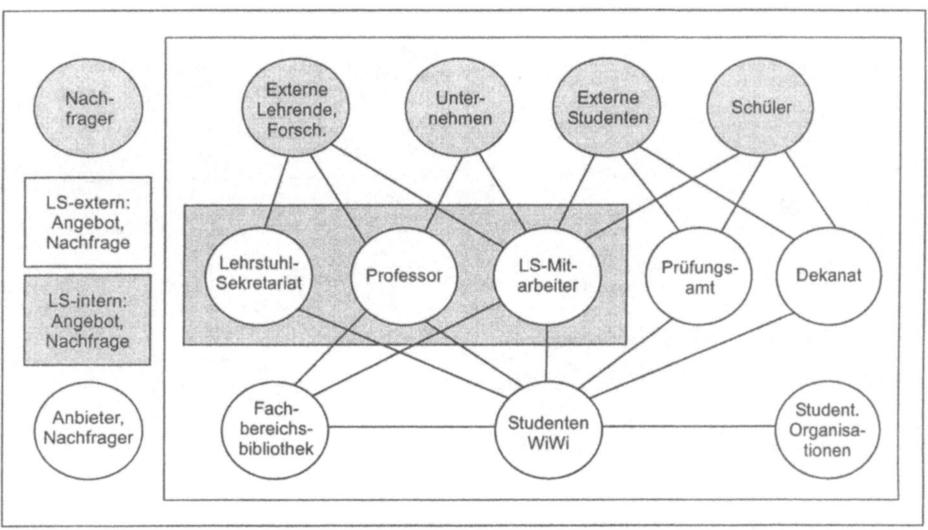

Abb. 5-5: Kommunikatorenmodell am Beispiel eines Lehrstuhls

Anhang 5:   Einzel-Techniken zur fachlichen Anforderungsanalyse im
                  WSE-Vorgehensmodell

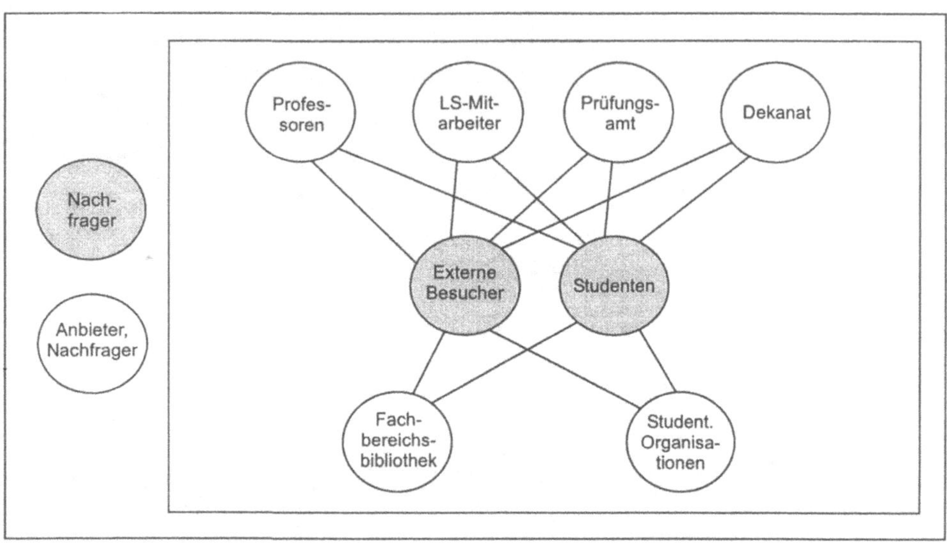

Abb. 5-6: Kommunikatorenmodell am Beispiel eines öffentlichen Web-
           Terminalsystems

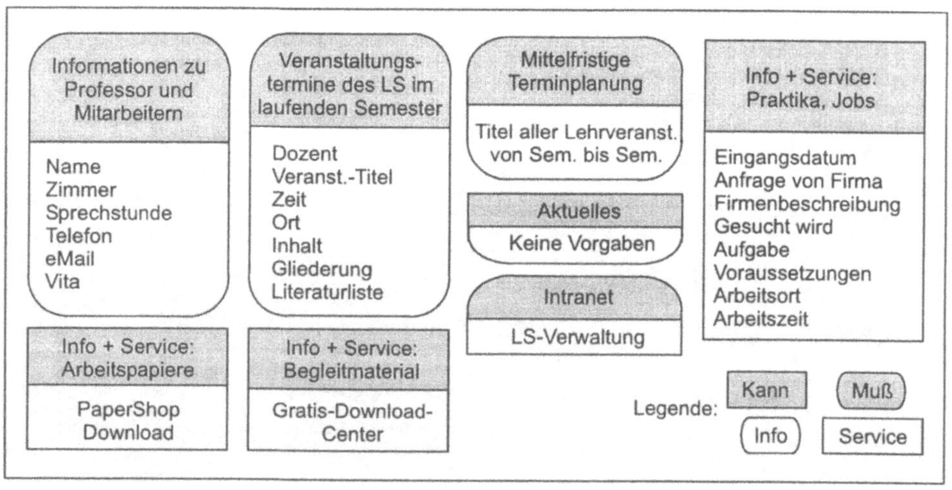

Abb. 5-7: Informations-/Service-Cluster einer Lehrstuhl-Web-Site

Anhang 5:   Einzel-Techniken zur fachlichen Anforderungsanalyse im
WSE-Vorgehensmodell

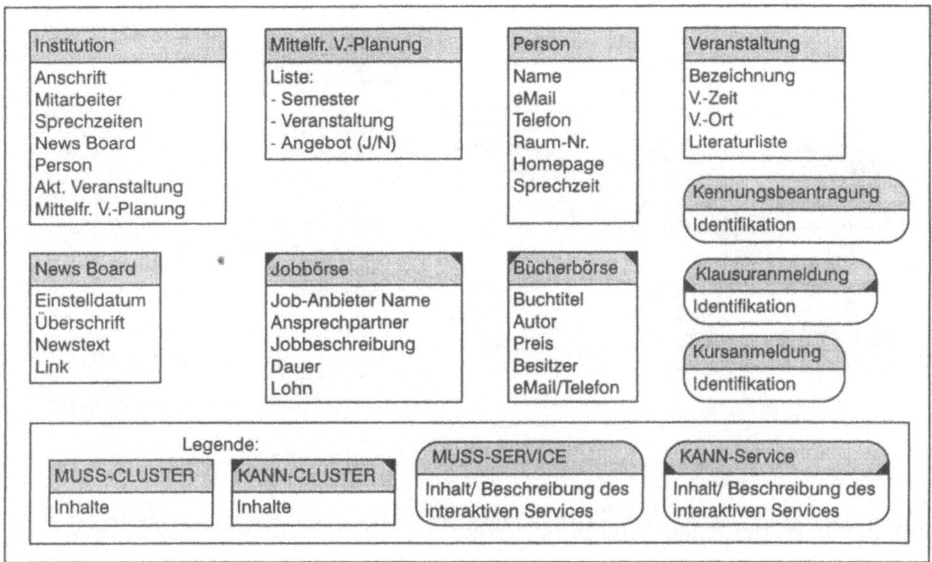

Abb. 5-8: Informations-/Service-Cluster des öffentlichen Web-
Terminalsystems

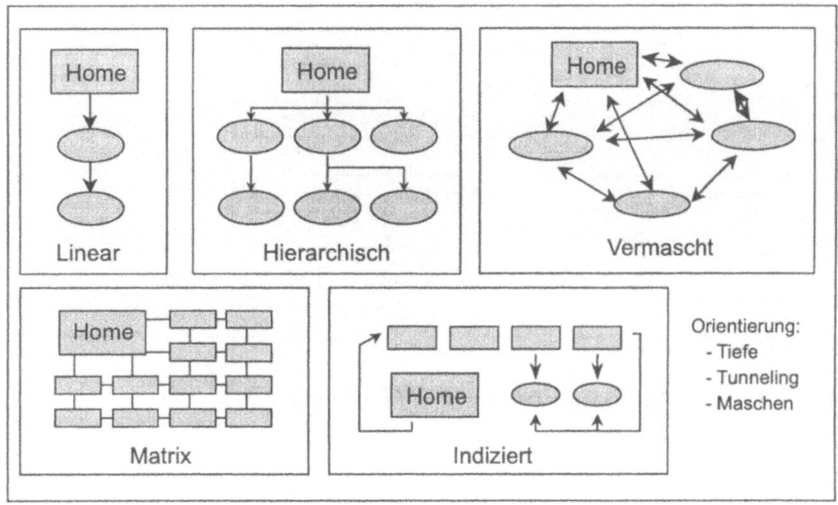

Abb. 5-9: Hyperspace-Strukturen

Anhang 5:   Einzel-Techniken zur fachlichen Anforderungsanalyse im
WSE-Vorgehensmodell

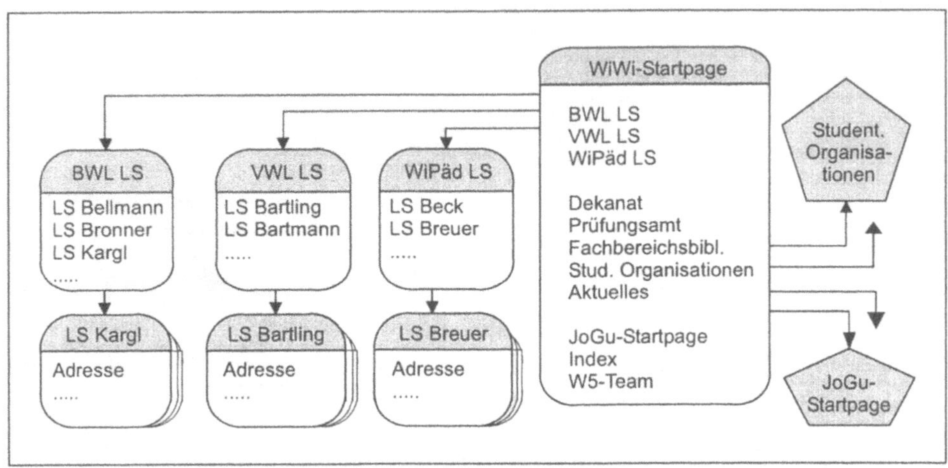

Abb. 5-10: Hyperspace-Modell der Abteilung Wirtschaftswissenschaften

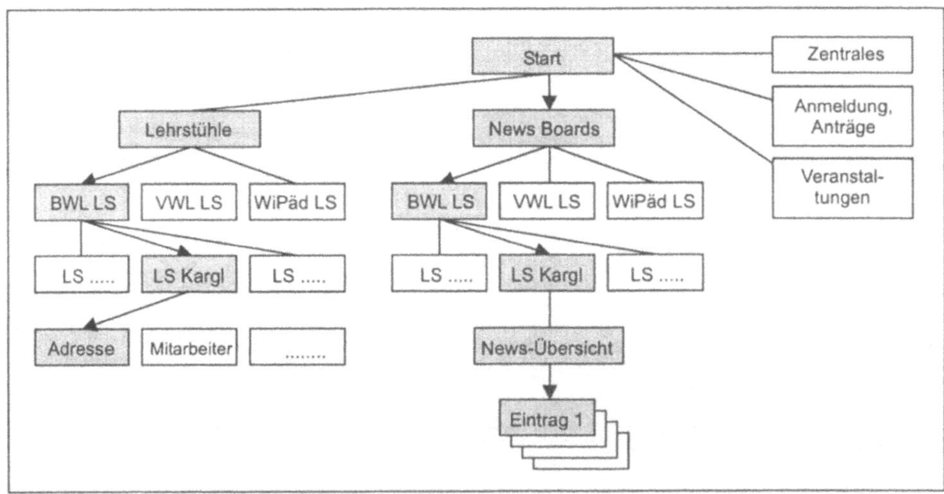

Abb. 5-11: Statische Funktionsstruktur als „Site-Map"

Abb. 5-12: Hyperspace-Modell des öffentlichen Web-Terminalsystems
(Ausschnitt; siehe nachfolgende Seite)

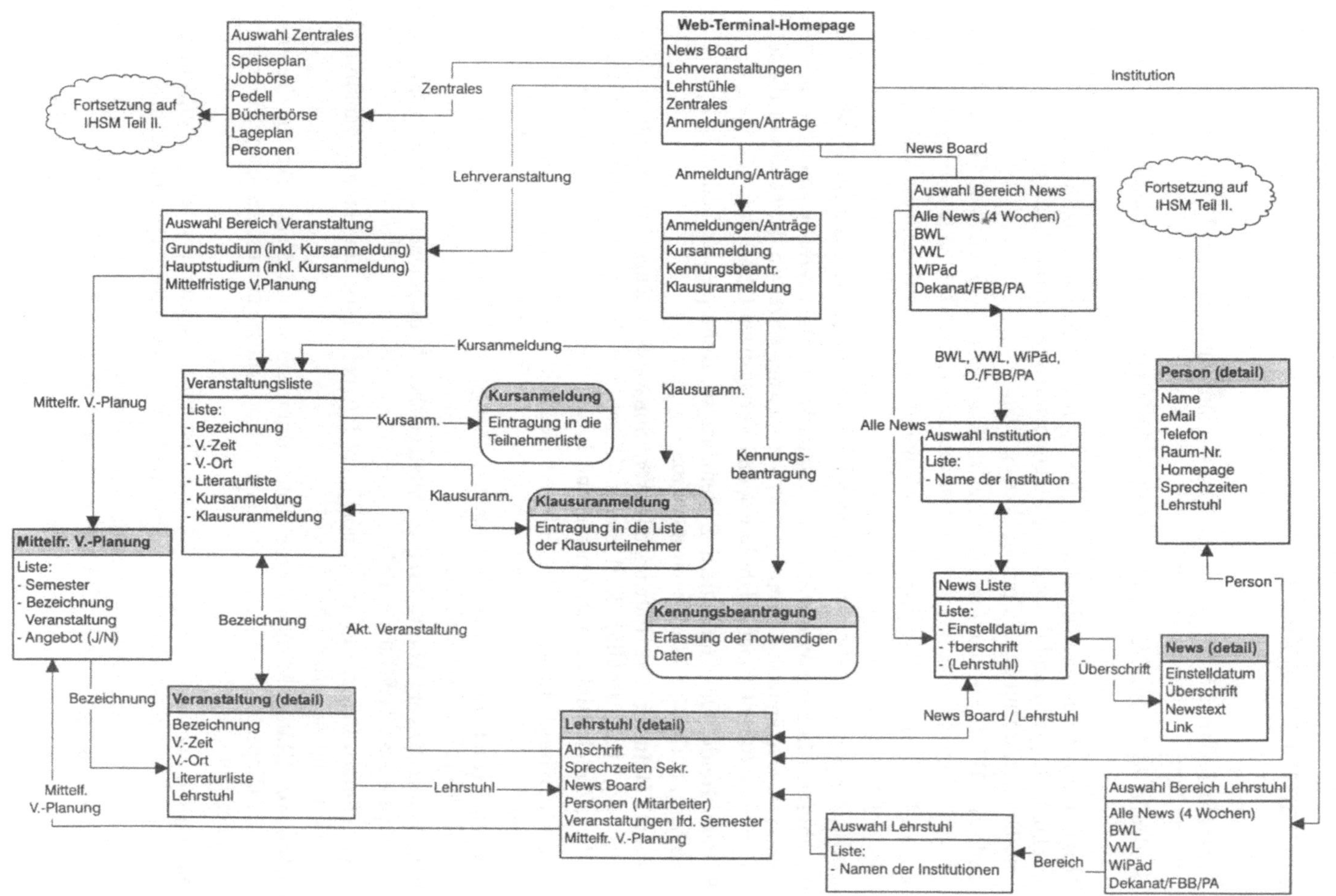
Auswahl Zentrales
Speiseplan
Jobbörse
Pedell
Bücherbörse
Lageplan
Personen
Fortsetzung auf IHSM Teil II.
Zentrales
Web-Terminal-Homepage
News Board
Lehrveranstaltungen
Lehrstühle
Zentrales
Anmeldungen/Anträge
Institution
News Board
Lehrveranstaltung
Anmeldung/Anträge
Auswahl Bereich Veranstaltung
Grundstudium (inkl. Kursanmeldung)
Hauptstudium (inkl. Kursanmeldung)
Mittelfristige V.Planung
Anmeldungen/Anträge
Kursanmeldung
Kennungsbeantr.
Klausuranmeldung
Auswahl Bereich News
Alle News (4 Wochen)
BWL
VWL
WiPäd
Dekanat/FBB/PA
Fortsetzung auf IHSM Teil II.
Kursanmeldung
BWL, VWL, WiPäd, D./FBB/PA
Klausuranm.
Person (detail)
Name
eMail
Telefon
Raum-Nr.
Homepage
Sprechzeiten
Lehrstuhl
Mittelfr. V.-Planug
Veranstaltungsliste
Liste:
- Bezeichnung
- V.-Zeit
- V.-Ort
- Literaturliste
- Kursanmeldung
- Klausuranmeldung
Kursanm.
Kursanmeldung
Eintragung in die Teilnehmerliste
Alle News
Auswahl Institution
Liste:
- Name der Institution
Kennungs-beantragung
Klausuranm.
Klausuranmeldung
Eintragung in die Liste der Klausurteilnehmer
Mittelfr. V.-Planung
Liste:
- Semester
- Bezeichnung
  Veranstaltung
- Angebot (J/N)
Bezeichnung
Akt. Veranstaltung
Kennungsbeantragung
Erfassung der notwendigen Daten
News Liste
Liste:
- Einstelldatum
- †berschrift
- (Lehrstuhl)
Überschrift
News (detail)
Einstelldatum
Überschrift
Newstext
Link
Bezeichnung
Veranstaltung (detail)
Bezeichnung
V.-Zeit
V.-Ort
Literaturliste
Lehrstuhl
Mittelf. V.-Planung
Lehrstuhl
Lehrstuhl (detail)
Anschrift
Sprechzeiten Sekr.
News Board
Personen (Mitarbeiter)
Veranstaltungen lfd. Semester
Mittelfr. V.-Planung
News Board / Lehrstuhl
Auswahl Lehrstuhl
Liste:
- Namen der Institutionen
Bereich
Auswahl Bereich Lehrstuhl
Alle News (4 Wochen)
BWL
VWL
WiPäd
Dekanat/FBB/PA
Person

Literaturverzeichnis

Aeberhard, Kurt: Strategische Analyse – Empfehlungen zum Vorgehen und zu sinnvollen Methodenkombinationen, Bern et al.: Lang 1996.

akademie.de-Team: Net-Lexikon, Online im Internet: http://netlexikon.akademie.de/, 26.10.1999.

Alpar, Paul: Kommerzielle Nutzung des Internet: Unterstützung von Marketing, Produktion, Logistik und Querschnittsfunktionen durch Internet und kommerzielle Online-Dienste, Berlin et al.: Springer-Verlag 1996.

Andrews, Whit: Sites Dip Into Cookies to Track User Info, in: Web Week, Volume 2, Issue 7, June 3, 1996, http://www.webweek.com/96Jun03/comm/cookies.htm.

Apgar, Mahlon: Die Arbeitsplätze der Zukunft, in: Harvard Business Manager, 6/1998, S. 53-68.

Arnitz, Louis: Geschäftsreisen per Mausklick, in: Office Management, 06/98, S. 33.

Bachhofer, Michael: Wie wirkt Werbung im Web?: Blickverhalten, Gedächtnisleistung und Imageveränderung beim Kontakt mit Internet-Anzeigen, Reihe: Stern Bibliothek, Hamburg: Stern Gruner + Jahr Druck und Verlagshaus 1998.

Balzert, Heide: Objektorientierte Systemanalyse: Konzepte, Methoden, Beispiele, Heidelberg, Berlin, Oxford: Spektrum 1996.

Balzert, Helmut: Die Entwicklung von Software-Systemen, in: Reihe Informatik, Band 34, Hrsg.: Böhling, Karl Heinz; Kulisch, Ulrich; Maurer, Hermann, Mannheim, Wien, Zürich: Bibliographisches Institut 1982.

Balzert, Helmut: Lehrbuch der Software-Technik: Software-Entwicklung, Heidelberg, Berlin, Oxford: Spektrum 1996.

Bartling, Hartwig; Luzius, Franz: Grundzüge der Volkswirtschaftslehre, 9., verb. Aufl., München: Vahlen 1992.

Bea, Franz Xaver; Haas, Jürgen: Strategisches Management, 2., neu bearb. Aufl., Stuttgart: Lucius & Lucius 1997.

Beck, Hanno; Prinz, Aloys: Ökonomie des Internet – Eine Einführung, Frankfurt, New York: Campus-Verlag 1999, S. 37 f.

Bellmann, Klaus; Mildenberger, Udo: Komplexität und Netzwerke, in: Bellmann, Klaus; Hippe, Alan (Hrsg.): Management von Unternehmensnetzwerken, Wiesbaden: Gabler 1996, S. 121-156.

Benington, H. D.: Production of Large Computer Programs, in: Proceedings of ONR Symposium Advanced Programming Methods for Digital Computers, 1956, S. 15-27.

Benjamin, R.; Wigand, R.: Electronic Markets and Virtual Value Chains on the Information Superhighway, in: Sloan Management Review 36/1995, S. 68-77.

Beuthner, Andreas: Deutschen Firmen fehlt noch der richtige Draht zu E-Commerce und Web-Handel, in: Computerzeitung 08.10.98, S. 9.

Bichler, Martin; Hansen, Hans Robert: Elektronische Kataloge im World Wide Web, in: Information Management, 3/97, S. 47-53.

Biskamp, Stefan: Internet entlastet den Vertrieb, in: Information Week, Nr. 23, 12.11.1998, S. 32-38.

Biskamp, Stefan: Internet-Shop braucht Integration, in: Information Week, Nr. 23, 12.11.1998, S. 40-43.

Block, Carl Hans: Internet, Intranet, Extranet für Manager, Landsberg/Lech: Verlag Moderne Industrie 1999.

Boehm, Barry W.: A Spiral Model for Software Development and Enhancement, in: IEEE Computer, May 1988, S. 61-72.

Boehm, Barry W.: Software-Engineering, in: IEEE Transactions on Computers, Vol. C-25, 1976, S. 1226-1241.

Boehm, Barry W.: Software Engineering: R&D Trends and Defense Needs, in: Wegner, P. (Hrsg.): Research Directions in Software Technology. Cambridge: MIT Press 1979, S. 47 ff.

Bogaschewsky, Ronald: Hypertext-/Hypermedia-Systeme-Ein Überblick, in: Informatik Spektrum, 15/1992, S. 127-143.

Borchers, Detlef: Die Bibliothek für unterwegs kann übers Internet nachgeladen werden: Digitale Bücher – Die handlichen elektronischen Lesegeräte speichern bis zu 4000 Seiten, in: Handelsblatt, 9.9.1998 / Nr. 173, S. 25.

Bottler, J.: Das Controlling-Konzept, in: Controlling und automatisierte Datenverarbeitung, Hrsg.: Horváth, P.; Kagl, H.; Müller-Merbach, H., Wiesbaden: Gabler 1975.

Brandtweiner, Roman; Greimel, Bettina: Elektronische Märkte, in: WiSt – Wirtschaftswissenschaftliches Studium, Januar 1998, S. 37-41.

Bremer, Georg: Genealogie von Entwicklungsschemata, in: Vorgehensmodelle für die betriebliche Anwendungsentwicklung, Hrsg.: Kneuper, Ralf; Müller-Luschnat, Günther; Oberweis, Andreas, Stuttgart, Leipzig: Teubner 1998, S. 32-59.

Bröhl, A.; Dröschel, W. (Hrsg.): Das V-Modell – Der Standard für die Software-Entwicklung mit Praxisleitfaden, München, Wien: Oldenbourg 1993.

Bronner, Rolf: Planung und Entscheidung – Grundlagen, Methoden, Fallstudien, 3., völlig überarb. Aufl., München, Wien: Oldenbourg 1999.

Bronner, Rolf; Appel, Wolfgang Ph.: So nah und doch so fern, in: Personalwirtschaft, 6/1996, S. 20-23.

Bruhn, Manfred: Kommunikationspolitik: Grundlagen der Unternehmenskommunikation, München: Vahlen 1997.

Bues, Manfred: Anforderungen an verteilte Datenbanken, in: HMD Theorie und Praxis der Wirtschaftsinformatik, 157/1991, S. 35-44.

Bühner, Rolf: Betriebswirtschaftliche Organisationslehre, 8., bearbeitete und ergänzte Auflage, München, Wien: Oldenbourg 1996.

Burgwinkel, Daniel: XML: Electronic Commerce hat eine Sprache, in: Diebold Management Report, 5/1998, S. 19.

Buxmann, Peter: Die Zukunft von EDI – XML als Grundlage für den Aufbau zwischenbetrieblicher Geschäftsprozesse, in: Begeleitunterlage zum Management Workshop on XML, 15.01.1999, Frankfurt am Main, S. IV-1 ff.

Coase, Ronald H.: The Nature of the Firm, in: Economica, 4/1937, S. 386-405.

Coase, Ronald H.: The Problem of Social Cost, in: Journal of Law and Economics, 3/1960, S. 15 ff.

Coda, F.; Ghezzi, C.; Vigna, G.; Garzotto, F.: Towards a Software Engineering Approach to Web Site Development, in: Proceedings of the 9th International Workshop on Software Specification and Design (IWSSD), Ishima, Japan 1998.

Cole, Tim: Erfolgsfaktor Internet, Düsseldorf; München: Econ Verlag 1999.

December, John; Ginsburg, Mark: HTML & CGI Unleashed – Professional Reference Edition, Macmillan Computer Publishing 1996.

December, John; Randall, Neil: World Wide Web für Insider, Haar bei München: Markt und Technik 1995.

Deyle, A.: Kommentar der 12 Thesen im Beitrag von Küpper/Weber/Zünd zum „Verständnis und Selbstverständnis des Controlling", in: ZfB-Ergänzungsheft, 3/1991, S. 1-8.

Diederich, Helmut: Allgemeine Betriebswirtschaftslehre, 6. Aufl., Stuttgart et al.: Kohlhammer 1989.

Eckel, George; Stehen, William: Intranets – Technik, Aufbau und effektiver Nutzen im Unternehmen, München, Wien: Hanser 1997.

Ellsworth, Jill H.; Ellsworth, Matthew V.: Marketing on the Internet: Multimedia Strategies for the World Wide Web, New York: John Wiley & Sons, Inc. 1995.

Emery, Vince: Internet im Unternehmen: Praxis und Strategien, Heidelberg: dpunkt 1996.

Endres, Albert: Methoden der Programm- und Systemkonstruktion, in: Informatik Spektrum, 3/1980, S. 156-171.

Endres, Albert: Software und Software-Entwicklung im Wandel: ein historischer Vergleich, in: Informatik Spektrum, 16/1993, S. 261-265.

Erlei, Matthias; Leschke, Martin; Sauerland, Dirk: Neue Institutionenökonomik, Stuttgart: Schäffer-Poeschel 1999.

Europäische Kommission: European Initiative in Electronic Commerce, Online im Internet: ftp://ftp.cordis.lu/pub/esprit/docs/ecomcomd.pdf, 14.04.98.

Evans, Philip B.; Wurster, Thomas S.: Die Internet-Revolution: Alte Geschäfte vergehen, neue entstehen, in: Harvard Business Manager, 2/1998, S. 51-62.

Ferstl, Otto K.; Sinz, Elmar J.: Grundlagen der Wirtschaftsinformatik, Band 1, München; Wien: Oldenbourg 1993.

Fischer, Stefan: Intranet: das Internet im Unternehmen, München, Wien: Hanser 1997.

Fischer, Thomas; Biskup Hubert, Müller-Luschnat, Günther: Begriffliche Grundlagen für Vorgehensmodelle, in: Vorgehensmodelle für die betriebliche Anwendungsentwicklung, Hrsg.: Kneuper, Ralf; Müller-Luschnat, Günther; Oberweis, Andreas, Stuttgart, Leipzig: Teubner 1998, S. 13-31.

Floyd, Christiane: Software-Engineering – und dann?, in: Informatik Spektrum, 17/1994, S. 29-37.

Flynn, Peter: The XML FAQ Rev. 1.21, Online im Internet: http://www.ucc.ie/xml/, 12.08.98.

Fochler, Klaus; Perc, Primoz; Ungermann, Jörg: Betriebswirtschaftliche Aspekte des Electronic Commerce, Online im Internet: http://www.addison-wesley.de/Service/Fochler/kap03.htm, 15.08.1999.

Forrester Research, in: Computerzeitung, 08.07.99, S. 25.

Fowler, Martin; Scott, Kendall: UML konzentriert: Die neue Standard-Objektmodellierungssprache anwenden, Bonn: Addison-Wesley Longman 1998.

Frank, Ulrich: Wissenschaftstheoretische Herausforderungen der Wirtschaftsinformatik, in: Gerum, Elmar (Hrsg.): Innovation in der Betriebswirtschaftslehre, Wiesbaden: Gabler 1998, S. 91-118.

Franz, Maren: F&E-Kooperationen aus wettbewerbspolitischer Sicht, Baden Baden: Nomos 1995.

Freter, Hermann; Obermeier, Oliver: Marktsegmentierung, in: Herrmann, Andreas; Homburg, Christian (Hrsg.): Marktforschung: Methoden, Anwendungen, Praxisbeispiele, Wiesbaden: Gabler 1999, S. 742-763.

Fuchs, Franz X.: Digitaler Einkauf, in: Gateway, 8/1998, S. 58 ff.

Fuzinski, Alexandra D. U.; Meyer, Christian: Der Internet-Ratgeber für erfolgreiches Marketing, Düsseldorf, Regensburg: Metropolitan-Verlag 1997.

Gaedke, Martin: Wiederverwendung von Komponenten in Web-Anwendungen, in: Tagungsband zum 1. Workshop „Komponentenbasiert betriebliche Anwendungssysteme", Otto-von-Guericke-Universität, Magdeburg 1999, S. 31-36.

Gates, Bill: Business @ the Speed of Thought, in: Business Strategy Review, 1999, Volume 10 Issue 2, S. 11 - 18.

Gellersen, Hans-Werner: Web Engineering: Softwaretechnik für Anwendungen im World-Wide-Web, in: HMD Theorie und Praxis der Wirtschaftsinformatik 34 (1997) 196, S. 36-50.

Gerard, Peter; König, Wolfgang: Netze und Elektronische Märkte, in: Wirtschaftsinformatik, 3/1997, S. 215 ff.

Ghosh, Shikhar: Rein ins Internet – aber wie?, in: Harvard Business Manager, 5/1998, S. 87-95.

Gierscher, Wolfgang: Anwendungen des Internet in Unternehmen – Betrachtet anhand der Wertschöpfungskette von Porter, Online im Internet: http://www.wiso. uni-augsburg.de/sozio/stengel/fle-gierscher.html, 15.08.1999.

Glushko, Robert: The Future of XML – „Plug and Play" Commerce, in: Begleitunterlage zum Management Workshop on XML, 15.01.1999, Frankfurt am Main.

Goldsmith, N.: Linking IT Planning to Business Strategy, in: Long Range Planning, 6/1991, Vol. 24, S. 67-77.

Gomber, Peter: Protokoll der konstituierenden Sitzung der Fachgruppe „E-Commerce", Giessen, 17.09.99.

Gotta, Frank: Online-Beschaffung birgt ein hohes Sparpotential, in: Computerzeitung, 26.08.99 S. 17.

Grauer, Manfred; Merten, Udo: Multimedia, Berlin, Heidelberg, New York: Springer 1997.

Gregor Consulting, in: Industrieanzeiger, 055/ 1999, S. 21.

Gruhn, Volker: Elektronischer Datenaustausch in zwischenbetrieblichen Geschäftsprozessen, in: Wirtschaftsinformatik, 3/1997, S. 225.

Guba, Andreas; Gebert, Oliver: Online Monitoring – Gewinnung und Verwendung von Online-Daten, in: Arbeitspapiere WI, Nr. 8/1998, Hrsg.: Lehrstuhl für Allg. BWL und Wirtschaftsinformatik, Johannes Gutenberg-Universität: Mainz 1998.

Gudmundsson, Om et al.: Commercialization of the World Wide Web: The Role of Cookies, in: Electronic Commerce Student Reports, Hrsg.: Hoffman, Donna; Novak, Thomas, Owen Graduate School of Management, Vanderbilt University, Nashville, 1997, http://www.2000.ogsm.vanderbilt/edu/cb3mgt565a/group5/paper.group5.paper2. htm, # Marketing Implications for Cookie Usage.

Hagel III, John; Rayport, Jeffrey F.: The Coming Battle for Customer Information, in: Harvard Business Review, January-February 1997, S. 53.

Hammer, Richard M.: Unternehmensplanung: Lehrbuch der Planung und strategischen Unternehmensführung, 7., unwesentl. veränd. Aufl., München, Wien: Oldenbourg 1998.

Händschke, Eva: Fort- und Weiterbildung läßt sich effizient per Intranet organisieren, in: Computer Zeitung, 9/1999, S. 35.

Hansen, Hans Robert: Wirtschaftsinformatik I, 6., neubearb. und stark erw. Aufl., Stuttgart, Jena: Gustav Fischer 1992.

Heinemann, Ch.: Multimedia in der internen Marketing-Kommunikation, in: Siberer, G. (Hrsg.), Marketing mit Multimedia: Grundlagen, Anwendungen und Management einer neuen Technologie im Marketing, Stuttgart: Schäffer-Poeschel & Wirtschaftswoche 1995.

Heinrich, Lutz J.: Informationsmanagement, 5., vollst. überarb. und erw. Aufl., München, Wien: Oldenbourg 1996.

Heinrich, Lutz J.: Informationsmanagement, 6., überarbeitete und ergänzte Auflage, München; Wien: Oldenbourg 1999.

Heinrich, Lutz J.: Strategische Planung der Informationsverarbeitung: Strategie-Entwicklung und strategische Maßnahmenplanung, in: WISU, 8-9/1999, S. 1122-1128.

Heinrich, Lutz J.: Strategische Planung der Informationsverarbeitung: Situationsanalyse und Zielplanung, in: WISU, 7/1999, S. 983-989.

Heinrich, Lutz J.; Roithmayr, Friedrich: Wirtschaftsinformatik-Lexikon, 6., vollst. überarb. und erw. Aufl., München, Wien: Oldenbourg 1998.

Hermann, Andreas; Homburg, Christian: Marktforschung: Methoden, Anwendungen, Praxisbeispiele, Wiesbaden: Gabler 1999.

Hess, Oliver: Mit R/3 anbandeln, in: it management, 12/98, S. 44.

Heym, Michael: Methoden-Engineering: Spezifikation und Integration von Entwicklungsmethoden für Informationssysteme, Dissertation der Hochschule St. Gallen, Hallstadt: Rosch-Buch 1993.

Hickersberger, Arnold: Der Weg zur objektorientierten Software, Heidelberg: Hüthig 1993.

Hill, Terry; Westbrook, Roy: SWOT Analysis: It´s Time for a Product Recall, in: Long Range Planning, 1/1997, Vol. 30, S. 46-52.

Hinterhuber, Hans H.: Strategische Unternehmensführung, Band 1: Strategisches Denken – Visionen, Unternehmenspolitik, Strategie, 5., neubearb. und erw. Auflage, Berlin, New York: de Gruyter 1992.

Hoffmann, D. L.; Novak, Th. P.: New Metrics for New Media; Toward the Development of Web Measurement Standards, Owen Graduate School of Management, Vaderbilt University, Nashvill, 1996, http://www2000.ogsm.vanderbilt.edu/novak/ web.standards.webstand.htm,#1. Introduction.

Hofmann, Martin; Simon, Lothar: Problemlösung Hypertext: Grundlagen, Entwicklung, Anwendung, München, Wien: Hanser Verlag 1995.

Höller, Johann; Pils, Manfred; Zlabinger, Robert: Internet und Intranet, Berlin et al.: Springer 1997.

Homburg, Christian; Werner, Harald: Kundenorientierung mit System: mit Customer-Orientation-Management zu profitablem Wachstum, Frankfurt (Main), New York: Campus-Verlag 1998.

Hörner, Hartmut: Medienrecht – Aktuelle Entscheidungen, Begleitunterlagen zum Vortrag zur RKW-Arbeitsgemeinschaft „DV & Multimedia" in Mainz am 26.03.1998.

Horstmann, Walter: Der Balanced-Scorecard-Ansatz als Instrument der Umsetzung von Unternehmensstrategien, in: Controlling, Heft 4/5 1999, S. 193-199.

Horváth, Péter: Controlling, 7., vollst. überarb. Aufl., München: Vahlen 1998.

Horváth, Péter; Kaufmann, Lutz: Balanced Scorecard – ein Werkzeug zur Umsetzung von Strategien, in: Harvard Business Manager, 5/1998, S. 39-48.

Howard, John A.; Sheth, Jagdish N.: Theory of Buyer Behavior, New York: Wiley 1969.

Hruschka, Peter: Vom Software-Engineering zum System-Engineering – Verständliche und prüfbare Anforderungsdefinitionen für komplexe Systeme, in: Requirements Engineering '87, GMD-Studien; Nr. 121, Hrsg.: Paul Schmitz; Gesellschaft für Mathematik und Datenverarbeitung Sankt Augustin, Darmstadt: GMD 1987, S. 373-384.

Huber, Heinrich; Gumsheimer, Thomas: Methodik zur strategischen Planung der Informationsverarbeitung, in: Office Management, 5/1991, S. 29-35.

IBM Deutschland GmbH (Hrsg.): Der strategische Einsatz von Informationssystemen, in: IBM Nachrichten 290/1987, S. 66-70.

Jablonski, Stefan; Stein, Katrin: Ein Vorgehensmodell für Workflow-Management-Anwendungen, in: Vorgehensmodelle für die betriebliche Anwendungsentwicklung, Hrsg.: Kneuper, Ralf; Müller-Luschnat, Günther; Oberweis, Andreas, Stuttgart, Leipzig: Teubner 1998, S. 136-151.

Joas, August: Konkurrenzforschung als Erfolgspotential im strategischen Marketing, Hrsg.: Meyer, Paul W., Universität Augsburg, Augsburg: FGM-Verlag 1990.

Johnson, Gerry; Scholes, Kevan: Exploring corporate strategy, 3. Auflage, Cambridge, Groß-Britannien: Prentice Hall 1993.

Kamenz, Uwe: Spieglein, Spieglein an der Wand ..., in: FAZ, 01.06.99, S. B9.

Kamenz, Uwe: Wie die Amateure; DV-Anbieter im Web, in: Computerwoche, 12/98, S. 83-84.

Kaplan, Robert S.; Norton, David P. (Hrsg.): Balanced scorecard: Strategien erfolgreich umsetzen, Stuttgart: Schäffer-Poeschel 1997.

Kargl, Herbert: Controlling im DV-Bereich, 3., vollst. neubearb. und erw. Aufl., München, Wien: Oldenbourg 1996.

Kargl, Herbert: DV-Controlling, 4., unwes. veränd. Aufl., München, Wien: Oldenbourg 1999.

Kargl, Herbert: DV-Prozesse zur Auftragsführung, München, Wien: Oldenbourg 1996.

Kargl, Herbert: Fachentwurf für DV-Anwendungssysteme, 2., erg. Auflage, München; Wien: Oldenbourg 1990.

Kattler, Thomas: Analyse des Informationsbedarfs im Unternehmen; Abgewogen: Informationen nach Mass, in: it Management, 9/98, S. 10-15.

Kattler, Thomas: Informationsbedarfsanalyse in der Praxis, in: it Management, 9/98, S. 14-15.

Klau, Peter: Das Internet – Weltweit vernetzt, Vaterstetten bei München: IWT 1994.

Kleer, Michael: Gestaltung von Kooperationen zwischen Industrie- und Logistikunternehmen, Berlin: Schmidt 1991.

Klein, Michael: Wegweiser zur eigenen Homepage, in: FAZ, 08.09.1998, S. B 8.

Kolb, Arthur: Ein pragmatischer Ansatz zum Requirements Engineering, in: Informatik Spektrum, 15/1992, S. 315-322.

Kornblum, Janet: Users unleash cookie monsters, in: News.Com, http://www.news.com/News/Item/0,4,6249,00.html, 16.12.96.

Kosiol, Erich: Grundlagen und Methoden der Organisationsforschung, 2. Aufl., Berlin: Duncker & Humblot 1968.

Kosiol, Erich: Organisation der Unternehmung, 2. Aufl., Wiesbaden: Gabler 1976.

Kotler, Philip; Bliemel, Friedhelm: Marketing-Management: Analyse, Planung, Umsetzung und Steuerung, 8., vollst. neu bearb. und erw. Aufl., Stuttgart: Schaeffer-Poeschel 1995.

KPMG Unternehmensberatung GmbH (Hrsg:): Electronic Commerce in deutschen Industrie- und Handelsunternehmen – Einsatz, Erfolgsfaktoren Aussichten, München 1998.

Kreikebaum, Hartmut: Strategische Unternehmensplanung, 6., überarb. und erw. Aufl., Stuttgart et al.: Kohlhammer 1997.

Krüger, Wilfried: Grundlagen der Organisationsplanung, Giessen: Schmidt 1989.

Kühnel, B.; Partsch, H.; Reinshagen, K.P.: Requirements Engineering – Versuch einer Begriffsklärung, in: Requirements Engineering `87, GMD-Studien; Nr. 121, Hrsg.:

Paul Schmitz; Gesellschaft für Mathematik und Datenverarbeitung Sankt Augustin, Darmstadt: GMD 1987, S. 433-436.

Kurbel, Karl: Kategorien betrieblicher WWW-Angebote, in: Praxis der Informationsverarbeitung und Kommunikation, 3/1998, S. 162 ff.

Kurbel, Karl: Nutzeffekte und Hemmnisse der Internet-Nutzung durch deutsche Unternehmen, in: Industrie Management, 1/1998, Sonderdruck, S. 1-5.

Kurbel, Karl; Szulim, Daniel; Teuteberg, Frank: Internet-Unterstützung entlang der Porterschen Wertschöpfungskette – innovative Anwendungen und empirische Befunde, in: HMD Theorie und Praxis der Wirtschaftsinformatik, 207/1999, S. 78-94.

Lamprecht, Stephan: Marketing im Internet: Chancen, Konzepte und Perspektiven im World Wide Web, Freiburng i. Br.: Haufe 1996.

Langenscheidts Handwörterbuch Englisch: Englisch - Deutsch, Deutsch - Englisch, 6. Auflage, Berlin, München, Wien, Zürich, New York: Langenscheidt 1994.

Lehner, Franz: Modelle und Modellierung in Angewandter Informatik und Wirtschaftsinformatik oder Wie ist die Wirklichkeit wirklich?, in: Schriftenreihe des Lehrstuhls für Wirtschaftsinformatik und Informationsmanagement der WHU Koblenz, Forschungsbericht Nr. 10, Hrsg.: Lehrstuhl für Wirtschaftsinformatik und Informationsmanagement der WHU Koblenz, Vallendar: WHU Koblenz 1994.

Lindemann, Markus: Internet-Dienste für den Elektronischen Datenaustausch (EDI) - Anwendungsbeispiele aus technischer Sicht, Online im Internet: http://www.businessmedia.org/netacademy/publications.nsf/, 10.09.98.

Litke, Hans-Dieter: Projektmanagement, 3., überarb. und erw. Aufl., München; Wien: Hanser 1995.

Lockwood, Lucy; Constantiner, Larry: Taming Web Development, in: Software Development, April 1999, Online im Internet: http://www.sdmagazine.con/supplement/ppm/features/s994mf.shtml, 07.07.99.

Loos, Peter; Scheer, August-Wilhelm: Vom Informationsmodell zum Anwendungssystem – Nutzenpotentiale für den effizienten Einsatz von Informationssystemen, in: Wirtschaftsinformatik '95, Hrsg.: König, Wolfgang, Heidelberg: Physica 1995, S. 185-201.

Ludewig, Jochen: Sprachen für das Software-Engineering, in: Informatik Spektrum, 16/1993, S. 286-294.

Macharzina, Klaus: Unternehmensführung: das internationale Managementwissen; Konzepte - Methoden - Praxis, Wiesbaden: Gabler 1993.

Maurer, Gerd: Zum Fachentwurf von Workflow-Management-Systemen in prozeßorientierten Organisationen, Aachen: Shaker 1998.

Meffert, Heribert: Marketing: Grundlagen der Absatzpolitik: mit Fallstudien Einführung und Relaunch des VW-Golf, 7., überarb. und erw. Aufl., Nachdr., Wiesbaden: Gabler 1991.

Mentzas, Gregory: Implementing an IS Strategy - A Team Approach, in: Long Range Planning, 1/1997, Vol. 30, S. 84-95.

Mertens, Peter; Faisst, Wolfgang: Virtuelle Unternehmen – eine Organisationsstruktur für die Zukunft?, in: technologie&management, 2/1995, S. 61-68.

Mertens, Peter; Faisst, Wolfgang: Virtuelle Unternehmen – eine Strukturvariante für das nächste Jahrtausend?, in: Schachtschneider, Karl A. (Hrsg.): Wirtschaft, Gesellschaft und Staat im Umbruch – Festschrift der Wirtschafts- und Sozialwissenschaftlichen Fakultät der Friedrich-Alexander-Universität Erlangen-Nürnberg 75 Jahre nach der Errichtung der Handelshochschule Nürnberg, Berlin: Duncker & Humblot 1995, S. 150-168.

Microsoft Press: Computer-Fachlexikon: mit Fachwörterbuch (deutsch-englisch/englisch-deutsch), Unterschleißheim: Microsoft Press 1997.

Miebach, J.; Schnur, Th.: Vertrieb via Internet, in: FAZ Verlagsbeilage Logistik und Transportmanagement, 02.09.1998, S. B13.

Muther, Andreas; Österle, Hubert: Electronic Customer Care - Neue Wege zum Kunden, in: Wirtschaftsinformatik, 2/1998, S. 105-113.

Nelson, Tim D.: e-Business, Online im Internet: http://whatis.com/ebusiness.htm, 11.11.1999.

Nemecek, Martin: Deutsche Unternehmen und Behörden nähern sich E-Commerce nur schüchtern, in: Computerzeitung, 14.05.98, S. 33.

Nieschlag, Robert; Dichtl, Erwin; Hörschgen, Hans: Marketing, 18., durchges. Aufl., Berlin: Duncker&Humblot 1997.

Nüttgens, M.; Keller, G.; Scheer, A.-W.; Stehle, S.: Konzeption hyperbasierter Informationssysteme, in: Institut für Wirtschaftsinformatik Saarbrücken, Heft 87, Saarbrücken Dezember 1991.

o. V.: 11,2 Millionen Deutsche nutzen das Internet, in: FAZ, 17.08.99, S. 15.

o. V.: Auswirkungen des Internet auf den Handel, in: FAZ, 28.09.1998, S. 31.

o. V.: Autohersteller bewegen sich im Internet im Schneckentempo, in: FAZ, 21.06.99, S. 28.

o. V.: Autohersteller überlassen „Car-Brokern" das Internet-Geschäft, in: FAZ, 21.09.98, S. 34.

o. V.: Bedeutung der Informationstechnik und Telekommunikation, in: FAZ, 03.08.98, S. 26.

o. V.: Bei Online-Shops dominieren noch die reinen Insellösungen, in: Computerzeitung, 09.04.1998, S. 30.

o. V.: Billionengeschäft eCommerce, in: News-Board bei akademie.de, Online im Internet: http://www.akademie.de/ news/langtext.html?id= 2140, 26.06.1999.

o. V.: Das Internet fließt in die Strategien der Unternehmen ein, in: FAZ, 22.02.1999, S. 28.

o. V.: Das Internet verschafft dem Einkäufer hohe Markttransparenz, in: FAZ, 08.07.1999, S. 25.

o. V.: Das Internet wird Bindeglied zwischen Einkauf und Vertrieb, in: FAZ, 19.10.1998, S. 34.

o. V.: Das Trustcenter setzt den Schlußstein auf das virtuelle Dienstleistungsgebäude, in: Computerzeitung, Nr. 36, 03.09.1998, S. 20.

o. V.: Der europäische Markt für Internet-Software wächst weiter, in: FAZ, 24.08.98, S. 23.

o. V.: Deutschen Firmen fehlt noch der richtige Draht zu eCommerce und Web-Handel, in: Computerzeitung, 08.10.98, S. 9.

o. V.: Deutschlands Firmen sind erst zur Hälfte im Internet präsent, in: Computerzeitung, 09.04.98, S. 11.

o. V.: Digitale Unterschrift vor Gericht anerkannt, in: FAZ, 01.12.99, S. 19.

o. V.: eCard, Werbung im WWW für den Audi TT, http://www.audi-tt.com/tt-event/normal.html, 8.11.98.

o. V.: E-Commerce-Angebote sind oft Etikettenschwindel, in: FAZ, 02.10.99, S. 64.

o. V.: Einkaufsabteilungen wollen in Zukunft im Internet ordern, in: FAZ, 28.09.98, S. 31

o. V.: Erfolg ist meßbar, in: Informationweek, 14.02.99, S. 16 ff.

o. V.: Etablierte Anbieter dominieren E-Commerce in Deutschland, in: FAZ, 30.09.99, S. 29.

o. V.: Freies Kräftespiel auf dem Datenhighway, in: Handelsblatt, 20.10.98, S. 10.

o. V.: Im Internet kann man über Flugpreise feilschen wie auf dem Basar, in: FAZ, 04.05.1998, S. 29.

o. V.: Im Internet können Einkaufskosten für Unternehmen kräftig fallen, in: FAZ, 25.11.99., S. 28.

o. V.: Impulse – Exklusiv-Studie „E-Business im Mittelstand", Online im Internet unter http://nbc02.bch.de, 10.09.99.

o. V.: Internet als Lockvogel für die EDI-Anbindung, in: Computerwoche, 27/1998, S. 23.

o. V.: Internet-Anbieter pfeifen auf Verbraucherrechte, in: Computerzeitung, 18.03.99, S. 2.

o. V.: Internet-Direktanschlüsse, in: FAZ, 31.08.98, S. 28.

o. V.: Internet-Zugang, in: FAZ, 05.10.98, S. 30.

o. V.: Jeder sechste Deutsche nutzt das Internet, in: FAZ, 21.09.98, S. 34.

o. V.: Kaufhäuser müssen beim E-Commerce noch sehr viel Lehrgeld bezahlen, in: Computerzeitung, 22.10.98, S. 12.

o. V.: Kleine und mittelgroße Firmen begegnen dem Online-Business mit viel Skepsis, in: Computerzeitung, 03.09.98, S. 23.

o. V.: Mängel bei Internet-Auftritten der Banken, in: FAZ, 05.11.98, S. 18.

o. V.: Mängel im Datenschutz und Garantie im elektronischen Geschäft, in: Computerzeitung, 10.03.99, S. 21.

o. V.: Marktanteil und Innovation sind die Erfolgsfaktoren im Internet, in: FAZ, 24.12.98, S. 24.

o. V.: Mercedes verliert den Anschluß im Internet, in: FAZ, 25.11.99, S. 28.

o. V.: Mit elektronischen Geschäftsprozessen Kosten senken, in: FAZ, 19.10.1998, S. 94

o. V.: Nur wenige Unternehmen haben wirtschaftlichen Erfolg im Internet, in: FAZ, 23.11.98, S. 23.

o. V.: Online-Werbung einheitlich messen, FAZ, 02.11.98, S. 31.

o. V.: Reiseveranstalter nutzen die Möglichkeiten des Internet erst in Ansätzen, in: FAZ, 08.03.99, S. 23.

o. V.: Schon 22 Prozent aller Deutschen nutzen das Internet, in: FAZ, 19.08.99, S. 25.

o. V.: Sicherheitsbedenken behindern elektronischen Handel im Internet, in: FAZ, 27.11.1999, S. 14.

o. V.: Supply Chain Management über das Internet, in: FAZ, 03.11.98, S. 29.

o. V.: Trotz Krisen rechnen die Unternehmen mit guten Wachstumschancen, in: FAZ, 29.01.99, S. 13, 14.

o. V.: Turning Internet Promises Into Profits With mySAP.com, Online im Internet: http://www.sap-ag.de/homeover.htm, 17.01.2000.

o. V.: Unternehmen einigen sich auf E-Commerce-Regeln, in: News-Board bei akademie.de, Online im Internet: http://www.akademie.de/news/langtext.html?id=2480, 14.09.1999.

o. V.: Unternehmen investieren zuwenig in Electronic Commerce, in: FAZ, 06.05.1999, S. 29.

o. V.: Unternehmen nutzen das Internet selten als Vertriebskanal, in: FAZ, 28.12.99, S. 21.

o. V.: Versicherungen nutzen das Internet nur zögernd, in: FAZ, 02.11.98, S. 31.

Oenicke, Jens.: Online-Marketing: Kommerzielle Kommunikation im interaktiven Zeitalter, Stuttgart: Schäffer-Poeschel 1996.

Oestereich, Bernd: Objektorientierte Softwareentwicklung: Analyse und Design mit der Unified modeling language; 4., akt. Aufl., München, Wien: Oldenbourg 1998.

Österle, Hubert; Fleisch, Edgar; Alt, Rainer: Business Networking – Sharping Enterprise Relationships on the Internet, Berlin et al.: Springer 2000.

Ossadnik, Wolfgang: Controlling, 2., durchges. und verb. Aufl., München, Wien: Oldenbourg 1998.

Ostrom, E.: Governing the Commons. The Evolution of Institutions for Collective Action, Cambridge 1990.

Pagenkemper, K.; Heitz, B.: Entscheidungstabellen in Organisation und Datenverarbeitung, Darmstadt, Neuwied: Hermann Luchterhand Verlag 1975.

Partsch, Helmut: Requirements Engineering, München, Wien: Oldenbourg 1991.

Picot, Arnold: Transaktionskostenansatz der Organisationstheorie: Stand der Diskussion und Aussagewert, in: Die Betriebswirtschaft, 42. Jg. 1982, S. 270 ff.

Picot, Arnold; Reichwald, Ralf; Wigand, R.: Die grenzenlose Unternehmung – Information, Organisation und Management, 3. Aufl., Wiesbaden 1998.

Pils, Manfred; Zlabinger, Robert: Regionale Informations- und Kommunikationssysteme gezeigt am Beispiel der ländlichen Region Waldviertel, in: Internet und Intranet: Betriebliche Anwendungen und Auswirkungen, Hrsg.: Höller, Johann; Pils, Manfred; Zlabinger, Robert, Berlin, Heidelberg: Springer-Verlag 1998, S. 107-127.

Porter, Michael E.: The competitive advantage of nations, London et al.: The Macmillan Press 1990.

Porter, Michael E.: Wettbewerbsvorteile: Spitzenleistungen erreichen und behaupten, Frankfurt/Main, New York: Campus Verlag 1986.

Porter, Michael E.; Millar, Victor E.: Wettbewerbsvorteile durch Information, in: Harvard manager – Informations- und Datentechnik, 1/1985, S. 147-155.

Powell, Thomas A.: Web Site Engineering – Beyond Web Page Design, Upper Saddle River: Prentice Hall 1998.

Preißler, Peter: Controlling, 10., bearb. Aufl., München, Wien: Oldenbourg 1998.

Preißler, Peter: Controlling-Lexikon, München, Wien: Oldenbourg 1995.

Preitz, Otto; Dahmen, Wolfgang: Allgemeine Betriebswirtschaftslehre, 18., überarbeitete und erweiterte Auflage, Bad Homburg vor der Höhe: Gehlen 1987.

Premkumar, G.; King, William R.: Assessing Strategic Information Systems Planning, in: Long Range Planning, 10/1991, Vol. 24, S. 41-58.

Pümpin, Cuno: Grundlagen der strategischen Führung, in: Produkt-Markt-Strategien: neue Instrumente erfolgreicher Unternehmungsführung, Hrsg.: Pümpin, Cuno, Bern: Haupt 1981.

Rassmann, Thomas: Ein Vorgehensmodell für das Web-Site Engineering und Konzepte für das Konfigurationsmanagement bei der Entwicklung und Verwaltung von Web-Sites. Diplomarbeit an der Technischen Universität München, München 1998, http://www.broy.informatik.tu-muenchen.de/DIPLOMARBEITEN/DA-FOPRAS. html, 10.12.1998.

Regionales Rechenzentrum für Niedersachsen / Universität Hannover und Leibniz-Rechenzentrum der Bayerischen Akademie der Wissenschaften (Hrsg.): Publizieren im World Wide Web; Eine Einführung; HTML 4.0-Standard, Hannover: RRZN 1998.

Reiser, Christian: Die klassische Netiquette, Richtlinien und benutzerfeundliche Web-Seiten, Online im Internet: http://www.ping,at/guides/netmayer/netmayer.html, 17.01.2000.

Resch, Jörg: Marktplatz Internet: Das Internet als strategisches Instrument für Marketing und Werbung. Von der Konzeption bis zur Erfolgskontrolle, in: Reihe: Internet-Series, Hrsg.: Microsoft Press Deutschland; Kuppinger, Martin, Stuttgart; Resch, Jörg, Düsseldorf; Unterschleißheim: Microsoft Press Deutschland 1996.

Reuß, Annette: Web-Integration verbessert Call-Center, in: Information Week, Nr. 22, 29.10.1998, S. 46-48.

Richartz, Martin: Generik und Dynamik in Hypertext, Aachen: Shaker Verlag 1995.

Richter, R.; Bindseil, U.: Neue Institutionenökonomik, in: WiSt – Wirtschaftswissenschaftliches Studium, 24/1995, S. 136-140.

Richter, Rudolf; Furubotn, Eirik: Neue Institutionenökonomik, Tübingen: Mohr 1996.

Riedl, Joachim: Die Notwendigkeit der Zielgruppenanalyse für die Online-Kommunikation, in: WiSt – Wirtschaftswissenschaftliches Studium, 12/1998, S. 647-651.

Riedl, Rainer: Strategische Planung von Informationssystemen: Methode zur Entwicklung von langfristigen Konzepten für die Informationsverarbeitung, Heidelberg: Physica 1991.

Riggins, Frederick J.; Rhee, Hyeun-Suk (Sue): Toward a Unified View of Electronic Commerce, in: Communications of the ACM, 10/1998, Vol. 41, S. 88-95.

Rinaldi, Arlene H.: The Netiquette HomePage, Online im Internet: http://www.fau.edu/netiquette/netiquette.html, 17.01.2000.

Rohner, K.: Cyber-Marketing: Paradigmen, Perspektiven, Praxis, Zürich: Orell Füsli Verlag 1996.

Roll, Oliver: Marketing im Internet: Neue Märkte erschließen, München: tewi-Verlag 1996.

Royce, W. W.: Managing the Development of Large Software Systems – Concepts and Techniques, in: Proceedings IEEE WESCON, 1970, S. 1-9.

Scheer, August-Wilhelm; Bold, Markus; Hoffmann, Michael: Internet-basierte Geschäftsprozesse mit Standardsoftware, in SAP R/3 in der Praxis. Neuere Entwicklungen und Anwendungen, Bd. SzU, Band 62, Hrsg.: Preßmar, B.; Scheer, A.-W., Wiesbaden: Gabler 1998, S. 23-43.

Scheller, Martin; Boden, Klaus-Peter; Geenen, Andreas; Kampermann, Joachim: Internet: Werkzeuge und Dienste; Von »Archie« bis »World Wide Web«, Berlin et al.: Springer 1994.

Schertler, Walter: Unternehmensorganisation: Lehrbuch der Organisation und strategischen Unternehmensführung, 6., durchgesehene Aufl., München, Wien: Oldenbourg 1995.

Schieb, Jörg: Internet; Nichts leichter als das, in: Ratgeber von test, Hrsg.: Stiftung Warentest, Berlin: Stiftung Warentest 1997.

Schienmann, Bruno: Objektorientierte Spezifikation betrieblicher Informationssysteme: Anforderungen und Lösungskonzepte eines Terminologie-basierten Ansatzes; in: Wirtschaftsinformatik '95, Hrsg.: König, Wolfgang, Heidelberg: Physica 1995, S. 151-168.

Schierenbeck, Henner: Grundzüge der Betriebswirtschaftslehre, 12., überarbeitete Auflage, München, Wien: Oldenbourg 1995.

Schinzer, Heiko: Elektronische Marktplätze, in: WISU, 10/1998, S. 1160-1174.

Schmid, Beat: Elektronische Märkte, in: Wirtschaftsinformatik, 5/1993, S. 465-480.

Schmid, Beat: Elektronische Märkte, Online im Internet: http://www.businessmedia.org/netacademy/publications.nsf/, 10.09.98.

Schmid, Beat: Grundlagen und Entwicklungstendenzen Elektronischer Märkte, Online im Internet: http://www.businessmedia.org/netacademy/publications.nsf/, 10.09.98.

Schmid, Beat: Was kann man von elektronischen Märkten erwarten?, Online im Internet: http://www.businessmedia.org/netacademy/publications.nsf/, 12.09.98.

Schmid, Beat: Zur Konstruktion Elektronischer Märkte, Online im Internet: http://www.business-mdia.org/netacademy/publications.nsf/, 12.09.98.

Schmid, Beat; Lindemann, Markus: Elements of a Reference Model for Electronic Markets, Online im Internet: http://www.businessmedia.org/netacademy/publications.nsf/hicss98.pdf, 10.09.98.

Schmidt, Götz: Methode und Techniken der Organisation, 8., völlig überarb. und erw. Aufl., Gießen: Schmidt 1989.

Schmitz, Eva: Virtuelle Private Netze: Unter Ausschluß der Öffentlichkeit, in: Office Management, 6/1998, S. 42.

Schneider, Klaus; Reder, Bernd: Electronic Data Interchange: Alternative Internet, in: Gateway, 8/1998, S. 65-68.

Schönthaler, Frank: Rapid Application Development zur Unterstützung des konzeptuellen Entwurfs von Informationssystemen, Karlsruhe, Dissertation 1989.

Schott, Barbara; Brinschwitz, Thorsten; Nowara, Frank-Marc: Kunden gewinnen im Internet: Grundlagen, Techniken, Strategien, Landsberg am Lech, MVG-Verlag 1997.

Schwickert, Axel C.: Web Site Engineering – Ein Komponentenmodell, in: Arbeitspapiere WI, Nr. 12/1998, Lehrstuhl für Allg. BWL und Wirtschaftsinformatik, Universität Mainz 1998.

Schwickert, Axel C.: Web Site Engineering – Modelltheoretische und methodische Erfahrungen aus der Praxis, in: HMD – Theorie und Praxis der Wirtschaftsinformatik 34 (1997) 196, S. 22-35.

Schwickert, Axel C.; Wild, Martin: Requirements Engineering im Web Site Engineering, Vortragsdokumentation vom 26.05.1999, Dresdner Bank AG, Frankfurt am Main, Online im Internet: http://service.wiwi.uni-mainz.de/dl/dl_det.phtml?dl_nr =52&ef_dl=1000004&ef_dl2=22.

Segev, A.; Porra, J.; Roldan, M.: Internet-based EDI Strategy, Working Paper 10-21, Fisher Center of Management and Information Technology, University of California Berkeley, http://haas.berkeley.edu/~citm/wp-1021.pdf.

Siegel, David: Web Site Design, 2. Aufl., Haar bei München: Markt und Technik 1999.

Silberer, Günter (Hrsg.): Interaktive Werbung: Marketingkommunikation auf dem Weg ins digitale Zeitalter, Stuttgart: Schäffer-Poeschel 1997.

Stahlknecht, Peter: Einführung in die Wirtschaftsinformatik, 7. Aufl., Berlin et al.: Springer 1995.

Stein, Friedrich A.: Betriebliche Entscheidungssituationen im Laborexperiment, Frankfurt/Main et al. 1990.

Steinle, Claus; Bruch, Heike: Controlling, 2., erw. Aufl., Stuttgart: Schäffer-Poeschel 1999.

Steinmann, Horst; Schreyögg, Georg: Management: Grundlagen der Unternehmensführung, 4., überarb. und erw. Aufl., Wiesbaden: Gabler 1997.

Steuck, Joachim W.: Geschäftserfolg im Internet, Berlin: Cornelsen 1998.

Steyer, Ronald: Ökonomische Analyse elektronischer Märkte, in: Arbeitspapiere WI, Nr. 1/1998, Lehrstuhl für Allg. BWL und Wirtschaftsinformatik, Universität Mainz 1998.

Streller, Kay: Begriffe aus dem Bereich der Softwaretechnik, in: WISU, 7/92, S. 549.

Studie Computer Industry Almanac, in: Computerzeitung, 18.11.99, S. 6.

Studie der University of Texas, in: FAZ, 28.10.99, S. 33.

Thieme, H. J.: Wirtschaftssysteme, in: Vahlens Kompendium der Wirtschaftstheorie und Wirtschaftspolitik, Bd. 1, Hrsg.: Bender, Dieter; Berg, Hartmut; Cassel, Dieter, 5., überarb. und erw. Aufl., München: Vahlen 1992, S. 3-17.

Thommen, Jean-Paul: Allgemeine Betriebswirtschaftslehre; Umfassende Einführung aus managementorientierter Sicht, Wiesbaden: Gabler 1991.

Thurau, Volker: Techniken zur Realisierung Web-basierter Anwendungen, in: Informatik Spektrum, Februar 1999, S. 3-12.

Venkatraman, N.; Henderson, John C.: Real Strategies for Virtual Organizing, in: Sloan Management Review, Fall 1998, S. 33 – 48.

Weber, Jürgen: Einführung in das Controlling, 7., vollst. überarb. Aufl., Stuttgart: Schäffer-Poeschel 1998.

Wegner, Ralf: Auch das Internet braucht Planer, in: Horizont, 18/1999, 06.05.1999, S. 60.

Weitzel, Tim: XML-FAQ – Frequently Asked Questions about XML, in: XML – Die Extensible Markup Language, Begleitunterlage zum Management Workshop on XML, 15.01.1999, Frankfurt am Main, S. III-1 f.

Westarp, Falk; Weitzel, Tim; Buxmann, Peter; König, Wolfgang: The Status Quo and the Future of EDI – Results of an Empirical Survey, Working Paper des Instituts für Wirtschaftsinformatik, Frankfurt/Main 1998.

White, Bebo: Web Document Engineering, http://www.slac.stanford.edu/pubs/slac-pubs/7000/slac-pub-7150.html, 10.12.1998.

Williamson, Oliver E.: Comparative Economic Organization – The Analysis of Discrete Structural Alternatives, in: Administrative Science Quarterly, Vol. 36, S. 281 ff.

Williamson, Oliver E.; Winter, Sidney G.: The Nature of the Firm, New York: Oxford University Press 1991.

Wöhe, Günter: Einführung in die allgemeine Betriebswirtschaftslehre, 17. Aufl., München: Vahlen 1990.

Wöhe, Günter: Einführung in die Allgemeine Betriebswirtschaftslehre, 18. Aufl., München: Vahlen 1993.

Wöhe, Günter: Einführung in die allgemeine Betriebswirtschaftslehre, 19., überarb. und erw. Aufl., München: Vahlen 1996.

Woll, Artur: Allgemeine Volkswirtschaftslehre, 10., überarb. u. erg. Aufl., München: Vahlen 1990.

Zacconi, Riccardo: Durch Intranets Wettbewerbsvorteile für Knowledge Management - Technologie allein sichert jedoch keinen Vorsprung, in: IM Information Management & Consulting, 13 (1998) 4, S. 50 - 52.

Zerdick, Axel; Picot, Arnold; Schrape, Klaus; Artopé, Alexander; Goldhammer, Klaus; Lange, Ulrich T.; Vierkant, Eckart; López-Escobar, Esteban; Silverstone, Roger: Die Internet-Ökonomie: Strategien für die digitale Wirtschaft, Berlin et al.: Springer 1999.

Zlabinger, Robert: Intranetanwendung im Einkauf, in: Internet und Intranet, Hrsg.: Höller, Johann; Pils, Manfred; Zlabinger, Robert, Berlin et al.: Springer 1997.

Zwaas, Vladimir: Structure and macro level impact of electronic commerce: from technological infrastructure to electronic marketplaces, Online im Internet: http://www.mhhe.com/business/mis/zwass/ecpaper.html, 12.08.98.

Stichwortverzeichnis

Controlling · *Siehe* Web Site
   Controlling
Cookies · 287
Corporate Identity · 135, 169, 235

D

Data-Mining · 72
Data-Warehouse · 72
Datenschutz · 22, 25, 174, 188, 195
Datex · 16
Dienste-Integration · 17
Direktbestellung · 90
Direktmarketing · 274, 295, 297,
   302
Disintermediation · 82, 274
Distributionskanal · 82
Durchdringung · 31, 93, 183, 189,
   199
Durchlaufzeiten · 166, 185, 244,
   247, 249, 255, 268

E

eBusiness · 15
   Bezugsrahmen · 38, 77
   Definition · 15
   Hemmnisse · 23
   Institutionenökonomische
      Implikationen · 75
   Präsenz · *Siehe* Web Site
   Segmente · 96, 100, 139, 146,
      165, 243
   Umsatzvolumen · 20
   Wertschöpfungskette · 92
   Zielfelder · 95, 139, 145, 200
eCard · 287
eCommerce · 15, 107, 185, 191,
   245, 262
EDI · 18, 34, 37, 55, 67, 68, 69, 70,
   102, 148

EDIFACT · 67, 68
Eingangslogistik · 80, 81, 82, 83,
   87
eIntegration · 95, 107, 139, 185,
   191, 244, 256
Electronic Business · *Siehe*
   eBusiness
Electronic Commerce · *Siehe*
   eCommerce
Electronic Data Interchange · *Siehe*
   EDI
Electronic Integration · *Siehe*
   eIntegration
Electronic Workflow · *Siehe*
   eWorkflow
Elektronischer Markt · *Siehe*
   eMarkt
Elektronisches Wirtschaftsgefüge ·
   60, 61, 74
eMail · 16, 17, 83, 272, 284, 295
eMarkt · 57, 59, 60
Entwicklungsschema · 150, 151,
   152, 156, 158, 160, 218, 312
Entwicklungsverfahren · 313
EPS · 122, 148, 164, 262, 264
   Siehe auch Zahlungssysteme
Erfolgsfaktorenanalyse · 239
Erhebungstechniken · 170, 171,
   176, 177, 211, 315
Erkenntnisziel · 30, 31, 309
Event-Marketing · 291, 305
Evoked set · 279
eWorkflow · 95, 107, 185, 191,
   244, 247
eXtensible Markup Language ·
   Siehe XML
Extranet · 18, 61, 62, 74, 78, 81, 93,
   96, 100, 245 *Siehe auch*
   eIntegration